AF866193

Lambacher Schweizer

Mathematik grundlegendes Anforderungsniveau

Berufliches Gymnasium
Baden-Württemberg

bearbeitet von
Claudia Pils

Ernst Klett Verlag
Stuttgart · Leipzig · Dortmund

Inhalt

I Trigonometrische Funktionen

II Differenzialrechnung

III Extremstellen und Wendestellen

IV Integralrechnung

V Lineare Gleichungssysteme; Funktionen bestimmen

VI Optimieren und Modellieren

Sinus und Kosinus – das Bogenmaß

ab Lerneinheit 2

In rechtwinkligen Dreiecken sind **Sinus** und **Kosinus** als Seitenverhältnisse definiert:

$\sin(\alpha) = \frac{\text{Gegenkathete von } \alpha}{\text{Hypotenuse}}$ und $\cos(\alpha) = \frac{\text{Ankathete von } \alpha}{\text{Hypotenuse}}$.

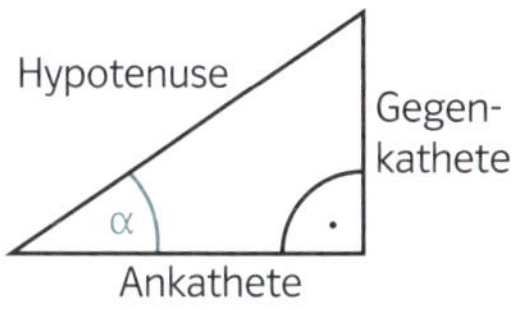

Ist die Winkelgröße gegeben, erhält man das Seitenverhältnis mit dem Taschenrechner über die sin-Taste bzw. die cos-Taste. Ist das Seitenverhältnis gegeben, erhält man den Winkel über die Funktion $\sin^{-1}$ bzw. $\cos^{-1}$.

Beispiel: $\sin(18°) \approx 0{,}31$; $\cos(\alpha) = 0{,}8$; man erhält für $\cos^{-1}(0{,}8) \approx 36{,}9°$. Also ist $\alpha \approx 36{,}9°$.

1 Bestimmen Sie sin(α) und cos(α) der angegebenen Winkel.

a) 0° b) 45° c) 90° d) 30° e) 60° f) 17° g) 82,5°

2 Bestimmen Sie den Winkel α.

a) $\sin(\alpha) = 0{,}5$ d.h. $\sin^{-1}(0{,}5) \approx$ ______ b) $\cos(\alpha) = 0{,}2$ d.h. $\cos^{-1}($____$) \approx$ ______

3 a) Lesen Sie für α = 32° die Werte ab.

sin(32°) ≈ ______; cos(32°) ≈ ______

b) Zeichnen Sie den Winkel ein und lesen Sie ab:

sin(10°) ≈ ______; cos(10°) ≈ ______

sin(40°) ≈ ______; cos(40°) ≈ ______

sin(85°) ≈ ______; cos(75°) ≈ ______

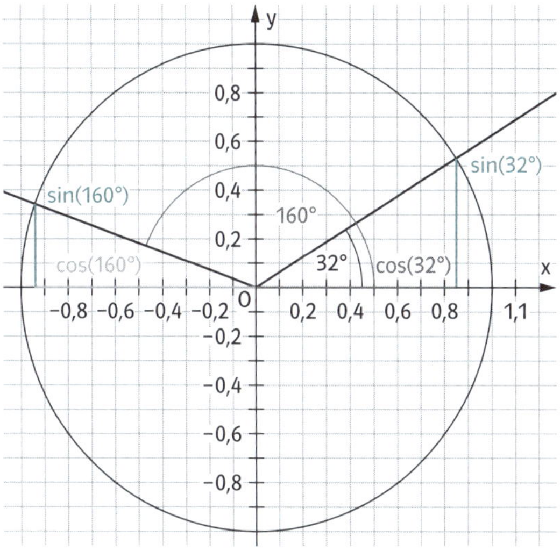

4 a) Lesen Sie für α = 160° die Werte ab:

sin(160°) ≈ ______; cos(160°) ≈ ______

b) Zeichnen Sie den Winkel ein und lesen Sie ab:

sin(225°) ≈ ______; cos(225°) ≈ ______

sin(330°) ≈ ______; cos(330°) ≈ ______

sin(115°) ≈ ______; cos(260°) ≈ ______

Der Kreis mit Radius 1 und Mittelpunkt O(0 | 0) heißt **Einheitskreis**.
Zu jedem Winkel α gibt es am Einheitskreis einen dazugehörenden Kreisbogen mit der Länge $x = \frac{\alpha}{360°} \cdot 2\pi$. Dieser Wert heißt **Bogenmaß des Winkels α**.
Bogenmaße werden oft als Vielfache oder Teile von π angegeben:

Zu α = 45° gehört das Bogenmaß $x = \frac{45°}{360°} \cdot 2\pi = \frac{1}{8} \cdot 2\pi = \frac{\pi}{4}$.

Kennt man einen Winkel im Bogenmaß, so kann man mithilfe der Gleichung $\alpha = \frac{x}{2\pi} \cdot 360°$ sein Gradmaß berechnen.

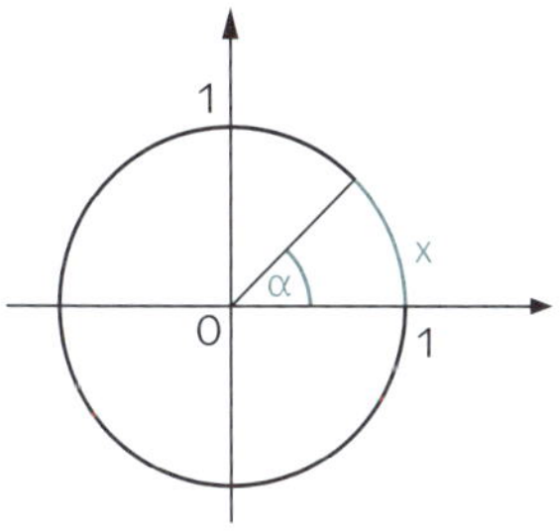

5 Berechnen Sie.

a) $\alpha = 40°$; $x = \frac{\quad}{\quad} \cdot 2\pi =$ ____ b) $\alpha = 150°$; $x = \frac{\quad}{\quad} \cdot 2\pi =$ ____ c) $x = \frac{\pi}{10}$; $\alpha = \frac{\quad}{\quad} \cdot 360° =$ ____

6 Füllen Sie die Tabelle aus.

Winkel α	360°	180°	90°	30°	10°				15°		25°	
Bogenmaß x	2π					$\frac{\pi}{3}$	$\frac{\pi}{6}$	$\frac{3\pi}{2}$		$\frac{\pi}{4}$		$\frac{7\pi}{4}$

Sinusfunktion und **Kosinusfunktion**
Die Funktion f mit $f(x) = \sin(x)$ ordnet jedem Bogenmaß x einen Sinuswert zu. Die Funktion g mit $g(x) = \cos(x)$ ordnet jedem Bogenmaß x einen Kosinuswert zu. Diese Werte sind die Koordinaten des Punktes $P(\cos(x) \mid \sin(x))$.
Eine Besonderheit der Sinus- und der Kosinusfunktion ist, dass sich die Funktionswerte in regelmäßigen Abständen von 2π wiederholen.
Man sagt, diese Funktionen sind **periodisch** mit der **Periode** $p = 2\pi$.
Es gilt also: $\sin(x) = \sin(x + 2\pi) = \sin(x + 4\pi) = \sin(x + k \cdot 2\pi)$ für $k \in \mathbb{Z}$.
Wenn man im Bogenmaß arbeitet, muss man den Taschenrechner auf „rad" (Radiant) stellen.

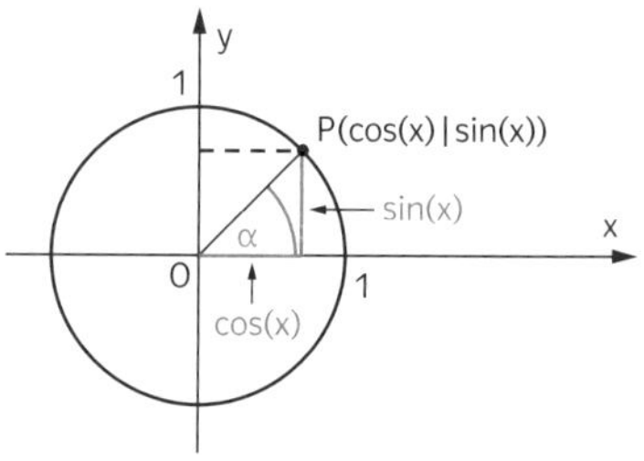

1 a) Ergänzen Sie die Wertetabelle mithilfe des Taschenrechners.

x	0	$\frac{\pi}{6}$	$\frac{\pi}{3}$	$\frac{\pi}{2}$	$\frac{2\pi}{3}$	$\frac{5\pi}{6}$	π	$\frac{7\pi}{6}$	$\frac{4\pi}{3}$	$\frac{3\pi}{2}$	$\frac{5\pi}{3}$	$\frac{11\pi}{6}$	2π	$\frac{13\pi}{6}$
sin(x)														
cos(x)														

b) Zeichnen Sie die Graphen der Sinusfunktion und der Kosinusfunktion.

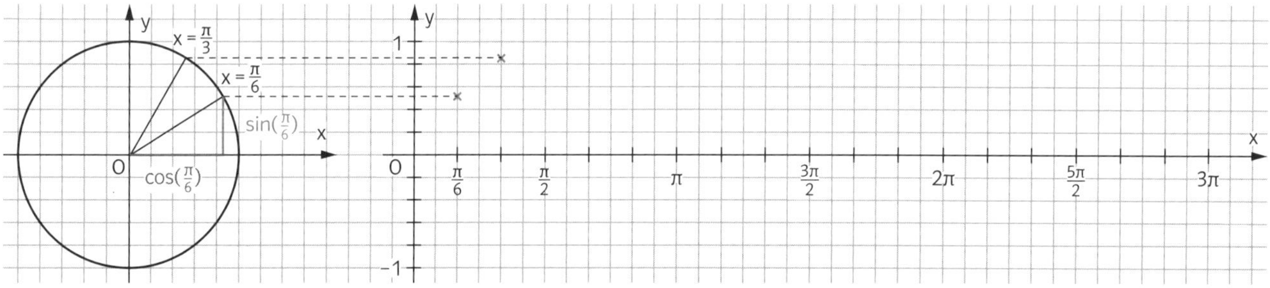

c) Lesen Sie aus der Grafik in Teilaufgabe b) die folgenden Werte ab.

	Schnittpunkt mit y-Achse	Schnittpunkte mit x-Achse	größter y-Wert	kleinster y-Wert	Wertemenge
sin(x)					
cos(x)					

2 Lesen Sie die zugehörigen x-Werte aus dem Graphen bei Teilaufgabe 1b) ab.

a) $\sin(x) = 0$; x = ______
b) $\sin(x) = 1$; x = ______
c) $\sin(x) = -0{,}5$; x = ______
d) $\sin(x) = 0{,}2$; x ≈ ______
e) $\cos(x) = 0$; x = ______
f) $\cos(x) = -1$; x = ______
g) $\cos(x) = 0{,}5$; x ≈ ______
h) $\cos(x) = -0{,}4$; x ≈ ______

3 Geben Sie die exakten Funktionswerte an.

x	-2π	$-\frac{7\pi}{4}$	$-\frac{5\pi}{3}$	$-\frac{3\pi}{2}$	$-\frac{4\pi}{3}$	$-\frac{5\pi}{4}$	$-\frac{7\pi}{6}$	$-\pi$	$-\frac{5\pi}{6}$	$-\frac{3\pi}{4}$	$-\frac{2\pi}{3}$	$-\frac{\pi}{2}$	$-\frac{\pi}{3}$	$-\frac{\pi}{4}$	0
sin(x)								0							
cos(x)															

4 Geben Sie fünf x-Werte an, die denselben exakten Funktionswert haben.

a) $\sin\left(\frac{\pi}{2}\right) =$ ______ ; weitere x-Werte: ______ ; ______ ; ______ ; ______
b) $\sin(3\pi) =$ ______ ; ______
c) $\sin\left(-\frac{\pi}{2}\right) =$ ______ ; ______

Die **Sinusfunktion** hat Funktionswerte von −1 bis 1. Wird die Sinusfunktion mit einer Konstanten a multipliziert, erhält man eine Funktion der Form **$f(x) = a \cdot \sin(x)$**. Der Graph der Sinusfunktion wird mit dem Faktor |a| in y-Richtung gestreckt. Ist a negativ, wird der Graph zusätzlich an der x-Achse gespiegelt. Den Betrag von a nennt man **Amplitude**. Die Funktion f_2 mit $f_2(x) = 2 \cdot \sin(x)$ hat die Amplitude 2: Wertemenge ist $W = [-2; 2]$. Die Funktion $f_{\frac{1}{3}}$ mit $f_{\frac{1}{3}}(x) = \frac{1}{3} \cdot \sin(x)$ hat die Amplitude $\frac{1}{3}$: Wertemenge ist $W = \left[-\frac{1}{3}; \frac{1}{3}\right]$.

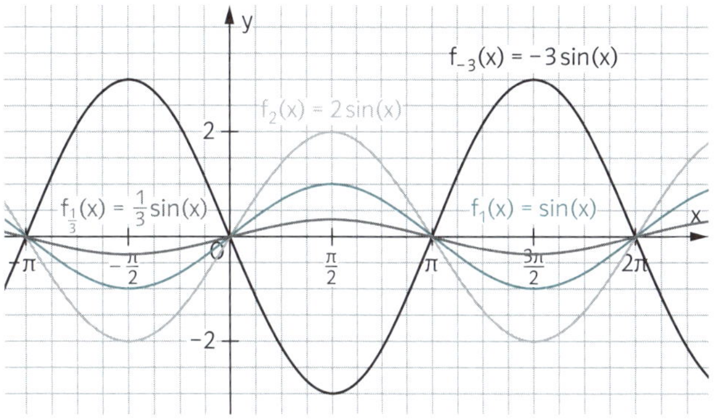

Die Funktion f_{-3} mit $f_{-3}(x) = -3 \cdot \sin(x)$ hat die Amplitude 3: Wertemenge ist $W = [-3; 3]$.
Analog gilt: $g(x) = a \cdot \cos(x)$ hat die Amplitude |a|.

1 Zeichnen Sie die Graphen aller Funktionen in das Koordinatensystem.

x	$\frac{\pi}{6}$	$\frac{\pi}{3}$	$\frac{\pi}{2}$	$\frac{2\pi}{3}$	$\frac{5\pi}{6}$	π
sin(x)	0,50	0,87	1,00	0,87	0,50	0,00
1,5 · sin(x)	0,75	1,30	1,50	1,30	0,75	0,00
2,5 · sin(x)	1,25	2,17	2,50	2,17	1,25	0,00
−0,5 · sin(x)	−0,25	−0,43	−0,50	−0,43	−0,25	0,00

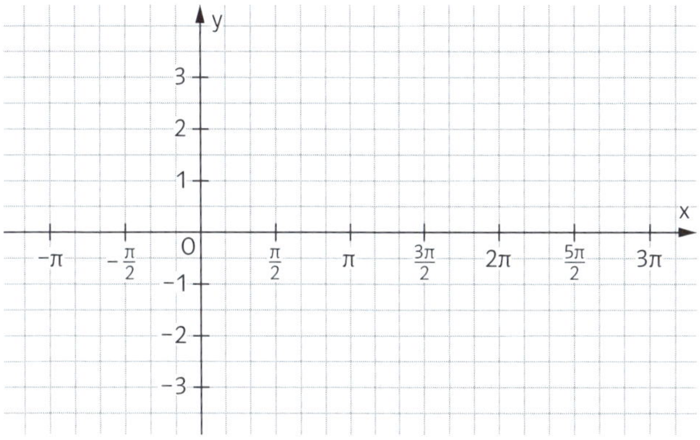

2 Gegeben sind Graphen der Funktionen f mit $f(x) = 2{,}5\sin(x)$, g mit $g(x) = 0{,}5\sin(x)$ und h mit $h(x) = 3{,}5\sin(x)$.
a) Beschriften Sie die Graphen.
b) Geben Sie die Koordinaten der Schnittpunkte mit der x-Achse und jeweils den Wertebereich an.

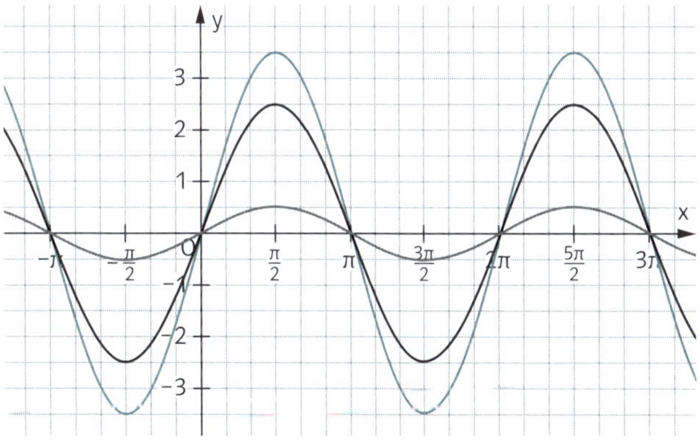

Schnittpunkte mit der x-Achse: ________________

f(x): ________________

g(x): ________________

h(x): ________________

3 Bestimmen Sie die Amplitude, den kleinsten und den größten Funktionswert sowie den Wertebereich.

Funktion	Amplitude	kleinster Funktionswert	größter Funktionswert	Wertebereich
a) 4 · sin(x)				
b) 0,7 · cos(x)				
c) −1,8 · sin(x)				

d) Welche Auswirkung hat eine Streckung in y-Richtung auf den größten Funktionswert, welche auf die Schnittpunkte mit der x-Achse? ________________

4 Geben Sie eine Funktionsgleichung der Sinusfunktion an.

a) $f(x) =$ ______ b) $f(x) =$ ______ c) $f(x) =$ ______

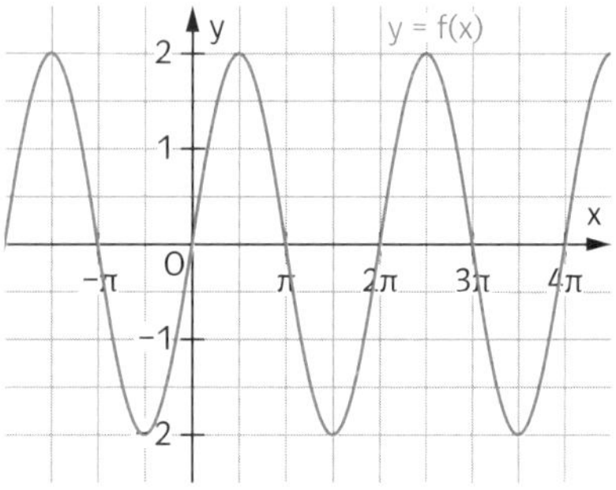

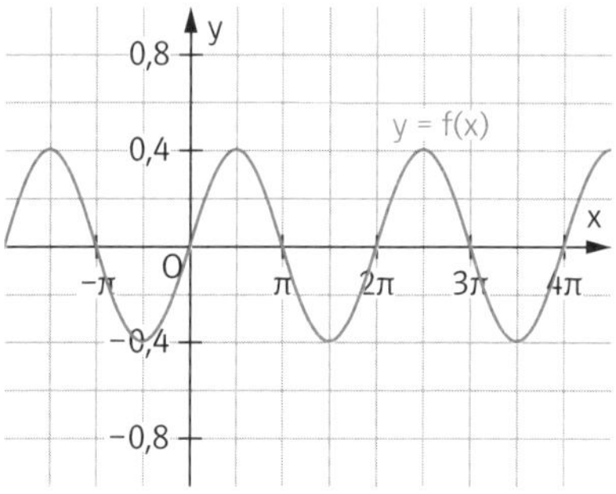

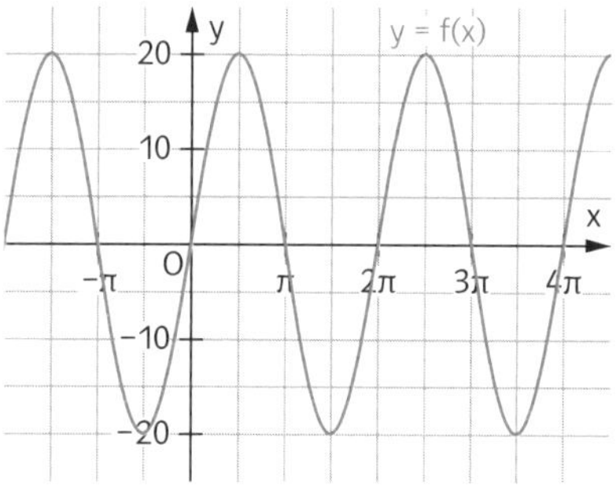

5 Zeichnen Sie die Graphen der Funktionen f mit $f(x) = 4\sin(x)$ und g mit $g(x) = -4\sin(x)$ in Ihr Heft. Beschreiben Sie, wie die beiden Graphen miteinander zusammenhängen.

Verschieben in y-Richtung
Verschiebt man den Graphen der Funktion $g(x) = \sin(x)$ um 1,5 nach oben, so erhält man den Graphen der Funktion $h(x) = \sin(x) + 1{,}5$.
Der Graph der Funktion $f(x) = \sin(x) + d$ ist der Graph der Sinusfunktion um d Einheiten in y-Richtung verschoben.

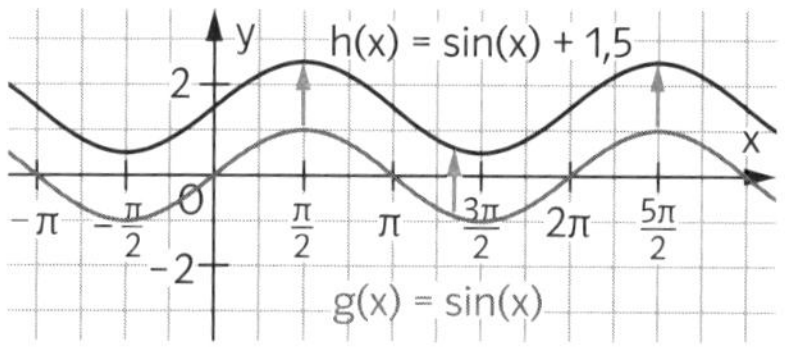

6 Zeichnen Sie die Graphen der Funktionen in das Koordinatensystem und ergänzen Sie.

a) $f_1(x) = \sin(x) + 1$; Wertebereich W = ______

b) $f_2(x) = \sin(x) - 0{,}5$; Wertebereich W = ______

c) $f_3(x) = \sin(x) - 1{,}5$; Wertebereich W = ______

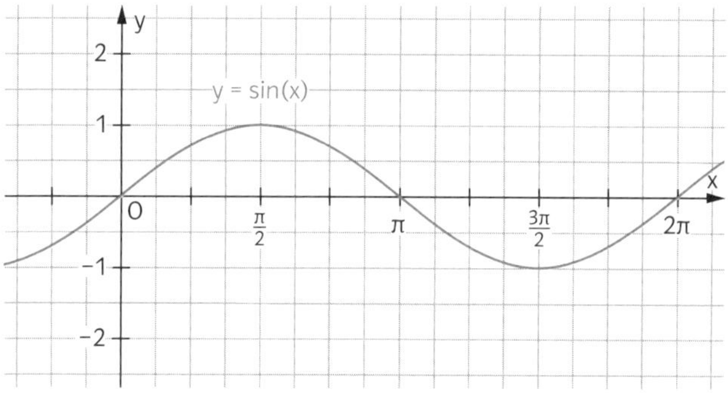

7 Geben Sie den Wertebereich an und entscheiden Sie, ob der Graph die x-Achse schneidet.

Funktion	a) $f(x) = \sin(x) + 0{,}5$	b) $f(x) = \cos(x) + 3$	c) $f(x) = \sin(x) - 0{,}8$	d) $f(x) = \cos(x) - 2{,}2$
Wertebereich				
Schnittpunkte	☐ ja ☐ nein	☐ ja ☐ nein	☐ ja ☐ nein	☐ ja ☐ nein

Verschieben in x-Richtung
Wird in der Funktion g mit $g(x) = \sin(x)$ die Variable x durch $x - \frac{\pi}{4}$ ersetzt, so erhält man die Funktion h mit $h(x) = \sin\left(x - \frac{\pi}{4}\right)$.

Der Graph von h ist der um $\frac{\pi}{4}$ nach rechts verschobene Graph der Sinusfunktion.

Der Graph der Funktion $f(x) = \sin(x - c)$ ist um c in x-Richtung verschoben.

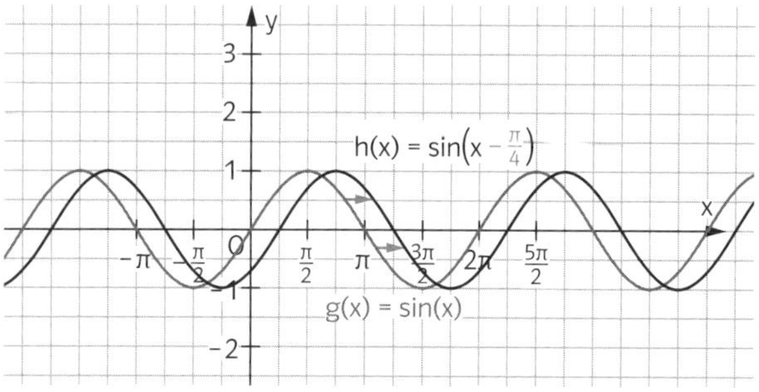

8 Geben Sie die Verschiebung in x-Richtung an.

a) $f(x) = \sin\left(x + \frac{\pi}{4}\right)$, Verschiebung: $-\frac{\pi}{4}$
b) $f(x) = \sin\left(x + \frac{\pi}{8}\right)$, Verschiebung: ____
c) $f(x) = \cos\left(x - \frac{\pi}{4}\right)$, Verschiebung: ____
d) $f(x) = \cos\left(x + \frac{3\pi}{4}\right)$, Verschiebung: ____
e) $f(x) = \sin\left(x - \frac{\pi}{8}\right)$, Verschiebung: ____
f) $f(x) = \sin\left(x - \frac{3\pi}{4}\right)$, Verschiebung: ____
g) $f(x) = \cos(x + 1)$, Verschiebung: ____
h) $f(x) = \cos(x - 0{,}5)$, Verschiebung: ____

9 a) Ordnen Sie die Graphen einer Funktion aus Aufgabe 8 zu.

A gehört zu ____; B gehört zu ____; C gehört zu ____.

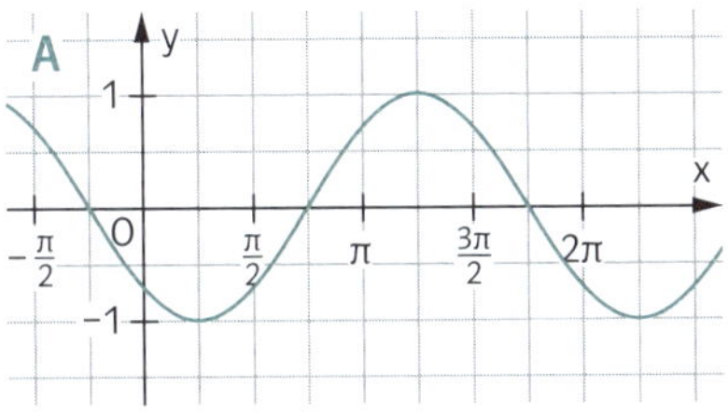

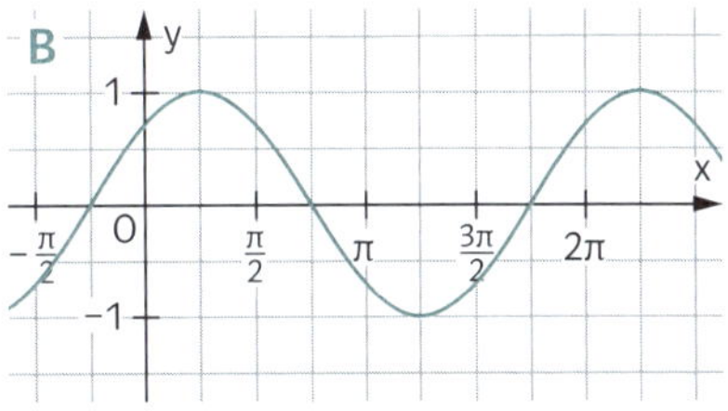

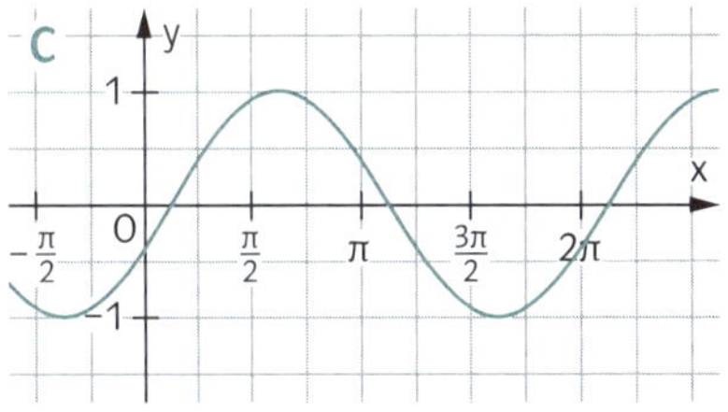

b) Skizzieren Sie die Graphen der Funktionen in das entsprechende Koordinatensystem.
A: $f(x) = \sin\left(x - \frac{\pi}{2}\right)$, $g(x) = -\sin\left(x - \frac{\pi}{2}\right)$; B: $f(x) = -\cos\left(x + \frac{\pi}{4}\right)$; $g(x) = \cos(x - \pi)$; C: $f(x) = 0{,}5\sin\left(x + \frac{\pi}{4}\right)$

Wird in der Sinusfunktion x durch $b \cdot x$ mit $b > 0$ ersetzt, bewirkt dies eine Veränderung der **Periode p**. Die Funktion g mit $g(x) = \mathbf{\sin(bx)}$ hat die Periode $p = \frac{2\pi}{b}$. Der Graph der Funktion g mit $g(x) = \sin(bx)$ entsteht aus dem Graphen der Funktion f mit $f(x) = \sin(x)$ durch Strecken in x-Richtung mit Faktor $\frac{1}{b}$.

Beispiel 1:

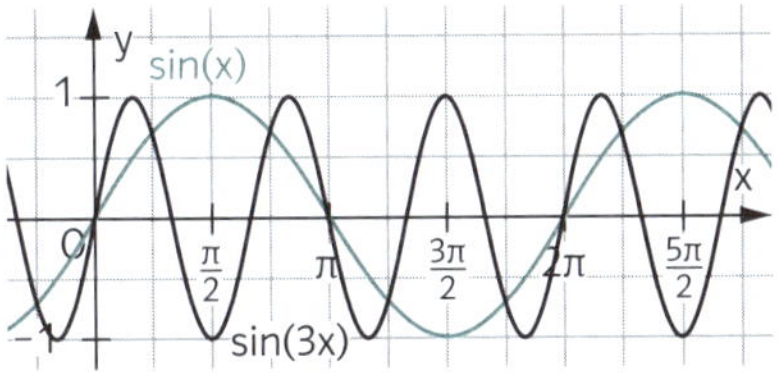

Die Periode von sin(x) ist $p = 2\pi$, die Periode von sin(3x) ist $p = \frac{2\pi}{3}$. Der Graph von sin(3x) entsteht aus dem Graphen von sin(x) durch Streckung in x-Richtung mit Faktor $\frac{1}{3}$.

Beispiel 2:

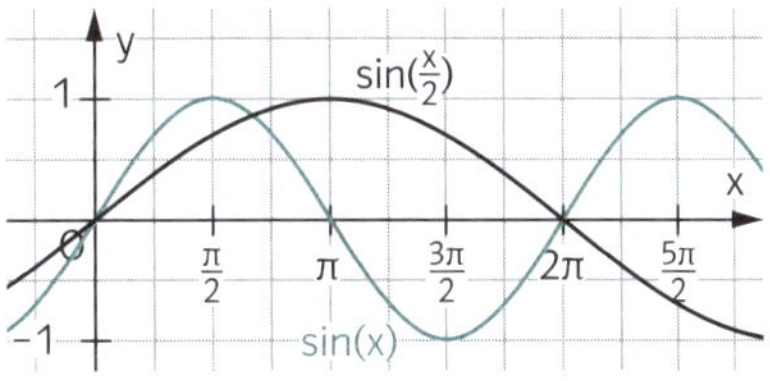

Die Periode von sin(0,5x) ist $p = \frac{2\pi}{0{,}5} = 4\pi$.
Der Graph von sin(0,5x) entsteht aus dem Graphen von sin(x) durch Streckung in x-Richtung mit dem Faktor 2.

Umgekehrt kann man aus der **Periodenlänge** p auf den Faktor b schließen: $b = \frac{2\pi}{p}$.

Für die **Kosinusfunktion** gilt analog: $h(x) = \cos(b \cdot x)$ hat die Periode $p = \frac{2\pi}{b}$.

10 Zeichnen Sie die Graphen aller Funktionen in das Koordinatensystem. Berechnen Sie weitere Werte.

x	$\frac{\pi}{6}$	$\frac{\pi}{3}$	$\frac{\pi}{2}$	$\frac{2\pi}{3}$	$\frac{5\pi}{6}$	π
x ≈	0,5236	1,047	1,571	2,09	2,618	3,14
sin(x)	0,50	0,87	1,00	0,87	0,50	0,00
sin(2x)	0,87	0,87	0,00	−0,86	−0,87	0,00
sin(0,5x)	0,26	0,50	0,71	0,86	0,97	1,00
sin(3x)	1,00	0,00	−1,00	−0,01	1,00	0,00
sin(0,2x)	0,1045	0,208	0,309	0,41	0,5	0,59

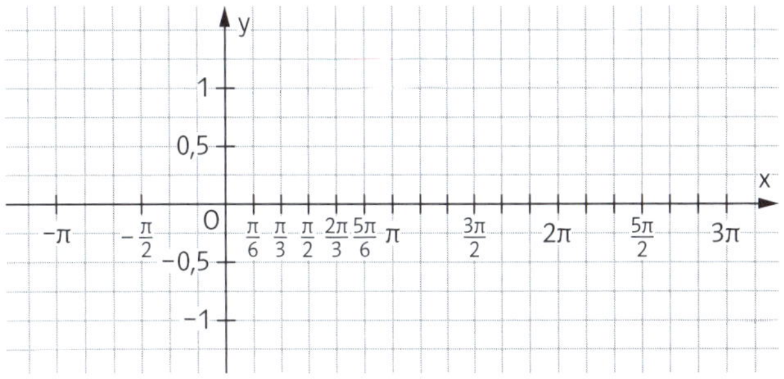

11 Ergänzen Sie die Tabelle.

Funktion	$f(x) = \sin(4x)$	$f(x) = \sin(\pi x)$	$f(x) =$	$f(x) =$	$f(x) =$
Faktor b			$\frac{1}{4}$		
Periode p				10π	4

12 Welcher Graph gehört zu welcher Funktion? Ordnen Sie zu.

$f_1(x) = 2 \cdot \sin(2x)$ gehört zu ____. $f_2(x) = 2 \cdot \sin\left(\frac{\pi x}{3}\right)$ gehört zu ____. $f_3(x) = 2 \cdot \sin(2\pi x)$ gehört zu ____.

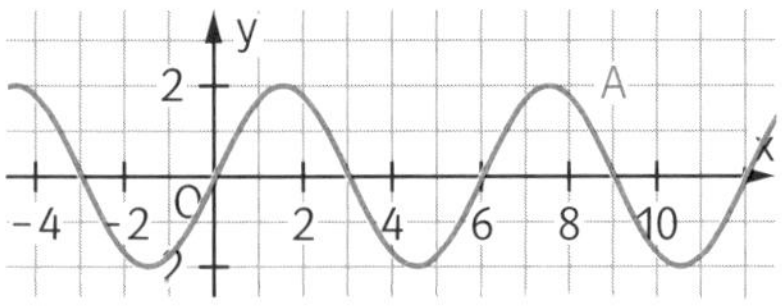

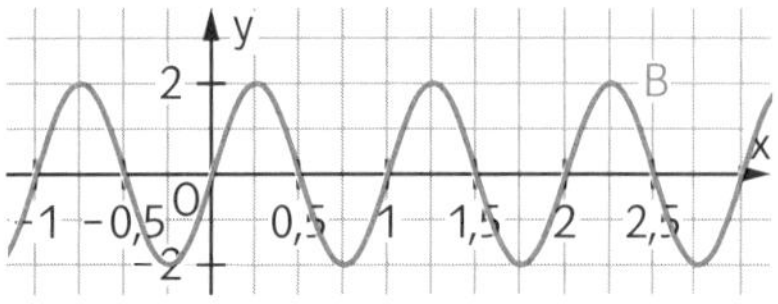

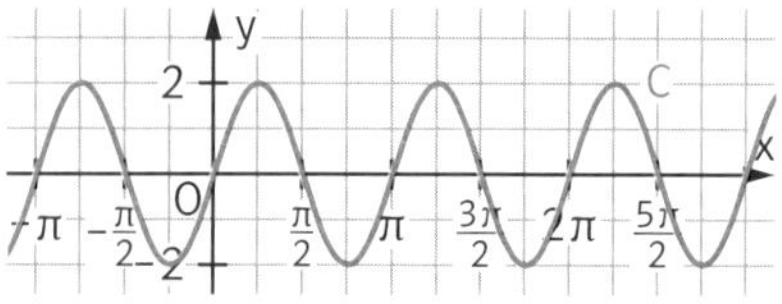

13 Entscheiden Sie, ob die Aussage wahr oder falsch ist.

	wahr	falsch
a) Die Funktion f mit $f(x) = 5 \cdot \sin(2x)$ hat Funktionswerte von −2 bis 2.	☐	☐
b) Der Graph der Funktion f mit $f(x) = -4 \cdot \cos(8x)$ entsteht aus dem Graphen der Funktion g mit $g(x) = -4 \cdot \cos(x)$ durch Streckung in x-Richtung mit Faktor $\frac{1}{8}$.	☐	☐
c) Die Funktion f mit $f(x) = 3 \cdot \sin(\pi x)$ hat die Wertemenge $W = [-3; 3]$.	☐	☐
d) Die Funktion f mit $f(x) = 5 \cdot \cos(2x)$ hat die Periode $p = \frac{\pi}{2}$.	☐	☐

14 Geben Sie eine Funktion f mit $f(x) = a \cdot \sin(bx)$ an, die die Bedingungen erfüllt.

a) Die Amplitude ist 13, die Periode beträgt $p = 9\pi$. $f(x) =$ ____________

b) Die Funktionswerte nehmen Werte von −3,5 bis 3,5 an; die Periode beträgt $p = 4$. ____________

c) Der Graph schneidet die x-Achse bei 0, 2π, 4π usw. Die Amplitude ist 1,7. ____________

Die Graphen der Funktionen f mit $f(x) = a \cdot \sin(bx) + d$ mit $b \neq 0$ bzw. g mit $g(x) = a \cdot \sin(x - c) + d$ kann man aus dem Graphen der Sinusfunktion schrittweise entstehen lassen.

Beispiel 1: Graph der Funktion $f(x) = 2 \cdot \sin(3\pi x) + 4$ entsteht aus Graphen der Funktion sin(x) durch
- Strecken in y-Richtung: $a = 2$, also ist der Streckfaktor 2 und damit hat f die Amplitude 2.
- Strecken in x-Richtung: $b = 3\pi$, also ist der Streckfaktor $\frac{1}{3\pi}$ und damit $p = \frac{2\pi}{3\pi} = \frac{2}{3}$.
- Verschieben in y-Richtung: $d = 4$, der Graph von f ist um 4 nach oben verschoben.
- Verschieben in x-Richtung: $c = 5$: der Graph von f ist um 5 nach rechts verschoben.

Bemerkung: Dies gilt ebenso für die Funktionen $g(x) = a \cdot \cos(bx) + d$ mit $b \neq 0$ und $i(x) = a \cdot \sin(x - c) + d$.

Beispiel 2: Der Graph der Funktion g mit $g(x) = \cos(x + 3)$ entsteht aus dem Graphen der Funktion cos(x) durch Verschiebung um −3 in x-Richtung.

15 Füllen Sie die Tabelle aus.

	$f(x) = 5 \cdot \sin(x + 3) - 1$	$g(x) = 1{,}4 \cdot \sin\left(\frac{x}{5}\right) + 3$	$h(x) = 0{,}4 \cdot \cos\left(\frac{\pi x}{4}\right) - 0{,}2$
Streckung in x-Richtung			
Streckung in y-Richtung			
Verschiebung in y-Richtung			
Verschiebung in x-Richtung			

16 Skizzieren Sie die Graphen der Funktionen in das Koordinatensystem, indem Sie zuerst die Hochpunkte und die Tiefpunkte einzeichnen.

a) $f_1(x) = 2\sin(x)$; H(____ | ____); T(____ | ____)

$f_2(x) = 2\sin(0{,}5x)$; H ______________________

$f_3(x) = 2\sin(0{,}5x) - 1$; ______________________

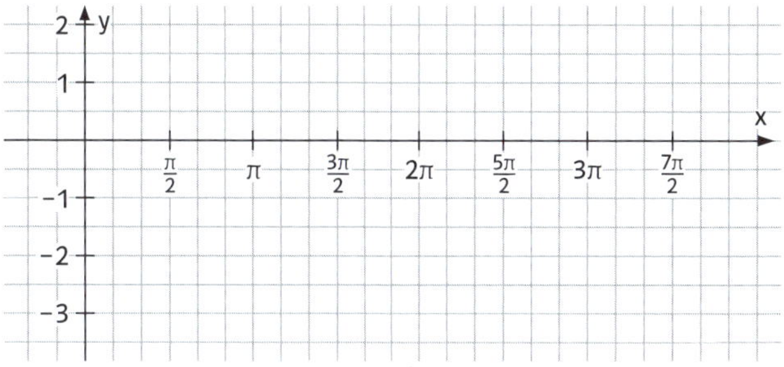

b) $f_1(x) = 0{,}5\sin(x)$; ______________________

$f_2(x) = 0{,}5\sin(x) + 1{,}5$; ______________________

$f_3(x) = 0{,}5\sin\left(x - \frac{\pi}{4}\right) + 1{,}5$; ______

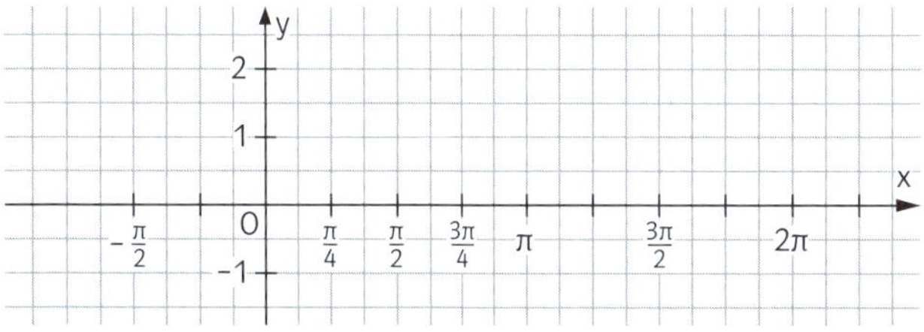

17 Der Graph der Funktion g mit $g(x) = \sin(x)$ bzw. der Funktion h mit $h(x) = \cos(x)$ ist bereits eingezeichnet. Skizzieren Sie dazu jeweils den Graphen von f.

a) $f(x) = \sin\left(\frac{\pi}{2}x\right) - 1{,}5$

Amplitude a = ________, Periode p = ________

Verschiebung in x-Richtung um ________________

Verschiebung in y-Richtung um ________________

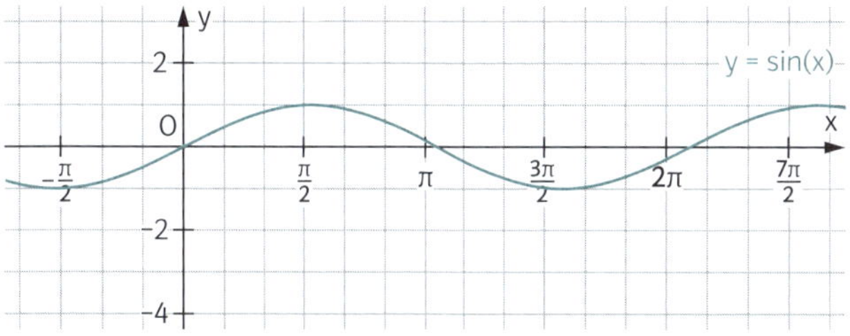

b) $f(x) = 1{,}5 \cdot \sin(2x)$

Amplitude a = ________, Periode p = ________

Verschiebung in x-Richtung um ________________

Verschiebung in y-Richtung um ________________

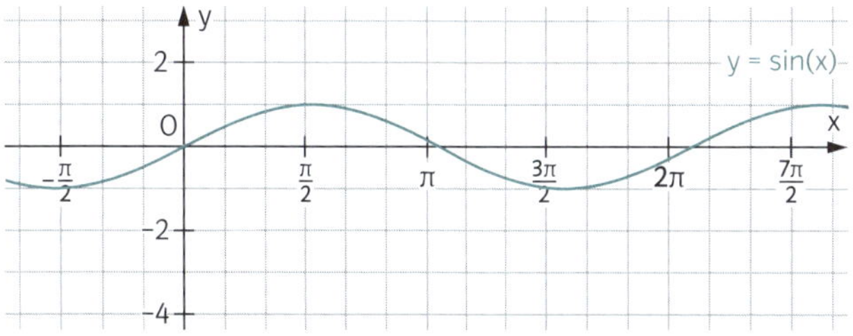

c) $g(x) = -\cos\left(x + \frac{\pi}{2}\right) + 0{,}5$

Amplitude a = ________, Periode p = ________

Verschiebung in x-Richtung um ________________

Verschiebung in y-Richtung um ________________

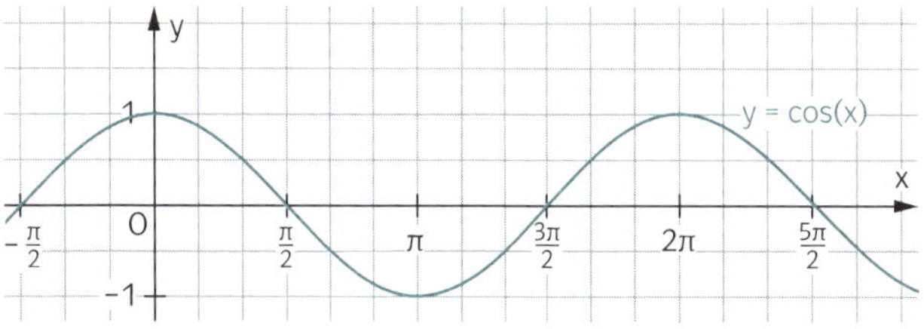

18 Ordnen Sie Funktionsgleichungen den Graphen zu.

$f_1(x) = 2 \cdot \sin(0{,}5x) + 1$; Graph ________

$f_2(x) = 0{,}5 \cdot \sin(x - 1) + 2$; Graph ________

$f_3(x) = 0{,}5 \cdot \sin(x) + 1$; Graph ________

Eine Funktion kann nicht zugeordnet werden. Skizzieren Sie den Graphen.

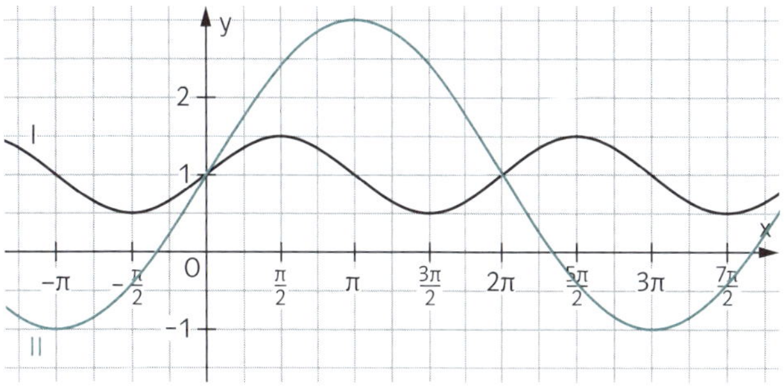

Trigonometrische Gleichungen der Form $a \cdot \sin(x) + d = r$ bzw. $a \cdot \cos(x) + d = r$ löst man, indem man sie durch Umformen in die Form $\sin(x) = \dots$ bzw. $\cos(x) = \dots$ bringt und diese Gleichung löst.

Beispiel 1:

$2 \cdot \sin(x) + 5 = 7$

für $x \in [0; 2\pi]$.

$2\sin(x) + 5 = 7 \quad | -5$

$2\sin(x) = 2 \quad | : 2$

$\sin(x) = 1;$

$x = \frac{\pi}{2}$

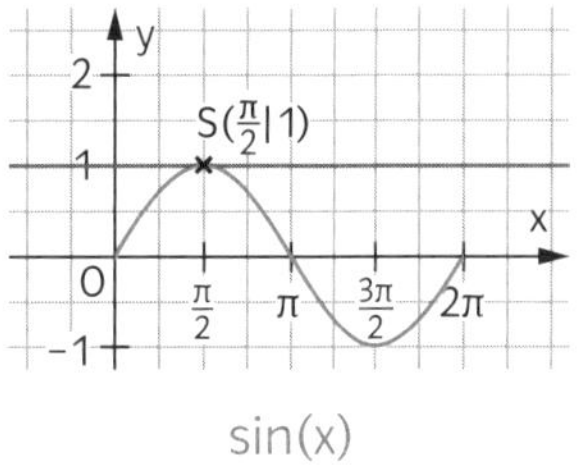

Beispiel 2:

$0{,}5 \cdot \cos(x) + 0{,}75 = 1{,}1$

für $x \in [0; \pi]$.

$0{,}5\cos(x) + 0{,}75 = 1{,}1 \quad | -0{,}75$

$0{,}5\cos(x) = 0{,}35 \quad | : 0{,}5$

$\cos(x) = 0{,}7$

$x \approx 0{,}80$

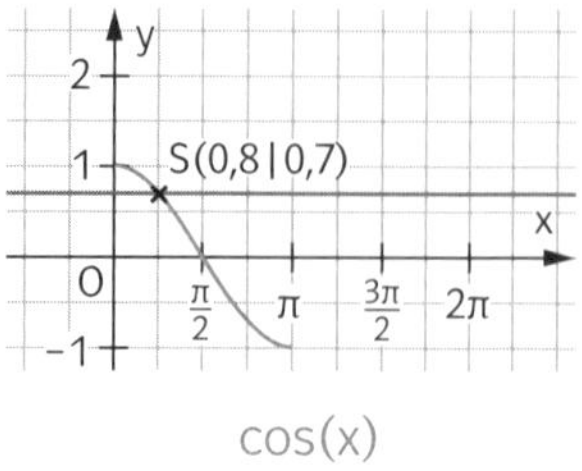

1 Berechnen Sie die Werte exakt.

a) $5\sin(x) - 4 = 1$ für $x \in [0; 2\pi]$; x = ____

b) $1{,}5\cos(x) + 2{,}5 = 2{,}5$ für $x \in [0; 2\pi]$; x = ____

c) $0{,}2\sin(x) + 1 = 0{,}8$ für $x \in [0; 2\pi]$; x = ____

d) $3\cos(x) - 0{,}5 = 2{,}5$ für $x \in [0; \pi]$; x = ____

e) $4\cos(x) + 3 = 5$ für $x \in \left[0; \frac{3\pi}{2}\right]$; x = ____

f) $2\sin(x) + 3 = 2$ für $x \in \left[-\frac{\pi}{2}; \frac{\pi}{2}\right]$; x = ____

2 Lösen Sie die Gleichung nach x auf.

a) $0{,}1\sin(x) - 0{,}23 = -0{,}3$ für $x \in \left[-\frac{\pi}{2}; \pi\right]$; x = ____

b) $2\cos(x) + 1 = 2{,}2$ für $x \in [0; \pi]$; x = ____

c) $5\cos(x) + 2{,}2 = 1{,}2$ für $x \in [0; \pi]$; x = ____

d) $3\sin(x) - 1 = 1{,}4$ für $x \in \left[-\frac{\pi}{2}; \frac{\pi}{2}\right]$; x = ____

Da die **Sinusfunktion** periodisch ist, gibt es viele x-Werte, die denselben Funktionswert besitzen. Die Gleichung $\sin(x) = 0{,}8$ für $x \in [-\pi; 3\pi]$ hat die Lösung $x \approx 0{,}93$. Wegen der Periodizität der Sinusfunktion sind auch $0{,}93 + 2\pi$ und $0{,}93 + 4\pi$ usw. Lösungen der Gleichung.
Da die Sinusfunktion achsensymmetrisch zu der Geraden mit der Gleichung $x = \frac{\pi}{2}$ ist, lassen sich aus dem Graphen auch andere Lösungen ablesen: $x \approx \pi - 0{,}93$. Außerdem ist auch $3\pi - 0{,}93$ eine Lösung und ebenso $5\pi - 0{,}93$.

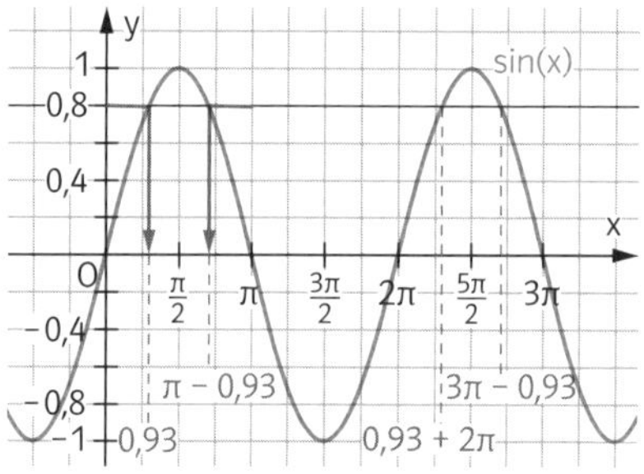

Ist der Definitionsbereich eingeschränkt, muss man entscheiden, welche Lösungen man angeben muss. Im Definitionsbereich $[-\pi; 3\pi]$ liegen die Lösungen bei $0{,}93$; $\pi - 0{,}93$; $0{,}93 + 2\pi$ und $\pi - 0{,}93 + 2\pi$.

3 Zeichnen Sie die Hilfsgerade ein. Lösen Sie die Gleichung. Geben Sie alle Lösungen im Intervall an.

a) $\sin(x) = 0{,}4$ für $x \in [-\pi; 3\pi]$

$\sin^{-1}(0{,}4)$ = ____ ,

2. Lösung: ____ $+ 2\pi$ = ____

3. Lösung: $\pi -$ ____ = ____

4. Lösung: ____ $+ 2\pi$ = ____

Lösungen: ____

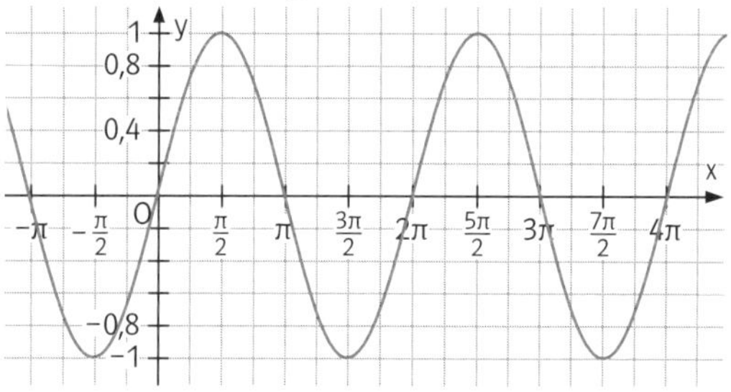

b) $\sin(x) = -0{,}6$ für $x \in [-\pi; 4\pi]$

$\sin^{-1}($____$)$ = ____

c) $0{,}5 \cdot \sin(x) = 0{,}1$ für $x \in [-\pi; 4\pi]$

4 a) Da die Kosinusfunktion periodisch ist, gibt es viele x-Werte mit demselben Funktionswert. Löst man die Gleichung $\cos(x) = 0{,}6$ für $x \in [-\pi; 2\pi]$ mit dem Taschenrechner, so erhält man

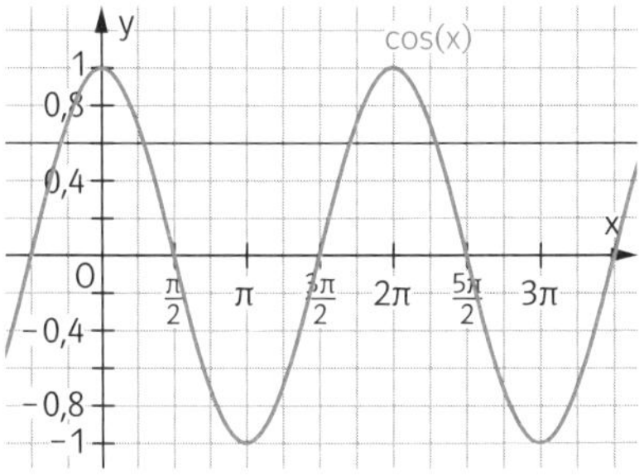

$\cos^{-1}(0{,}6) \approx$ ______ . Markieren Sie diesen x-Wert in der Grafik.

Weil die Kosinusfunktion die Periode $p =$ ______ hat, gibt es weitere

Lösungen bei $0{,}93 +$ ______ , ______ und ______ .

Der Kosinusgraph ist achsensymmetrisch zur y-Achse, also ist auch

______ Lösung. Markieren Sie diesen x-Wert in der Zeichnung.

Wegen $p = 2\pi$ sind auch ______ und ______ Lösungen.

Die Definitionsmenge ist ______ , also gibt es die Lösungen ______ .

b) $\cos(x) = 0{,}2$ für $x \in [0; 5\pi]$ c) $2 \cdot \cos(x) = 1{,}6$ für $x \in [-2; 4]$ d) $0{,}5 \cdot \cos(x) - 0{,}1 = -0{,}2$ für $x \in [-3\pi; \pi]$

5 a) Bestimmen Sie alle Lösungen der Gleichung für $x \in [-\pi; 3\pi]$ im Heft.
(1) $3 \cdot \sin(x) - 2 = -1{,}5$ (2) $-4 \cdot \cos(x) + 2 = 3$

b) Bestimmen Sie exakt alle Lösungen der Gleichung für $x \in [-\pi; 3\pi]$ im Heft.
(1) $3{,}4 \cdot \cos(x) - 0{,}5 = 1{,}2$ (2) $-2 \cdot \sin(x) + 13 = 15$

Sollen **Gleichungen** der Form $a \cdot \cos(bx) = r$ gelöst werden, wendet man die **Substitution** $z = bx$ an.

Allgemein:	**Beispiel:**
Umformen mit dem Ziel $\cos(bx) = \ldots$.	$2 \cdot \cos(\pi x) = 1{,}6 \quad \mid :2 \qquad x \in [0; 4] = D$
Substituieren des Arguments bx durch z.	$\cos(\pi x) = 0{,}8 \quad \mid \pi x = z$ $\cos(z) = 0{,}8$
Die ersten beiden Lösungen für z bestimmen.	$z_1 \approx 0{,}6435$ bzw. $z_2 \approx -0{,}6435$ (Achsensymmetrie)
Resubstitution	$\pi x_1 \approx 0{,}6435 \quad \mid :\pi$ bzw. $\pi x_2 \approx -0{,}6435 \quad \mid :\pi$ $x_1 \approx 0{,}2048$ bzw. $x_2 \approx -0{,}2048$ $-0{,}2048 \notin D$, Zahl wird für weitere Lösungen benötigt:
Periode p bestimmen.	$p = \frac{2\pi}{\pi} = 2$ 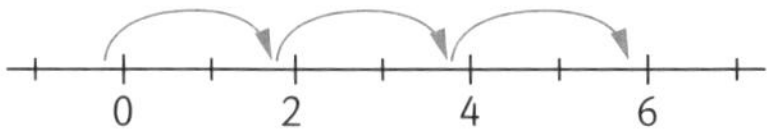
Weitere Lösungen durch Addition von $k \cdot p$, dabei auf die Intervallgrenzen achten.	$0{,}2048 + 2 \approx 2{,}2048$ bzw. $-0{,}2048 + 2 \approx 1{,}7852$ $0{,}2048 + 4 \approx 4{,}2048 > 4 \quad -0{,}2048 \approx 3{,}7852$ $0{,}2048 - 2 \approx -1{,}7952 < 0$
Lösungsmenge angeben.	Werte, die kleiner als 0 oder größer als 4 sind, liegen nicht in D, d.h. $L = \{0{,}2048;\ 1{,}7852;\ 2{,}2048;\ 3{,}7852\}$.

Gleichungen der Form $a \cdot \sin(bx) = r$ löst man nach dem gleichen Verfahren.

6 Ordnen Sie zu.

Ausgangsgleichung	**Gleichung der Form sin(...) = ...**	**Substitution**
A) $5 \cdot \sin\left(\frac{x}{2}\right) = 2{,}5$	a) $\sin(2x) = 0{,}5$	1) $z = x - 0{,}5$
B) $2 \cdot \sin\left(\frac{x}{3}\right) = 0{,}5$	b) $\sin\left(\frac{x}{3}\right) = -0{,}5$	2) $z = 2x$
C) $\sin(2x) + 1 = 0{,}5$	c) $\sin\left(\frac{x}{2}\right) = 0{,}5$	3) $z = 3 + x$
D) $\sin\left(\frac{x}{3}\right) + 0{,}7 = 0{,}2$	d) $\sin(2x) = -0{,}5$	4) $z = \frac{x}{2}$
E) $5\sin(2x) = 2{,}5$	e) $\sin\left(\frac{x}{3}\right) = 0{,}25$	5) $z = \frac{x}{3}$

7 Lösen Sie die Gleichung im angegebenen Intervall.

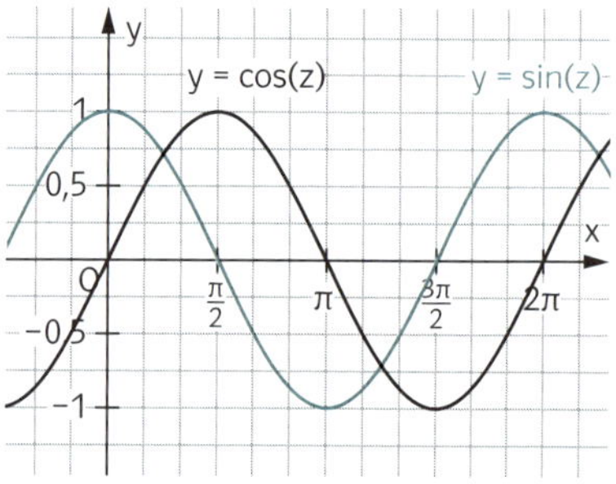

a) $\sin(3x) = 1$ für $x \in [0; 3\pi]$.

Substituieren: $z = 3x$. Neue Gleichung: $\sin(z) = 1$. Lösung: $z =$ ____

Resubstituieren: $z =$ ____ $= 3x$. Auflösen nach x ergibt: $x =$ ____.

Bestimmung der Periode: $p =$ ____

Weitere Lösungen: $x + p =$ ____ + ____ = ____

$x + 2p =$ ____ ; $x + 3p =$ ____

Davon liegen im Definitionsbereich $[0; 3\pi]$ die Lösungen: ____

b) $\cos(0{,}5x) = -1$ für $x \in [0; 8\pi]$.

Substituieren: ____

Neue Gleichung: ____ ; Lösung: ____

Resubstituieren: $z =$ ____ = ____

Auflösen nach x: $x =$ ____ ; $p =$ ____

Weitere Lösungen: ____

c) $5 \cdot \sin\left(\frac{\pi x}{3}\right) = -5$ für $x \in [0; 15\pi]$.

Substituieren: ____

Neue Gleichung: ____ ; Lösung: ____

Resubstituieren: $z =$ ____ = ____

Auflösen nach x: $x =$ ____ ; $p =$ ____

Weitere Lösungen: ____

d) $1{,}5 \cdot \cos(\pi x) + 2 = 3{,}5$ für $x \in [-1; 4]$.

e) $7 \cdot \sin\left(\frac{x}{2}\right) + 3 = 10$ für $x \in [-5; 8]$.

8 a) Füllen Sie die Lücken aus.

$3 \cdot \cos(2x) = 1{,}5;\ x \in [-\pi; \pi]$

$3 \cdot \cos(2x) = 1{,}5 \quad | :3$

$\cos(2x) =$ ____

Substitution: $z = 2x$

cos(____) = 0,5

$z_1 = \frac{\pi}{3}$ $\quad z_2 = -$ ____

Resubstitution:

$2x_1 = \frac{\pi}{3}$ $\quad 2x_2 =$ ____

$x_1 =$ ____ $\quad x_2 =$ ____

Periode $p =$ ____ = ____

$\frac{\pi}{6} +$ ____ = ____ ; $\frac{\pi}{6} -$ ____ = ____

____ + ____ = ____ ; ____ − ____ = ____

$L = \{$ ____ ; ____ ; $\frac{\pi}{6}$; ____ $\}$

b) Lösen Sie die Gleichung: $0{,}5 \cdot \sin\left(\frac{\pi x}{2}\right) = 0{,}3;\ x \in [-1; 6]$.

$\sin\left(\frac{\pi x}{2}\right) =$ ____

Substitution: $z =$ ____

sin(____) = ____

$z_1 =$ ____ ; $z_2 =$ ____

Resubstitution: ____

$x_1 =$ ____ ; $x_2 =$ ____

Periode $p =$ ____

$L =$ ____

c) Bestimmen Sie die Lösungen der Gleichung $15 \cdot \sin(0{,}2x) - 12 = 2$ für $x \in [0; 65]$.

$15 \cdot \sin(0{,}2x) =$ ____

Substitution: ____

sin(____) = ____

$z_1 =$ ____ ; $z_2 =$ ____

Resubstitution: ____

____ ; ____

____

$L =$ ____

d) $17 \cdot \cos\left(\frac{2\pi x}{365}\right) + 40 = 50$ für $x \in [0; 730]$

e) $0{,}13 \cdot \sin(0{,}2\pi x - 3) + 0{,}2 = 0{,}1$ für $x \in [-5; 20]$

9 Bestimmen Sie die exakten Lösungen im Heft.

a) $3 \cdot \sin(2x) - 2{,}5 = -1$ für $x \in [0; 5]$.

b) $0{,}1 \cdot \cos(0{,}8x - 2) + 0{,}1 = 0{,}05$ für $x \in [0; 12]$.

Ist bei **Anwendungsaufgaben** die benötigte Funktion gegeben, so können Fragestellungen nach y-Werten und x-Werten beantwortet werden. Oft lässt sich mithilfe der Einheiten erkennen, was gegeben ist.
Beispiel:
In einem Hafen an der Nordsee wurde an einem Tag die Wassertiefe w (in Metern) in Abhängigkeit von der seit Mitternacht vergangenen Zeit t (in Stunden) gemessen.
Die Funktion w mit $w(t) = 1{,}5\cos\left(\frac{\pi}{6}t\right) + 3{,}5$ für $t \in [0; 24]$ modelliert die Messdaten an diesem Tag.
a) Wie hoch stand das Wasser um 6:30 Uhr?
b) Wie groß ist der Unterschied zwischen Ebbe und Flut?
c) Wann war Hochwasser?
Lösung
a) 6:30 Uhr ist der Wert für t. Berechnet wird $w(6{,}5) \approx 2{,}05$. Der Wasserstand betrug um 6:30 Uhr 2,05 m.
b) Unterschied zwischen Ebbe und Flut bezieht sich auf die Differenz zwischen größtem und kleinstem y-Wert. Das ist zweimal die Amplitude, hier $2 \cdot 1{,}5 = 3$. Der Unterschied beträgt also 3 m.
c) Hochwasser ist immer nach einer Viertelperiode. Die Periode ist $p = \frac{2\pi}{\frac{\pi}{6}} = 12$. Die Verschiebung in x-Richtung beträgt +2. Das 1. Hochwasser um $2 + \frac{12}{4} = 5$, also 5 Uhr. Das 2. Hochwasser 12 später, also um 17 Uhr.

1 Im Verlauf eines Jahres ändert sich die Tageslänge. Für die Stadt Stockholm kann sie modellhaft durch eine Funktion L mit $L(t) = 12 - 6{,}24\cos\left(\frac{\pi t}{6}\right)$ beschrieben werden. Dabei ist t die Zeit in Monaten seit Neujahr und L(t) die Tageslänge in Stunden.

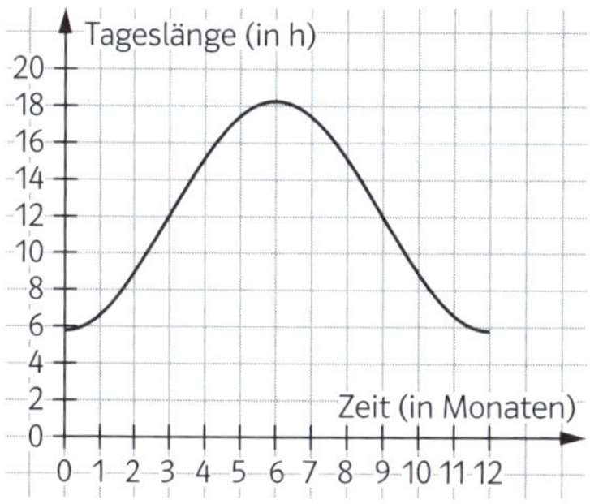

a) Bestimmen Sie die Tageslänge im Oktober.

t = ___ ; L(___) = ___

Ende Oktober beträgt die Tageslänge ___ Stunden.

b) Wie lang ist der längste, wie lang der kürzeste Tag?

Größte Tageslänge: ___ + 6,24 = ___ . Kleinste Tageslänge: ___ .

Der längste Tag hat ___ Stunden, der kürzeste ___ Stunden.

c) Zu welchem Zeitpunkt tritt dies nach dem Modell ein?

Die Minus-Kosinusfunktion hat die Periode ___ und ist nicht in ___ -Richtung verschoben.

Der Hochpunkt wird nach der ___ der Periode, der Tiefpunkt zu ___ der Periode erreicht.

Also ist der längste Tag für t = ___ , das ist ___ ,

und der kürzeste Tag für t = ___ , das ist ___ .

d) Wann hat ein Tag 14 Stunden?

Gegeben ist t = ___ . Zu lösen ist die Gleichung ___ .

Lösung: ___ . Mitte ___ und ___ gibt es 14 Stunden lang Tageslicht.

2 Bei dem Gezeitenkraftwerk St. Malo in Nord-Frankreich strömt Wasser durch Turbinen: Bei Flut vom Meer in die Bucht, bei Ebbe von der Bucht ins Meer. Der Wasserdurchfluss w durch die Turbinen $\left(\text{in } 1000\,\frac{m^3}{s}\right)$ in Abhängigkeit von der Zeit (in h) nach 0:00 wird modelliert durch die Funktion $w(t) = -9\sin(0{,}5t) + 9$.
a) Skizzieren Sie den Graphen.
b) Wie groß war der Wasserdurchfluss um 7 Uhr und um 20 Uhr?
c) Wie groß ist der maximale Wasserdurchfluss?
d) Wann ist der Wasserdurchfluss minimal?
e) Wann beträgt der Wasserdurchfluss $7500\,\frac{m^3}{s}$?

Viele Vorgänge in Natur und Technik haben **periodische Abläufe**. Ist der Verlauf bekannt, lässt sich die Funktionsgleichung **$f(x) = a \cdot \sin(bx) + d$** bzw. $f(x) = a \cdot \cos(bx) + d$ folgendermaßen bestimmen:

1. Um a zu bestimmen, betrachtet man den y-Wert eines Hochpunktes (H) und den y-Wert eines Tiefpunktes (T): $a = 0{,}5(y_H - y_T)$.
2. Um d zu bestimmen, nimmt man ebenfalls diese beiden y-Werte: $d = 0{,}5(y_H + y_T)$.
3. Zur Bestimmung der Periode p nimmt man die Differenz von zwei benachbarten Hochpunkten oder von zwei benachbarten Tiefpunkten: $p = |x_{H1} - x_{H2}|$ oder $p = |x_{T1} - x_{T2}|$. Mit der Formel $b = \frac{2\pi}{p}$ wird b berechnet.
4. Prüfen, ob der Graph an der x-Achse gespiegelt wurde.

Beispiel:
Bestimmung einer Funktionsgleichung:
1. H_1 hat den y-Wert $y_H = 1{,}5$ und T hat $y_T = -3{,}5$.
   $a = 0{,}5(1{,}5 - (-3{,}5))$, also ist $a = 2{,}5$.
2. d erhält man durch $d = 0{,}5(1{,}5 + (-3{,}5))$;
   also ist $d = -1$.
3. Der Abstand der Hochpunkte beträgt
   $12 - 4 = 8$. Mit $p = 8$ erhält man $b = \frac{2\pi}{8} = \frac{\pi}{4}$.
4. Der Tiefpunkt des Graphen liegt auf der y-Achse, also ist er an der x-Achse gespiegelt.

Da ein Tiefpunkt auf der y-Achse liegt, wäre auch der Ansatz über die Kosinusfunktion sinnvoll. Dann erhält man $f(x) = -2{,}5\cos\left(\frac{\pi}{4}x\right) - 1$.

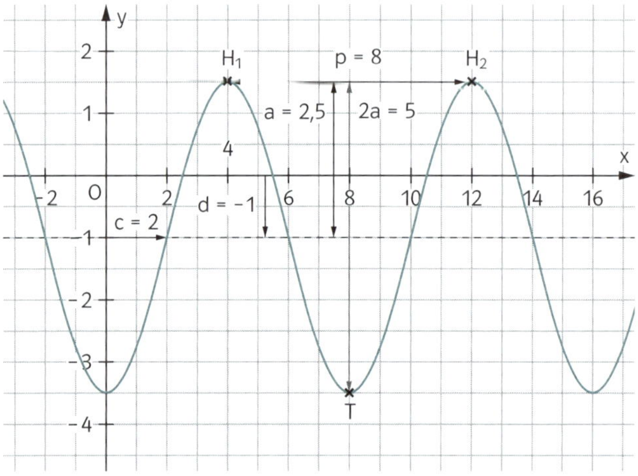

3 Geben Sie anhand der Graphen die Periode, die Amplitude sowie die zugehörige Funktionsgleichung an.

a) p = ____, a = ____, f(x) = ______________________

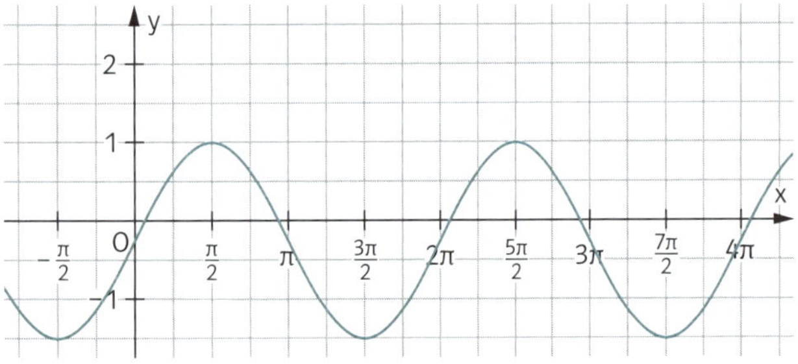

b) p = ____, a = ____, f(x) = ______________________

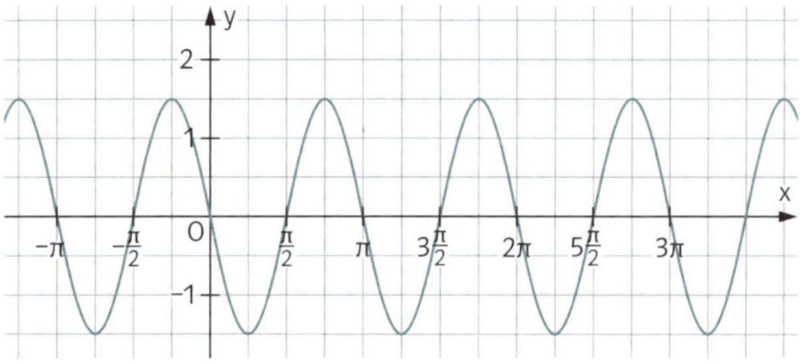

c) p = ____, a = ____, f(x) = ______________________

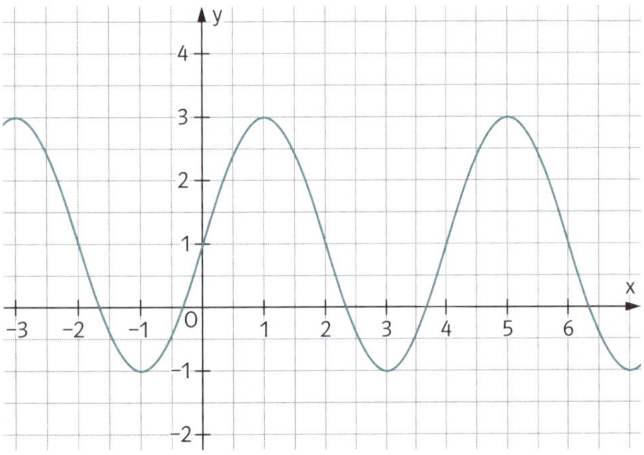

d) p = ____, a = ____, f(x) = ______________________

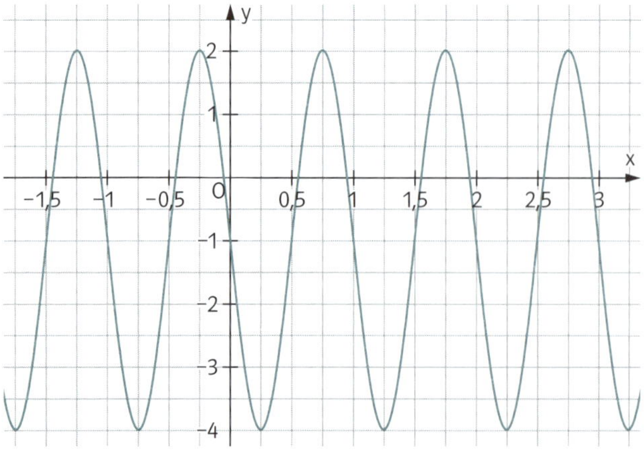

4 a) Die Abbildung zeigt das Auf- und Abschwingen eines Federpendels in Abhängigkeit von der Zeit t. Bestimmen Sie einen Funktionsterm für die Höhe des Pendels über dem Tisch in Abhängigkeit von t.

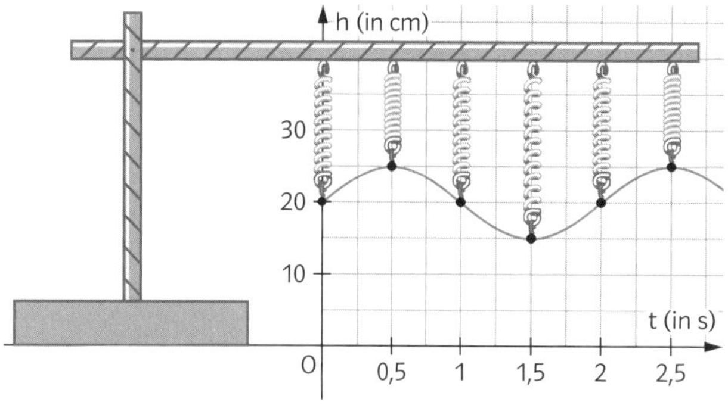

y_H = ________ ; y_T = ________

a = ________ ; d = ________

p = ________ ; b = ________

c = ____ ; f(t) = ________

b) In einem anderen Versuch wird dieses Federpendel um 10 cm nach unten gezogen und zum Zeitpunkt t = 0 losgelassen. Die Periode bleibt dabei gleich. Bestimmen Sie einen Funktionsterm.

____

5 Wetterphänomene im Jahresverlauf, wie z. B. beobachtete Temperaturen sowie tägliche Sonnenstunden, lassen sich gut durch eine Sinusfunktion modellieren.
In einer süddeutschen Stadt werden die Tageshöchsttemperaturen gemessen. Alle Daten eines Monats werden gemittelt und notiert. Der Mittelwert im Juli mit 25 °C war der höchste und der im Januar mit 4 °C der niedrigste. Bestimmen Sie die Funktionsgleichung, wenn x für den Monat steht (x = 0 steht für Januar). Fertigen Sie zuerst eine Skizze an.

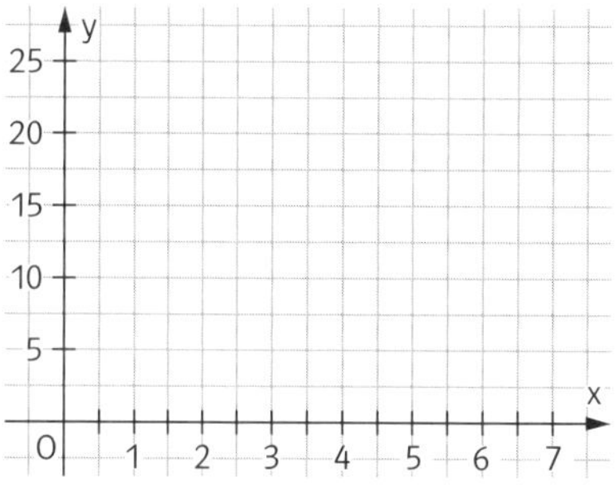

y_H = ____ ; y_T = ____ ;

a = ________ ; d = ________ ;

x_H = ____ ; x_T = ____

Differenz der x-Werte von aufeinander folgendem Hoch- und Tiefpunkt: ________ ;

p = ____ ; b = ____ ; Spiegelung: ________

f(x) = ________

Wie hoch war die durchschnittliche Tageshöchsttemperatur im Mai bzw. Oktober? ________

____

6 Eine Boje wird durch den Wellengang auf- und abbewegt. Die Zeit für die Bewegung vom tiefsten zum höchsten Punkt beträgt 1,2 Sekunden. Dabei legt die Boje einen Höhenunterschied von 50 cm zurück.
Entscheiden Sie, ob die Aussage wahr oder falsch ist. Kreuzen Sie an.

	wahr	falsch
a) Die Periode beträgt 1,2 Sekunden.	☐	☐
b) Die y-Differenz zwischen Hochpunkt und Tiefpunkt beträgt 50 cm.	☐	☐
c) Die x-Differenz zwischen Hochpunkt und Tiefpunkt beträgt 1,2 Sekunden.	☐	☐
d) Die Amplitude beträgt 50 cm.	☐	☐
e) Die Funktion $f(x) = 50 \cdot \sin(x)$ ist geeignet, den Vorgang zu beschreiben.	☐	☐
f) Die Funktion $f(x) = 0{,}25 \cdot \sin\left(\frac{5\pi}{3}x\right)$ ist geeignet, den Vorgang zu beschreiben.	☐	☐
g) Die Funktion $f(x) = 50 \cdot \cos\left(\frac{5\pi}{6}x\right)$ ist geeignet, den Vorgang zu beschreiben.	☐	☐
h) Die Funktion $f(x) = 0{,}25 \cdot \sin\left(\frac{5\pi}{6}x\right)$ ist geeignet, den Vorgang zu beschreiben.	☐	☐
i) Die Funktion $f(x) = 25 \cdot \cos(2{,}61799\,x)$ ist geeignet, den Vorgang zu beschreiben.	☐	☐

1 Bestimmen Sie ohne Taschenrechner.

a) $\sin(\pi)$ b) $\cos(2\pi)$ c) $\sin(0)$ d) $\sin\left(\frac{\pi}{6}\right)+1$ e) $4\cos\left(\frac{5}{2}\pi\right)$ f) $0{,}5\cos(\pi)$

2 Lösen Sie die Gleichung.

a) $\sin(4x)+2=1;\ x\in[0;3\pi]$ b) $4\cdot\cos\left(\frac{x}{3}\right)-2=2;\ x\in[-2\pi;6\pi]$ c) $40\cdot\cos\left(\frac{\pi x}{10}\right)-20=-20;\ x\in[0;50]$

d) $0{,}05\cdot\sin(x)=0{,}03;\ x\in[-\pi;\pi]$ e) $0{,}2\cdot\sin(2x)-3=2;\ x\in[1;10]$ f) $4\cdot\cos\left(\frac{\pi x}{2}\right)-1=1;\ x\in[-3;6]$

3 Bestimmen Sie die Amplitude und die Periode und skizzieren Sie den Graphen von f.

a) $f(x)=-2\cdot\sin\left(\frac{\pi}{2}x\right)+1$ b) $f(x)=1{,}5\cdot\sin\left(x-\frac{\pi}{2}\right)-2$ c) $f(x)=-\cos(2x)-3$

4 a) Der Graph der Sinusfunktion mit $f(x)=\sin(x)$ wird in y-Richtung mit Faktor 3 gestreckt und dann um 4 nach links und um 5 nach unten verschoben. Geben Sie den Funktionsterm des neuen Graphen an.
b) Gegeben ist die Funktion f mit $f(x)=\sin(x+b)$. Bestimmen Sie b so, dass der Punkt $P(2\,|\,0)$ auf dem Graphen von f liegt.
c) Gegeben ist die Funktion f mit $f(x)=a\cdot\sin(bx)+d$. Bestimmen Sie a, b und d so, dass der Graph von f die Periode $p=2$ hat, in y-Richtung um $\frac{1}{3}$ verschoben ist und eine Amplitude von 3 hat.

5 Ordnen Sie jedem Graphen eine Funktionsgleichung zu.

$f_1(x)=2\sin(0{,}5x)+1$

$f_2(x)=\sin(0{,}5x)+1$

$f_3(x)=0{,}5\sin\left(x+\frac{\pi}{4}\right)+0{,}5$

$f_4(x)=0{,}5\sin\left(x-\frac{\pi}{4}\right)+1$

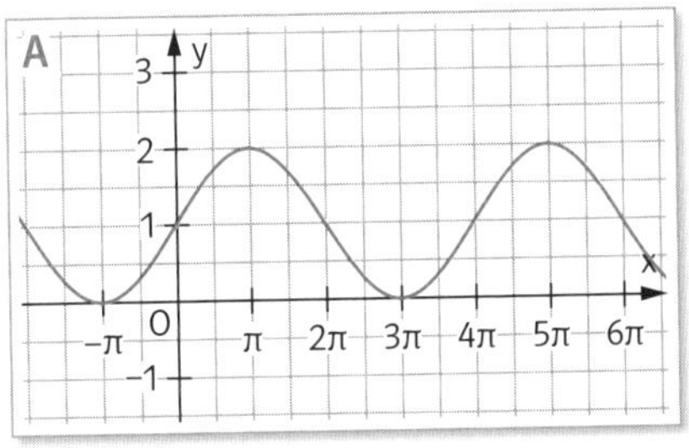

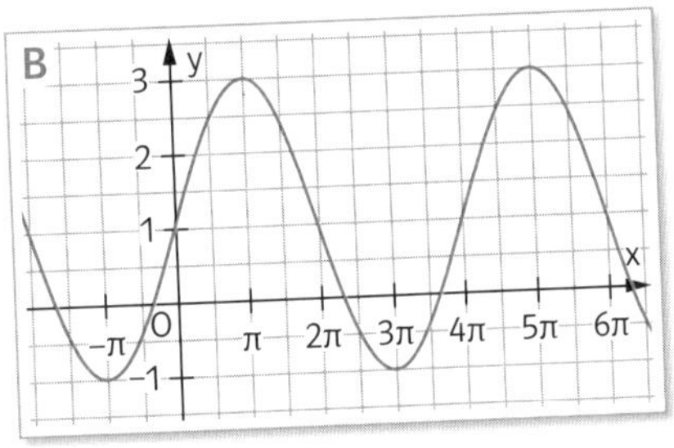

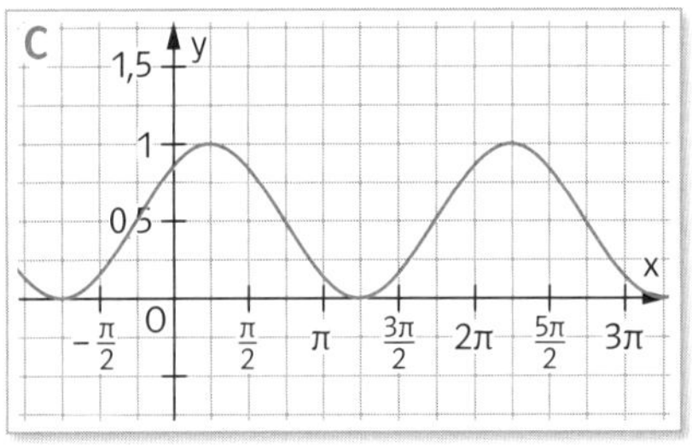

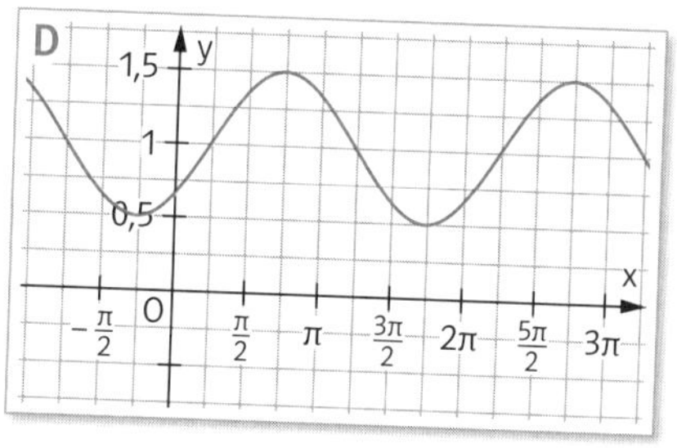

6 Nur einer der Graphen ist Graph der Funktion f mit $f(x)=3\cdot\sin(\pi x)-2$. Begründen Sie für jeden Graphen, warum er der Graph der Funktion ist bzw. warum er nicht der Graph der Funktion sein kann.

a)

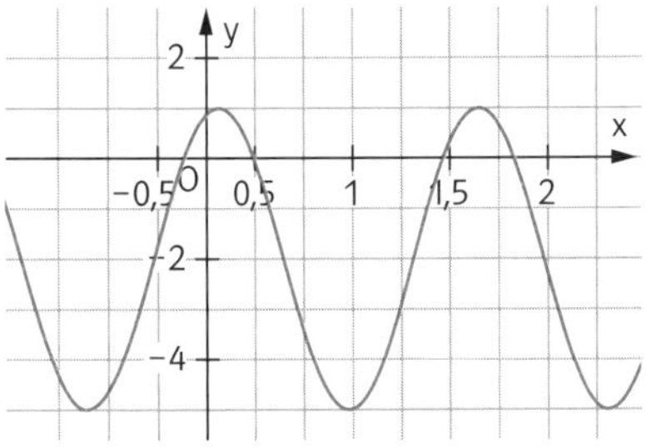

b)

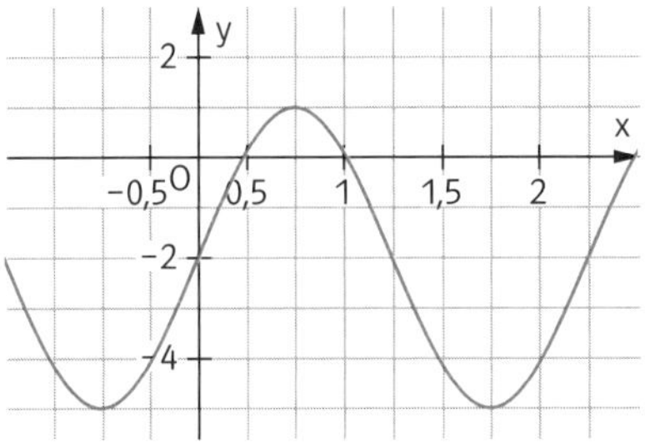

c)

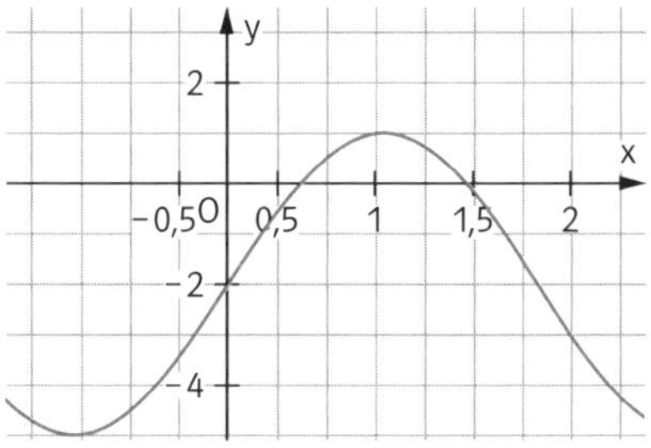

7 Aus langjährigen Messungen der Temperaturen in Karlsruhe weiß man, dass bei den Monatsmittelwerten im Januar mit 1,1 °C der kleinste und im Juli mit 19,3 °C der größte Wert zu erwarten ist.
Bestimmen Sie eine Funktion, die die Monatsmittelwerte in Abhängigkeit von der Zeit t in Monaten beschreibt ($t=0$ entspricht Januar). Mit welchem Monatsmittelwert ist im Mai zu rechnen?

Differenzen- und Differenzialquotient

Der **Differenzenquotient** $\frac{f(x) - f(x_0)}{x - x_0}$ einer Funktion f gibt geometrisch die **Sekantensteigung** zwischen den Punkten $P(x_0 \mid f(x_0))$ und $Q(x \mid f(x))$ des Graphen von f an; er wird auch **durchschnittliche Änderungsrate** genannt.
Beispiel: $f(x) = x^2$; $P(1 \mid 1)$; $Q(3 \mid 9)$; $\frac{f(3) - f(1)}{3 - 1} = \frac{9 - 1}{3 - 1} = \frac{8}{2} = 4$

Für $x \to x_0$ wandert der Punkt Q auf den Punkt P zu, und die Sekante durch die beiden Punkte nähert sich immer mehr der Tangente im Punkt $P(x_0 \mid f(x_0))$ an.

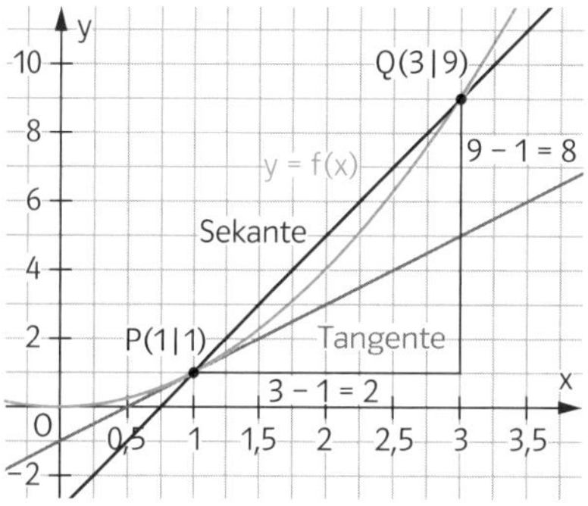

Der **Differenzialquotient** $\lim\limits_{x \to x_0} \frac{f(x) - f(x_0)}{x - x_0}$ gibt die **Steigung der Tangente** in P an. Er heißt auch **lokale** oder **momentane Änderungsrate** von f an der Stelle x_0.
Beispiel: P(1 | 1); dicht daneben liegend: R(1,001 | 1,002001); die Steigung der Sekante durch P und R ist mit $\frac{f(1{,}001) - f(1)}{1{,}001 - 1} = \frac{1{,}002001 - 1}{1{,}001 - 1} = 2{,}001$ eine Näherung für die lokale Änderungsrate an der Stelle $x_0 = 1$:
$m(1) = \lim\limits_{x \to 1} \frac{f(x) - f(1)}{x - 1} = 2.$

1 Berechnen Sie den Differenzenquotienten der Funktion f für das Intervall [−1; 0] bzw. [−3; 2].

a) $f(x) = \frac{1}{2}x^2 - 4$
[−1; 0]: $f(-1) = \frac{1}{2} \cdot (-1)^2 - 4 =$ ____; $f(0) = \frac{1}{2} \cdot 0^2 - 4 =$ ____; $\frac{f(0) - f(-1)}{0 - (-1)} =$ ____
[−3; 2]: $f(-3) =$ ____; $f(2) =$ ____; $\frac{f(2) - f(-3)}{2 - (-3)} =$ ____

b) $f(x) = -x^3 + 4x$
[−1; 0]: ____
[−3; 2]: ____

2 a) Bestimmen Sie mithilfe des Graphen der Funktion f (Fig. 1) näherungsweise die Differenzenquotienten für die Intervalle [1; 2] und [1; 1,5] sowie für [0; 1] und [0,5; 1].
b) Stellen Sie aufgrund der Ergebnisse aus Teilaufgabe a) eine Vermutung über die lokale Änderungsrate an der Stelle $x_0 = 1$ auf.
c) Überprüfen Sie diese Vermutung, indem Sie näherungsweise die Tangente an den Graphen von f (Fig. 1) im Punkt P(1 | f(1)) zeichnen und deren Steigung bestimmen.
d) Bestimmen Sie entsprechend die lokale Änderungsrate an der Stelle $x_0 = 2$.

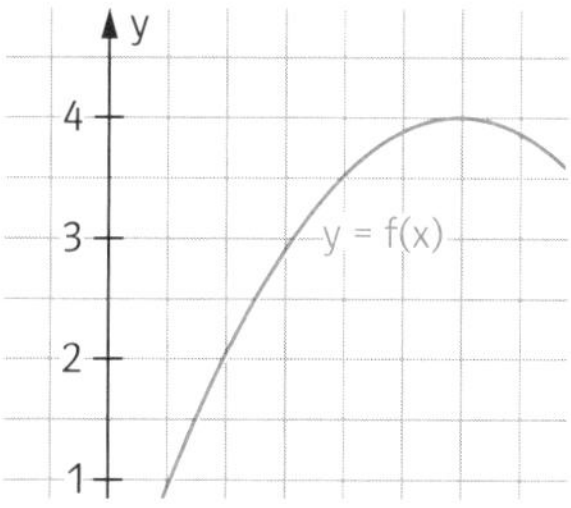

Fig. 1

3 Gegeben ist die Funktion f mit $f(x) = \frac{1}{2}x^2 - 3x + 1$.

a) Berechnen Sie die durchschnittlichen Änderungsraten von f für die Intervalle [1,9; 2] und [1,99; 2] sowie für die Intervalle [2; 2,1] und [2; 2,01].
b) Stellen Sie aufgrund der Ergebnisse der Teilaufgabe a) eine Vermutung für die lokale Änderungsrate der Funktion f an der Stelle $x_0 = 2$ auf.
c) Überprüfen Sie diese Vermutung mithilfe des Graphen von f (Fig. 2).
d) Führen Sie ein zu den Teilaufgaben a) bis c) analoges Verfahren durch, um die lokale Änderungsrate der Funktion f an der Stelle $x_0 = 5$ zu bestimmen.

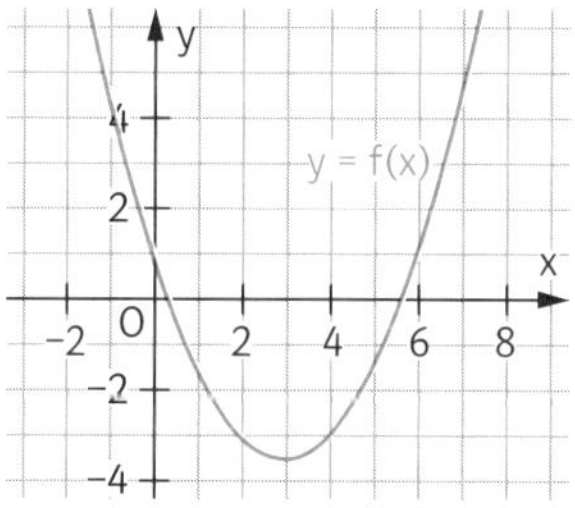

Fig. 2

4 Eine Kugel rollt auf einer schiefen Ebene hinunter. Nach der Zeit t (in Sekunden) hat sie dabei die Strecke s mit $s(t) = 0{,}5t^2$ (in m) zurückgelegt.
a) Skizzieren Sie den Graphen von s und bestimmen Sie die Werte $s(2) =$ ____; $\frac{s(4) - s(2)}{4 - 2} =$ ____
$\frac{s(0) - s(2)}{0 - 2} =$ ____ sowie die momentane Änderungsrate bei $t = 2$: $\lim\limits_{t \to 2} \frac{s(t) - s(2)}{t - 2} =$ ____.
b) Interpretieren Sie die in Teilaufgabe a) bestimmten Ergebnisse und benennen Sie die zugehörigen Einheiten.
c) Bestimmen Sie die durchschnittliche Geschwindigkeit von $t = 2$ bis $t = 3$ sowie die Momentangeschwindigkeit 3 Sekunden nach dem Start.

Man nennt die Funktion, die jeder Stelle x einer Funktion f ihre Ableitung $f'(x)$ zuordnet, **Ableitungsfunktion f'**.

Beispiel: Bestimmung der Ableitungsfunktion der Funktion f mit $f(x) = 0{,}25x^2 + 0{,}5$.

1. Differenzenquotient an einer beliebigen Stelle x_0 aufstellen $f(x_0) = 0{,}25x_0^2 + 0{,}5$

$$\frac{f(x) - f(x_0)}{(x - x_0)} = \frac{0{,}25x^2 + 0{,}5 - (0{,}25x_0^2 + 0{,}5)}{(x - x_0)}$$

2. Umformen des Differenzenquotienten:

$$= \frac{0{,}25(x^2 - x_0^2)}{x - x_0}$$

$$= 0{,}25\frac{(x + x_0)(x - x_0)}{(x - x_0)} = 0{,}25(x + x_0)$$

3. Grenzwert bestimmen:

$$\lim_{x \to x_0} (0{,}25 \cdot (x + x_0)) = 0{,}5x_0$$

Also gilt für die Ableitungsfunktion f' von f: $f'(x) = 0{,}5x$.

1 Berechnen Sie für die Funktion f die Ableitungsfunktion f'.

a) $f(x) = x^2 - 2$;

1. Differenzenquotient aufstellen: $f(x_0) =$ ____ ; $\frac{f(x) - f(x_0)}{x - x_0} = \frac{x^2 - 2 - \_\_\_\_}{x - x_0} = \frac{\_\_\_\_}{x - x_0}$

2. Umformen des Differenzenquotienten: $= \frac{\_\_\_\_}{x - x_0} =$ ____

3. Grenzwert bestimmen: $\lim_{x \to x_0}$ (____) = ____ . Also ist f'(___) = ____.

b) $f(x) = 2x^2 - 3$

c) $f(x) = -3x^2 + x$

Zwischen den **Graphen von f und f'** gibt es folgenden **Zusammenhang**:
Der Graph von f hat in den Punkten $P(1\,|\,f(1))$ und $Q(3\,|\,f(3))$ waagerechte Tangenten, daher ist $f'(1) = f'(3) = 0$.

Zwischen den Punkten P und Q fällt der Graph von f. Entsprechend ist die Ableitung von f auf dem Intervall $]1; 3[$ negativ. Der Graph von f' verläuft in diesem Intervall unterhalb der x-Achse.
Entsprechend gilt: links von P und rechts von Q steigt der Graph von f. Die Ableitung f' ist in den Intervallen $]-\infty; 1[$ und $]3; \infty[$ positiv. Der Graph von f' verläuft in diesen Intervallen oberhalb der x-Achse.

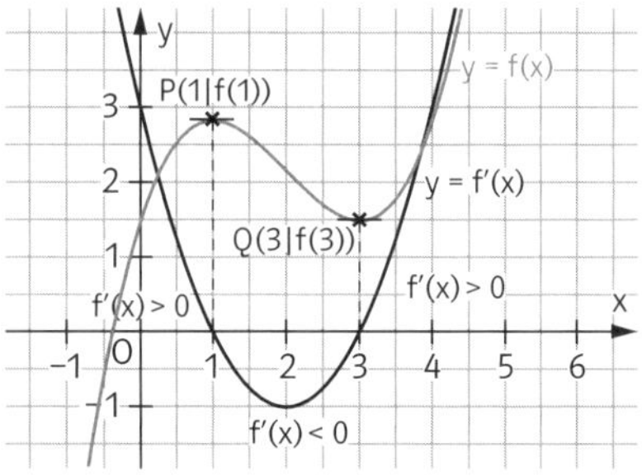

2 Wahr oder falsch? Kreuzen Sie an.

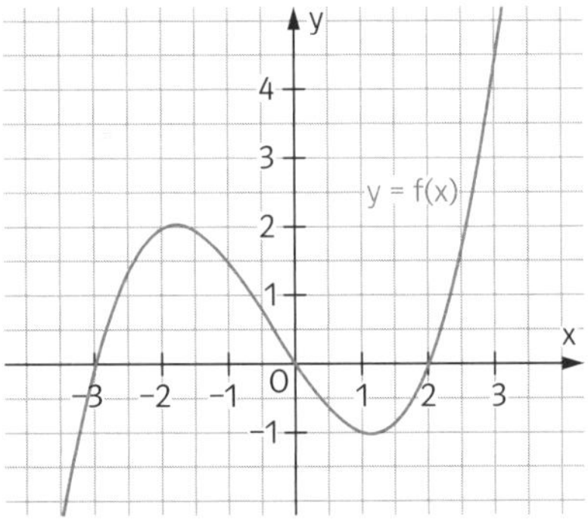

	wahr	falsch
a) $f(0) = 0$	☐	☐
b) $f'(0) = 0$	☐	☐
c) $f'(-1) < 0$	☐	☐
d) $f'(0) > f'(1)$	☐	☐
e) $f(x) > 0$ für $-3 < x < 0$	☐	☐
f) $f'(2) > f'(-2)$	☐	☐
g) f' wechselt im Intervall $[-3; 3]$ genau zweimal sein Vorzeichen.	☐	☐
h) f wechselt im Intervall $[-2; 3]$ genau zweimal sein Vorzeichen.	☐	☐

3 Die Abbildung zeigt den Graphen einer Funktion f.
Geben Sie die Intervalle bzw. die Stellen an, für die gilt

$f'(x) > 0$: ______________________________

$f'(x) = 0$: ______________________________

$f'(x) < 0$: ______________________________

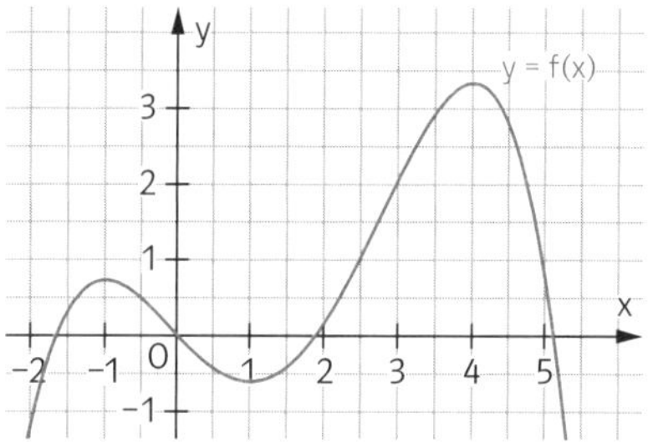

4 Ordnen Sie jedem Graphen von f die jeweils zutreffende Aussage über f bzw. f′ zu.

1 Alle Werte von f′(x) sind negativ.

2 Alle Werte von f(x) sind negativ.

3 Nur für x > 0 ist f′(x) > 0.

4 f′ wechselt sein Vorzeichen genau einmal, und zwar von „+" nach „−".

5 Alle Werte von f′(x) sind positiv.

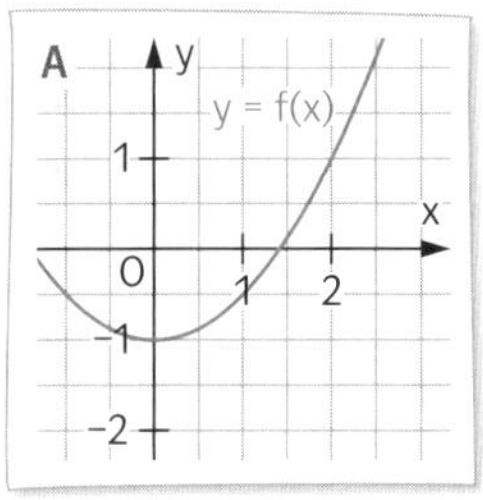

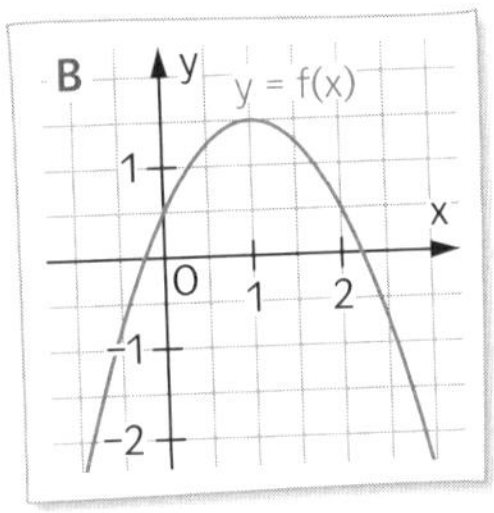

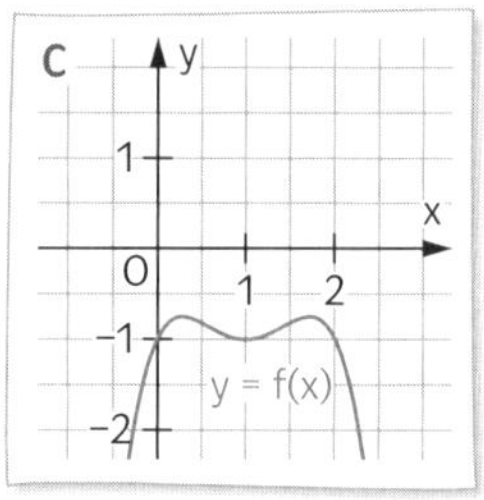

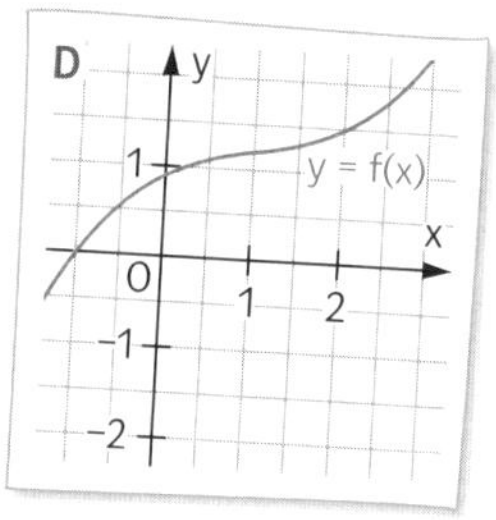

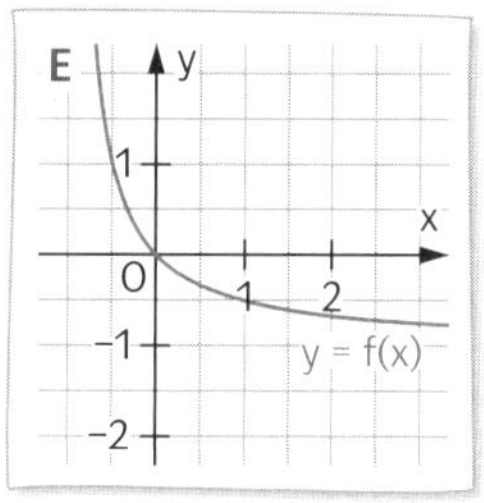

5 a) Skizzieren Sie zum Graphen von f jeweils den Graphen der Ableitungsfunktion f′.

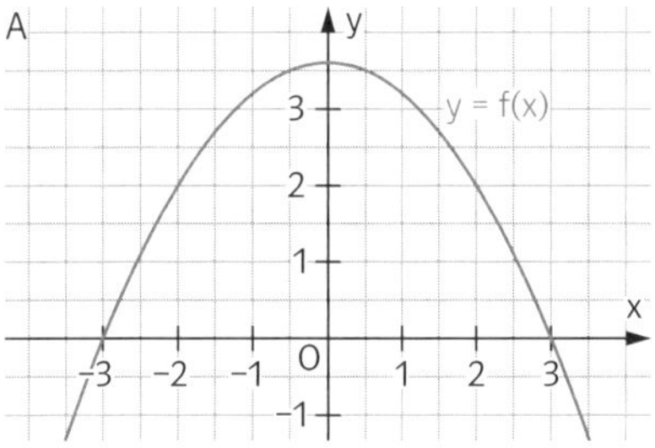

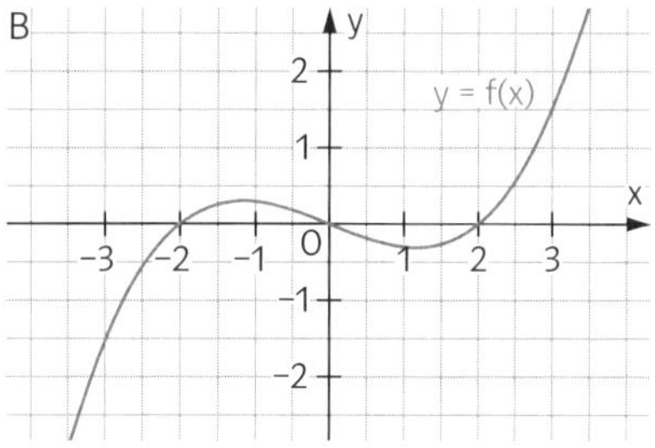

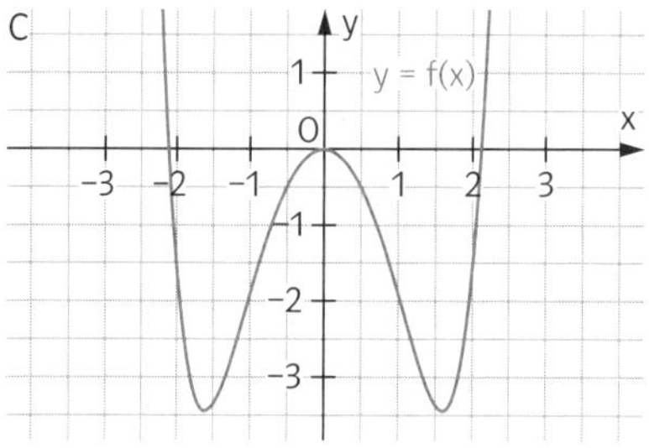

b) Vervollständigen Sie den Text.

Die Ableitung einer Polynomfunktion zweiten Grades ist eine ______________________.

Die Ableitung einer Polynomfunktion dritten Grades ist eine ______________________.

Die Ableitung einer Polynomfunktion vierten Grades ist eine ______________________.

6 Die Abbildungen zeigen die Graphen von Funktionen und ihren Ableitungen.
Ordnen Sie zu, welche Graphen zueinandergehören.

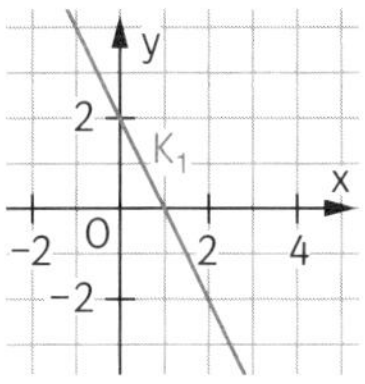

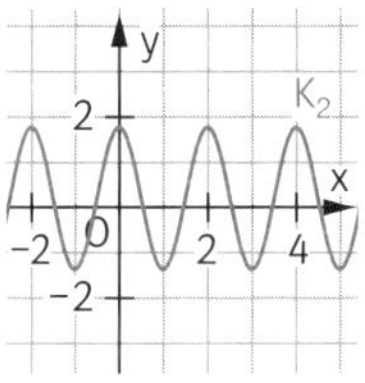

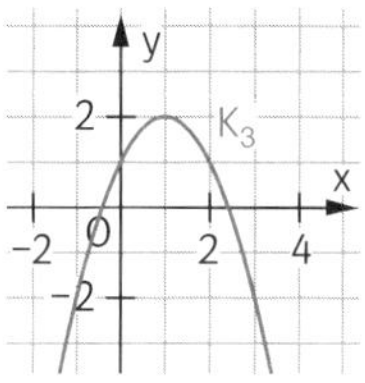

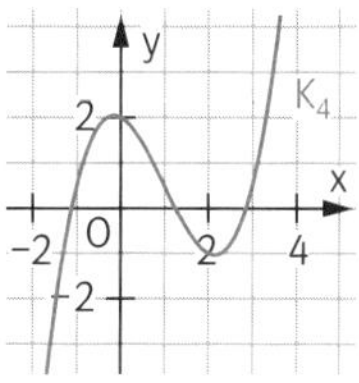

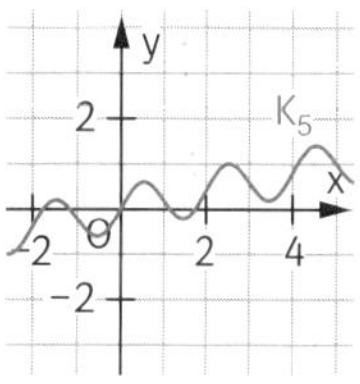

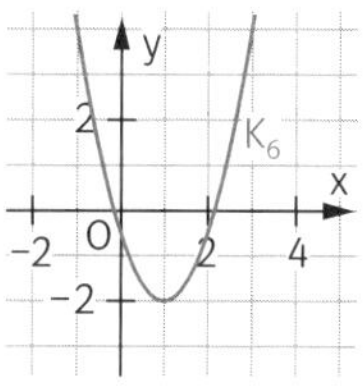

K_1 ist die Ableitung von ______ ______ ist die Ableitung von ______ ______ ist die Ableitung von ______

Aus zwei gegebenen Funktionen f und g kann man durch **Addition**, **Subtraktion**, **Multiplikation** und **Division** neue Funktionen $f+g$, $f-g$, $f \cdot g$ und $\frac{f}{g}$ bilden.

Sind die Funktionen f mit $f(x) = \sin(x)$ und g mit $g(x) = 3x$ gegeben, so ist:

Summe: $s(x) = f(x) + g(x) = \sin(x) + 3x$ **Differenz**: $d(x) = f(x) - g(x) = \sin(x) - 3x$

Produkt: $p(x) = f(x) \cdot g(x) = \sin(x) \cdot 3x$ **Quotient**: $q(x) = \frac{f(x)}{g(x)} = \frac{\sin(x)}{3x}$; $x \neq 0$

Umgekehrt kann man die Funktion k mit $k(x) = \frac{2}{x+3}$; $x \neq -3$, mithilfe von zwei Funktionen darstellen:

Produkt: $k(x) = f(x) \cdot g(x)$ mit $f(x) = 2$ und $g(x) = \frac{1}{x+3}$

Quotient: $k(x) = \frac{f(x)}{g(x)}$ mit $f(x) = 2$ und $g(x) = x + 3$

1 Gegeben sind die beiden Funktionen f mit $f(x) = 2 - 3x$ und g mit $g(x) = x^2 + 1$. Bilden Sie

a) die Summe der beiden Funktionen: ______,

b) $f(x) - g(x)$: ______,

c) $g(x) - f(x)$: ______,

d) das Produkt der beiden Funktionen: ______,

e) $\frac{f(x)}{g(x)}$: ______.

2 a) Schreiben Sie $f(x) = (2x+9)^2$ als Summe: ______,

Schreiben Sie $f(x) = (2x+9)^2$ als Produkt: ______,

b) Schreiben Sie $g(x) = \frac{3}{x}$; $x \neq 0$, als Produkt: ______,

c) Schreiben Sie $h(x) = \frac{1}{(x+1)^2}$; $x \neq -1$, als Produkt: ______.

3 Es ist $u(x) = \cos(2x)$ und $v(x) = x^3$. Verbessern Sie die Fehler.

a) $u(x) \cdot v(x) = \cos(2x^4)$ ______

b) $v(x) - u(x) = \cos(2x) - x^3$ ______

4 Bestimmen Sie die Nullstellen der zusammengesetzten Funktionen f, g und h und ordnen Sie jedem der Graphen A, B und C eine der Funktionen zu.

$f(x) = (x-1)e^{2x}$; $g(x) = (x-1)^2 e^{0,5x}$; $h(x) = (x_2 - 1)e^x$

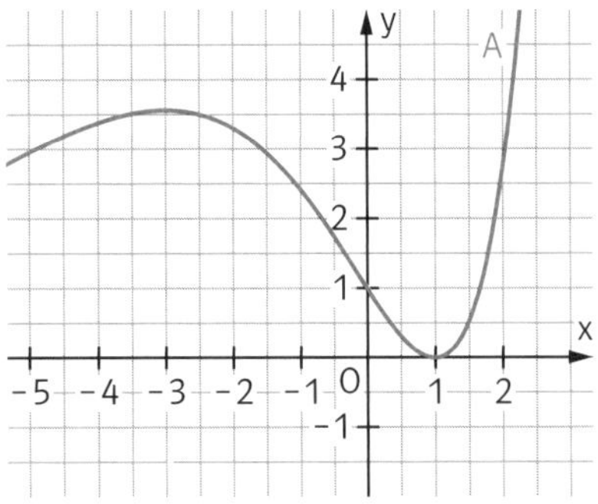

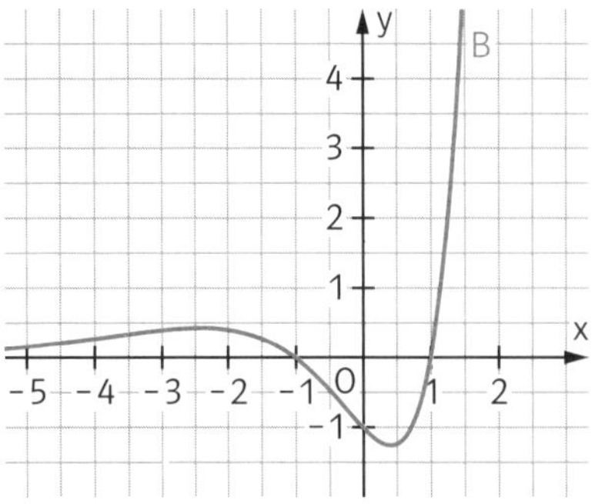

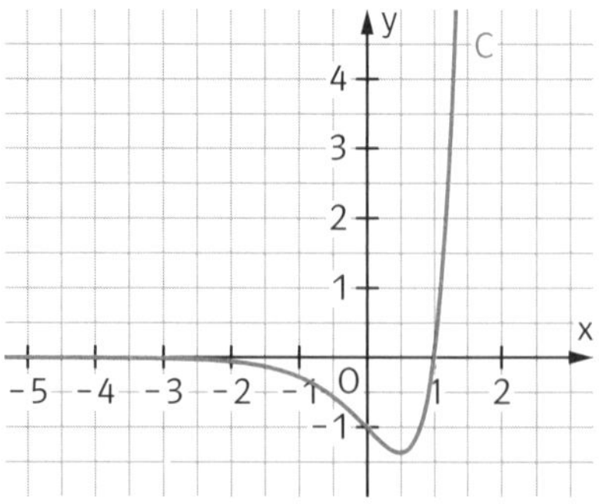

Potenzregel Für eine Funktion f mit $f(x) = x^r$; $x \in \mathbb{R}^*$; $r \in \mathbb{R}$ gilt: $f'(x) = r \cdot x^{r-1}$.

Beispiel: Gegeben ist die Funktion f mit $f(x) = x^3$.

a) Ermittlen Sie die Ableitungsfunktion von f: $f'(x) = 3x^2$.

b) Bestimmen Sie die Steigung des Graphen von f im Punkt $P(2|f(2))$: $f'(2) = 3 \cdot 2^2 = 12$.

c) Ermittlen Sie die Punkte des Graphen von f, in denen die Steigung 6 beträgt.
$f'(x) = 6$; d.h. $3x^2 = 6$;
Lösungen $x_1 = -\sqrt{2}$; $x_2 = \sqrt{2}$.
Punkte $P_1(-\sqrt{2}|-2\sqrt{2})$; $P_2(\sqrt{2}|2\sqrt{2})$.

1 Ergänzen Sie die Ableitungsfunktion.

f(x)	x^2	x^7	x^{31}	3	x^{-2}	$x^{\frac{1}{3}}$	$\sqrt{x} = x^{\frac{1}{2}}$	$x^{\frac{2}{5}}$	$\frac{1}{x} = x^{-1}$	$\frac{1}{x^2} = x^{-2}$	$\frac{1}{x^4}$	$\frac{1}{\sqrt{x}}$
f'(x)												

2 Bestimmen Sie die Ableitungsfunktion.

a) $f(u) = u^2$ b) $g(a) = a^5$ c) $h(t) = t^{-3}$ d) $s(a) = \frac{1}{a^2}$ e) $v(t) = \sqrt{t}$

3 In welchen Punkten hat der Graph der Funktion f die Steigung 3?

a) $f(x) = x^2$ b) $f(x) = x^3$ c) $f(x) = x^{-2}$ d) $f(x) = \frac{1}{x}$ e) $f(x) = \sqrt{x}$

4 Bestimmen Sie die Steigung der Tangente an den Graphen von f im Punkt P.

a) $f(x) = x^4$; $P(2|f(2))$ b) $f(x) = x^5$; $P(2|f(2))$ c) $f(x) = x^{0,5}$; $P(4|f(4))$ d) $f(x) = x^{-2}$; $P(3|f(3))$

Faktorregel Für eine Funktion f mit $f(x) = c \cdot g(x)$; $c \in \mathbb{R}$ gilt: $f'(x) = c \cdot g'(x)$;
d.h. ein konstanter Faktor bleibt beim Ableiten erhalten.

Summenregel Für eine Funktion f mit $f(x) = g(x) + h(x)$ gilt: $f'(x) = g'(x) + h'(x)$;
d.h. die Ableitung einer Summe von Funktionen ist gleich der Summe ihrer Ableitungen.

Beispiele:
Für $f(x) = 5x^3$ ist $f'(x) = 5 \cdot 3x^2 = 15x^2$.
Für $f(x) = x^2 + x^{-1}$ ist $f'(x) = 2x - x^{-2}$.
Für $f(x) = 3x^4 - 0{,}4x^2 + 2x - 1$ ist $f'(x) = 12x^3 - 0{,}8x + 2$.

5 Es sind s und t reelle Zahlen. Bestimmen Sie die Ableitung der Funktion f.

a) $f(x) = x^t$; $f'(x) =$ ______ b) $f(x) = x^{s-1}$; $f'(x) =$ ______ c) $f(x) = x^{-t}$; $f'(x) =$ ______

d) $f(x) = x^{2s+1}$; $f'(x) =$ ______ e) $f(x) = \frac{1}{x^{t+1}}$; $f'(x) =$ ______ f) $f(x) = \frac{1}{x^{2s}}$; $f'(x) =$ ______

6 Bestimmen Sie die Ableitung der Funktion f.

a) $f(x) = 5x^2$ b) $f(x) = 2x^{-1}$ c) $f(x) = \frac{3}{x^2}$ d) $f(x) = x^2 - x^3$ e) $f(x) = x + \sqrt{x}$

f) $f(x) = 3x^2 + 3x - 2$ g) $f(x) = -x^4 + 2x$ h) $f(x) = \frac{2}{x} + 2$ i) $f(x) = \frac{x}{2} + 2$ j) $f(x) = \frac{2}{x} + 2x$

7 Es sind a und b reelle Zahlen. Bestimmen Sie die Ableitung der Funktion f.

a) $f(x) = ax^2$ b) $f(x) = x^2 + a$ c) $f(x) = \frac{x^2}{a}$ d) $f(x) = a^2x$ e) $f(x) = \frac{a}{x^2}$

f) $f(x) = ax^2 + bx$ g) $f(x) = ax^2 + b$ h) $f(x) = bx^2 + a$ i) $f(x) = ax^3 + a^3x$ j) $f(a) = ax^3 + a^3x$

8 Formen Sie zunächst um und leiten Sie die Funktion dann ab.

a) $f(x) = x \cdot (x^2 + 2x - 3) =$ ________; $f'(x) =$ ________

b) $f(x) = (x + 1) \cdot (x - 2) =$ ________; $f'(x) =$ ________

c) $f(x) = \frac{x^2 + 1}{x^2} =$ ________; $f'(x) =$ ________

9 Berechnen Sie die erste Ableitung der Funktion f an der Stelle x_0.

a) $f(x) = \frac{1}{2}x^2 + 2x - 1;\ x_0 = -1$ b) $f(x) = x^3 - 4x + 1;\ x_0 = 2$ c) $f(x) = \frac{2}{x^2} - \frac{x^2}{2} - 2;\ x_0 = -2$

10 Zeichnen Sie an den Graphen von f mit $f(x) = \frac{1}{20}(-x^4 + 6x^2 + 8x + 30)$ (rechts) die Tangenten in den Punkten P, Q, R und S.
Lesen Sie die Steigung der Tangenten näherungsweise ab und überprüfen Sie Ihr Ergebnis anschließend rechnerisch.

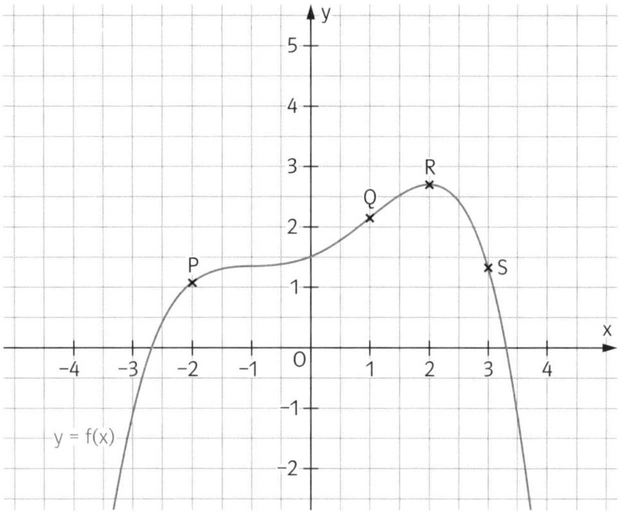

Tangente in P: ________

Tangente in Q: ________

Tangente in R: ________

Tangente in S: ________

11 Wahr oder falsch? Kreuzen Sie an.

	wahr	falsch
a) Für f mit $f(x) = x^2 + 4$ ist $f'(x) = 2x + 4$.	☐	☐
b) Für f mit $f(x) = x^3$ ist $f'(x) = 3x^2$.	☐	☐
c) Die Ableitung der Funktion f mit $f(x) = ax + b$ ist eine konstante Funktion.	☐	☐
d) Sind zwei Funktionen verschieden, so sind auch ihre Ableitungsfunktionen verschieden.	☐	☐
e) Jede Funktion f, die nur positive Funktionswerte hat, besitzt eine Ableitungsfunktion f' mit ausschließlich positiven Werten.	☐	☐
f) Ein konstanter Summand bleibt beim Ableiten erhalten.	☐	☐
g) Ein konstanter Faktor bleibt beim Ableiten erhalten.	☐	☐

12 Gibt es Stellen, an denen die Funktionen f und g dieselbe Ableitung haben?

a) $f(x) = x^2 + 1;\ g(x) = \frac{4}{x}$
$f'(x) =$ ____; $g'(x) =$ ____;
$f'(x) = g'(x)$; d.h. ________;
________;
____

b) $f(x) = 3x^3 + 2x;\ g(x) = -2x + 3$
$f'(x) =$ ____; $g'(x) =$ ____;
$f'(x) = g'(x)$; d.h. ________;
________;
____

c) $f(x) = \frac{1}{3}x^3 - 2;\ g(x) = 2x^2 - 3x$
$f'(x) =$ ____; $g'(x) =$ ____;
$f'(x) = g'(x)$; d.h. ________;
________;
____

13 Bestimmen Sie für die Funktion f mit $f(x) = x^3 - 3x^2 + 2$ alle Stellen, an denen die Tangenten an den Graphen von f eine positive Steigung haben.

14 An welchen Stellen hat der Graph von f eine Tangente, die parallel zur ersten Winkelhalbierenden ist?

a) $f(x) = -0{,}5x^2 + 2x - 1$ b) $f(x) = x^3 - 3x^2 + x + 2$ c) $f(x) = \frac{1}{2}\sqrt{x} + 1$

Ist f′ die Ableitungsfunktion einer Funktion f, so erhält man durch Ableiten von f′ die **zweite Ableitung f″** (gelesen: „f zwei Strich“) der Funktion f.
Aus f″ erhält man durch erneutes Ableiten die **dritte Ableitung f‴**, aus f‴ gegebenenfalls $f^{(4)}$ usw.;
f″, f‴, $f^{(4)}$, $f^{(5)}$, … nennt man die **höheren Ableitungen** der Funktion f.
Beispiel: Ist $f(x) = 2x^3 - x^2 + 1$, so ist $f'(x) = 6x^2 - 2x$, $f''(x) = 12x - 2$, $f'''(x) = 12$ und $f^{(4)}(x) = 0$.

1 Bestimmen Sie die ersten vier Ableitungen von f.

a) $f(x) = x^7$
b) $f(x) = 2x^3 - x + 5$
c) $f(x) = -\frac{1}{2}x^4 - 2x^2 + 4x - 3$
d) $f(x) = x^{-3}$
e) $f(x) = x^n$, $n \in \mathbb{N}$, $n > 4$
f) $f(x) = x \cdot \sqrt{x}$

2 Skizzieren Sie für den gegebenen Graphen von f die Graphen von f′ und f″.

a)
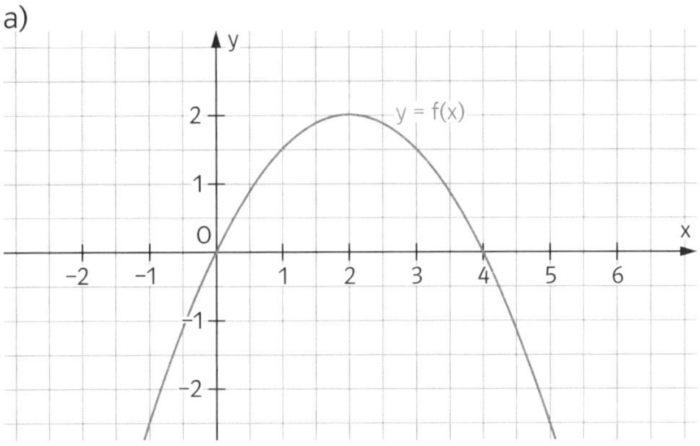

b)
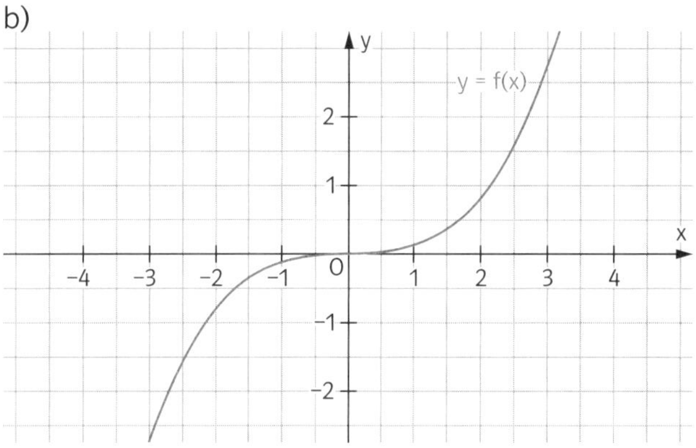

3 Welche der Behauptungen sind wahr? Kreuzen Sie an.

	wahr	falsch
a) Ist $f(x) = x^4 + x^2 + x + 1$, so ist $f'''(x) = 24x$.	☐	☐
b) Bildet man von der Funktion f mit $f(x) = x^7$ die siebte Ableitung, so ist diese konstant.	☐	☐
c) Jede Funktion hat eine höhere Ableitung, die konstant gleich null ist.	☐	☐
d) Zwei Funktionen, die die gleiche zweite Ableitung besitzen, unterscheiden sich höchstens um einen konstanten Summanden.	☐	☐

4 Die drei Kurven stellen die Graphen einer Funktion f und ihrer Ableitungen f′ und f″ dar. Ordnen Sie die schwarze, graue und blaue Kurve den Funktionen f, f′ und f″ zu.

a)
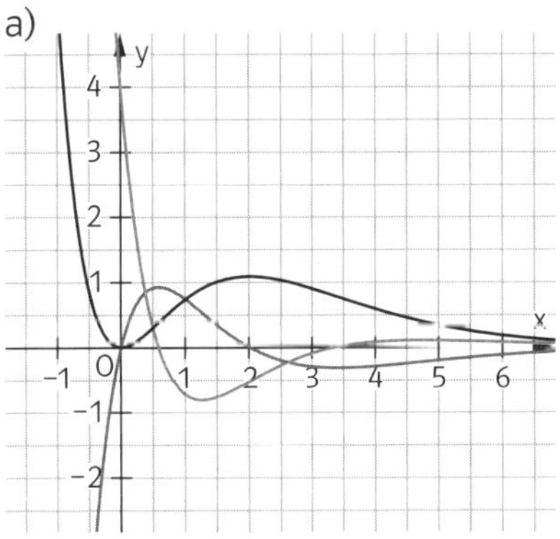

b)
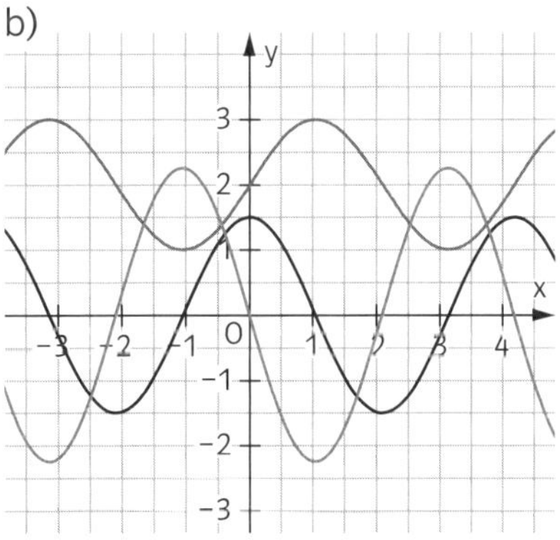

c)
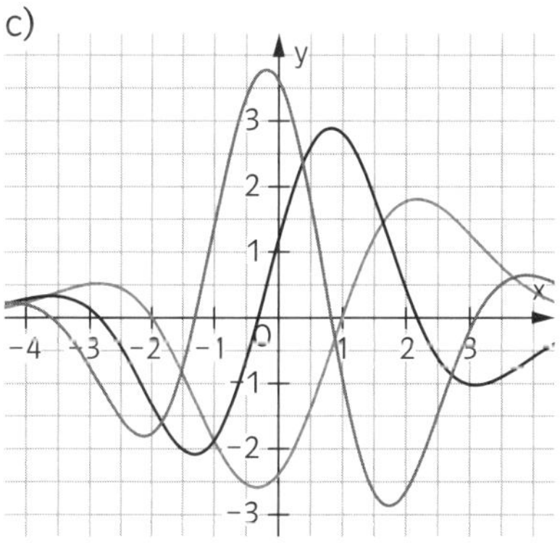

5 Die Kurve zeigt den Graphen der Ableitung f′ einer Funktion f.

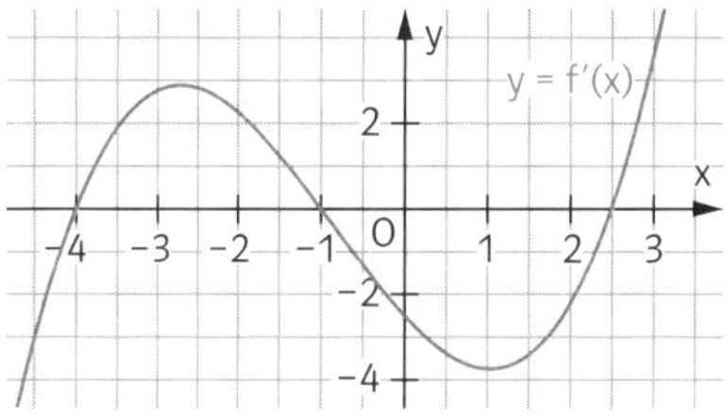

a) Für welche Werte von x hat der Graph von f waagerechte Tangenten?
b) In welchen Intervallen hat der Graph von f Tangenten mit positiven Steigungen?
c) Für welche Werte von x hat die zweite Ableitung von f Nullstellen?
d) Skizzieren Sie den Graphen von f″.

Die **Tangente** t an den Graphen von f im Punkt $P(x_0 | f(x_0))$ hat die gleiche Steigung wie der Graph in diesem Punkt und berührt ihn dort. Die Tangensteigung m_t ist dort also so groß wie $f'(x_0)$, d.h. $m_t = f'(x_0)$.

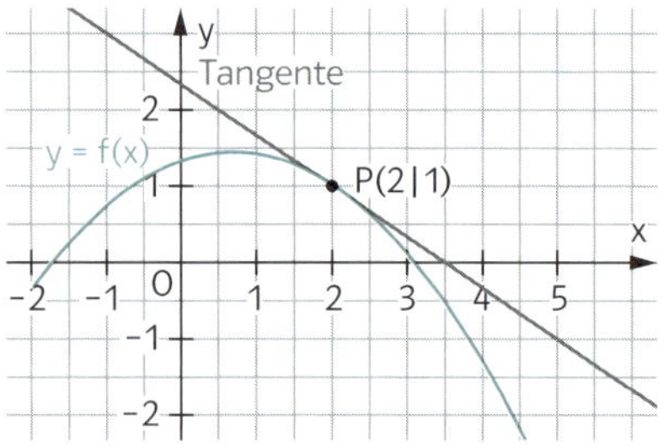

Die Bestimmung der Gleichung einer Tangente kann wie folgt durchgeführt werden.

1. Bestimmung des Funktionswertes $f(x_0)$
2. Berechnung der Ableitungsfunktion f′
3. Berechnung von $f'(x_0)$
4. Bestimmung der **Tangentengleichung**: $y = f'(x_0)\,(x - x_0) + f(x_0)$

Beispiel: $f(x) = -\frac{1}{4}x^2 + \frac{1}{3}x + \frac{4}{3}$; $x_0 = 2$

1. $f(2) = 1$
2. $f'(x) = -\frac{1}{2}x + \frac{1}{3}$
3. $f'(2) = -\frac{2}{3} = m_t$ (Steigung der Tangente)
4. Tangente: $y = -\frac{2}{3}(x - 2) + 1$, also $y = -\frac{2}{3}x + \frac{7}{3}$

1 Bestimmen Sie die Gleichung der Tangente an den Graphen der Funktion f im Punkt $P(x_0 | f(x_0))$.

a) $f(x) = x^3$; $x_0 = 2$

$f(2) =$ ______; $f'(x) =$ ______; $f'(2) =$ ______; t: y = ______

b) $f(x) = \frac{3}{x}$; $x_0 = -1$

$f(-1) =$ ______; $f'(x) =$ ______; $f'(-1) =$ ______; t: y = ______

c) $f(x) = 2x^3 + x$; $x_0 = 1$

$f(1) =$ ______; $f'(x) =$ ______; $f'(1) =$ ______; t: y = ______

2 a) Zeichnen Sie in das Koordinatensystem die Tangente an den Graphen von f mit $f(x) = -\frac{1}{4}x^2 + 2$ im Punkt P(2 | 1) ein.

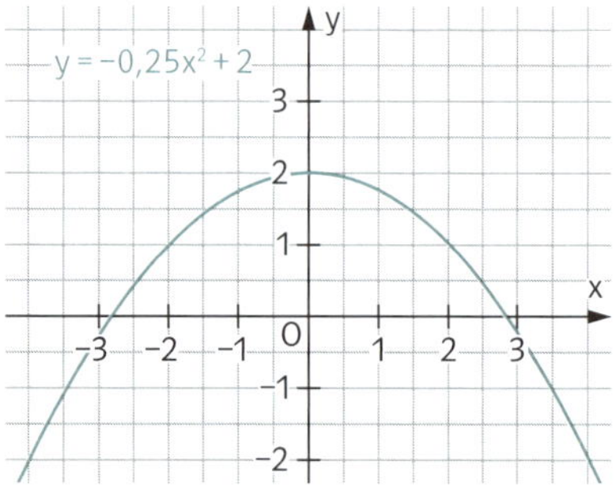

b) Berechnen Sie nun die Gleichung der Tangente und vergleichen Sie sie mit Ihrer zeichnerischen Lösung. ______

______

c) Zeichnen Sie die Tangente an den Graphen von f im Punkt Q(−2 | 1) ein und bestimmen Sie anschließend deren Gleichung.

______

______

d) Vergleichen Sie die Steigungen der Tangenten in P und in Q? ______

3 Untersuchen Sie, ob die Tangente an den Graphen von f im Punkt $P(x_0 | f(x_0))$ den Graphen ein zweites Mal schneidet. Geben Sie in diesem Fall die Koordinaten des Schnittpunkts an.

a) $f(x) = -x^2 + 5$; $x_0 = 2$

b) $f(x) = x^3 - 2x^2$; $x_0 = 1$

c) $f(x) = x^4 - 8x^2$; $x_0 = 2$

Die **natürliche Exponentialfunktion** mit $f(x) = e^x$ hat die Ableitung $f'(x) = e^x$.
Die **Sinusfunktion** mit $f(x) = \sin(x)$ hat die Ableitung $f'(x) = \cos(x)$.
Die **Kosinusfunktion** mit $f(x) = \cos(x)$ hat die Ableitung $f'(x) = -\sin(x)$.

1 Bestimmen Sie f′(x) und f″(x).

a) $f(x) = 2e^x$
b) $f(x) = 5x^2 - 2e^x$
c) $f(x) = e^x - e \cdot x$
d) $f(x) = \frac{1}{3}e^x - \frac{1}{6}x^3$
e) $f(x) = 3\sin(x)$
f) $f(x) = 5x + \cos(x)$
g) $f(x) = e^x - \sin(x)$
h) $f(x) = \cos(x) - \sqrt{x}$
i) $f(x) = 3e^x - 2\cos(x)$

2 Gegeben ist die Funktion f mit $f(x) = e^x + x$.

a) Bestimmen Sie f′(x) und f″(x).
b) Berechnen Sie die Tangentensteigung in den Punkten $P(1 \mid f(1))$, $Q(0 \mid f(0))$ und $R(-1 \mid f(-1))$.
c) Geben Sie die Tangentengleichung im Punkt P und im Punkt Q an.
d) Besitzt der Graph von f einen Punkt mit waagerechter Tangente? Begründen Sie Ihre Antwort.

3 Bestimmen Sie die Koordinaten des gesuchten Punktes P.

a) Die Gerade g mit der Gleichung $y = -2x + 1$ ist Tangente an den Graphen von f mit $f(x) = -3e^x + x + 4$ im Punkt P(|).
b) Die Steigung des Graphen der Funktion f mit $f(x) = -e^x + 2x$ in P(|) beträgt $2 - e$.
c) Der Graph von f mit $f(x) = -\frac{1}{2}e^x + 2x$ hat im Punkt P(|) eine waagerechte Tangente.
d) Der Graph von f mit $f(x) = -3e^x + x$ hat in P(|) eine Tangente, die parallel zur Geraden mit der Gleichung $y = -2x$ verläuft.

4 Wahr oder falsch? Kreuzen Sie an.

	wahr	falsch
a) Für $f(x) = 3\sin(x)$ gilt: $f''(x) = -3\sin(x)$.	☐	☐
b) Für $f(x) = -\sin(x)$ gilt: $f^{(5)}(x) = \cos(x)$.	☐	☐
c) Für $f(x) = \sin(x) + \cos(x)$ gilt: $f'''(x) = \sin(x) - \cos(x)$.	☐	☐
d) Für $f(x) = 2e^x - 3\sin(x) + \frac{x^5}{4}$ gilt: $f^{(4)}(x) = 2e^x - 3\sin(x) + 30$.	☐	☐
e) Für $f(x) = 4\cos(x) - 2x^6$ gilt: $f^{(4)}(x) = -4\cos(x) - 1440$.	☐	☐

5 Begründen Sie die folgende wahre Aussage.

a) Der Graph der Funktion f mit $f(x) = 2\sin(x)$ weist unendlich viele Punkte auf, in denen die Tangente an den Graphen parallel zur x-Achse verläuft. ______

Die x-Koordinaten zweier benachbarter solcher Punkte haben voneinander den Abstand ______.

b) Im Intervall $[-2\pi; 2\pi]$ besitzt der Graph der Funktion f mit $f(x) = \cos(x)$ zwei Punkte, in denen die Tangenten an den Graphen von f parallel zur ersten Winkelhalbierenden verlaufen. ______

______

Diese beiden Punkte haben die exakten Koordinaten P_1(___ | ___) und P_2(___ | ___).

c) Der Graph der Funktion f mit $f(x) = 2x - e^x$ verläuft für alle $x \in \mathbb{R}$ weniger steil als die Gerade g: $y = 2x - 1$. ______

d) Die Tangente an den Graphen von f mit $f(x) = e^x + 4$ im Schnittpunkt mit der y-Achse schließt mit den Koordinatenachsen ein gleichschenklig-rechtwinkliges Dreieck ein. ______

______

Sind die Funktionen u mit $u(x) = x^2$ und v mit $v(x) = \cos(x)$ gegeben, so erhält man die **Verkettung** $(u \circ v)(x) = u(v(x))$ dieser beiden Funktionen, indem man in $u(x) = x^2$ an die Stelle von x den Term $\cos(x)$ einsetzt: $u(v(x)) = (\cos(x))^2$.

Dabei ist $v(x) = \cos(x)$ die **innere Funktion** und $u(x) = x^2$ die **äußere Funktion**.

Umgekehrt setzt man bei der Verkettung $v(u(x))$ in $v(x) = \cos(x)$ an die Stelle von x den Term x^2 ein:

$$v(u(x)) = \cos(x^2).$$

Nun ist $u(x) = x^2$ die **innere Funktion** und $v(x) = \cos(x)$ die **äußere Funktion**.

Für $u(x) = e^x$ und $v(x) = 2x + 1$ ist die Verkettung $u(v(x)) = e^{2x+1}$ und $v(u(x)) = 2e^x + 1$.
Für $u(x) = \sin(x)$ und $v(x) = x^3$ ist die Verkettung $u(v(x)) = \sin(x^3)$ und $v(u(x)) = (\sin(x))^3$.

1 Ergänzen Sie für die Funktionen u, v und w mit $u(x) = \cos(x)$, $v(x) = 2x^2$ und $w(x) = x - 1$.

$u(v(x)) = \cos(\quad\quad)$ Dabei ist u die äußere Funktion und v die innere Funktion.

$v(u(x)) = 2 \cdot (\quad\quad)^2$ Dabei ist ___ die äußere Funktion und ___ die innere Funktion.

$w(v(x)) = \quad\quad - 1$ Dabei ist v ________________ und w ________________.

$u(w(x)) = \cos(\quad\quad)$ Dabei ist u ________________ und w ________________.

2 Gegeben sind die Funktionen u, v und w mit $u(x) = 3x$, $v(x) = \sin(x)$ und $w(x) = e^x$. Es ist

$u(v(x)) =$ ________________ $v(u(x)) =$ ________________ $u(w(x)) =$ ________________

$w(u(x)) =$ ________________ $v(w(x)) =$ ________________ $w(v(x)) =$ ________________

3 Gegeben sind die Funktionen f mit $f(x) = 2x$, g mit $g(x) = 2 - 5\sin(x)$ und h mit $h(x) = x^3 + 1$.
Wurde hier richtig verkettet? Geben Sie gegebenenfalls die richtige Verkettung an.

$f(g(x)) = 4 - 10\sin(x)$ $g(f(x)) = 2 - 5\sin(2x)$ $f(h(x)) = 2x^3 + 1$

$h(f(x)) = 8x^3 + 1$ $f(f(x)) = 4x^2$ $g(g(x)) = 2 - 5\sin(2 - 5\sin(x))$

Die Funktion f mit $f(x) = (2x + 1)^3$ kann als **Verkettung** aufgefasst werden, dabei ist $v(x) = 2x + 1$ die **innere Funktion** und $u(x) = x^3$ die **äußere Funktion**.

4 Geben Sie Funktionen u und v an, sodass $f(x) = (u \circ v)(x) = u(v(x))$ ist.

a) $f(x) = (4x + 5)^2$ $u(x) =$ ________________ $v(x) =$ ________________

b) $f(x) = \frac{2}{x+1}$ $u(x) =$ ________________ $v(x) =$ ________________

c) $f(x) = \sin(x + 8)$ $u(x) =$ ________________ $v(x) =$ ________________

d) $f(x) = e^{-2x+1}$ $u(x) =$ ________________ $v(x) =$ ________________

5 Gegeben sind die Funktionen f mit $f(x) = \sqrt{x}$ und g mit $g(x) = 2x + 1$.

a) Berechnen Sie $f(g(4))$ und $g(f(4))$. ________________

b) Für welchen Wert von x nimmt $f(g(x))$ den Wert 5 an? ________________

Die Kettenregel (1)

Die Ableitung der **verketteten Funktion** $f = u \circ v$ mit $f(x) = u(v(x))$ wird mithilfe der **Kettenregel** gemäß $\mathbf{f'(x) = u'(v(x)) \cdot v'(x)}$ gebildet.

Am **Beispiel 1**: $f(x) = (5x + 2)^4$ werden die einzelnen Schritte erläutert.

1. Innere und äußere Funktion festlegen und deren Ableitungen bilden:
   Innere Funktion v mit $v(x) = 5x + 2$, Ableitung: $v'(x) = 5$.
   Äußere Funktion u mit $u(v) = v^4$, Ableitung: $u'(v) = 4v^3$.
2. $u'(v(x))$ bilden: $u'(v(x)) = 4(5x + 2)^3$
3. Ableitung f′ gemäß der Kettenregel bilden: $f'(x) = u'(v(x)) \cdot v'(x) = 4(5x + 2)^3 \cdot 5 = 20(5x + 2)^3$.

Beispiel 2:
Für die Funktion f mit $f(x) = 4\sin(2x - 3)$ gilt:

1. Innere Funktion v mit $v(x) = 2x - 3$, Ableitung: $v'(x) = 2$.
   Äußere Funktion u mit $u(v) = 4\sin(v)$, Ableitung: $u'(v) = 4\cos(v)$.
2. $u'(v(x)) = 4\cos(2x - 3)$
3. $f'(x) = u'(v(x)) \cdot v'(x) = 4\cos(2x - 3) \cdot 2 = 8\cos(2x - 3)$

Beispiel 3:
Für die Funktion f mit $f(x) = \frac{1}{2}e^{-4x + 3}$ gilt:

1. Innere Funktion v mit $v(x) = -4x + 3$, Ableitung: $v'(x) = -4$.
   Äußere Funktion u mit $u(v) = \frac{1}{2}e^v$, Ableitung: $u'(v) = \frac{1}{2}e^v$.
2. $u'(v(x)) = \frac{1}{2}e^{-4x + 3}$
3. $f'(x) = u'(v(x)) \cdot v'(x) = \frac{1}{2}e^{-4x + 3} \cdot (-4) = -2e^{-4x + 3}$

1 Füllen Sie die Tabelle für $f(x) = u(v(x))$ aus.

f(x)	v(x)	v′(x)	u(v)	u′(v)	u′(v(x))	f′(x)
$\sin(x + 3)$	$x + 3$		$\sin(v)$			
$(2x + 9)^4$	$2x + 9$					
$\sqrt{5x + 1}$	$5x + 1$					
$2\cos(3x)$			$2\cos(v)$			
$\frac{3}{(1 - 2x)^4}$			$\frac{3}{v^4}$			
$e^{3x + 2}$			e^v			

2 $f(x) = u(v(x))$ Was gehört zusammen? Ordnen Sie zu und bilden Sie f′(x).

a) $f(x) = 0{,}5\cos(5x)$

v(x) v′(x) u(v) u′(v) u′(v(x))

$-0{,}5\sin(5x)$ $5x$ $-0{,}5\sin(v)$ 5 $0{,}5\cos(v)$

Damit ist f′(x) = ______________________________

______________________________.

b) $f(x) = 4e^{-2x} + 1$

v(x) v′(x) u(v) u′(v) u′(v(x))

-2 $4e^v$ $-2x$ $4e^{-2x}$ $4e^v + 1$

Damit ist f′(x) = ______________________________

______________________________.

3 Ergänzen Sie.

a) $f(x) = (2x - 3)^4$
$f'(x) = 4 \cdot (2x - 3)^{\square} \cdot \square$

b) $f(x) = (5 - 4x)^{-2}$
$f'(x) = -2 \cdot (5 - 4x)^{-3} \cdot \square$

c) $f(x) = -3 \cdot \sin(4x + 1)$
$f'(x) = -3 \cdot \cos(\square) \cdot \square$

d) $f(x) = (3x - 6)^{\square}$
$f'(x) = 4 \cdot (3x - 6)^{\square} \cdot 3$

e) $f(x) = 4e^{\square x + 1}$
$f'(x) = 12 \cdot e^{\square}$

f) $f(x) = \square \cdot e^{-x}$
$f'(x) = -8 \cdot \square^{\square}$

4 Leiten Sie ab und vereinfachen Sie das Ergebnis.

a) $f(x) = 8\sin(5x - 3)$ b) $g(x) = 4e^{\frac{x}{2}} - 5$ c) $h(x) = \frac{1}{6}(2x + 4)^3$ d) $i(x) = \sqrt{6x - 9}$

5 Wo steckt der Fehler? Kontrollieren Sie die Rechnung und verbessern Sie.

a) $f(x) = \frac{3}{(x + 1)^2}$, $f'(x) = \frac{-6}{x + 1}$ ______

b) $g(x) = 8\sin(x + 1)$, $g'(x) = 8x \cdot \cos(x)$ ______

c) $h(x) = 3e - 2x$, $h'(x) = 3e^{-x}$ ______

d) $i(x) = 2(3x - 4)^5$, $i'(x) = 10(3x - 4) \cdot 3$ ______

6 Gegeben sind die Funktionen f mit $f(x) = 2x - 2$, g mit $g(x) = (x - 1)^2$ und h mit $h(x) = (x - 1)^3$.
Ordnen Sie jedem Graphen einen passenden Funktionsterm f, f′, g, g′, h oder h′ zu.

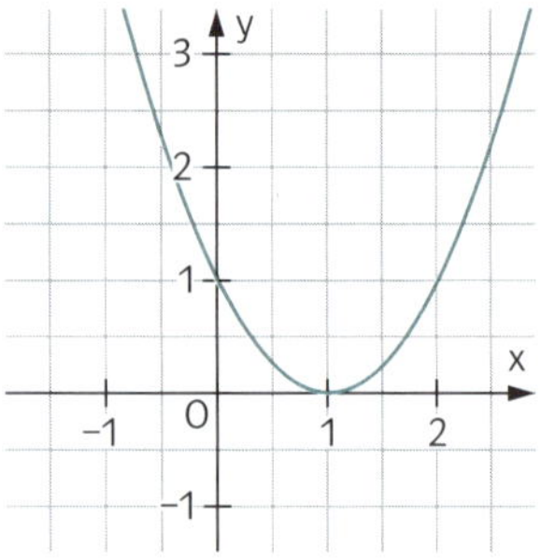

Fig. 1

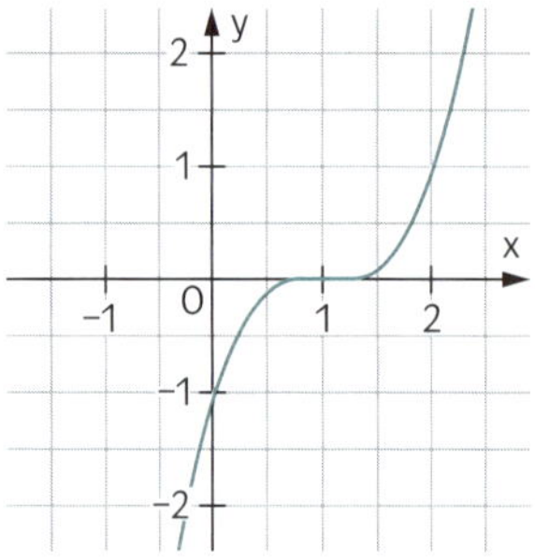

Fig. 2

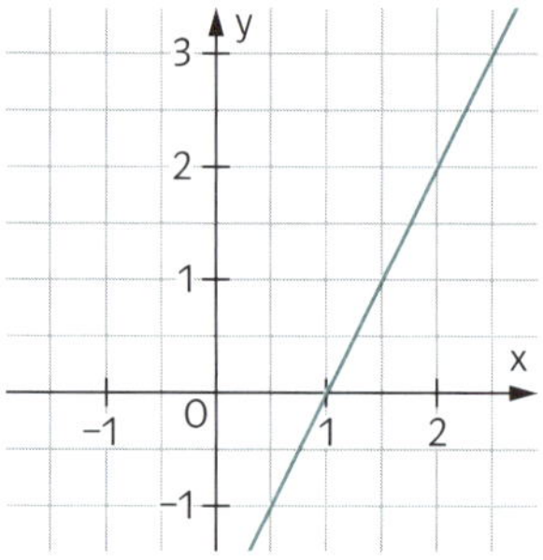

Fig. 3

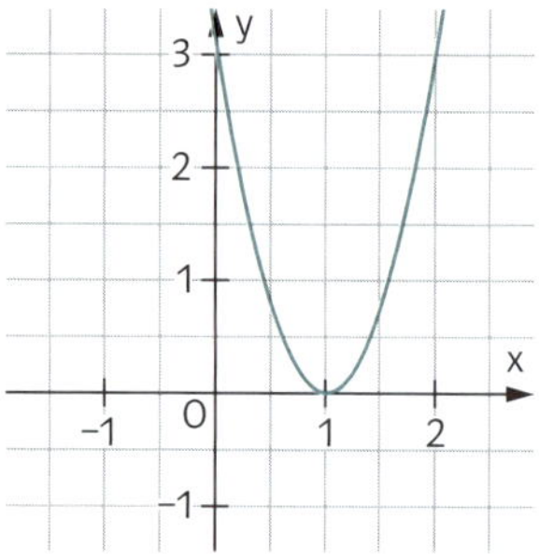

Fig. 4

7 a) Kreuzen Sie an. Welche der Funktionen f_1 bis f_4 haben die Ableitung $f'(x) = \cos(0{,}5x + 1)$?

☐ $f_1(x) = \sin(0{,}5x + 1)$ ☐ $f_2(x) = 2\sin(0{,}5x + 1)$ ☐ $f_3(x) = 0{,}5\sin(x + 1)$ ☐ $f_4(x) = 2\sin(0{,}5x + 1) + 2$

b) Welche der Funktionen g_1 bis g_4 haben die Ableitung $g'(x) = 2(6x - 4)^2$?

☐ $g_1(x) = \frac{1}{9}(6x - 4)^3$ ☐ $g_2(x) = \frac{2}{3}(3x^2 - 4)^3$ ☐ $g_3(x) = 2x(6x - 4)^2$ ☐ $g_4(x) = \frac{8}{9}(3x - 2)^3$

c) Welche der Funktionen h_1 bis h_4 haben die zweite Ableitung $h''(x) = 2e^{-2x}$?

☐ $h_1(x) = \frac{1}{2}e^{-2x} + 5x$ ☐ $h_2(x) = -\frac{1}{2}e^{-2x}$ ☐ $h_3(x) = \frac{e^{-2x} - 4}{2}$ ☐ $h_4(x) = -e^{-2x} + 1$

d) Welche der Funktionen i_1 bis i_4 haben die Ableitung $i'(x) = t \cdot \sin(tx) - t$?

☐ $i_1(x) = -\cos(tx) - \frac{1}{2}t^2$ ☐ $i_2(x) = -\cos(tx) - tx$ ☐ $i_3(x) = -t \cdot \left(\frac{1}{t}\cos(tx) + x\right)$ ☐ $i_4(x) = \sin(tx) - t \cdot x$

8 Gegeben sind die Funktionen f mit $f(x) = \frac{1}{3}(2x - 5)^3$ und g mit $g(x) = e^{(3x - 1)}$.

a) Berechnen Sie $f'(0)$, $f'(1)$ und $g'(0)$, $g'(1)$ in Ihrem Heft.
b) In welchen Punkten hat der Graph von f die Steigung 2?
c) In welchem Punkt hat der Graph von g eine Tangente mit der Steigung −3? Geben Sie die Gleichung dieser waagerechten Tangente an.

Ist die Funktion f mit $f(x) = u(x) \cdot v(x)$ ein **Produkt von zwei Funktionen** u und v, wird die Ableitung mithilfe der **Produktregel** gemäß $\mathbf{f'(x) = u'(x) \cdot v(x) + u(x) \cdot v'(x)}$ gebildet.

Am **Beispiel** $f(x) = 8x^2 \cdot \sin(x)$ werden die einzelnen Schritte des Vorgehens erläutert.

1. Die beiden Faktoren festlegen und ableiten: $u(x) = 8x^2$, $u'(x) = 16x$; $v(x) = \sin(x)$, $v'(x) = \cos(x)$
2. Die Ableitung f′ mithilfe der Produktregel bilden: $f'(x) = u'(x) \cdot v(x) + u(x) \cdot v'(x)$
   $f'(x) = 16x \cdot \sin(x) + 8x^2 \cdot \cos(x)$

Für die Funktion f mit $f(x) = (5x - 2) \cdot e^x$ geht man wie folgt vor:

1. Die beiden Faktoren festlegen und ableiten: $u(x) = 5x - 2$, $u'(x) = 5$; $v(x) = e^x$, $v'(x) = e^x$
2. Die Ableitung f′ mithilfe der Produktregel bilden: $f'(x) = u'(x) \cdot v(x) + u(x) \cdot v'(x)$
   $f'(x) = 5 \cdot e^x + (5x - 2) \cdot e^x = (5x + 3) \cdot e^x$

1 Füllen Sie die Tabelle aus.

f(x)	u(x)	u′(x)	v(x)	v′(x)	f′(x)
$(4x - 2) \cdot \sin(x)$					
$(4x - 2) \cdot \cos(x)$					
$x^2 \cdot e^x$					
$\frac{1}{x} \cdot \sin(x)$					
$\sqrt{x} \cdot \cos(x)$					

2 Ergänzen Sie.

a) $f(x) = (3x - 1) \cdot \cos(x)$, $f'(x) = 3\cos(x)$ ______

b) $g(x) = (1 - x^3) \cdot \sqrt{x}$, $g'(x) = -3x^2 \cdot \sqrt{x} +$ ______

c) $h(x) = 5x^2 \cdot \sin(x)$, $h'(x) = 10x \cdot$ ______

d) $i(x) = \frac{5}{x^2} \cdot \sin(x)$, $i'(x) =$ ______

3 Geben Sie für die Funktion f mit $f(x) = u(x) \cdot v(x)$ zuerst u(x) und v(x) an. Leiten Sie anschließend ab.

a) $f(x) = (2x^3 - x) \cdot \cos(x)$

b) $g(x) = \frac{1}{x - 1} \cdot x^2$

c) $h(x) = \frac{1}{x - 1} \cdot (-\sin(x))$

d) $i(x) = 3\sqrt{x} \cdot (x^4 + 1)$

e) $j(x) = (x^2 - 4x) \cdot e^x$

f) $k(x) = \cos(x) \cdot e^x$

Der Funktionsterm $f(x) = x^2 \cdot \sin(3x + 8)$ hat die Faktoren $u(x) = x^2$ und $v(x) = \sin(3x + 8)$. Dabei ist v selbst eine verkettete Funktion. Beim Ableiten von f braucht man daher **die Produkt- und die Kettenregel**.

1. Die beiden Faktoren festlegen und ableiten – Kettenregel beachten:
   $u(x) = x^2$, $u'(x) = 2x$, $v(x) = \sin(3x + 8)$, $v'(x) = 3 \cdot \cos(3x + 8)$ (Kettenregel!)
2. Die Ableitung f′ mithilfe der Produktregel bilden: $f'(x) = u'(x) \cdot v(x) + u(x) \cdot v'(x)$
   $= 2x \cdot \sin(3x + 8) + x^2 \cdot (3\cos(3x + 8))$
   $= 2x \cdot \sin(3x + 8) + 3x^2 \cdot \cos(3x + 8)$

4 Es ist $f(x) = u(x) \cdot v(x)$. Kreuzen Sie an, welche der Funktionen u oder v selbst eine verkettete Funktion ist. Leiten Sie dann die Funktion f ab.

	u(x)	v(x)	$f'(x) = u'(x) \cdot v(x) + u(x) \cdot v'(x)$
a) $f(x) = (x^2 - x) \cdot \cos(2x)$	☐	☐	
b) $f(x) = \frac{1}{x} \cdot (2x + 1)^3$	☐	☐	
c) $f(x) = (2x + 1) \cdot e^{-2x}$	☐	☐	
d) $f(x) = e^{-x} \cdot \sin(x)$	☐	☐	

5 Lesen Sie die vorliegende Lösung durch. Welche Ableitungsregeln wurden angewendet?

a) $f(x) = (5x - x^2) \cdot \cos(x) + 2x$

$f'(x) = (5 - 2x) \cdot \cos(x) - (5x - x^2) \cdot \sin(x) + 2$

Summenregel Produktregel Faktorregel Kettenregel Potenzregel

b) $g(x) = (x - 4)^3 \cdot e^{\frac{1}{3}x}$

$g'(x) = 3(x - 4)^2 \cdot e^{\frac{1}{3}x} + (x - 4)^3 \cdot \frac{1}{3} e^{\frac{1}{3}x}$

Summenregel Produktregel Faktorregel Kettenregel Potenzregel

6 Leiten Sie die Funktion f mit $f(x) = x^2 \cdot \sin(x)$ zweimal ab. Wie oft brauchen Sie die Produktregel?

7 Hier wurde falsch abgeleitet. Suchen Sie die Fehler und verbessern Sie diese.

a) $f(x) = x^3 \cdot \sin(x)$

Falsche Ableitung: $f'(x) = 3x^2 \cdot \cos(x)$ Richtige Ableitung: $f'(x) =$ ____

b) $g(x) = (1 - \cos(x)) \cdot x^2$

Falsche Ableitung: $g'(x) = \sin(x^2) + (1 - \cos(x)) \cdot 2x$ Richtige Ableitung: $g'(x) =$ ____

8 a) Gegeben ist die Funktion f mit $f(x) = x^2 \cdot e^{-x}$. Leiten Sie die Funktion f ab.
Berechnen Sie die Steigung des Graphen von f in den Punkten $P(1 | f(1))$, $Q(2 | f(2))$ und $R(-1 | f(-1))$.
b) Gegeben ist die Funktion f mit $f(x) = x \cdot (x - 1)^4$. Leiten Sie die Funktion f ab.
Berechnen Sie die Nullstellen von f. Bestimmen Sie die Ableitung an diesen Stellen.
An welchen Stellen ist die Ableitung der Funktion f gleich null?

9 Leiten Sie die Funktion f ab.

a) Die Funktion f mit $f(x) = g(x) \cdot \sin(x)$ hat die Faktoren

$u(x) = g(x)$ und $v(x) = \sin(x)$ mit $u'(x) = g'(x)$ und $v'(x) = \cos(x)$.

Damit ist $f'(x) = u'(x) \cdot v(x) + u(x) \cdot v'(x) = g'(x) \cdot$ ____.

b) Die Funktion f mit $f(x) = g(x) \cdot \frac{1}{x}$ hat die Faktoren

$u(x) = g(x)$ und $v(x) = \frac{1}{x}$ mit $u'(x) = g'(x)$ und $v'(x) =$ ____.

Damit ist $f'(x) = u'(x) \cdot v(x) + u(x) \cdot v'(x) =$ ____.

1 Ordnen Sie die Punkte aufsteigend nach der zugehörigen Steigung des Graphen.

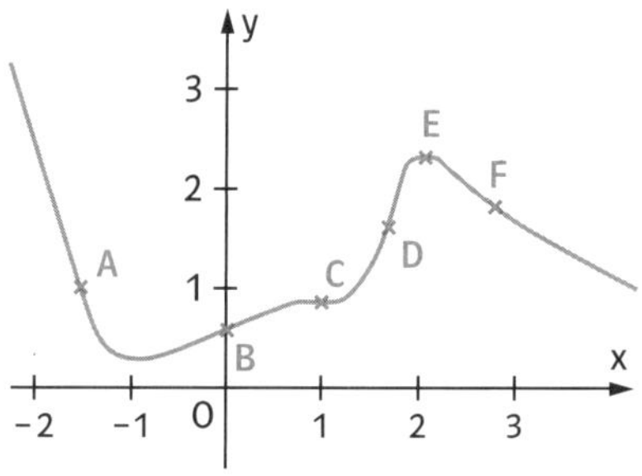

_____, _____, _____, _____, _____, _____

2 Leiten Sie einmal ab.

a) $f(x) = \frac{x^3}{6} + 5x^2 - 3x$ b) $f(x) = x \cdot \cos(5x)$

c) $f(x) = 3x(x^2 + 4)^3$ d) $f(x) = e^{2x} \cdot \sin(x)$

e) $f(x) = (x^2 - t)e^{tx}$ f) $f(x) = \frac{x}{a} \cdot \sin(ax)$

3 Berechnen Sie die beiden ersten Ableitungen f′ und f″. Vereinfachen Sie die Terme möglichst weit.

a) $f(x) = \frac{x^3}{6} + 4\sqrt{x} - \frac{3}{x^2}$ b) $f(x) = \frac{1}{2}x^2 \cdot (x - 3)(x + 2)$ c) $f(x) = \frac{1}{2}(x^2 - 3)(4x + 2)$

d) $f(x) = \frac{1}{4}x \cdot (x - 8)^2$ e) $f(x) = \frac{tx - 2t^2}{x^2}$ f) $f(x) = ax(x^2 - a^2)$

4 Gegeben sind die Graphen von f′, g′ und h′.

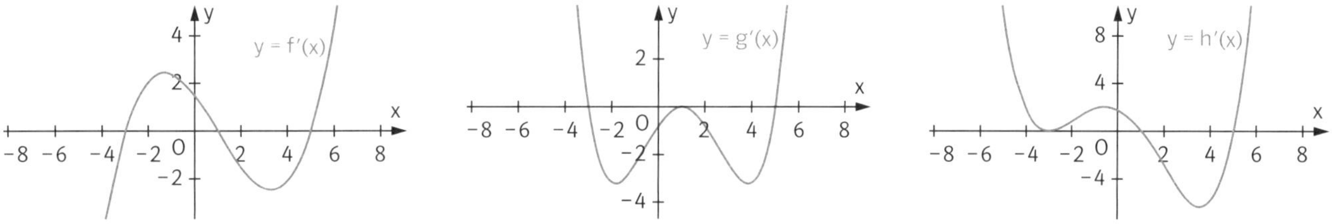

Welche der Abbildungen A bis E sind die Graphen von f, g und h? Ordnen Sie zu. Begründen Sie Ihre Entscheidung.

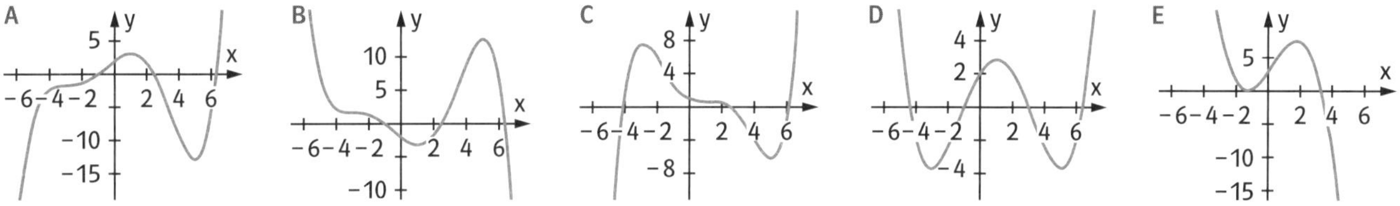

5 Gegeben ist der Graph einer Funktion f′. Entscheiden Sie, ob die Aussagen wahr, falsch oder unentscheidbar sind. Begründen Sie Ihre Entscheidung.

a) f ist für $x > 0$ steigend.

☐ wahr, ☐ falsch, ☐ unentscheidbar,

da ______________________________

b) f hat an der Stelle 1 eine waagerechte Tangente.

☐ wahr, ☐ falsch, ☐ unentscheidbar,

da ______________________________

c) $f(1) = 0$

☐ wahr, ☐ falsch, ☐ unentscheidbar,

da ______________________________

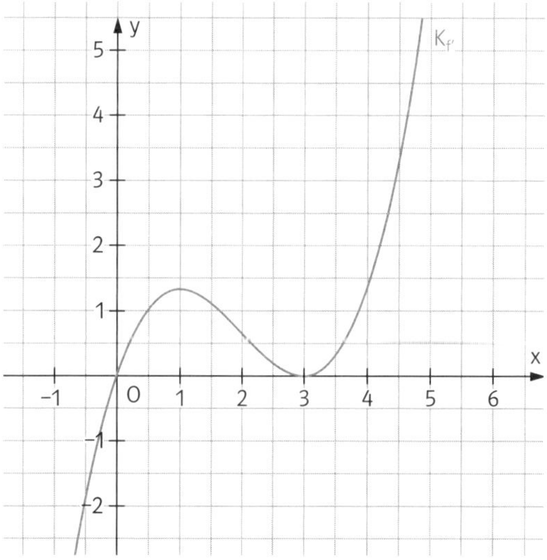

6 Gegeben ist die Funktion f mit $f(x) = -4 + e^{-\frac{x}{2}}$; der Graph von f heißt K.

a) Bestimmen Sie die gemeinsamen Punkte von K mit den Koordinatenachsen. Welche Steigung hat der Graph dort?

b) In welchem Punkt besitzt K eine waagerechte Tangente?

c) Bestimmen Sie die Gleichung der Tangente im Punkt $P(2\,|\,f(2))$.

Bedeutung der 1. Ableitung – Monotonie

ab Lerneinheit 1

Monotoniekriterium:
f ist eine im Intervall I definierte Funktion.
Ist $\mathbf{f'(x) > 0}$ **für alle** $\mathbf{x \in I}$, so ist **f streng monoton wachsend** in I.
Ist $\mathbf{f'(x) < 0}$ **für alle** $\mathbf{x \in I}$, so ist **f streng monoton fallend** in I.
Auf strenge Monotonie kann man auch schließen, wenn an einzelnen Stellen die Ableitung null ist.
Beispiel: f mit $f(x) = (x-2)^3 + 1$ ist streng monoton wachsend. Es ist $f'(x) = 3(x-2)^2 > 0$ für alle $x \neq 0$ und $f'(0) = 0$.

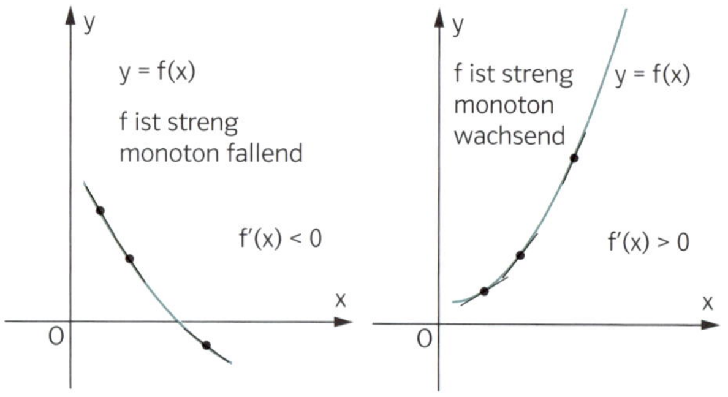

1 Gegeben sind die Graphen der Funktionen f und g.
a) Markieren Sie die Intervalle in rot, in denen f bzw. g streng monoton fallend sind und in grün, in denen f bzw. g streng monoton steigend sind.
b) Geben Sie das Vorzeichen von f'(x) im roten bzw. im grünen Bereich an.

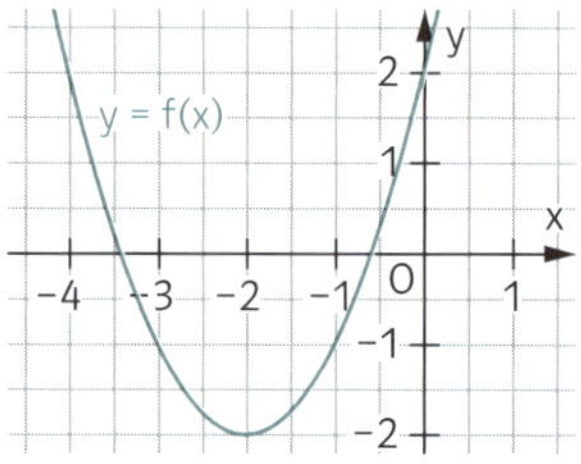

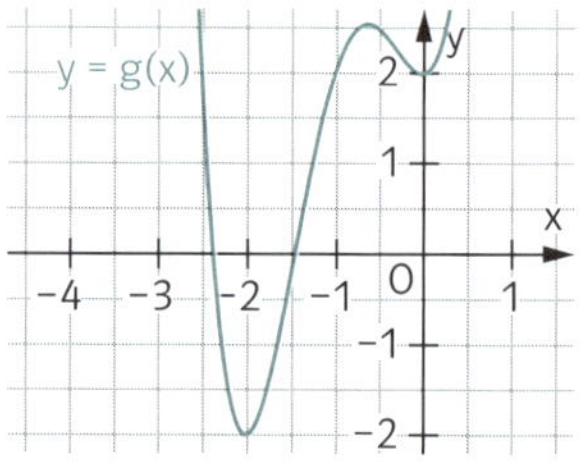

2 Bestimmen Sie die erste Ableitung der Funktion f und untersuchen Sie f auf Monotonie.
a) $f(x) = 1 - 2x - x^3$
b) $f(x) = x^4$
c) $f(x) = e^x$
d) $f(x) = \cos(x);\ x \in [0; \pi]$
e) $f(x) = 2(x-4)^3$
f) $f(x) = e^{2x+1}$
g) $f(x) = e^{3-x}$
h) $f(x) = 7x$
i) $f(x) = 3 \cdot \sin(\pi x) - 1;\ x \in [0; 2{,}5]$

3 Ist die Aussage wahr oder falsch? Kreuzen Sie an.

	wahr	falsch
a) Die Funktion f mit $f(x) = x^5 + 2x + 1$ ist streng monoton wachsend.	☐	☐
b) Ist $f'(x) = -3e^{-x}$, so ist f streng monoton fallend.	☐	☐
c) Liegt der Graph der Ableitungsfunktion der Funktion f oberhalb der x-Achse, so ist f streng monoton fallend.	☐	☐

4 Skizzieren Sie den Graphen von f'. Ermitteln Sie die größten Intervalle, in denen f streng monoton fällt.
a) $f(x) = -2x + 1$
b) $f(x) = x^3 - 3x$
c) $f(x) = 2 - e^x$
d) $f(x) = -(x+2)^2$
e) $f(x) = 3 \cdot \sin(x) + 1;\ x \in [-\pi; \pi]$
f) $f(x) = \cos(2x);\ x \in [-\pi; \pi]$

5 Gegeben ist der Graph der Ableitungsfunktion f' einer Funktion f.
Entscheiden Sie, ob folgende Aussagen wahr oder falsch sind.

	wahr	falsch
a) Die Funktion f ist im Intervall [2; 3,5] streng monoton fallend.	☐	☐
b) Die Funktion f ist im Intervall [−3,5; −3] streng monoton wachsend.	☐	☐
c) Die Funktion f ist im Intervall [−1; 1] streng monoton wachsend.	☐	☐
d) Die Funktion f' ist für $x > 2$ streng monoton fallend.	☐	☐
e) An der Stelle $x = -3$ ändert sich das Monotonieverhalten von f.	☐	☐

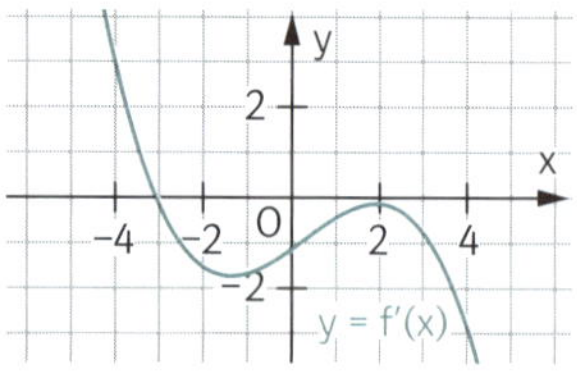

6 Ergänzen Sie folgende Argumentationen:
a) Tanja: „Bei jeder Nullstelle von f' wechselt f das Monotonieverhalten."

Arne: „Nein, denn die Funktion f mit $f(x) = x^3$ ist streng monoton wachsend auf ℝ, ihre Ableitung

____."

b) Arne: „Wenn g' keine Nullstelle besitzt, dann ändert sich das Monotonieverhalten von g nicht."

Tanja: „Irrtum Arne, dies gilt zwar für Polynomfunktionen, aber nicht für Funktionen mit

______________________________, wie z. B. g mit $g(x) = \frac{1}{x^2} - 1$."

Wird die **Steigung** eines Graphen **immer größer**, dann ist der Graph **linksgekrümmt** (**Linkskurve**).

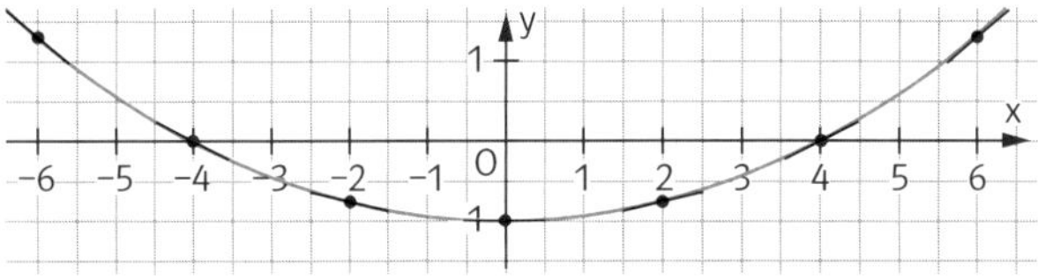

Wird die **Steigung** eines Graphen **immer kleiner**, dann ist der Graph **rechtsgekrümmt** (**Rechtskurve**).

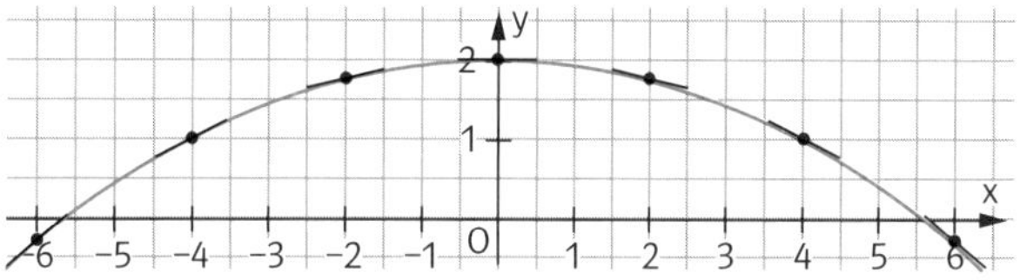

1 Geben Sie die Intervalle an, in denen der Graph von f linksgekrümmt bzw. rechtsgekrümmt ist.

a)
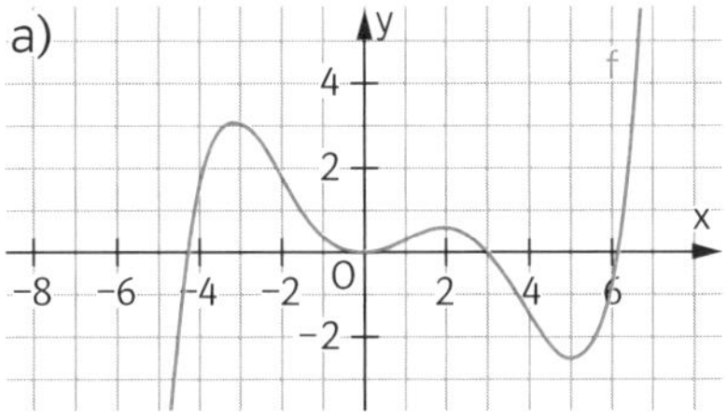

b)
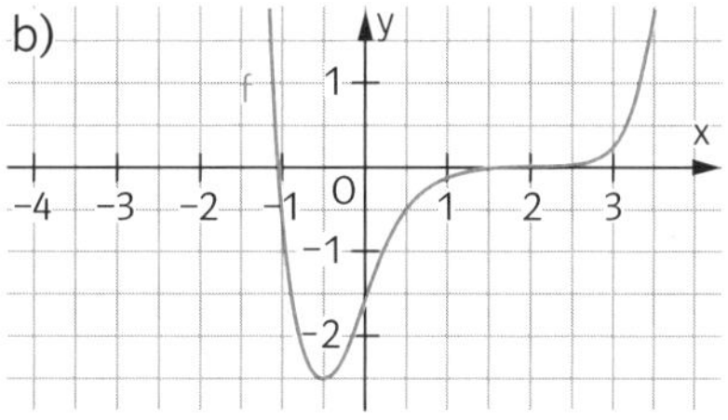

c)
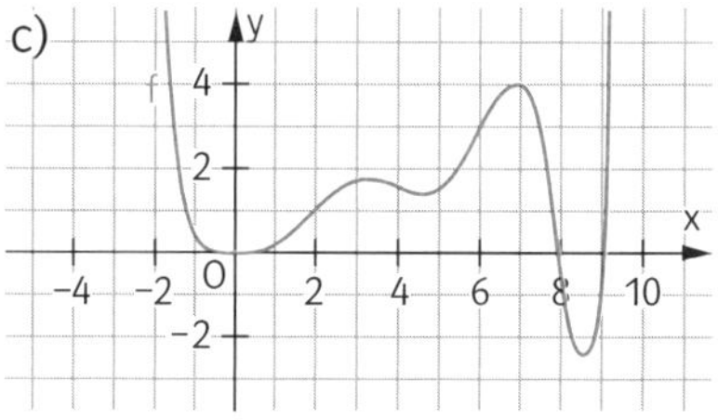

Rechnerischer Nachweis des Krümmungsverhaltens mithilfe von f″

Ist **$f''(x) > 0$** auf einem Intervall I, dann ist der Graph von f **linksgekrümmt** auf I.

Ist **$f''(x) < 0$** auf einem Intervall I, dann ist der Graph von f **rechtsgekrümmt** auf I.

Beispiel:
$f(x) = x^3 - 6x^2$, $f'(x) = 3x^2 - 12x$, $f''(x) = 6x - 12$
Es ist $f''(x) = 6(x - 2) > 0$ für $x > 2$, also ist der Graph von f linksgekrümmt für $x > 2$.
Es ist $f''(x) = 6(x - 2) < 0$ für $x < 2$, also ist der Graph von f rechtsgekrümmt für $x < 2$.

2 Gegeben ist der Graph einer Funktion f. Beschreiben Sie, welche Vorzeichen die erste und zweite Ableitung im dargestellten Bereich haben. Skizzieren Sie einen möglichen Graphen von f′ und f″.

a)
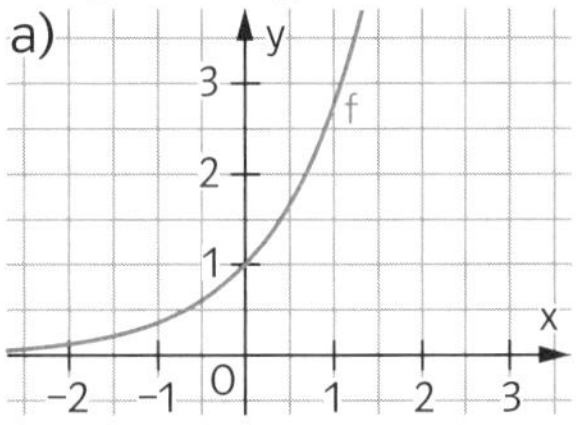

b)
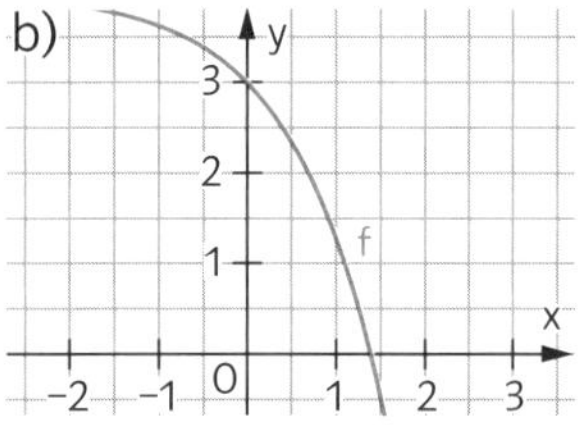

c)
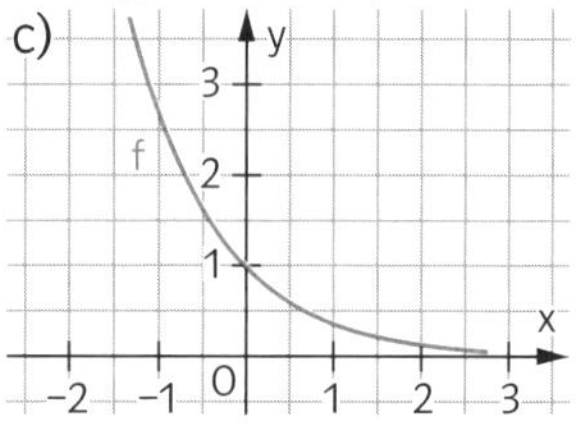

d)
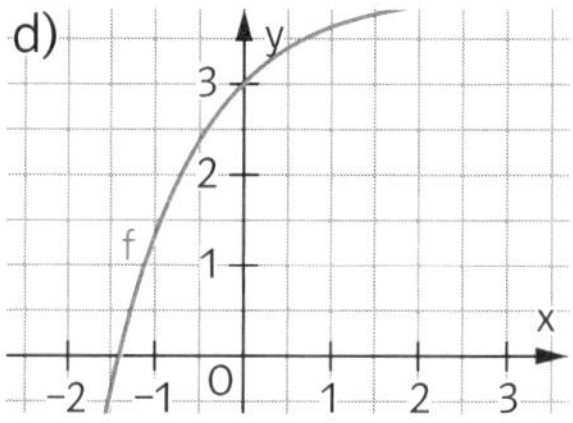

3 In welchen (maximalen) Intervallen ist der Graph von f eine Linkskurve bzw. eine Rechtskurve?

a) $f(x) = 3x^2 - 4x + 5$
b) $f(x) = 7x - x^2$
c) $f(x) = x^3 - 12x^2 + 11$
d) $f(x) = -0{,}5x^3 + 3x - 2$
e) $f(x) = x^4 + 2x^3 - 5x + 3$
f) $f(x) = \frac{1}{5}x^5 - \frac{8}{3}x^3 + 2x - 3$
g) $f(x) = (x - 4)e^x$
h) $f(x) = (1 + x)e^{-x}$
i) $f(x) = -2\sin\left(x + \frac{\pi}{3}\right);\ x \in [0; 2\pi]$

4 Ermitteln und begründen Sie das Vorzeichen von f(x), f′(x) und f″(x) in den markierten Punkten.

a)
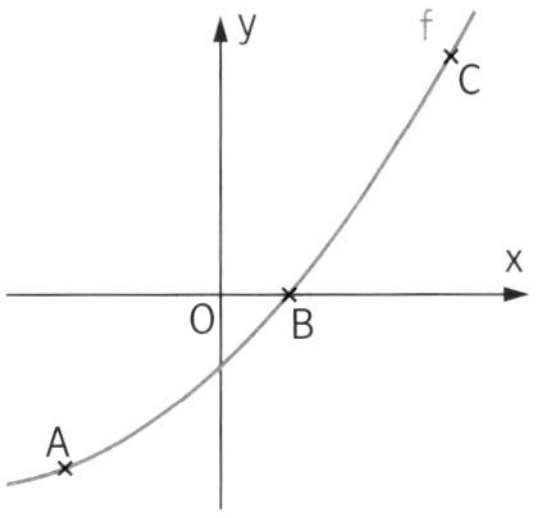

b)
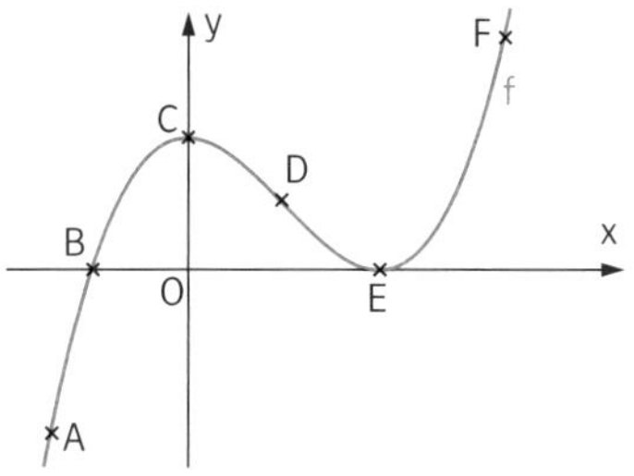

c)
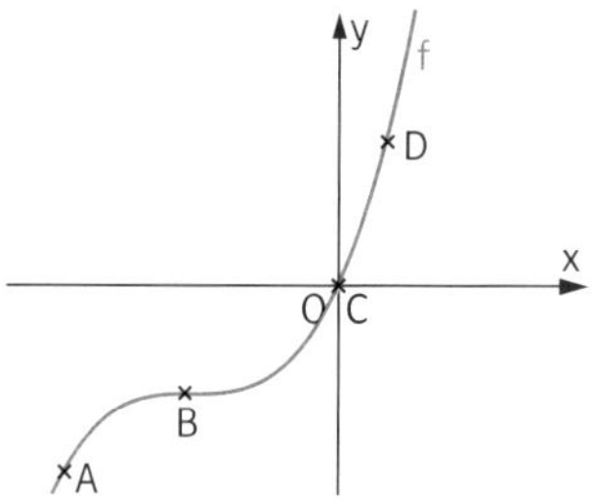

Der **Verlauf einer Funktion** f wird beschrieben mithilfe charakteristischer Eigenschaften.

$f(x_1)$ heißt **lokales Maximum** von f, wenn $f(x) \le f(x_1)$ ist in einer Umgebung von x_1.

$f(x_2)$ heißt **lokales Minimum** von f, wenn $f(x) \ge f(x_2)$ ist in einer Umgebung von x_2.

Die zugehörigen Punkte des Graphen nennt man **Hochpunkt** $H(x_1 | f(x_1))$ bzw. **Tiefpunkt** $T(x_2 | f(x_2))$.

Das größte Maximum heißt **globales Maximum**, das kleinste Minimum **globales Minimum** der Funktion.

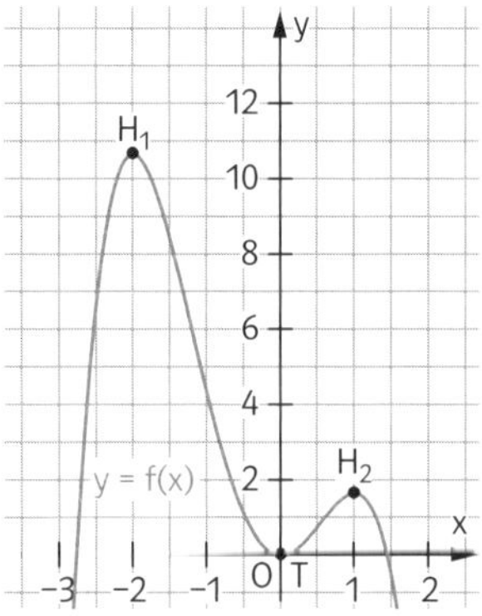

Beispiel:
$f(x) = -x^4 - \frac{4}{3}x^3 + 4x^2$
Extremstellen:
$x_1 = -2,\ x_2 = 1,\ x_3 = 0$
Maximum:
$f(-2) = \frac{32}{3}$ ist global,
$f(1) = \frac{5}{3}$ ist lokal.
Hochpunkte:
$H_1(-2 | 10{,}7),\ H_2(1 | 1{,}7)$
Minimum:
$f(0) = 0$ ist lokal.
Tiefpunkt: $T(0 | 0)$

1 a) Bezeichnen Sie am Graphen mit **H** die Hochpunkte, mit **T** die Tiefpunkte und mit **A** die Schnittpunkte mit den Koordinatenachsen. Notieren Sie deren Koordinaten.

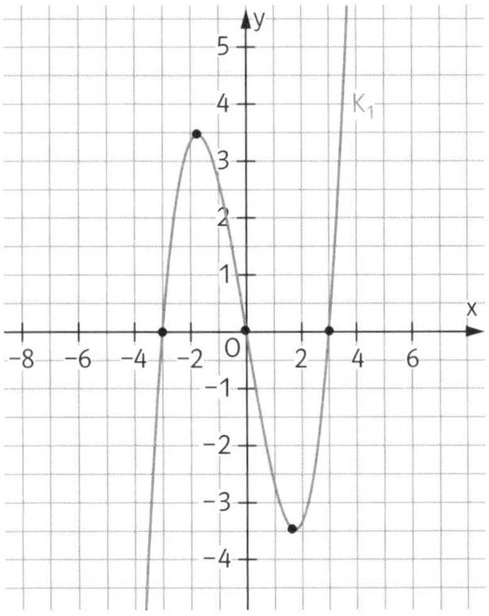

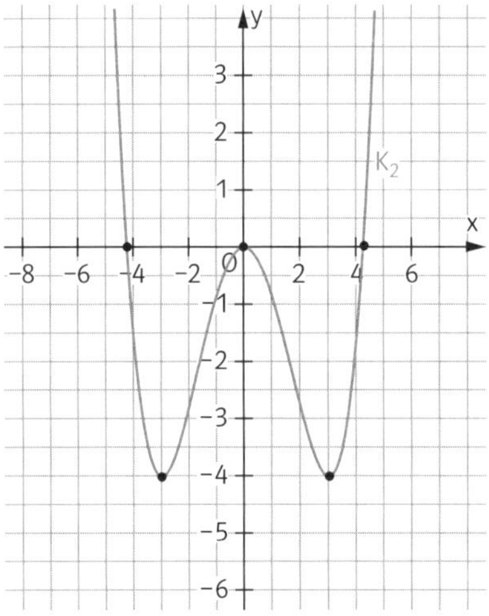

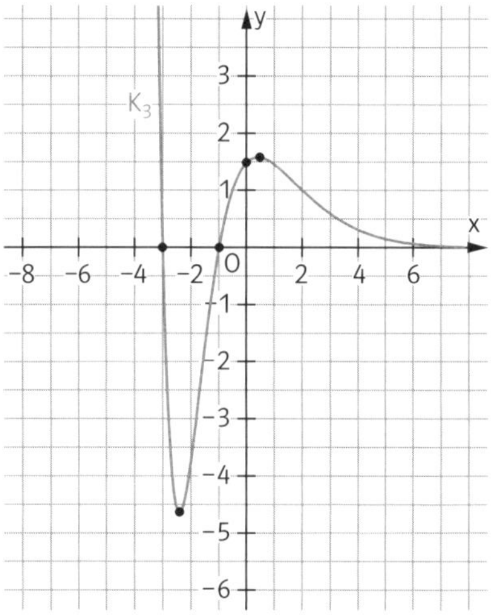

b) Beschreiben Sie den Kurvenverlauf mithilfe dieser Punkte.
c) Bestimmen Sie das globale Maximum und das globale Minimum der Funktion für $x \in [-2; 3]$.

2 Skizzieren Sie den Graphen einer Polynomfunktion mit den angegebenen Eigenschaften.
a) Der Graph hat den Tiefpunkt $T(2 | 1)$ und den Hochpunkt $H(4 | 5)$.
b) Der Graph hat den Tiefpunkt $T(0 | -3)$ und die Hochpunkte $H_1(-2 | 4)$ und $H_2(2 | 4)$.

3 Dargestellt ist das Höhenprofil eines etwa vierstündigen Rundwanderweges von 13 km Länge.
a) Markieren Sie charakteristische Stellen des Höhenprofils.
b) Auf welchen Strecken steigt der Weg, auf welchen Strecken fällt der Weg?
c) Wo ist der Anstieg am steilsten, wo ist das Gefälle am größten?
d) Welche Gipfel gibt es, und welcher ist davon der höchste?
e) Geben Sie die Talsohlen der Wanderung an.
f) Beschreiben Sie die Wanderung in ganzen Sätzen, insbesondere Anstiege und Abstiege.

Bestimmung eines lokalen Maximums oder Minimums (Vorzeichenwechselkriterium)

1. Ableitung f′ bestimmen
2. Nullstellen von f′ berechnen
3. Vorzeichen von f′ bestimmen: f′ berechnen an Stellen vor, zwischen und nach den Nullstellen von f′.
   Hat f′ an der Nullstelle x_0 einen VZW von + nach −, so ist $f(x_0)$ lokales Maximum.
   Hat f′ an der Nullstelle x_0 einen VZW von − nach +, so ist $f(x_0)$ lokales Minimum.

Beispiel:
$f(x) = x^3 - 3x - 1$
1. $f'(x) = 3x^2 - 3$
2. $f'(x) = 0$ für $x_1 = -1$; $x_2 = 1$
3. Prüfstellen z.B. −2; 0 und 2
   $f'(-2) = 9 > 0$,
   $f'(0) = -3 < 0$ und
   $f'(2) = 9 > 0$
   f′ hat bei $x_1 = -1$ einen VZW von + nach −, also ist $f(-1)$ lokales Maximum.
   f′ hat bei $x_2 = 1$ einen VZW von − nach +, also ist $f(1)$ lokales Minimum.

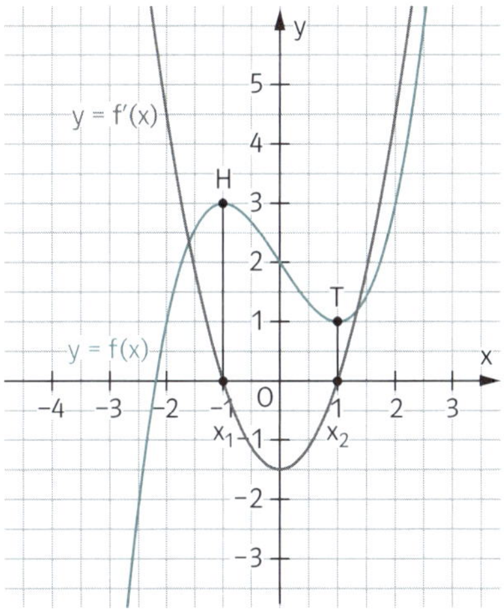

1 Untersuchen Sie die Funktion f mit $f(x) = x^3 + 3x^2 + 4$ auf lokale Extremstellen.

Lösung: 1. f′(x) = ______________________________;

2. Alle Nullstellen von f′ berechnen: f′(x) = 0 für x_1 = ________ und für x_2 = ________.

3. Vorzeichenwechsel von f′ bestimmen:

gleiches VZ von f′ für	$x < x_1$	x_1	$x_1 < x < x_2$	x_2	$x_2 < x$
Prüfstelle: x	z.B. −3	−2		0	
Prüfwert: f′(x)	+9	0		0	
Steigung Graph f	↗	→	↘	→	↗

4. Ergebnis: Lokales Maximum ______ an der Stelle ______, lokales Minimum ______ an der Stelle ______.

2 Untersuchen Sie die Funktion f auf lokale und globale Extremstellen und Extremwerte.
a) $f(x) = x^4 + 4x + 3$ b) $f(x) = x^3 - 3x^2 + 1$ c) $f(x) = x^4 - 2x^3 - 2$

3 Welche der Aussagen sind wahr, welche falsch? Kreuzen Sie an.

	wahr	falsch
a) Die Funktion g mit $g(x) = x^2 + 3x$ hat ein globales Minimum.	☐	☐
b) Der y-Wert jedes Hochpunktes des Graphen von f ist ein lokales Maximum von f.	☐	☐
c) Der y-Wert jedes Hochpunktes des Graphen von f ist ein globales Maximum von f.	☐	☐
d) Die Funktion f mit $f(x) = e^x$ hat das globale Minimum 0.	☐	☐
e) Die Funktion f mit $f(x) = \sin(x)$ hat unendlich viele Extremstellen.	☐	☐

4 Gegeben ist der Graph der Ableitungsfunktion f′ einer Funktion f. Lesen Sie, soweit möglich, daraus ab:

a) die Stelle des lokalen Maximums von f: ______________;
b) die Stelle des lokalen Minimums von f: ______________;
c) die Stelle, an der f′ am größten ist: ______________;
d) das Vorzeichen von f an der Stelle 0: ______________;
e) das Vorzeichen von f′ an der Stelle 0: ______________;
f) das Vorzeichen von f″ an der Stelle 0: ______________;
g) Intervalle, in denen f streng monoton wachsend ist: ______________;
h) Intervall, in dem f′ streng monoton wachsend ist: ______________.

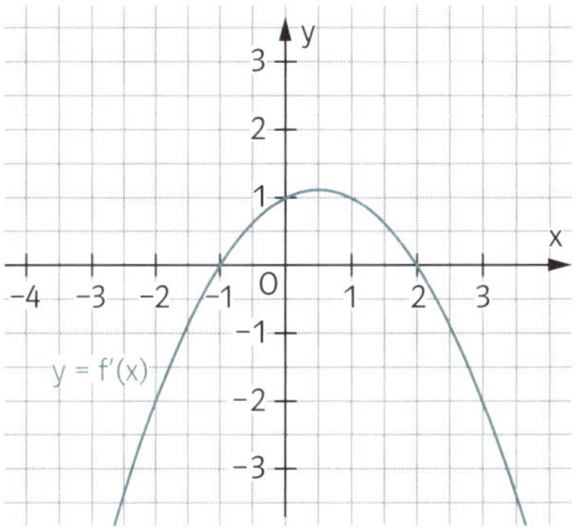

Bestimmung eines lokalen Maximums oder Minimums (Krümmungskriterium)

1. f' und f'' berechnen
2. Nullstellen von f' berechnen
3. Nullstellen x_0 einsetzen in f''
   Wenn $f''(x_0) < 0$, dann ist $f(x_0)$ lokales Maximum.
   Wenn $f''(x_0) > 0$, dann ist $f(x_0)$ lokales Minimum.

$P(x_0 \mid f(x_0))$ ist Hochpunkt bzw. Tiefpunkt von Graph f.

Beispiel:
$f(x) = 0{,}5x^3 - 1{,}5x + 2$
1. $f'(x) = 1{,}5x^2 - 1{,}5$ und $f''(x) = 3x$
2. $f'(x) = 0$ für $x_1 = -1$; $x_2 = 1$
3. $f''(-1) = -3$ und $f''(1) = 3$
   $f''(-1) = -3 < 0$: $f(-1) = 3$ ist lokales Maximum.
   $f''(1) = 3 > 0$: $f(1) = 1$ ist lokales Minimum.

$H(-1 \mid 3)$ ist Hochpunkt, $T(1 \mid 1)$ ist Tiefpunkt von Graph f.

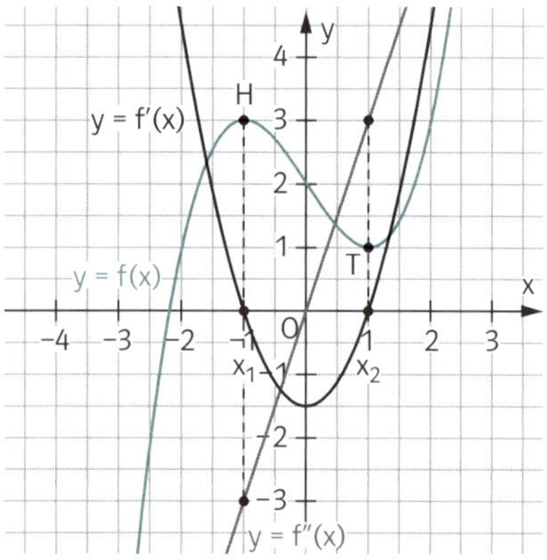

5 Untersuchen Sie die Funktion f mit $f(x) = x^3 - 3x^2 - 4$ auf lokale Extremstellen.

Lösung: 1. $f'(x) =$ ______________; $f''(x) =$ ______________.

2. Alle Nullstellen von f' berechnen: $f'(x) = 0$ für $x_1 =$ ________ und für $x_2 =$ ________.

3. Werte der 2. Ableitung für die Nullstellen der 1. Ableitung: $f''(x_1) =$ ________; $f''(x_2) =$ ________.

Ergebnis: Lokales Maximum ______ an der Stelle ______, lokales Minimum ______ an der Stelle ______.

6 Bestimmen Sie die Hochpunkte und Tiefpunkte der Graphen der Funktionen aus Aufgabe 2 auf Seite 35 mithilfe des Krümmungskriteriums.

7 Folgende Wertetabelle gehört zu einer Funktion g:

x	−1	0	1	2	3	4
g(x)	1	−1	0	1	−1	−9
g′(x)	−4,5	0	1,5	0	−4,5	−12
g″(x)	6	3	0	−3	−6	−9

Welche Aussagen kann man mithilfe der Tabelle über Hoch- und Tiefpunkte des Graphen von g machen?

8 a) Berechnen Sie für die Funktion f mit $f(x) = x^4 - 4x^3$ die Werte $f'(0)$, $f''(0)$, $f'(3)$ und $f''(3)$.
b) Welche Folgerungen kann man daraus für die Stellen $x_1 = 0$ und $x_2 = 3$ ziehen?
c) Begründen Sie, dass die Stelle $x_1 = 0$ keine Extremstelle von f ist.

9 Ordnen Sie jeder Funktion ihre Extremstellen zu (einige der Werte treten nicht auf!). Entscheiden Sie, ob ein lokales Minimum oder ein lokales Maximum vorliegt.

$f(x) = x^3 \cdot e^x$ | $x = \frac{7}{2}$ | $f(x) = (x - 2) \cdot (x + 4)$ | $x = -1$ | $f(x) = (x^2 + 1) \cdot e^x$

$x = -3$ | $x = 0$ | $f(x) = (x - 4) \cdot e^{2x}$ | $x = 4$ | $x = 2$ | $f(x) = \frac{x - 2}{e^x}$ | $x = 3$ | $x = 1$

10 Bestimmen Sie alle Hoch- und Tiefpunkte des Funktionsgraphen. Skizzieren Sie damit den Graphen von f.

a) $f(x) = -\frac{1}{2}x^3 + 6x + 2$
b) $f(x) = (x^2 - 4)^2$
c) $f(x) = x^4 + 4x^3$
d) $f(x) = -x^3 + x^2 + x$
e) $f(x) = (x + 2)e^x$
f) $f(x) = \cos(x) - \frac{1}{2}x$; $x \in [-\pi; \pi]$

11 Wahr oder falsch? Kreuzen Sie an.

	wahr	falsch
a) Ist x_0 eine lokale Extremstelle, so ist $f'(x_0) = 0$.	☐	☐
b) Ist $f'(x_0) = 0$, so ist x_0 eine lokale Extremstelle von f.	☐	☐
c) Ist $f(x) < 0$ für $x < x_0$ und $f(x) > 0$ für $x > x_0$, so liegt bei x_0 ein lokales Minimum vor.	☐	☐
d) Ist $f'(x) < 0$ für $x < x_0$ und $f'(x) > 0$ für $x > x_0$, so liegt bei x_0 ein lokales Minimum vor.	☐	☐
e) An einer Stelle mit einem lokalen Maximum wechselt f″ das Vorzeichen.	☐	☐
f) Ist $f(x_0) < 0$, so kann bei x_0 kein lokales Maximum vorliegen.	☐	☐
g) Ist $f''(x_0) < 0$, so kann bei x_0 kein lokales Maximum vorliegen.	☐	☐
h) Ist $f''(x_0) < 0$, so liegt bei x_0 ein lokales Maximum vor.	☐	☐
i) An einer Stelle mit einem lokalen Maximum wechselt f′ das Vorzeichen.	☐	☐

12 K ist der Graph der Funktion f.
Notieren Sie zu jeder Aussage eine oder mehrere Bedingungen, sodass aus diesen die Aussage folgt. Jede Bedingung kann mehrfach verwendet werden, nicht jede muss verwendet werden; es sollte keine überflüssige Bedingung verwendet werden.

a) An der Stelle 2 hat K einen Tiefpunkt.	
b) An der Stelle 2 ist die Steigung von K negativ.	
c) K ist streng monoton fallend im Intervall I.	
d) K ist symmetrisch zum Ursprung.	
e) An der Stelle 2 schneidet K die x-Achse.	
f) An der Stelle 2 berührt K die x-Achse.	

$f'(x) > 0$ auf I
$f'(2) = 0$
$f''(2) > 0$
$f''(2) < 0$
$f'(2) < 0$
$f'(x) < 0$ auf I
$f''(2) \neq 0$
$f(2) = 0$
$f(-x) = f(x)$ für alle x
$f(-x) = -f(x)$ für alle x

13 Geben Sie zwei verschiedene Funktionen mit den gegebenen Eigenschaften an.
a) f ist eine Polynomfunktion vom Grad zwei und besitzt genau ein lokales Maximum.
b) g ist eine Polynomfunktion vom Grad vier und besitzt genau ein lokales Minimum.
c) h hat unendlich viele Minima und keine Nullstellen.
d) f ist eine Polynomfunktion vom Grad drei und hat keine Extremstellen

14 Begründen Sie:
a) Die Funktion f mit $f(x) = (x - 1)^4$ hat an der Stelle $x_0 = 1$ ein globales Minimum.
b) Die Funktion f mit $f(x) = (x + 2)^3$ hat an der Stelle $x_0 = -2$ kein Extremum.
c) Das Maximum und das Minimum der Funktion f mit $f(x) = -\sin\left(\frac{\pi}{4}x\right)$; $x \in [-5; 5]$ lassen sich ohne Ableitungen ermitteln.
d) Die Funktion f mit $f(x) = (x - 1)^2 \cdot e^{-x}$ hat an der Stelle $x_0 = 1$ ein globales Minimum.

15 Die Abbildung zeigt den Graphen der ersten Ableitung f′ einer Funktion f.
a) Entnehmen Sie dem Graphen die Extremstellen und Monotonie-Intervalle der Funktion f.
b) Begründen Sie Ihre Ergebnisse aus Teilaufgabe a).
c) Skizzieren Sie anhand Ihrer Ergebnisse einen möglichen Graphen von f.

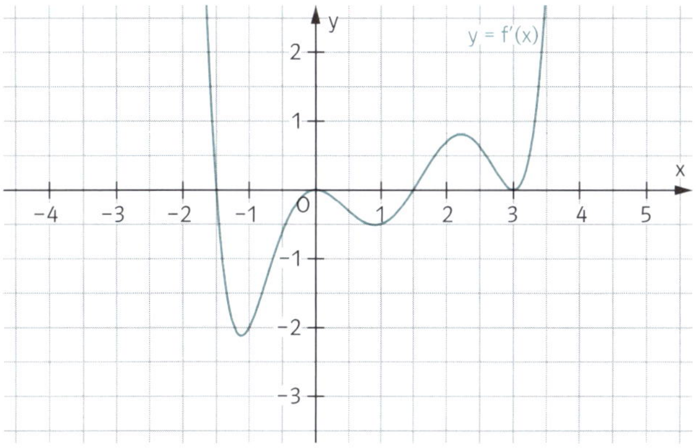

Die Abbildung zeigt, dass im **Wendepunkt $W(x_1 | f(x_1))$** der Graph **von einer Linkskurve in eine Rechtskurve** übergeht.
An dieser **Wendestelle x_1** ist die **Steigung $f'(x_1)$ maximal**.

Entsprechendes gilt für den Wechsel **von einer Rechtskurve in eine Linkskurve** im **Wendepunkt $W(x_2 | f(x_2))$**. Hier ist an der **Wendestelle x_2** die **Steigung $f'(x_2)$ minimal**.

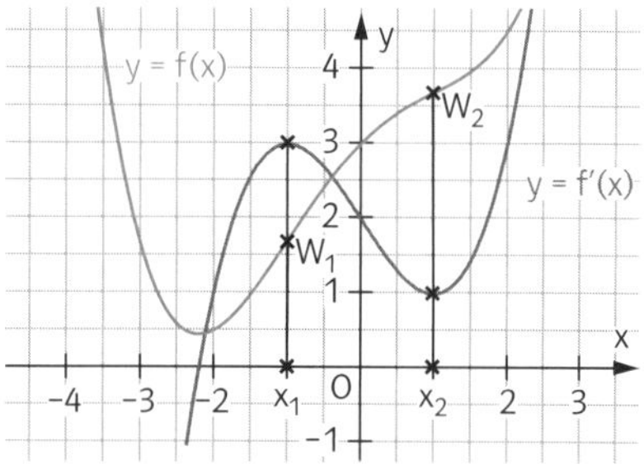

1 Gegeben ist der Graph einer Funktion f.
Entnehmen Sie dem Graphen näherungsweise die Koordinaten der Wendepunkte.
In welchem Punkt ist die Steigung von f minimal, in welchem maximal? Geben Sie den Wert dieser Steigung jeweils näherungsweise an.
Markieren Sie den linksgekrümmten Teil des Graphen grün. Geben Sie die Intervalle an, in denen der Graph rechtsgekrümmt ist.

a)
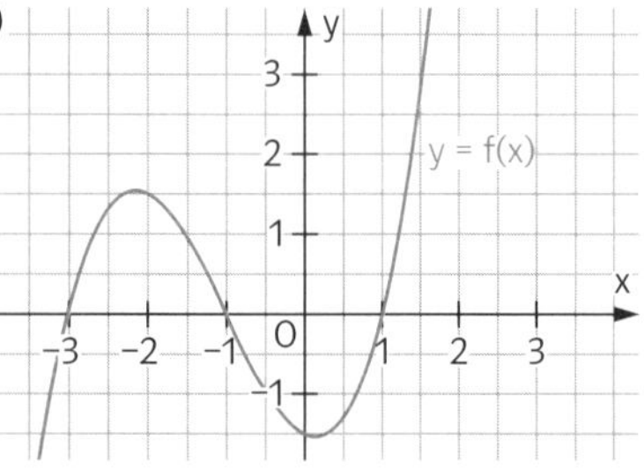

b)
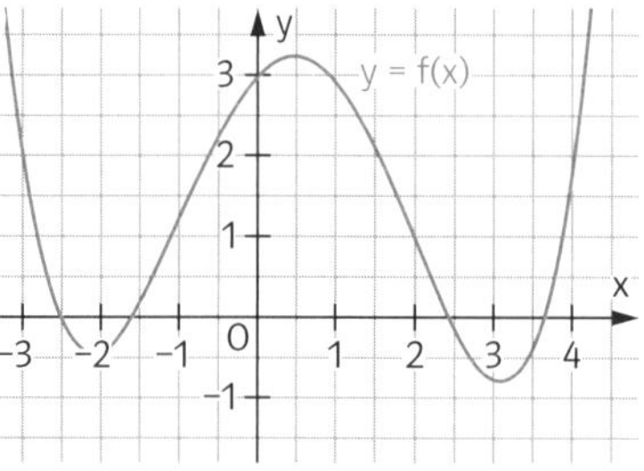

c)
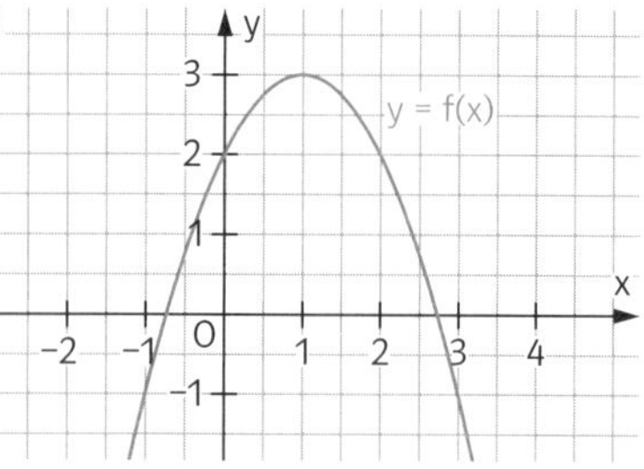

Bestimmen einer Wendestelle (1. Methode)

Ist die **Steigung** einer Funktion bei x_0 **minimal oder maximal**, so ist x_0 eine **Wendestelle**.
1. Zweite Ableitung f″ bestimmen
2. Nullstellen von f″ berechnen
3. Einen VZW von f″ nachweisen

Für die y-Koordinate des Wendepunktes x_0 in f(x) einsetzen: Wendepunkt $W(x_0 | f(x_0))$

Beispiel: $f(x) = x^3 - 3x^2 - 1$
1. $f'(x) = 3x^2 - 6x$ und $f''(x) = 6x - 6$
2. $f''(x) = 0$ hat die Lösung $x_0 = 1$
3. VZ prüfen: $f''(0) = -6 < 0$; $f''(2) = 6 > 0$: $f''(x)$ hat bei $x_0 = 1$ einen VZW. Die Wendestelle ist $x_0 = 1$.

$f(1) = -3$, also ist $W(1 | -3)$ Wendepunkt.

2 Bestimmen Sie die Wendestellen der Funktion mit $f(x) = x^4 - 6x^2$

Lösung: 1. $f'(x) =$ ________________ und $f''(x) =$ ________________.

2. Alle Nullstellen von f″ berechnen: $f''(x) = 0$ für $x_1 =$ ________ und für $x_2 =$ ________.

3. Vorzeichenwechsel von f″ bestimmen:

gleiches VZ von f″ für	$x < x_1$	x_1	$x_1 < x < x_2$	x_2	$x_2 < x$
Prüfstelle: x	z.B. −2	−1		1	
Prüfwert: f″(x)	36	0		0	
Vorzeichen von f″	+				

Ergebnis: Wendestellen ______ und ______.

3 Untersuchen Sie die Funktion f in Ihrem Heft auf Wendestellen mit der 1. Methode.

a) $f(x) = x^4 + 4x + 3$ b) $f(x) = x^3 - 3x^2 + 1$ c) $f(x) = x^4 - 2x^3 - 2$

Bestimmen einer Wendestelle (2. Methode)

Ändert sich die Krümmung eines Graphen an der Stelle x_0, so ist x_0 eine **Wendestelle**.

1. Ableitungen f', f'' und f''' bestimmen
2. Nullstellen von f'' berechnen
3. Nullstellen einsetzen in f'''(x):
   Ist $f'''(x_0) \neq 0$, dann ist x_0 Wendestelle.

Für die y-Koordinate des Wendepunktes x_0 in f(x) einsetzen: **Wendepunkt** $W(x_0 \mid f(x_0))$

Beispiel:

$f(x) = x^3 - 3x^2 - 1$

1. $f'(x) = 3x^2 - 6x$; $f''(x) = 6x - 6$; $f'''(x) = 6$
2. $f''(x) = 0$ hat die Lösung $x_0 = 1$
3. $f'''(1) = 6 \neq 0$
   $x_0 = 1$ ist einzige Wendestelle.

$f(1) = -3$:
$W(1 \mid -3)$ ist der Wendepunkt.

4 Bestimmen Sie die Wendestellen der Funktion mit der 2. Methode.

f(x)	a) $x^4 - 6x^2$	b) $\frac{1}{3}x^3 + 2x^2 - 1$	c) $x^3(x-2)$	d) $(x-1) \cdot e^x$
f'(x)				
f''(x)				
Lösungen x_0 von $f''(x) = 0$	$x_1 = -1$; $x_2 = +1$			
f'''(x)	$24x$			
$f'''(x_0)$				
Wendestellen	$x_1 =$; $x_2 =$			

5 Wahr oder falsch? Kreuzen Sie an.

Für jede Funktion f, die dreimal differenzierbar ist, gilt:

	wahr	falsch
a) An einer Wendestelle x_0 ist stets $f'(x_0) \neq 0$.	☐	☐
b) Ist $f'''(x_0) \neq 0$, so ist x_0 eine Wendestelle.	☐	☐
c) An einer Wendestelle x_0 ist $f''(x_0) = 0$.	☐	☐
d) An einer Wendestelle wechselt die erste Ableitung f' das Vorzeichen.	☐	☐
e) An einer Wendestelle wechselt die zweite Ableitung f'' das Vorzeichen.	☐	☐
f) Ist $f'''(x_0) = 0$, so kann x_0 keine Wendestelle sein.	☐	☐
g) Wechselt an einer Stelle x_0 die zweite Ableitung ihr Vorzeichen von „+" nach „–", so ist x_0 eine Wendestelle.	☐	☐
h) An einer Wendestelle wechselt f'' ihr Vorzeichen von „+" nach „–".	☐	☐
i) Wenn eine Funktion keine Extremstelle hat, so kann sie auch keine Wendestelle haben.	☐	☐
j) Jede Polynomfunktion, die ein lokales Minimum und ein lokales Maximum hat, hat auch eine Wendestelle.	☐	☐

6 Bestimmen Sie die Wendepunkte des Graphen von f.

a) $f(x) = x^5 - \frac{10}{3}x^3$ b) $f(x) = x \cdot e^x$ c) $f(x) = -2 \cdot \cos(\pi x) + 1$; $x \in [-2; 4]$

7 a) Zwei der folgenden Graphen gehören zu Ableitungen f' von Funktionen aus Aufgabe 1. Welche?

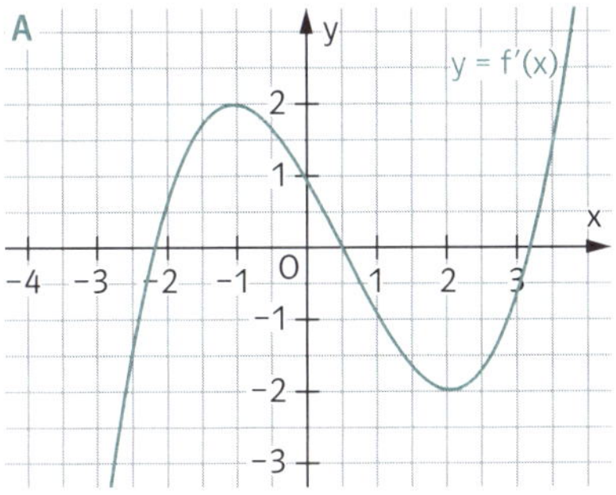

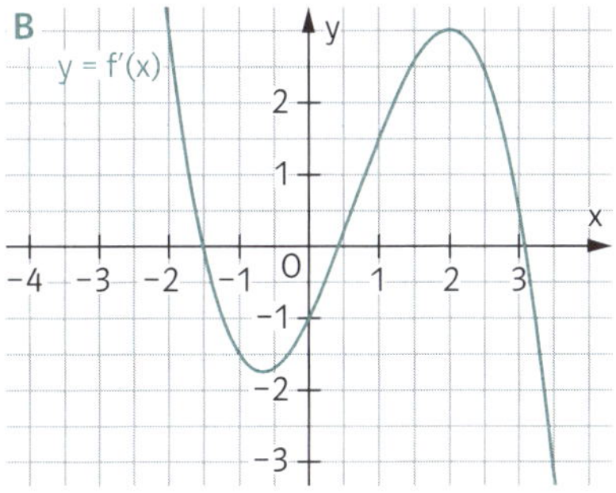

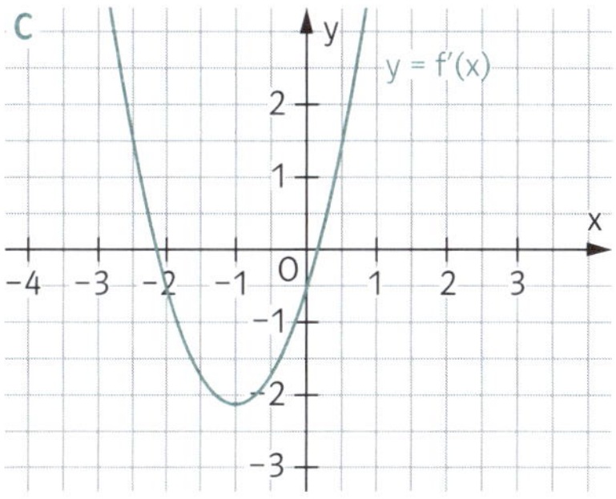

b) Einer der Graphen kann nicht zugeordnet werden. Wie viele Wendepunkte hat der zugehörige Graph von f?

Mithilfe des **Funktionsterms einer Funktion** lassen sich **charakteristische Eigenschaften** ihres Graphen finden. Dabei werden die Zusammenhänge zwischen den Eigenschaften einer Funktion, deren Ableitungen und zugehörigen Graphen ausgenutzt. Man untersucht den Graphen auf **Symmetrie**, **Periodizität**, **asymptotisches Verhalten**, **Schnittpunkte mit den Koordinatenachsen**, **Extrempunkte**, **Wendepunkte** sowie **Steigungs-** und **Krümmungsverhalten**.

1 a) Lesen Sie charakteristische Eigenschaften der Funktion an den folgenden Funktionsgraphen ab.

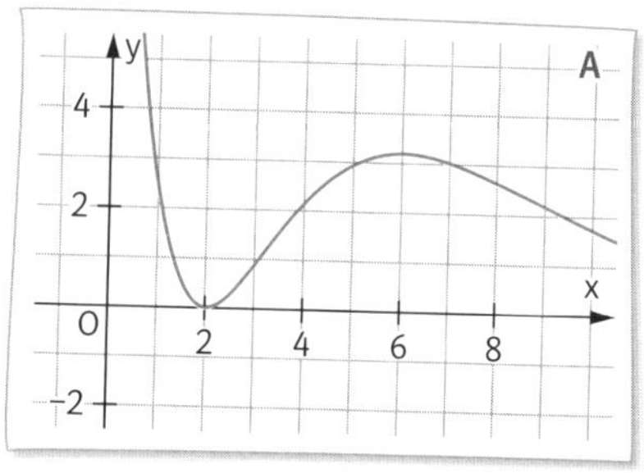

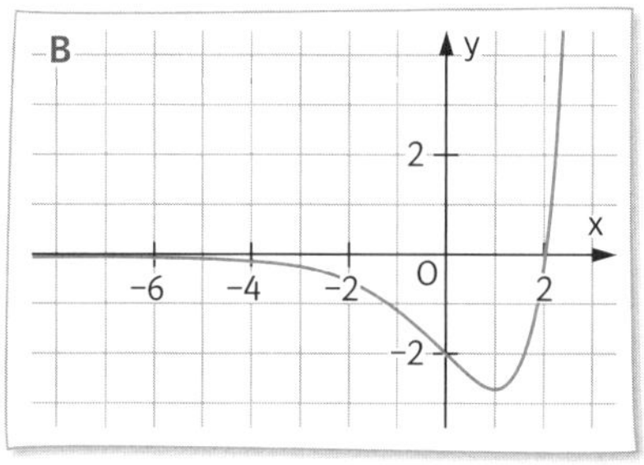

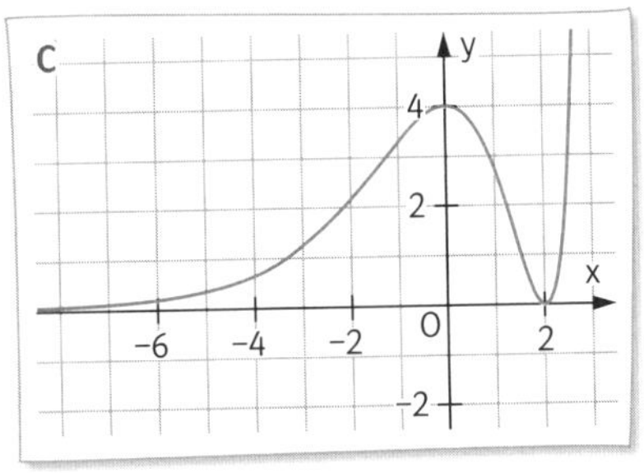

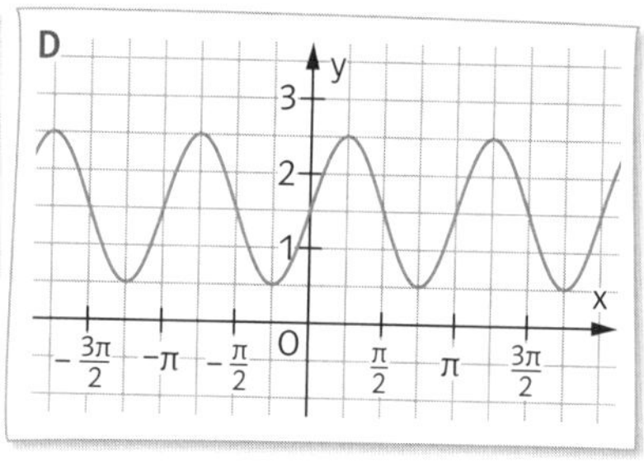

b) Ordnen Sie die Graphen aus Teilaufgabe a) den folgenden Funktionen zu.

$f_1(x) = 2\sin(x) + 1{,}5$,

$f_2(x) = 4 \cdot (x-2)^2 \cdot e^{-0{,}5x}$,

$f_3(x) = \sin(2x) + 1{,}5$,

$f_4(x) = (x-2)^2 \cdot e^x$,

$f_5(x) = (x-2) \cdot e^x$

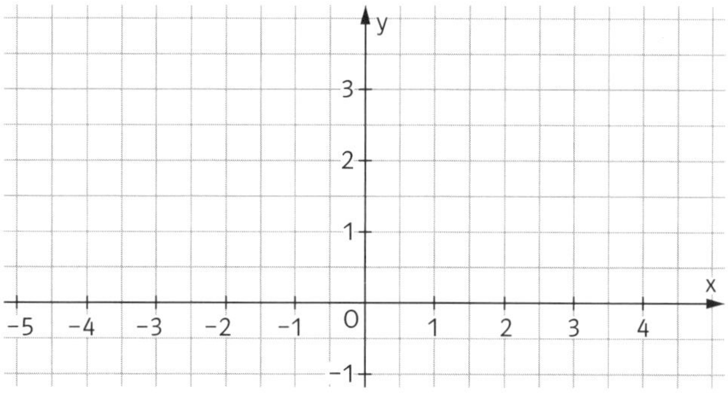

c) Skizzieren Sie den Graphen der Funktion, zu der keiner der Graphen aus Teilaufgabe a) passt.

2 K ist der Graph der Funktion f. Welche der folgenden Bedingungen gehören zusammen?

3 $f(x_0) = 0$

B K ist im Intervall I linksgekrümmt.

5 $f''(x_0) = 0$ und $f'''(x_0) \neq 0$

E K hat an der Stelle x_0 einen Schnittpunkt mit der x-Achse.

A K hat an der Stelle x_0 einen Hochpunkt.

1 $f'(x_0) = 0$ und $f''(x_0) < 0$

D Die x-Achse ist Asymptote für $x \to \infty$.

6 $\lim\limits_{x \to \infty} f(x) = 0$

C K hat an der Stelle x_0 einen Wendepunkt.

4 $f(x) = f(-x)$ für alle $x \in \mathbb{R}$

F K ist symmetrisch zur y-Achse.

2 $f''(x) > 0$ für alle $x \in I$

3 K ist der Graph der Funktion f mit $f(x) = \frac{1}{3}x^3 - 3x$.

a) K kann nur einer der Graphen A, B oder C sein. Geben Sie mindestens ein Argument an, warum die beiden anderen Graphen nicht K sein können.

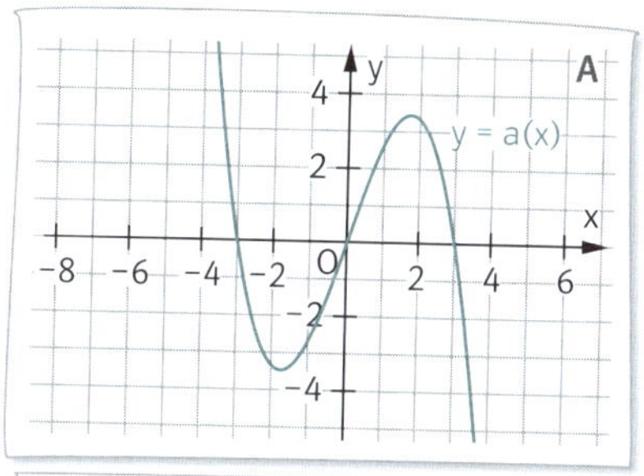

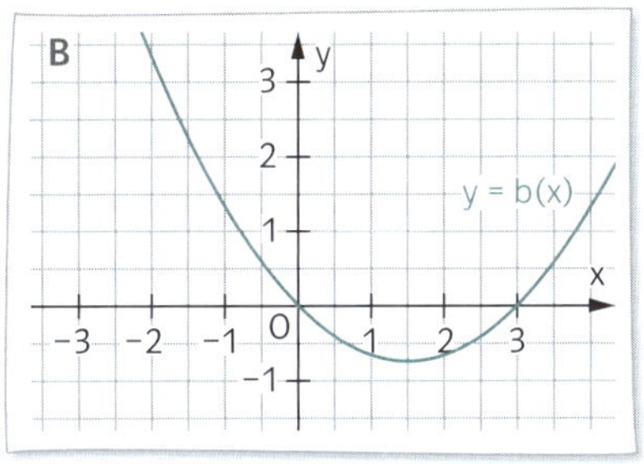

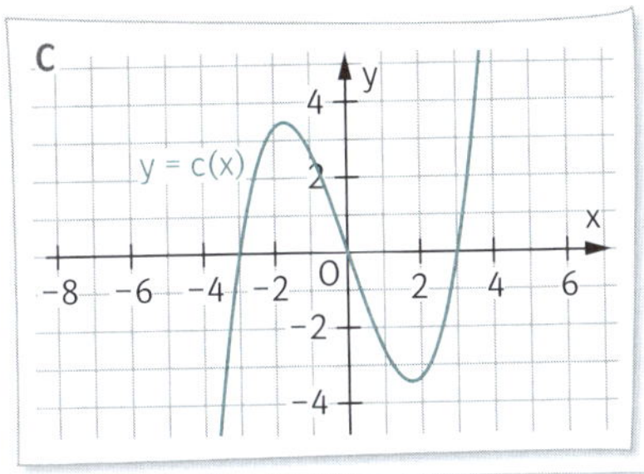

b) Untersuchen Sie K rechnerisch auf Symmetrie, Schnittpunkte mit den Achsen, Hoch-, Tief- und Wendepunkte.

4 K ist der Graph der Funktion f. Ergänzen Sie folgende Tabelle.

Funktion f	$f(x) = -x^4 + 4x^2$	$f(x) = 2 + 2\cos\left(\frac{1}{2}x\right)$; $x \in [-7{,}5; 7{,}5]$	$f(x) = e \cdot x - 2e^{\frac{1}{2}x}$
1. und 2. Ableitung	$f'(x) = -4x^3 + 8x$ $f''(x) = -12x^2 + 8$		
Symmetrie			keine
Gemeinsame Punkte mit den Koordinatenachsen		$f(x) = 0$: $x_1 = -2\pi$; $x_2 = 2\pi$ $N_1(-2\pi \mid 0)$; $N_2(2\pi \mid 0)$ $f(0) = 4$: $A(0 \mid 4)$	
Extrempunkte	$f'(x) = 4x(-x^2 + 2) = 0$; $x_1 = 0$; $x_2 = \sqrt{2}$; $x_3 = -\sqrt{2}$ $f''(0) = 8 > 0$ $T(0 \mid 0)$ $f''(\sqrt{2}) = -16 < 0$ $H_1(\sqrt{2} \mid 4)$ $f''(-\sqrt{2}) = -16 < 0$ $H_2(-\sqrt{2} \mid 4)$		
Wendepunkte			$f''(x) = -\frac{1}{2}e^{-\frac{x}{2}} < 0$ für alle x; keine WP
Wertemenge		$W = [0; 4]$	
Skizze	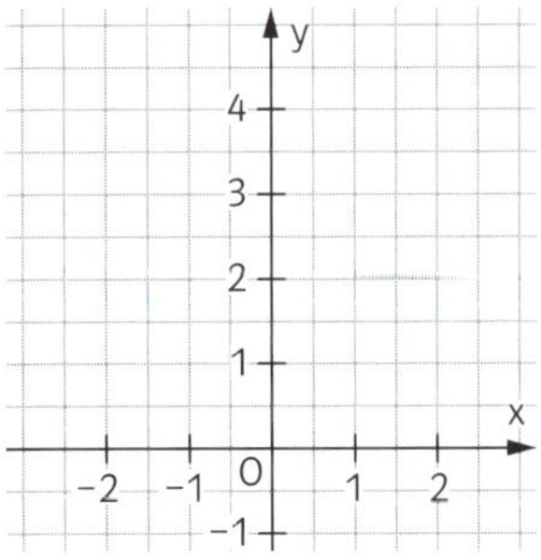	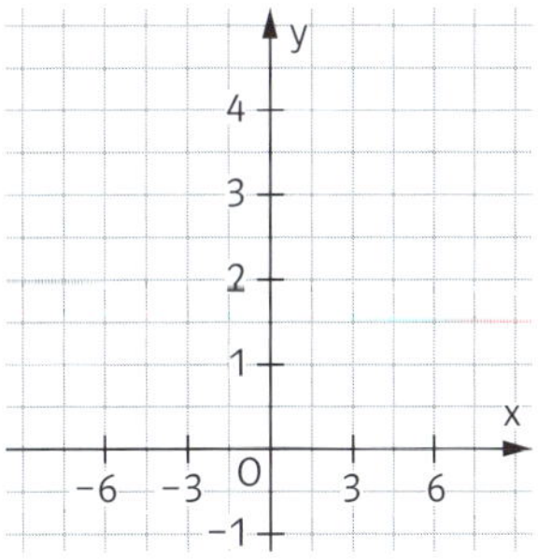	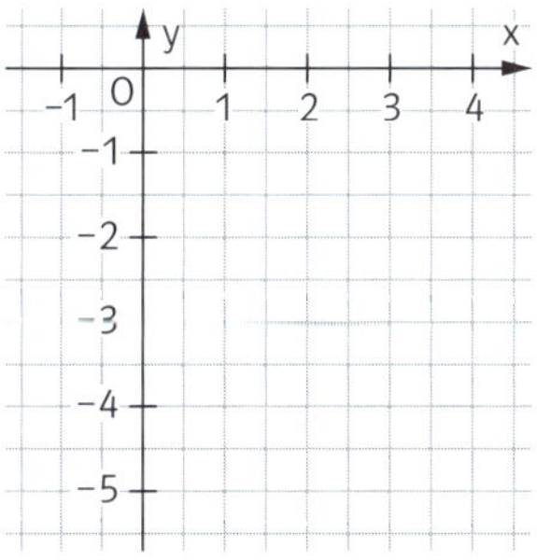

5 $f(x) = -2\sin\left(\frac{\pi}{3}x\right) - 1$; $x \in [-4; 4]$ $g(x) = (2x - 3) \cdot e^{-x}$ $h(x) = \frac{1}{64}x^4 - \frac{9}{32}x^2 - 2$

a) Bestimmen Sie die Extrempunkte des Graphen von f, g bzw. h.

b) Inwieweit helfen die Koordinaten der Extrempunkte bei der Bestimmung der Wertemenge?

6 K ist der Graph der Funktion f.
a) Entnehmen Sie dem Graphen die Koordinaten der Extrempunkte und der Wendepunkte.
b) Geben Sie einen Funktionsterm von f an.
c) Untersuchen Sie K mithilfe der Ableitungen auf Extrem- und Wendepunkte; vergleichen Sie Ihre Ergebnisse mit denen aus Teilaufgabe a).
d) K wird nun um 2 LE nach oben verschoben.
Welche Auswirkungen hat das auf die Extrem- und Wendestellen?

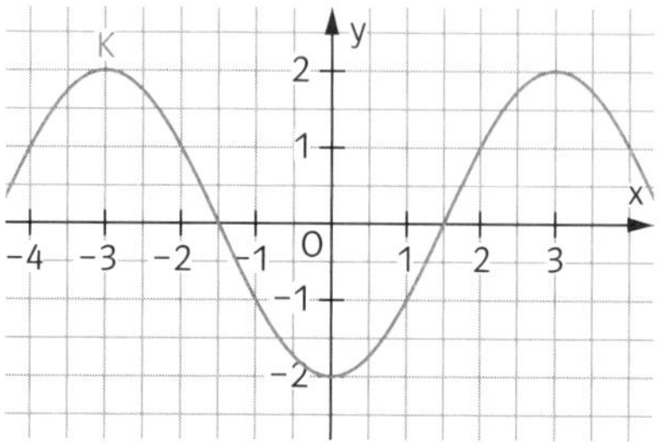

7 Welche Eigenschaft des Kurvenpunktes P(3 | 0) wird hier umschrieben?

Extrempunkt | Wendepunkt | Wendepunkt mit waagerechter Tangente | Hochpunkt | Schnittpunkt mit der x-Achse

a) In P geht eine Linkskurve in eine Rechtskurve über. ____________
b) Der Graph von f berührt in P die x-Achse. ____________
c) Der Graph von f berührt und schneidet in P die x-Achse. ____________
d) Die erste Ableitung von f hat an der Stelle $x = 3$ einen VWZ von + nach −. ____________
e) Die zweite Ableitung von f hat an der Stelle $x = 3$ einen VWZ von + nach −. ____________
f) Die Funktion f hat an der Stelle $x = 3$ einen VWZ von + nach −. ____________
g) Die Ableitung f′ hat an der Stelle $x = 3$ ein Maximum. ____________
h) Die erste Ableitung von f hat an der Stelle $x = 3$ hat eine doppelte Nullstelle. ____________

8 Gegeben sind die Graphen der Funktion f und ihrer ersten und zweiten Ableitungsfunktion.
Welcher Graph gehört zur Funktion bzw. zur ersten bzw. zweiten Ableitungsfunktion?

	K_f	$K_{f'}$	$K_{f''}$
a)	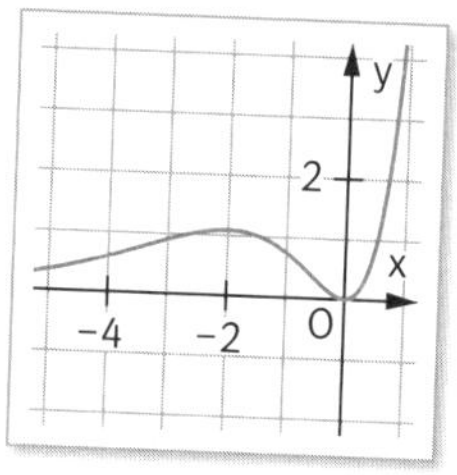		
b)		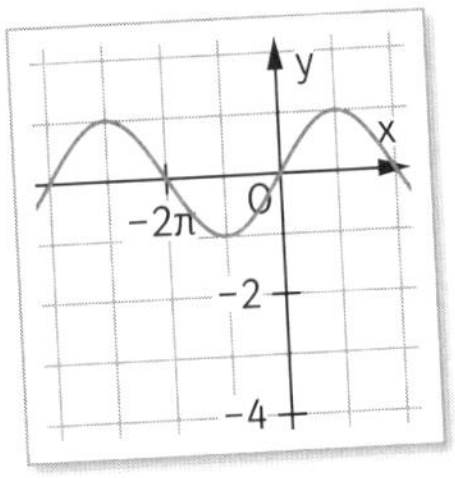	
c)			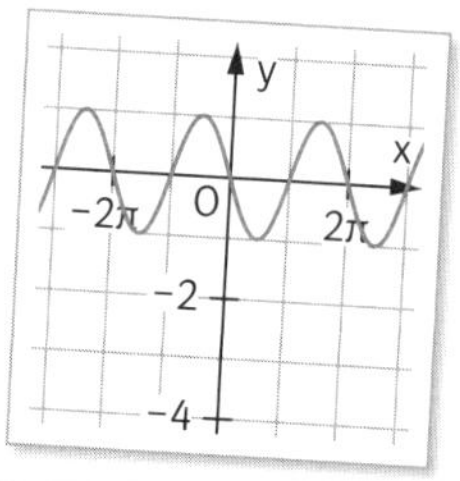

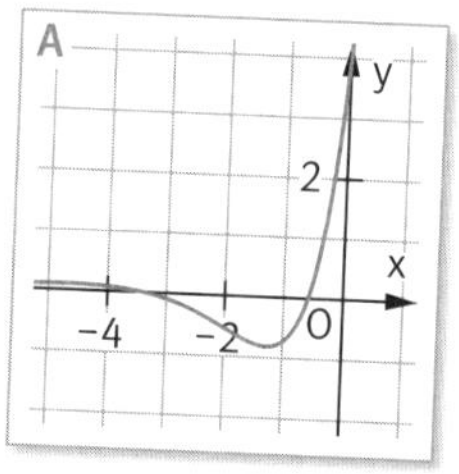

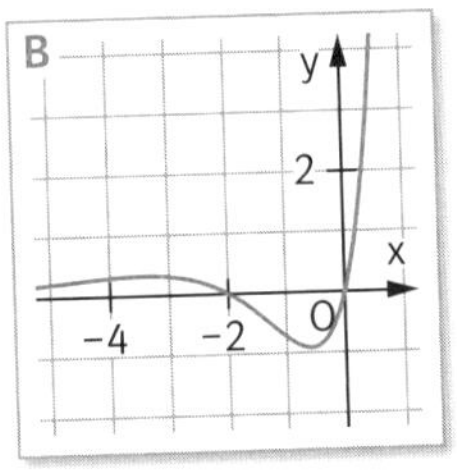

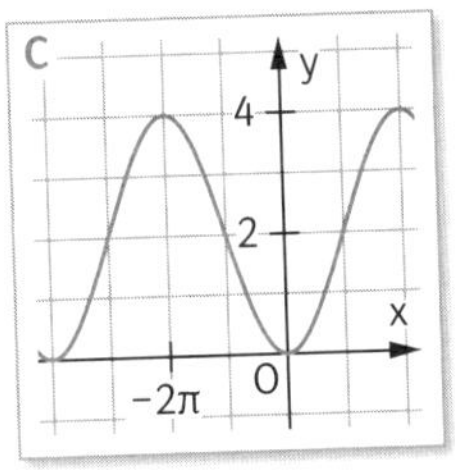

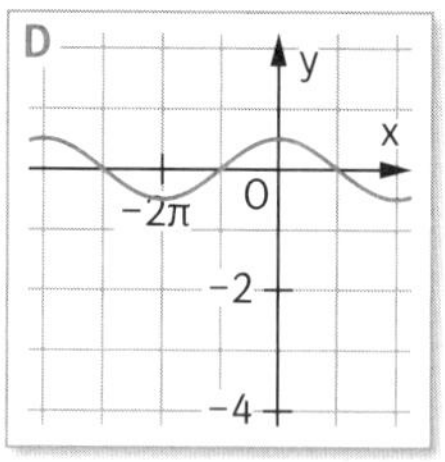

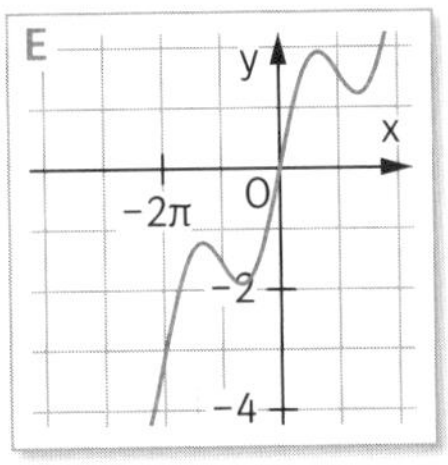

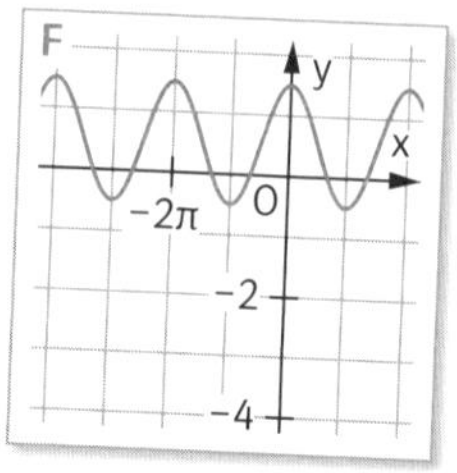

9 K ist der Graph der Funktion f mit $f(x) = x^4 - x^3$.

Welche der folgenden Aussagen sind wahr, welche falsch? Kreuzen Sie an.

	wahr	falsch
a) K geht durch den Ursprung.	☐	☐
b) Die Funktion f hat an der Stelle $x = 0$ eine dreifache Nullstelle.	☐	☐
c) K hat an der Stelle $x = 0$ eine waagerechte Tangente.	☐	☐
d) K hat an der Stelle $x = 0$ einen Extrempunkt.	☐	☐
e) K hat an der Stelle $x = 0$ einen Wendepunkt.	☐	☐
f) Die Tangente an K im Ursprung schneidet K an der Stelle $x = 1$.	☐	☐
g) Die Steigung der Geraden durch die Punkte mit waagerechter Tangente ist $-\frac{9}{64}$.	☐	☐

10 K ist der Graph der Funktion f mit $f(x) = -2 \cdot \sin(\pi x)$; $x \in [-2; 4]$.

Überprüfen Sie folgende Aussage: Jeder Wendepunkt von K ist zugleich Schnittpunkt mit der x-Achse.

11 Gegeben ist die Funktion f mit $f(x) = 10x \cdot e^{x-1}$. Keiner der folgenden Graphen ist der Graph von f. Begründen Sie das anhand einer Eigenschaft des jeweils dargestellten Graphen.

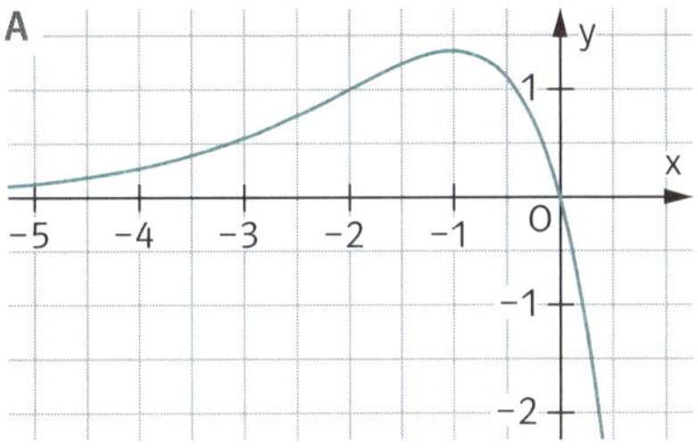

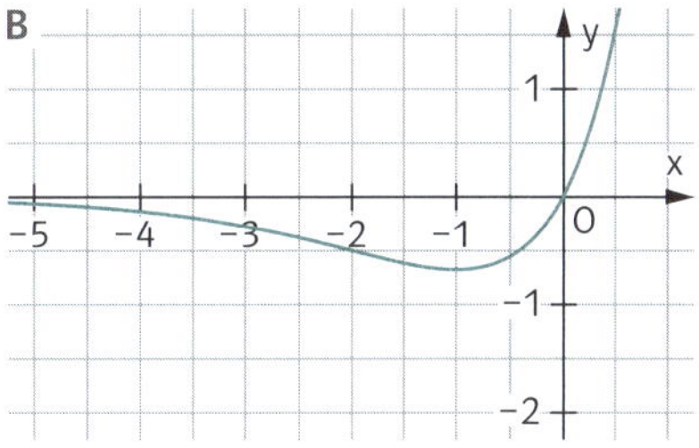

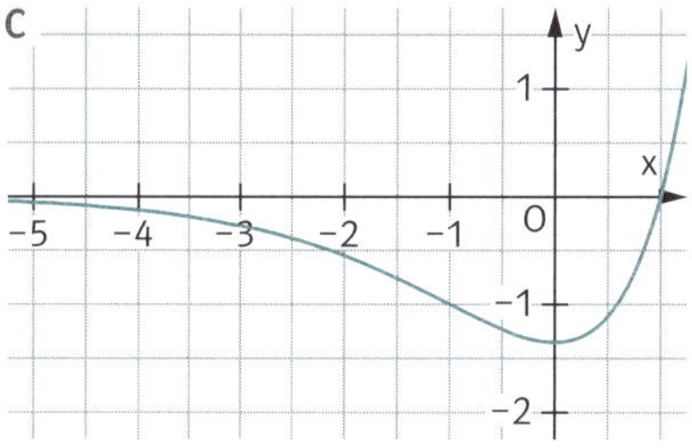

12 Von einer Funktion sind einige Funktionswerte, Werte der ersten Ableitung und Werte der zweiten Ableitung in folgender Tabelle näherungsweise angegeben.

Welche Aussagen können über mögliche Achsenschnittpunkte, Extrem- und Wendepunkte des Graphen gemacht werden?

x	−4	−3	−2	−1	0	1	2
f(x)	−0,0733	−0,1494	−0,2707	−0,3679	0	2,7183	14,778
f′(x)	−0,0549	−0,0996	−0,1353	0	1	5,4366	22,167
f″(x)	−0,0366	−0,0498	0	0,3679	2	8,1548	29,556

13 Gegeben ist die Funktion f mit $f(x) = x - 2 + \sin\left(\frac{2}{3}x\right)$, $x \in \mathbb{R}$.

a) Begründen Sie, dass f auf $\mathbb{R}$ streng monoton wachsend ist.

b) Begründen Sie, dass f genau eine Nullstelle hat.

c) Bestimmen Sie die Nullstelle näherungsweise anhand einer Wertetabelle (mit TR auf 2 Nachkommastellen genau).

14 Rechts ist der Graph der Ableitungsfunktion f′ einer Funktion f dargestellt. Nehmen Sie begründet Stellung zu folgenden Aussagen:

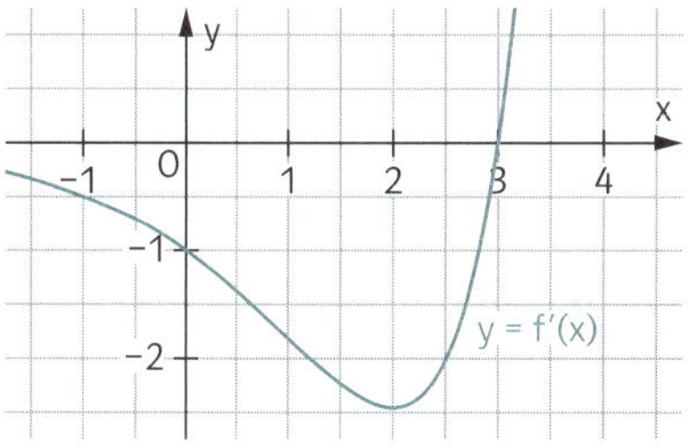

a) An der Stelle $x = 2$ hat der Graph von f einen Wendepunkt.

b) An der Stelle $x = 3$ hat der Graph von f einen Hochpunkt.

c) Für $x < 3$ ist f streng monoton fallend.

d) An der Stelle $x = 0$ hat der Graph f eine Tangente, die die 1. Winkelhalbierende orthogonal schneidet.

e) Keine Tangente an den Graphen von f hat eine Steigung, die kleiner als −3 ist.

f) Der Graph der zweiten Ableitungsfunktion von f schneidet an der Stelle $x = 2$ die x-Achse.

1 Eine Tasse Tee wird zum Abkühlen stehen gelassen. Die Abnahme der Temperatur des Tees lässt sich durch die Funktion f mit $f(t) = 18 + 72 \cdot e^{-0{,}1792t}$ beschreiben (t in Minuten, f(t) in °C).

a) Zu Beginn ist der Tee ______ °C heiß und die Raumtemperatur beträgt ______ °C.

b) Nach einer Viertelstunde beträgt die Temperatur des Tees ______ °C.

c) Nach ______ Minuten sinkt die Temperatur des Tees unter 20 °C.

d) Die Abkühlungsgeschwindigkeit wird beschrieben durch die Funktion ______

mit ______.

e) Nach 5 Minuten beträgt die Abkühlungsgeschwindigkeit ______.

f) Nach ______ Minuten beträgt die Abkühlungsgeschwindigkeit −1,5 °C pro Minute.

g) Man muss ______ volle Minuten warten bis die Abkühlgeschwindigkeit erstmals unter 1 °C pro Minute beträgt.

2 Die Funktion T in Abhängigkeit der Zeit t mit $T(t) = 37 + (4t + 4) \cdot e^{-0{,}5t - 0{,}5}$ beschreibt näherungsweise die Körpertemperatur eines Fieberpatienten. Dabei wird die Körpertemperatur (in °C) und die Zeit (in Stunden) seit Messbeginn wiedergegeben. Welche der folgenden Aussagen sind wahr?

	wahr	falsch
a) Der Patient hatte bei Messbeginn eine Temperatur von 41 °C.	☐	☐
b) Die momentane Änderungsrate der Körpertemperatur zum Zeitpunkt t ist $T'(t) = (2 - 2t) \cdot e^{-0{,}5t - 0{,}5}$.	☐	☐
c) Die Körpertemperatur ist eine Stunde nach Messbeginn am höchsten.	☐	☐
d) Der Köpertemperatur sinkt drei Stunden nach Messbeginn am stärksten.	☐	☐
e) Langfristig stellt sich eine Körpertemperatur von 37 °C ein.	☐	☐

3 Das auf einer Breite von 40 Metern konstante Profil eines Aufsprunghanges einer Skisprungschanze soll näherungsweise in einem Koordinatensystem durch den Graphen der Funktion f mit

$f(x) = \frac{3}{100\,000} \cdot x^3 - \frac{9}{1000} \cdot x^2 + \frac{1}{5} \cdot x + 80$

($x \in \mathbb{R}$; $0 \le x \le 250$) beschrieben werden.
(x – horizontale Entfernung vom Absprungpunkt in m; y – Höhe in m). Die Kante des Schanzentisches liegt im Punkt A(0 | 86).
Eine wichtige Angabe bei Schanzendaten ist der K-Punkt (auch kritischer Punkt), in dem der Aufsprunghang das größte Gefälle aufweist.

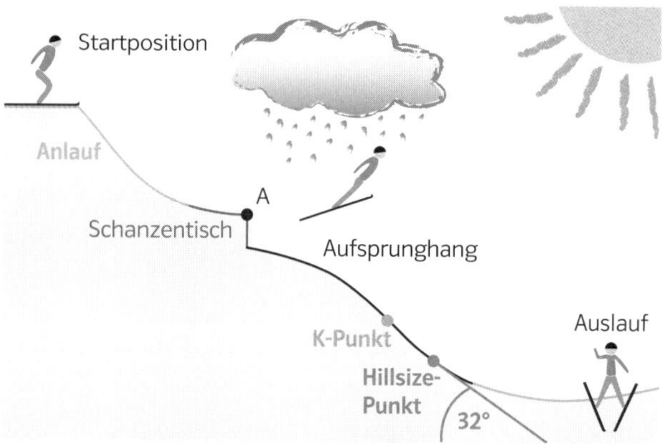

Ermitteln Sie die Koordinaten des K-Punktes einschließlich des zugehörigen Gefälles in Prozent.

4 Der Querschnitt einer Skipiste kann durch den Graphen der Funktion f mit $f(x) = 125\cos\left(\frac{\pi}{1000}x\right) + 1200$ für $0 \le x \le 1000$ (x und f(x) in Metern) näherungsweise beschrieben werden.

a) Geben Sie die Höhendifferenz zwischen Beginn und Ende der Skipiste an.

b) Bestimmen Sie das durchschnittliche Gefälle der Piste.

c) Bestimmen Sie die Stelle der Skipiste mit der extremsten Steigung.

d) Zum Präparieren einer Skipiste mit einer Steigung über 30° muss die Pistenraupe mit einer Seilwinde gesichert werden. Prüfen Sie, ob dies erforderlich ist.

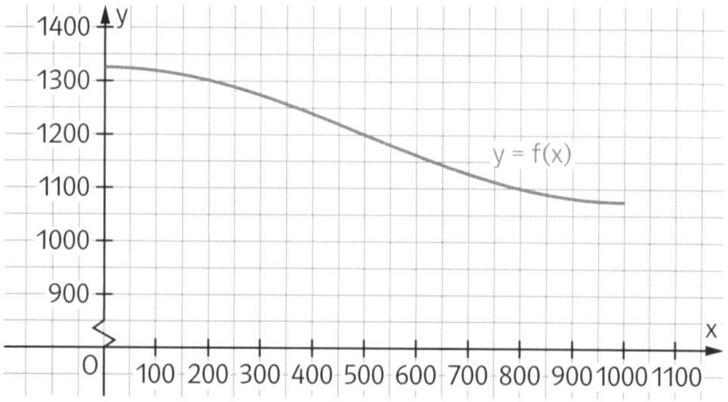

1 Ermitteln Sie die Koordinaten der Hochpunkte und Tiefpunkte des Funktionsgraphen.

a) $f(x) = x^3 - 6x^2 + 9x$ b) $f(x) = \frac{1}{4}x^4 - 2x^3$ c) $f(x) = (3x + 2)e^{0,5x}$

2 Untersuchen Sie den Graphen der Funktion f auf Symmetrie, Monotonie und Krümmungsverhalten. Skizzieren Sie damit den Graphen.

a) $f(x) = -0,5x^3 + 6x + 1;\ x \in \mathbb{R}$ b) $f(x) = \frac{1}{4}x^4 - x^2 - \frac{5}{4};\ x \in \mathbb{R}$ c) $f(x) = 2x - \sin(2x);\ x \in \left[-\frac{\pi}{2}; \frac{\pi}{2}\right]$

3 a) Ordnen Sie den drei Graphen K_1, K_2 und K_3 jeweils den passenden Funktionsterm zu.

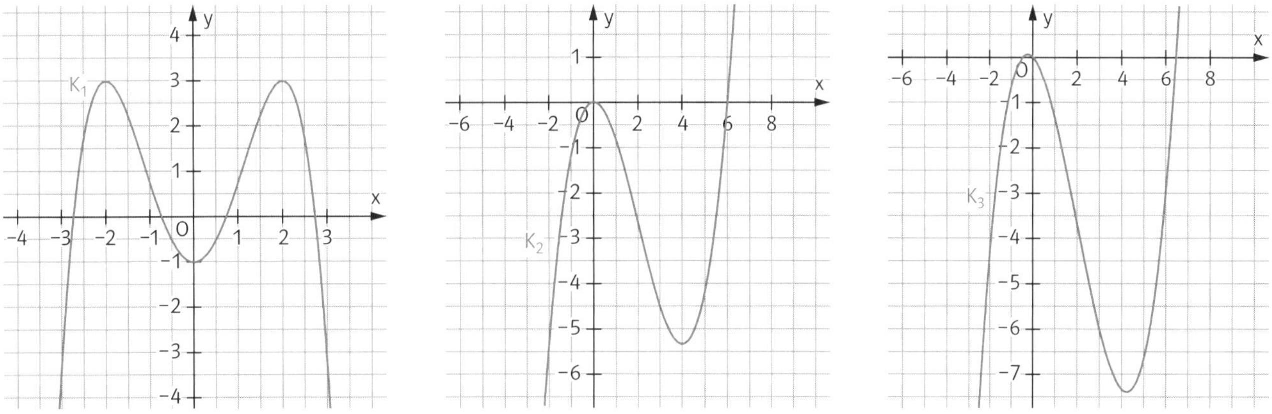

$f(x) = \frac{1}{6}x^3 - x^2$ $g(x) = \frac{1}{6}x^3 - x^2 - \frac{1}{2}x$ $h(x) = -\frac{1}{2}x^4 + 2x$ $k(x) = -\frac{1}{4}x^4 + 2x^2 - 1$

b) Berechnen Sie zu den angegebenen Funktionstermen jeweils die Koordinaten der Extrempunkte des Graphen. Vergleichen Sie mit dem von Ihnen in Teilaufgabe a) zugeordneten Graphen.

c) Ein Funktionsterm passt zu keinem der dargestellten Graphen. Hat die Funktion, die zu diesem Funktionsterm gehört, Wendestellen?

4 Wahr oder falsch? Kreuzen Sie an.

	wahr	falsch
a) Der Graph einer Polynomfunktion, deren Funktionsterm nur gerade Hochzahlen enthält, ist achsensymmetrisch zur y-Achse.	☐	☐
b) Die Nullstellen der Funktion f mit $f(x) = \frac{3}{2}\sin\left(\frac{\pi}{2}(2x)\right);\ x \in \mathbb{R}$ sind zugleich Wendestellen von f.	☐	☐
c) Jede Funktion f hat ein Maximum.	☐	☐
d) Eine Polynomfunktion dritten Grades hat mindestens drei Nullstellen.	☐	☐
e) Hat eine Polynomfunktion drei Nullstellen, so hat sie mindestens zwei Extremstellen.	☐	☐

5 In einer Schulmensa wird das Essen nach der Zubereitung in Warmhaltebehältern gelagert, bis es an die Lernenden ausgegeben wird. Die Temperatur des Essens zum Zeitpunkt t nach dem Umfüllen kann näherungsweise beschrieben durch die Funktion f mit $f(t) = 30 + 60 \cdot e^{-\frac{k}{100} \cdot t};\ t \geq 0$ (t in Minuten, f(t) in °C).

a) Mit welcher Temperatur wird das Essen in die Warmhaltebehälter gefüllt?

b) Erfahrungsgemäß beträgt die Temperatur des Essens 15 Minuten nach dem Umfüllen zwischen 75 °C und 80 °C. Für welche Werte von k ist dies der Fall?

Nun gilt $f(t) = 30 + 60 \cdot e^{-0,015 \cdot t}$.

c) Aus Gründen der Lebensmittelsicherheit muss die Temperatur des ausgegebenen Essens mindestens 65 °C betragen. Wie lange wird diese Vorschrift eingehalten?

d) In welchem 5-Minuten-Abschnitt sinkt die Temperatur um 2 °C?

e) Zeigen Sie, dass die Temperatur des Essens im Warmhaltebehälter stets abnimmt.

Rekonstruktion von Größen (1)

ab Lerneinheit 1

In vielen Situationen kennt man die Änderungsrate bzw. den **Graphen der Änderungsrate**. Mithilfe des Flächeninhalts zwischen dem Graphen und der x-Achse lassen sich die Gesamtänderungen berechnen.
Bei geradlinigen Verläufen des Graphen lassen sich die Flächen, die oft auch durch das Abzählen von Kästchen bestimmt werden können, in Dreiecke, Rechtecke und Trapeze unterteilen.

Beispiel:
Der Graph zeigt die Geschwindigkeit v eines Autos (in $\frac{m}{s}$) in Abhängigkeit von der Zeit t (in s).

Wie viel Meter hat das Auto nach 120 Sekunden zurückgelegt?

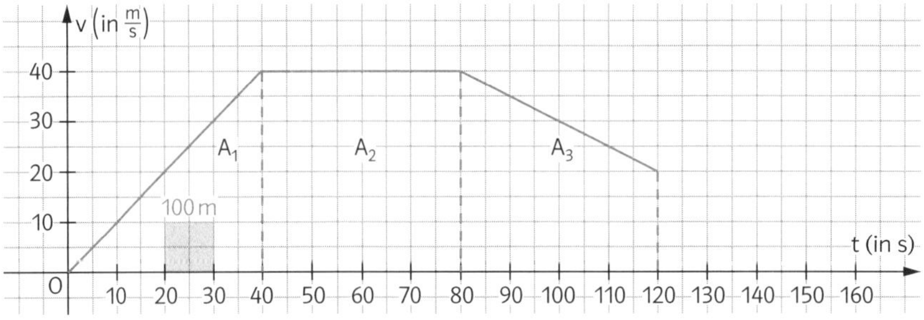

Berechnung der Gesamtstrecke durch das Abzählen von Kästchen:

A_1 umfasst 32 Kästchen, dies entspricht 800 m,

A_2 umfasst 64 Kästchen, dies entspricht 1600 m,

A_3 umfasst 48 Kästchen, dies entspricht 1200 m.

Berechnung der Gesamtstrecke durch Dreiecks-, Rechtecks- und Trapezflächen:

Dreieck $A_1 = \frac{1}{2} \cdot 40\,\frac{m}{s} \cdot 40\,s = 800\,m$,

Rechteck $A_2 = 40\,\frac{m}{s} \cdot 40\,s = 1600\,m$,

Trapez $A_3 = \frac{1}{2} \cdot \left(40\,\frac{m}{s} + 20\,\frac{m}{s}\right) \cdot 40\,s = 1200\,m$.

Die zurückgelegte Gesamtstrecke beträgt nach 120 Sekunden insgesamt $A_1 + A_2 + A_3 = 3600\,m$.

1 Der CO_2-Ausstoß $\left(\text{in } \frac{g}{km}\right)$ eines Pkw in Abhängigkeit der zurückgelegten Strecke (in km) entwickelt sich gemäß nebenstehendem Graphen.
a) Wie viel Gramm CO_2 stößt der Pkw auf den ersten beiden Kilometern aus?
b) Wie viel Gramm CO_2 stößt der Pkw zwischen Kilometer 2 und 7 aus?
c) Wie viel Gramm CO_2 stößt der Pkw auf der gesamten Strecke aus?

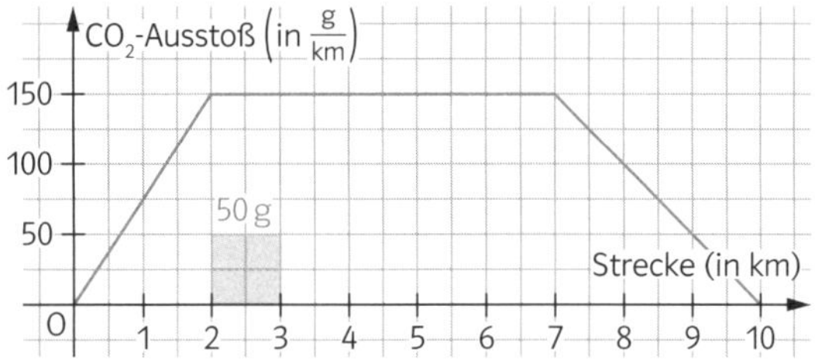

2 Der nebenstehende Graph zeigt die Wachstumsrate eines Tropfsteines $\left(\text{in } \frac{mm}{100\text{ Jahre}}\right)$ in Abhängigkeit von der Zeit t (in 100 Jahren).
a) Wie viel Millimeter ist der Tropfstein in den ersten 200 Jahren gewachsen?
b) Wie viel Millimeter wächst der Tropfstein im siebten Jahrhundert?
c) Wie viel Millimeter wächst der Tropfstein in 1000 Jahren?

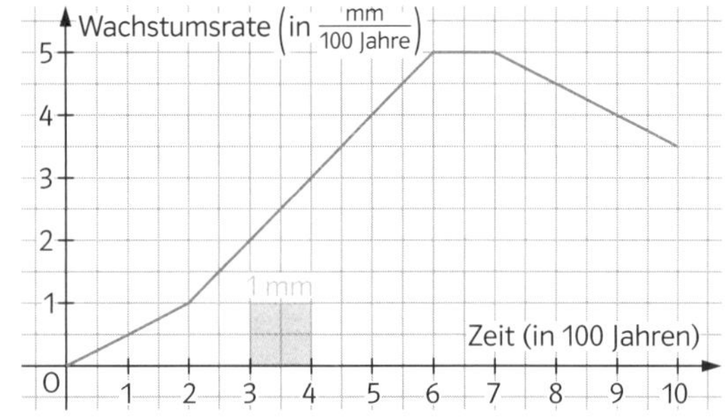

3 Der Bordcomputer eines Autos zeigt den momentanen Kraftstoffverbrauch $\left(\text{in } \frac{\text{Liter}}{100\,km}\right)$ an, dessen Verlauf in Abhängigkeit von der gefahrenen Strecke (in km) nachfolgend für zwei Fahrten dargestellt ist.
Bestimmen Sie, wie viel Liter Kraftstoff während der ersten 50 km bzw. während der gesamten Fahrstrecke verbraucht werden.

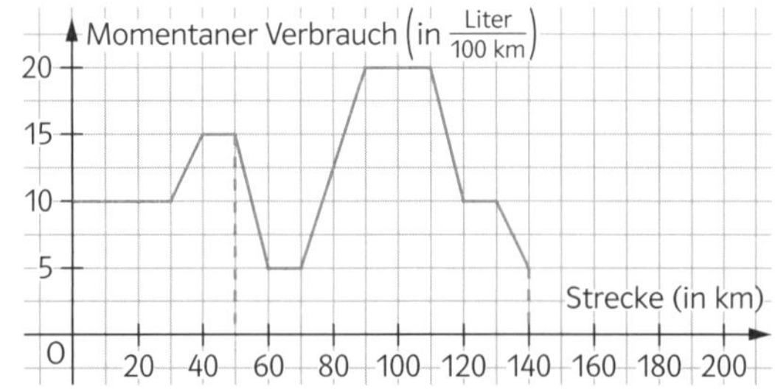

4 In einen zu Beginn leeren Eimer tropft 30 Stunden lang Wasser. Der Graph zeigt die Tropfrate in $\frac{\text{Liter}}{\text{Stunde}}$. Wie viel Liter muss der Eimer mindestens fassen, damit er in dieser Zeit nicht überläuft?

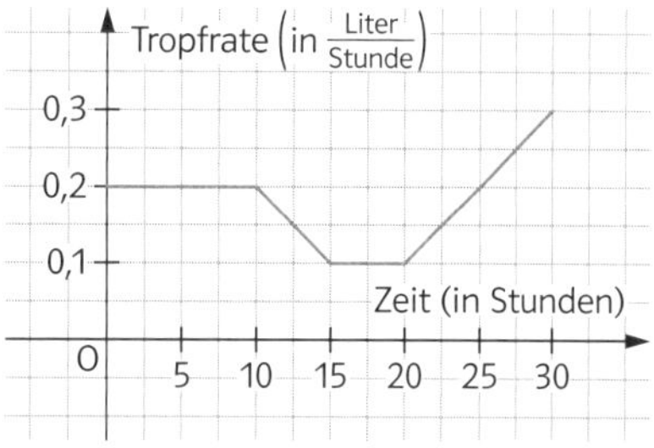

5 Zwei Züge fahren auf der knapp 100 km langen Strecke von Stuttgart nach Ulm einander entgegen. Beide Züge starten zur selben Zeit und fahren gemäß den gezeichneten Zeit-Geschwindigkeits-Graphen.

Zug 1: Stuttgart → Ulm

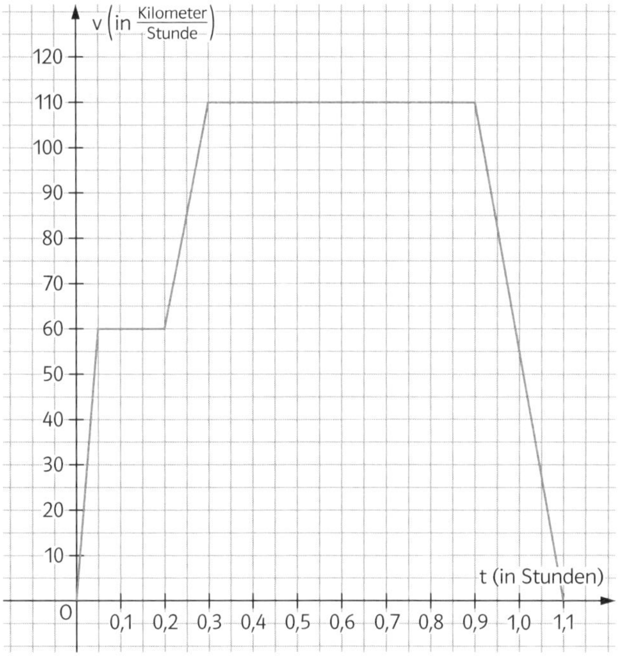

Zug 2: Ulm → Stuttgart

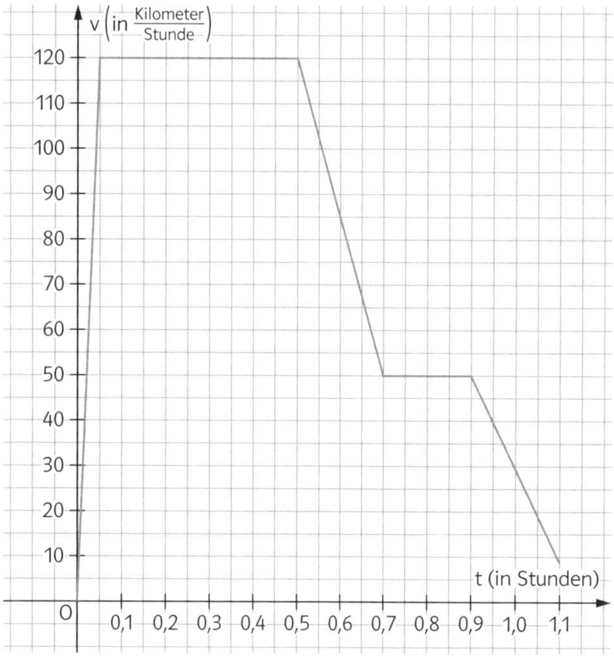

a) Welche Strecke legen die Züge in den ersten 0,05 Stunden zurück?

Zug 1: ______ Zug 2: ______

b) Wie weit fährt Zug 1 in den ersten 0,3 Stunden seiner Fahrt? ______

c) Wie lange benötigen die Züge, um eine Strecke von 50 km zurückzulegen?

Zug 1 muss nach 0,3 Stunden noch ______ km fahren, um 50 km zurückgelegt zu haben.
Dazu benötigt er noch ______ Stunden.
Insgesamt fährt Zug 1 also ______ Stunden für 50 km.

Zug 2 muss nach 0,05 Stunden noch ______ km fahren, um 50 km zurückgelegt zu haben.
Dazu benötigt er noch ______ Stunden.
Insgesamt fährt Zug 2 also ______ Stunden für 50 km.

d) Göppingen liegt in der Mitte der Strecke. Die Züge begegnen sich zwischen Göppingen und ______.

6 Der Graph zeigt die Vertikalgeschwindigkeit eines Rettungshubschraubers in $\frac{m}{s}$. Der Verletzte wird auf 2000 m Höhe geborgen.

a) Berechnen Sie die Höhe des Hubschraubers nach 30 s, nach 150 s und nach 300 s.

b) Zu welchem Zeitpunkt befindet sich der Hubschrauber am höchsten Punkt?

c) Auf welcher Höhe liegt das Krankenhaus?

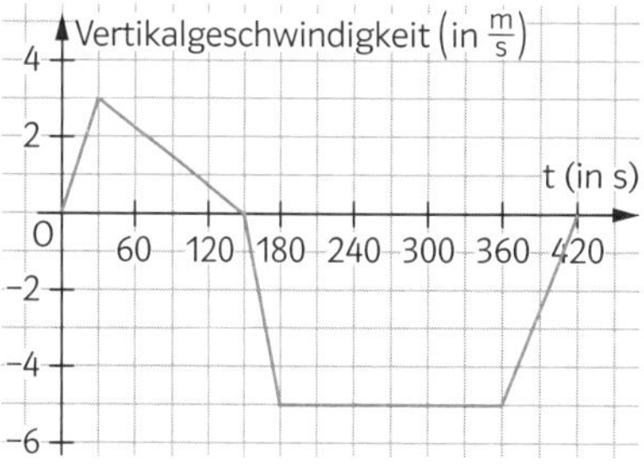

Für eine Funktion f soll für alle $x \in [a; b]$ gelten: $f(x) \geq 0$. Dann schreibt man für den **Inhalt der Fläche zwischen dem Graphen von f und der x-Achse** sowie den beiden senkrechten Geraden mit den Gleichungen $x = a$ und $x = b$ das Symbol $\int_a^b f(x)\,dx$ (sprich: „**Integral** von a bis b von f von x dx"). Man nennt a **untere Grenze**, b **obere Grenze** und f(x) **Integrand**; x heißt **Integrationsvariable**.

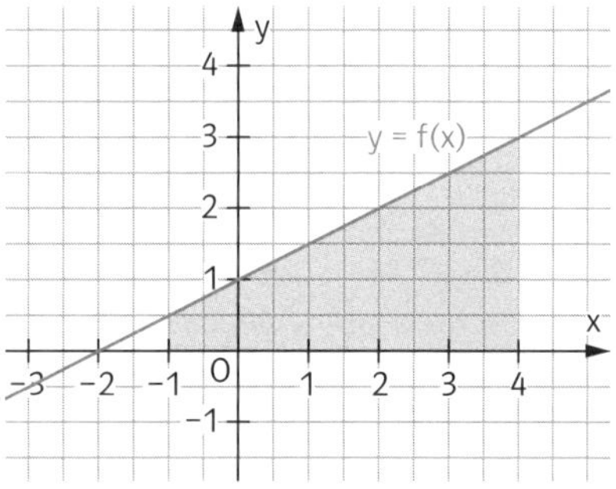

Beispiel: $f(x) = \frac{1}{2}x + 1$; $a = -1$; $b = 4$

Für den Inhalt der gefärbten Fläche schreibt man $A = \int_{-1}^{4} \left(\frac{1}{2}x + 1\right) dx$.

Mit der Trapezformel ergibt sich $A = \frac{0{,}5 + 3}{2} \cdot 5 = 8{,}75$, also $\int_{-1}^{4} \left(\frac{1}{2}x + 1\right) dx = 8{,}75$.

1 Schreiben Sie den Inhalt der gefärbten Fläche als Integral. Berechnen Sie seinen Wert mithilfe von Dreiecks-, Rechtecks- oder Trapezflächen.

a) $f(x) = \frac{1}{2}x + 2$

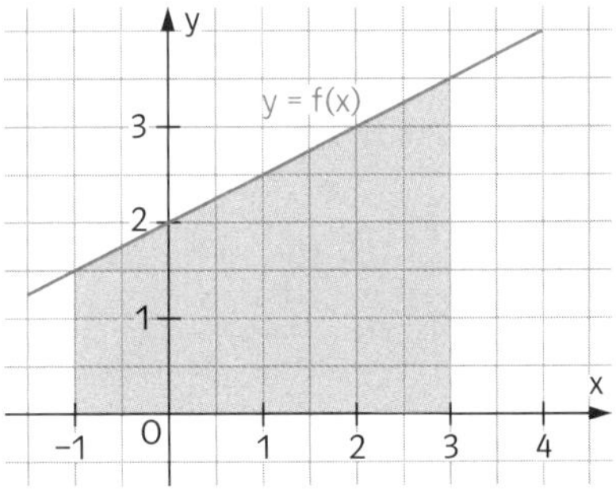

b) $g(x) = -\frac{1}{3}x + 1$

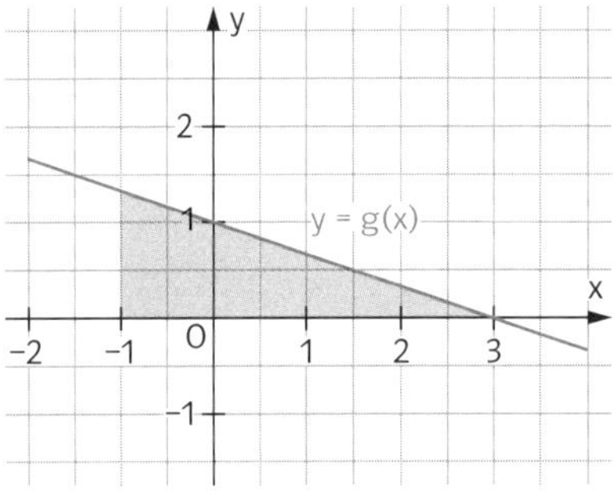

c) $h(x) = -\frac{2}{5}x + 2$

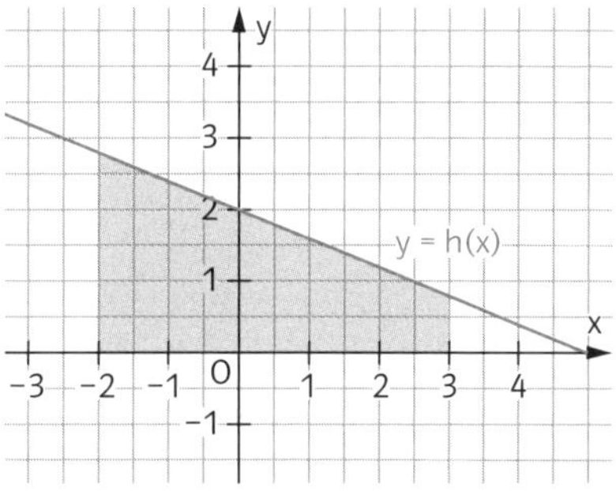

2 Für einige Integrale auf den Karten gibt es markierte Flächen in Fig. 1 bis Fig. 3. Ordnen Sie die passenden Karten den Flächen zu. Markieren Sie selbst die Flächen der übrigen Karten. Einige Karten haben einen „Druckfehler". Korrigieren Sie ihn und markieren Sie dann die Fläche.

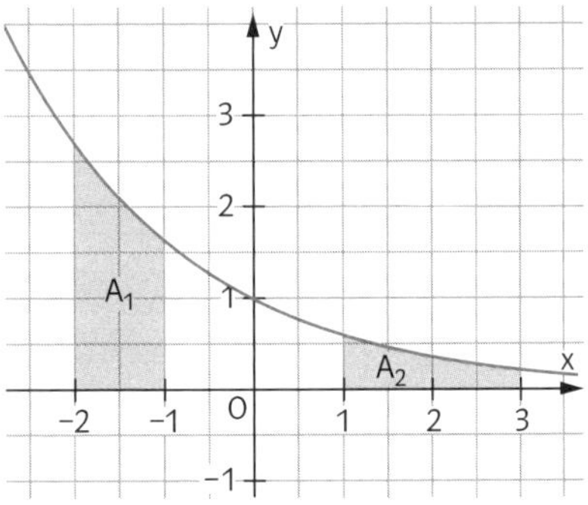

Fig. 1

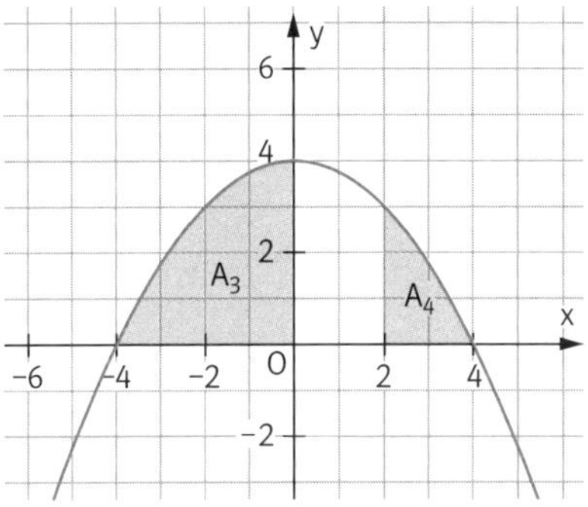

Fig. 2

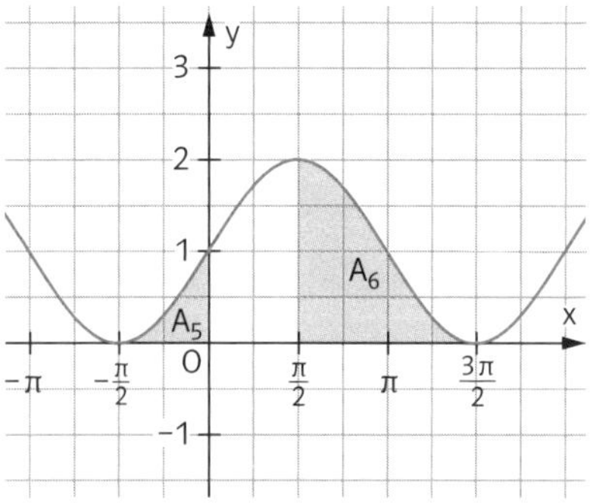

Fig. 3

1 $\int_{\frac{\pi}{2}}^{\frac{3\pi}{2}} (\sin(x) + 1)\,dx$

2 $\int_{2}^{4} (4 - x^2)\,dx$

3 $\int_{0}^{3} e^{-0{,}5x}\,dx$

4 $\int_{-4}^{0} (-x^2 + 4)\,dx$

5 $\int_{-2}^{-1} e^{-0{,}5x}\,dx$

6 $\int_{0}^{4} (x^2 - 4)\,dx$

7 $\int_{\frac{\pi}{2}}^{\pi} \sin(x + 1)\,dx$

8 $\int_{1}^{3} e^{-0{,}5x}\,dx$

9 $\int_{0}^{\frac{\pi}{2}} (\sin(x) + 1)\,dx$

10 $\int_{-\frac{\pi}{2}}^{0} (\sin(x) + 1)\,dx$

11 $\int_{-2}^{2} (4 - x^2)\,dx$

12 $\int_{-1}^{1} e^{0{,}5x}\,dx$

Bei der Berechnung des Integrals werden Inhalte der **Flächen oberhalb der x-Achse positiv, unterhalb der x-Achse negativ** gezählt; man nennt dies den **orientierten Flächeninhalt**.

Beispiel:
Wird ein Körper mit der Anfangsgeschwindigkeit $20\frac{m}{s}$ senkrecht nach oben geworfen, so beschreibt die Formel $v(t) = -10 \cdot t + 20$ die Geschwindigkeit v (in $\frac{m}{s}$) in Abhängigkeit von der Zeit t (in s). Positive Geschwindigkeitswerte bedeuten dabei, dass sich der Körper nach oben bewegt, negative v-Werte Bewegung nach unten.

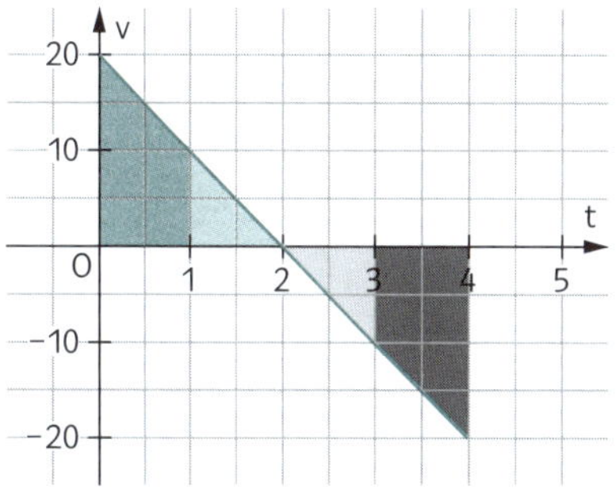

Die Höhe h des Körpers zum Zeitpunkt t_0 erhält man aus dem Zeit-Geschwindigkeits-Diagramm, indem der Inhalt der Fläche zwischen dem Graphen und der t-Achse sowie den Geraden mit den Gleichungen $t = 0$ und $t = t_0$ bestimmt wird.

$h(2) = \int_0^2 (-10t + 20)\,dt = 20$: Nach 2 s ist die Wurfhöhe von 20 m erreicht (dunkles und helles Blau).

$\int_2^3 (-10t + 20)\,dt = -5$: Der Körper ist in [2; 3] von seiner größten Höhe um 5 m heruntergefallen (hellgrau).

$h(3) = \int_0^3 (-10t + 20)\,dt = 20 - 5 = 15$: Er befindet sich also nach 3 s in 15 m Höhe.

$h(4) = \int_0^4 (-10t + 20)\,dt = 0$: Nach 4 s befindet er sich wieder auf Abwurfhöhe, denn es gilt: $h = 0$.

3 Ein Volleyball wird knapp über dem Boden mit der Geschwindigkeit v (in $\frac{m}{sec}$) gebaggert. Dabei wird v mit der Funktion $v(t) = 10 - 10t$ beschrieben.

a) Zeichnen Sie das Geschwindigkeits-Zeit-Diagramm.
b) Zu welchem Zeitpunkt befindet sich der Volleyball am höchsten Punkt? Bestimmen Sie diesen mithilfe eines Integrals.
c) Bestimmen Sie die Höhe, in der sich der Volleyball nach 0,5 s befindet, mit einem Integral.
d) Nach welcher Zeit befindet sich der Volleyball wieder auf dieser Höhe? Deuten Sie das Ergebnis am Graphen.

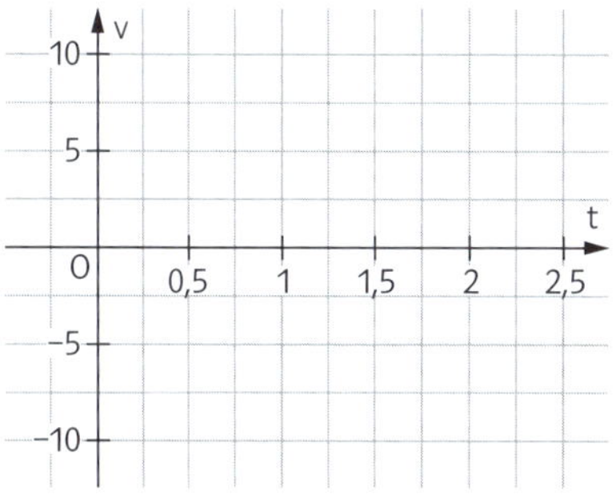

4 In der Abbildung ist der Graph einer Funktion f dargestellt. Ordnen Sie folgende Integrale der Größe nach.

$\int_1^3 f(x)\,dx$ $\int_3^5 f(x)\,dx$ $\int_3^4 f(x)\,dx$ $\int_1^5 f(x)\,dx$

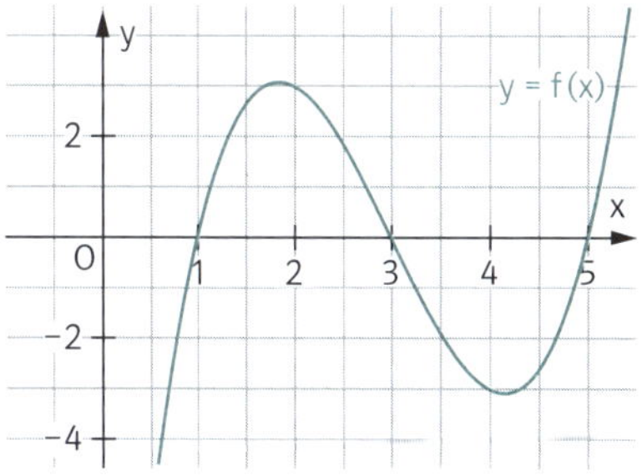

5 Der Graph einer Funktion f schließt mit der x-Achse gemäß der Abbildung zwei Flächen mit den Inhalten A_1 und A_2 ein.

Es gilt: $\int_a^b f(x)\,dx = 2$.

Kreuzen Sie an, welche der folgenden Aussagen wahr, welche falsch sind.

	wahr	falsch
(1) $A_1 + A_2 = 2$	☐	☐
(2) $A_1 = A_2 + 2$	☐	☐
(3) $A_1 = 2$	☐	☐
(4) A_1 ist um 2 größer als A_2.	☐	☐

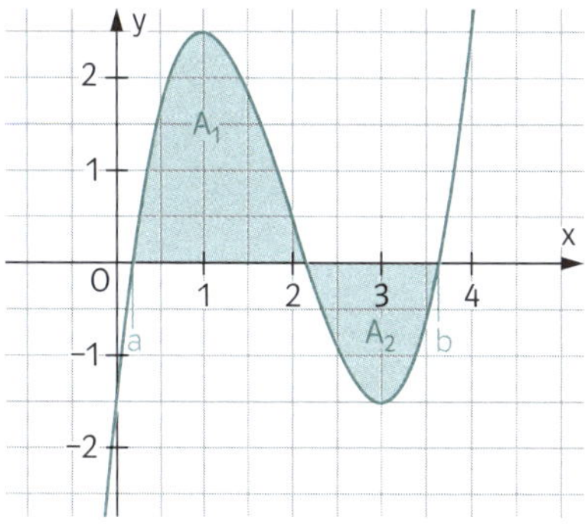

Eine Funktion F heißt **Stammfunktion** einer Funktion f, wenn gilt: **$F'(x) = f(x)$**.
Zur Bestimmung eines Funktionsterms F(x) sind die Ableitungsregeln in umgekehrter Richtung anzuwenden. Im Einzelnen gelten folgende Regeln, wobei U und V Stammfunktionen der Funktionen u bzw. v sind.

Potenzfunktion:	$f(x) = x^r$; $r \in \mathbb{R}\setminus\{-1\}$ $F(x) = \frac{1}{r+1}x^{r+1}$	$f(x) = x^4$ $F(x) = \frac{1}{5}x^5$	$f(x) = \frac{1}{x^3} = x^{-3}$ $F(x) = -\frac{1}{2}x^{-2}$
Summe von Funktionen:	$f(x) = u(x) + v(x)$ $F(x) = U(x) + V(x)$	$f(x) = x^2 + \cos(x)$ $F(x) = \frac{1}{3}x^3 + \sin(x)$	$f(x) = e^x + 4$ $F(x) = e^x + 4x$
Vielfaches einer Funktion:	$f(x) = c \cdot u(x)$; $c \in \mathbb{R}^*$ $F(x) = c \cdot U(x)$	$f(x) = 4x^2$ $F(x) = \frac{4}{3}x^3$	$f(x) = \frac{1}{3}\sin(x)$ $F(x) = -\frac{1}{3}\cos(x)$
Lineare Verkettung:	$f(x) = u(ax + b)$; $a \in \mathbb{R}^*, b \in \mathbb{R}$ $F(x) = \frac{1}{a}U(ax + b)$	$f(x) = \cos(4x + 3)$ $F(x) = \frac{1}{4}\sin(4x + 3)$	$f(x) = e^{2x-1}$ $F(x) = \frac{1}{2}e^{2x-1}$

Ist F mit F(x) eine Stammfunktion der Funktion f, so ist es auch G mit $G(x) = F(x) + C$; $C \in \mathbb{R}$.
Stammfunktionen von derselben Funktion f unterscheiden sich um eine **additive Konstante**.

1 Geben Sie jeweils eine Stammfunktion an.

a) $f(x) = 2x + x^3$
F(x) = ____________

b) $f(x) = -3x^2 + \frac{1}{2}x^3$
F(x) = ____________

c) $f(x) = \frac{2}{3}x^{-4} + x^{-2}$
F(x) = ____________

d) $f(x) = -\frac{1}{4}x^{-5} - 2x^{-4} + 2x^3$
F(x) = ____________

e) $f(x) = \sqrt{x} + x^3$
F(x) = ____________

f) $f(x) = 3x^{-4} - 2x^{-2} + 7x$
F(x) = ____________

2 a) Kreuzen Sie in der Tabelle zu jeder Funktion f die möglichen Stammfunktionen F an.

Funktionen: (a) $f(x) = x^2$ (b) $f(x) = \frac{1}{3}x^7$ (c) $f(x) = 11$ (d) $f(x) = e^x$

Stammfunktionen: (A) $F(x) = \frac{1}{3}x^8$ (B) $F(x) = \frac{1}{3}x^3$ (C) $F(x) = \frac{1}{24}x^8$ (D) $F(x) = x$
(E) $F(x) = \frac{1}{3}x^3 + 5$ (F) $F(x) = \frac{1}{24}x^8 + 8$ (G) $F(x) = e^x$ (H) $F(x) = 2e^x + 3$

	(A)	(B)	(C)	(D)	(E)	(F)	(G)	(H)	keine
(a)	☐	☐	☐	☐	☐	☐	☐	☐	☐
(b)	☐	☐	☐	☐	☐	☐	☐	☐	☐
(c)	☐	☐	☐	☐	☐	☐	☐	☐	☐
(d)	☐	☐	☐	☐	☐	☐	☐	☐	☐

b) Geben Sie zu den in Teilaufgabe a) noch nicht zugeordneten Stammfunktionen F einen Funktionsterm für f an, sodass F eine Stammfunktion von f ist.

Zur Stammfunktion F mit F(x) = ____________ gehört f mit f(x) = ____________.

Zur Stammfunktion F mit F(x) = ____________ gehört f mit f(x) = ____________.

Zur Stammfunktion F mit F(x) = ____________ gehört f mit f(x) = ____________.

c) Von einer Funktion f in Teilaufgabe a) ist keine Stammfunktion vorhanden. Bilden Sie für diese Funktion f drei verschiedene Stammfunktionen. ____________
Erläutern Sie, welche geometrische Lage die Graphen dieser drei Stammfunktionen zueinander haben.

3 Welche Stammfunktionen gehören zu f?

a) $f(x) = (3x - 5)^2$: $F(x) = 6(3x - 5)$; $G(x) = \frac{1}{3}(3x - 5)^3$; $H(x) = \frac{1}{9}(3x - 5)^3$; $K(x) = \frac{1}{9}(3x - 5)^2$

Stammfunktionen von f sind die Funktionen ______________________________

b) $f(x) = e^{-2x}$: $F(x) = e^{-x^2}$; $G(x) = -\frac{1}{2}e^{-2x} + 5$; $H(x) = -\frac{x}{2} \cdot e^{-2x}$; $K(x) = -\frac{e^{-2x}}{2}$

Stammfunktionen von f sind die Funktionen ______________________________

c) $f(x) = \cos(2x)$: $F(x) = \frac{1}{2}\sin(2x)$; $G(x) = \frac{1}{2}\cos(2x)$; $H(x) = \frac{1}{2}\sin(2x) + 3$; $K(x) = \sin(2x) + 3$

Stammfunktionen von f sind die Funktionen ______________________________

4 Füllen Sie die Lücken so aus, dass F eine Stammfunktion von f ist.

a) $f(x) = (x - 2)^{\square}$, $F(x) = \square(x - 2)^3$

b) $f(x) = \frac{\square}{3}(x + 3)^4$, $F(x) = \frac{1}{\square}(x + 3)^{\square}$

c) $f(x) = (2x + 3)^{-3}$, $F(x) = \frac{1}{\square}(\square x + 3)^{-2}$

d) $f(x) = \square \cdot e^{3x - 4}$, $F(x) = e^{\square x - 4}$

e) $f(x) = \sin(2x - \pi)$, $F(x) = \square\square(\square x - \pi)$

f) $f(x) = -\cos(x + 1)$, $F(x) = \square \sin(\square\square)$

5 Gegeben ist der Graph einer Funktion f.
Skizzieren Sie im gleichen Koordinatensystem den Graphen einer Stammfunktion F von f und entscheiden Sie unter Hinzufügen einer kurzen Begründung, welche Aussagen über F wahr, falsch oder unentscheidbar sind.

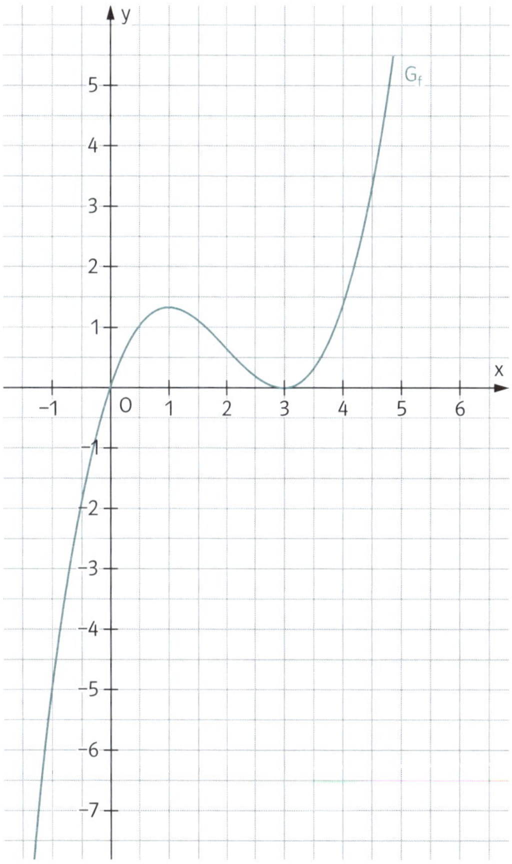

a) F ist für $x > 0$ streng monoton wachsend.
☐ Wahr, da ☐ Falsch, da ☐ Unentscheidbar, da

____

b) F hat im gezeichneten Bereich kein Minimum.
☐ Wahr, da ☐ Falsch, da ☐ Unentscheidbar, da

____

c) F hat an der Stelle 3 eine Wendestelle.
☐ Wahr, da ☐ Falsch, da ☐ Unentscheidbar, da

____

d) $F(1) = 0$
☐ Wahr, da ☐ Falsch, da ☐ Unentscheidbar, da

____

e) $F(3) > F(0) + 1{,}5$
☐ Wahr, da ☐ Falsch, da ☐ Unentscheidbar, da

____

6 Eine Stammfunktion F einer Funktion f hat folgende Eigenschaften:
- F ist streng monoton steigend für alle $x \in \mathbb{R}$.
- $F'(0) = 2$

Welcher Graph kann zur Funktion f gehören?

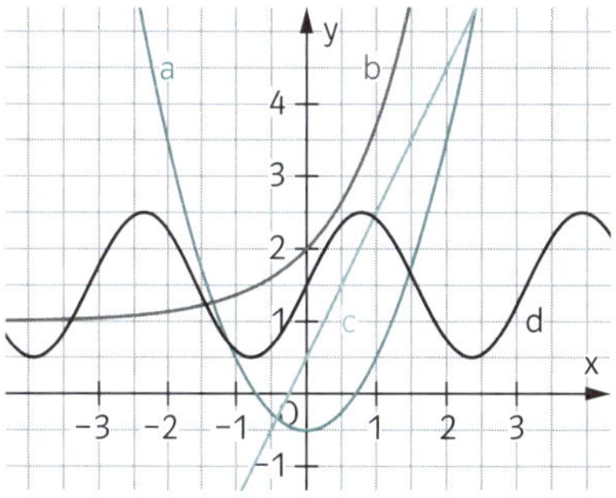

Die Graphen ______________________________

______________________________ .

Das Integral einer Funktion f lässt sich mithilfe einer beliebigen Stammfunktion F von f berechnen:

$$\int_a^b \mathbf{f(x)\,dx = [F(x)]_a^b = F(b) - F(a).}$$

Beispiel: Bei der Berechnung des Integrals $\int_1^2 x^3\,dx$ geht man folgendermaßen vor:

1. Man sucht eine Stammfunktion F von f: $F(x) = \frac{1}{4}x^4$, denn $F'(x) = f(x) = x^3$.
2. Man berechnet die Funktionswerte F(2) und F(1) und bildet die Differenz $F(2) - F(1)$:
   $\int_1^2 x^3\,dx = \left[\frac{1}{4}x^4\right]_1^2 = \frac{1}{4}2^4 - \frac{1}{4}1^4 = \frac{15}{4}$.

Bemerkung: Dieses Verfahren ist unabhängig von der Wahl der Stammfunktion.

1 Berechnen Sie das Integral.

a) $\int_1^3 2\,dx$
b) $\int_3^5 x^5\,dx$
c) $\int_{-1}^3 x^5\,dx$
d) $\int_2^5 0{,}7x^4\,dx$
e) $\int_{-2}^{-1} \frac{2}{5}x^3\,dx$

f) $\int_0^{\frac{\pi}{2}} \cos(x)\,dx$
g) $\int_0^{\pi} \sin(x)\,dx$
h) $\int_{-\frac{\pi}{2}}^{\frac{\pi}{2}} \frac{1}{2}\cos(x)\,dx$
i) $\int_{-\pi}^{\pi} -\sin(x)\,dx$
j) $\int_2^4 \frac{2}{3}e^x\,dx$

2 Bestimmen Sie eine Stammfunktion von f. Schreiben Sie den Inhalt der blauen Fläche als Integral und berechnen Sie den Wert.

Funktion f	a) $f(x) = x^2$	b) $f(x) = -\frac{1}{2}x^2 + 4$	c) $f(x) = \frac{1}{3}e^x$
Graph von f	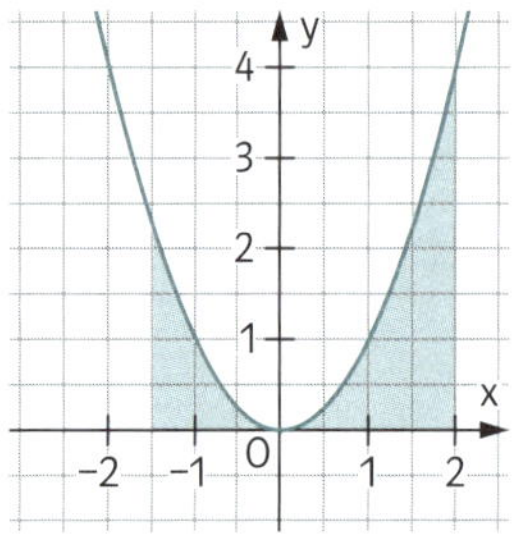	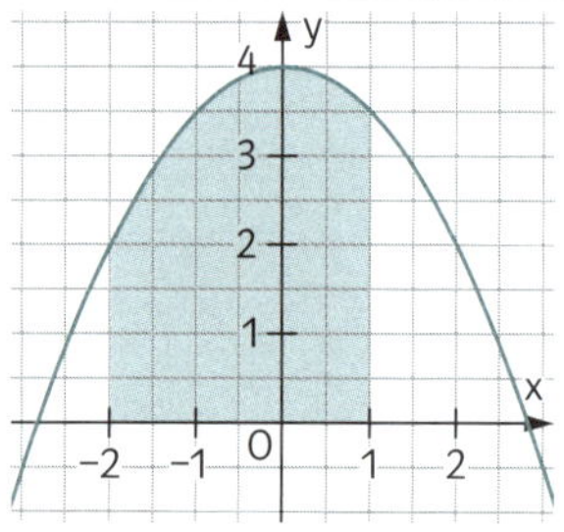	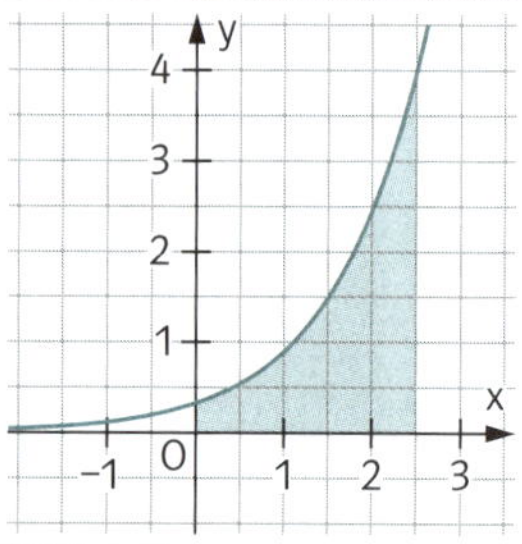
Stammfunktion von f	F(x) =	F(x) =	F(x) =
Integral			

Funktion f	d) $f(x) = \sin(x)$	e) $f(x) = 5$	f) $f(x) = \frac{1}{2\sqrt{x}}$
Graph von f	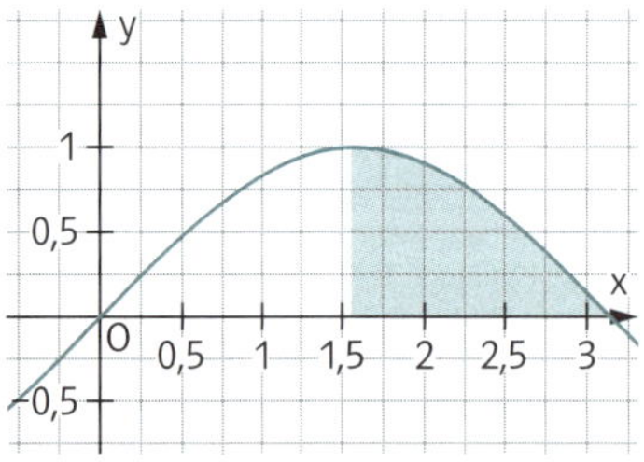	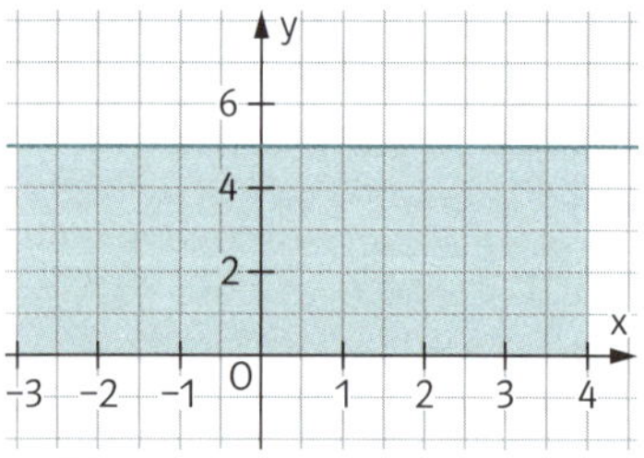	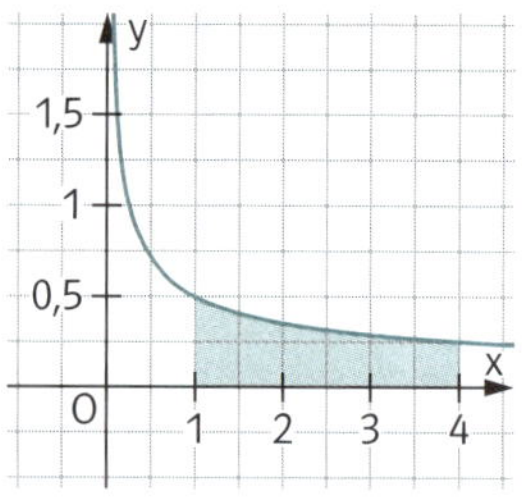
Stammfunktion von f	F(x) =	F(x) =	F(x) =
Integral			

3 In den folgenden Integralberechnungen stecken jeweils Fehler. Beschreiben Sie den oder die Fehler und führen Sie die Rechnung korrekt aus.

a) $\int_1^3 x\,dx = [x]_1^3 = 3 - 1 = 2$

Fehlerbeschreibung:

Korrekte Rechnung:

b) $\int_1^3 \frac{1}{2}x^2\,dx = \left[\frac{1}{6}x^3\right]_1^3 = \frac{1}{6}\cdot 1^3 - \frac{1}{6}\cdot 3^3 = \frac{1}{6} - \frac{27}{6} = -\frac{13}{3}$

Fehlerbeschreibung:

Korrekte Rechnung:

c) $\int_0^\pi \frac{1}{2}\sin(x)\,dx = \left[-\frac{1}{2}\cdot\cos(x)\right]_0^\pi$

$= -\frac{1}{2}\cos(\pi) - \frac{1}{2}\cos(0) = \frac{1}{2} - \frac{1}{2} = 0$

Fehlerbeschreibung:

Korrekte Rechnung:

d) $\int_0^1 \frac{1}{4}ex\,dx = [e^x]_0^1 = e^1 - e^0 = e - 0 = e$

Fehlerbeschreibung:

Korrekte Rechnung:

4 Füllen Sie die Lücken aus und berechnen Sie das Integral.

a) $\int_{\square}^4 x^7\,dx = \left[\frac{1}{8}x^{\square}\right]_1^{\square} = \frac{1}{8}\,\square - \frac{1}{8}\cdot 1^{\square} =$

b) $\int_\pi^{\square} \square\,dx = [-\cos(x)]_\pi^{\frac{3}{2}\pi} = -\cos\left(\frac{3}{2}\pi\right)\ \square\ \cos(\pi) =$

c) $\int_0^{\square} \square\cdot e^x\,dx = \left[\frac{\square}{3}\cdot e^x\right]_0^1 = \frac{2}{3}\cdot e^{\square} - \square\cdot e^{\square} =$

d) $\int_{\square}^0 \cos(x)\,dx = [\ \square\ ]_{\square}^{\square} = \sin(\square) - \sin\left(-\frac{\pi}{2}\right) =$

Verläuft der Graph einer Funktion f im Intervall [a; b] teilweise oberhalb und teilweise unterhalb der x-Achse, so kann der **Inhalt der Fläche zwischen dem Graphen von f und der x-Achse** nicht unmittelbar mit dem **Integral** $\int_a^b f(x)\,dx$ berechnet werden, weil hierbei Teilflächen oberhalb der x-Achse positiv und Teilflächen unterhalb ins Integral eingehen. Vielmehr ist wie folgt vorzugehen:

1. Nullstellen von f auf dem Intervall [a; b] bestimmen.
2. Integrale für die Teilflächen aufstellen und berechnen.
3. Inhalte der Teilflächen aufsummieren.

Beispiel: $f(x) = x^2 - 4$ auf $[-3; 4]$

1. $f(x) = 0$: $x^2 = 4$, also $x_1 = -2$; $x_2 = 2$
2. $\int_{-3}^{-2} (x^2 - 4)\,dx = \left[\frac{1}{3}x^3 - 4x\right]_{-3}^{-2} = \frac{7}{3}$; $A_1 = \frac{7}{3}$

   $\int_{-2}^{2} (x^2 - 4)\,dx = -\frac{32}{3}$; $A_2 = \left|-\frac{32}{3}\right| = \frac{32}{3}$

   $\int_{2}^{4} (x^2 - 4)\,dx = \frac{32}{3}$; $A_3 = \frac{32}{3}$
3. $A = A_1 + A_2 + A_3 = \frac{7}{3} + \frac{32}{3} + \frac{32}{3} = \frac{71}{3} \approx 23{,}67$

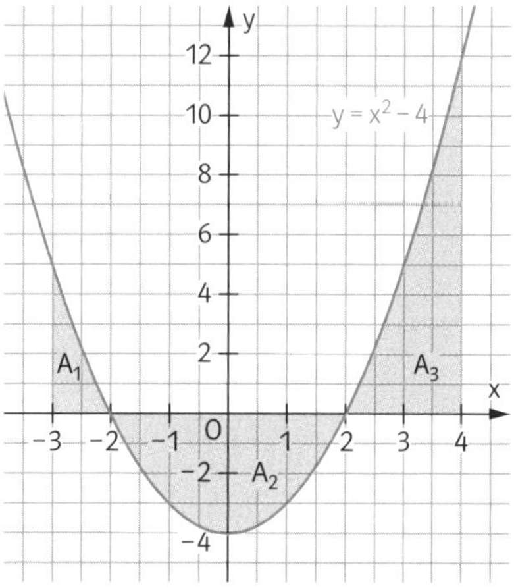

1 Berechnen Sie den Inhalt der Fläche, die der Graph von f im vorgegebenen Intervall I mit der x-Achse begrenzt.

	Der Graph von f liegt … der x-Achse.		Flächenberechnung über dem Intervall I
a) $f(x) = x^3$, $I = [1; 5]$	oberhalb ☐	unterhalb ☐	
b) $f(x) = e^x - 5$, $I = [-2; 1]$	oberhalb ☐	unterhalb ☐	
c) $f(x) = \sin(x)$, $I = [0; \pi]$	oberhalb ☐	unterhalb ☐	
d) $f(x) = 2x^2 + 3$, $I = [-1; 2]$	oberhalb ☐	unterhalb ☐	

2 Berechnen Sie den Inhalt der Fläche, den der Graph der Funktion f mit der x-Achse über dem eingezeichneten Intervall begrenzt.

a) $f(x) = -\frac{1}{2}x + 1$

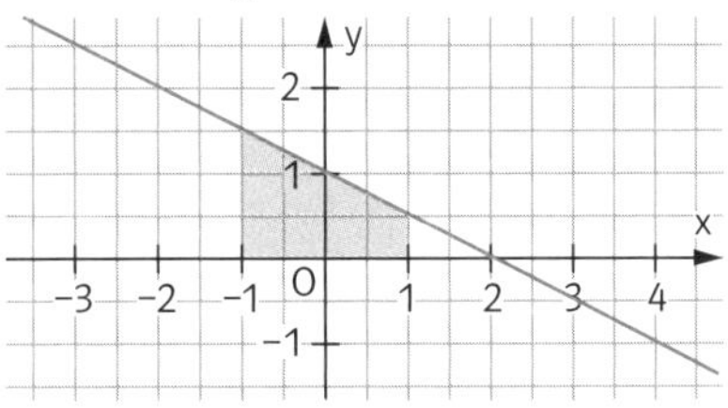

b) $f(x) = \frac{1}{2}x^2 + x - \frac{3}{2}$

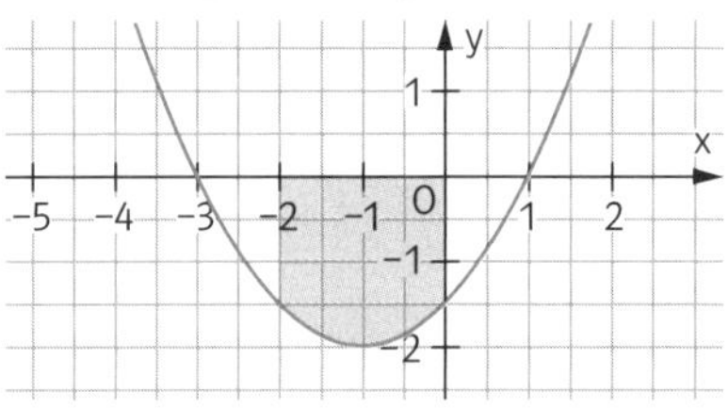

c) $f(x) = -\frac{1}{4}x^3 + x$

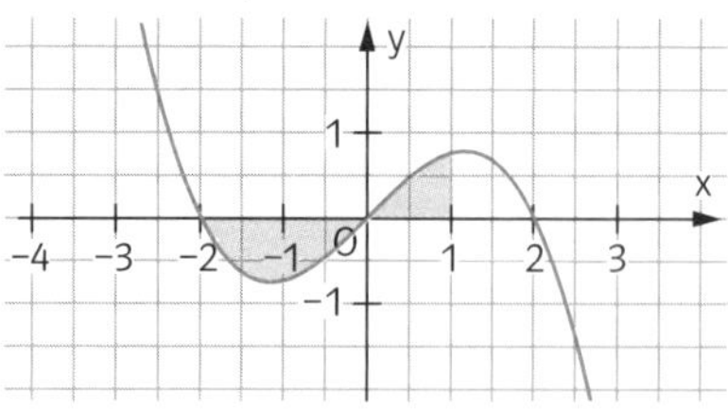

d) $f(x) = \frac{1}{2}x^4 - \frac{5}{4}x^3$

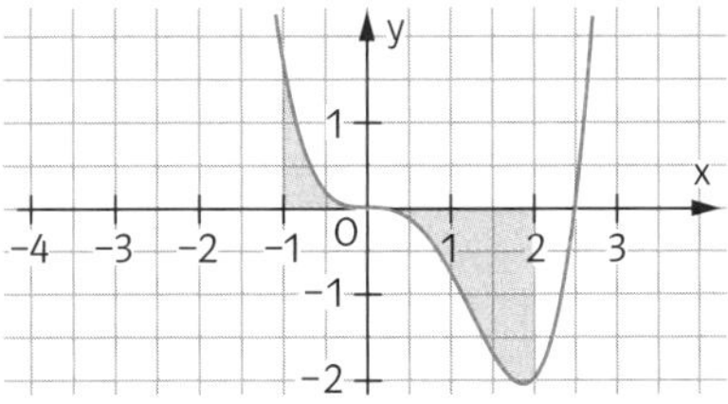

e) $f(x) = e^x - 1$

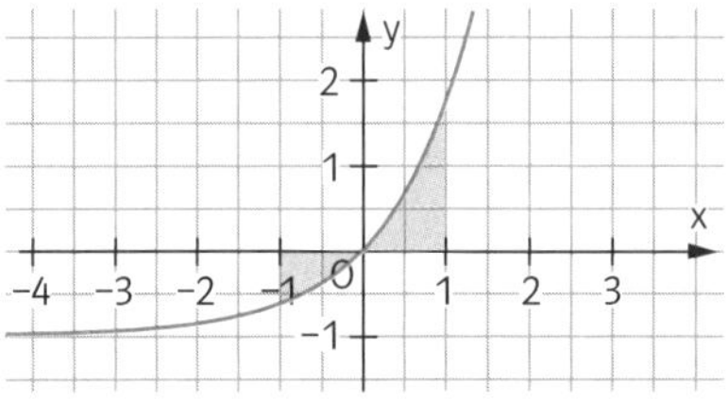

f) $f(x) = \sin\left(\frac{\pi}{2}x\right)$

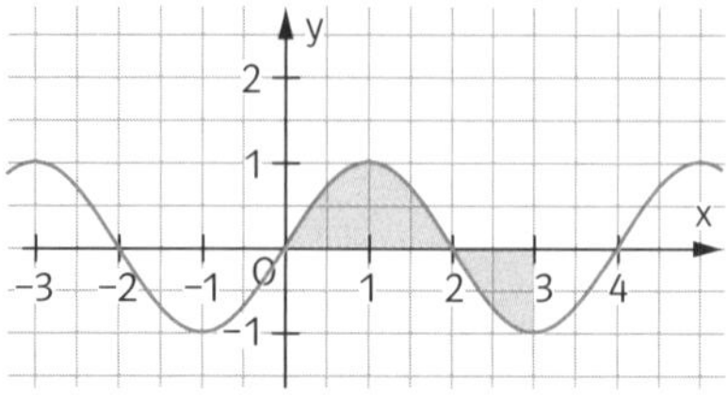

3 Bestimmen Sie Nullstellen der Funktion f, skizzieren Sie den Graphen und schraffieren Sie die Fläche, die vom Graphen und der x-Achse über dem Intervall I begrenzt wird. Berechnen Sie den Inhalt dieser Fläche.

a) $f(x) = -\frac{1}{2}x + 1$; $I = [1; 3]$
Nullstelle: x = ______

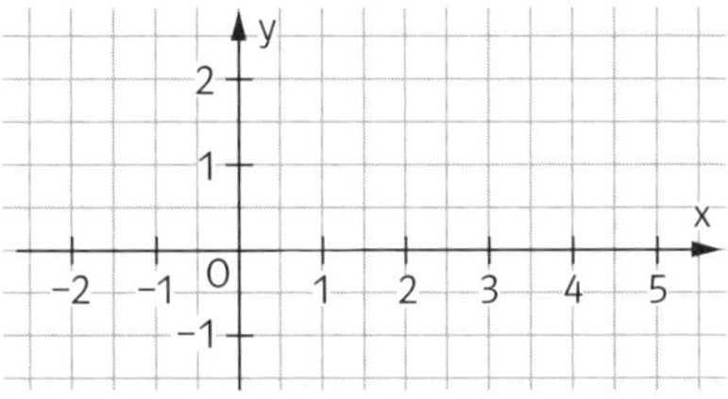

b) $f(x) = \frac{1}{2}x^2 - 2$; $I = [0; 3]$
Nullstellen: ______

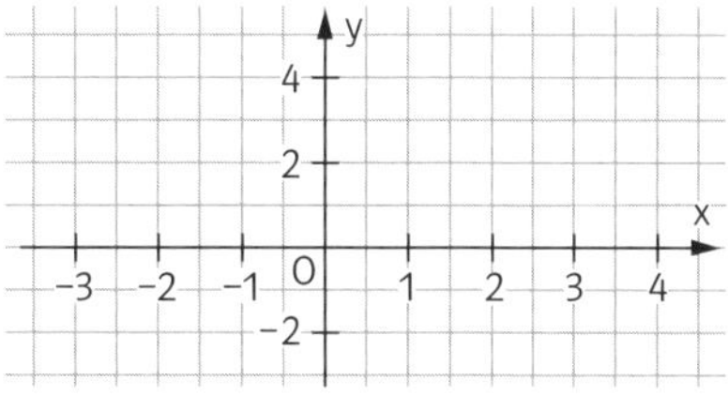

c) $f(x) = \frac{1}{4}x^3 - x$; $I = [-1; 3]$
Nullstellen: ______

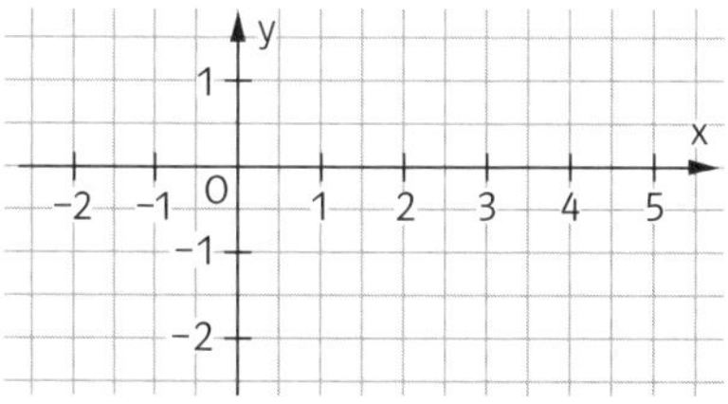

d) $f(x) = \cos(x)$; $I = [0; 2\pi]$
Nullstellen: ______

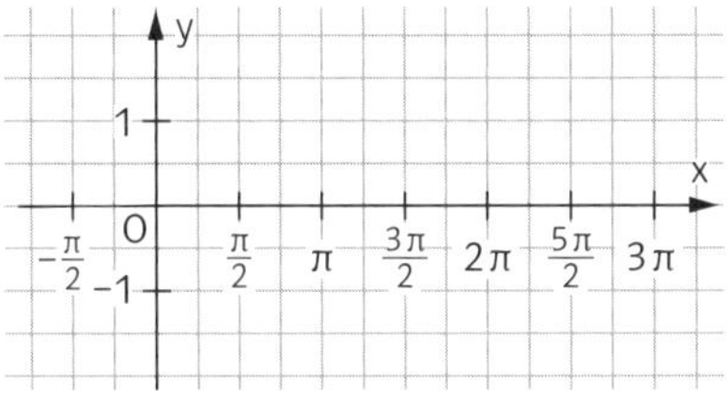

e) $f(x) = e - e^x$; $I = [-1; 2]$
Nullstellen: ______

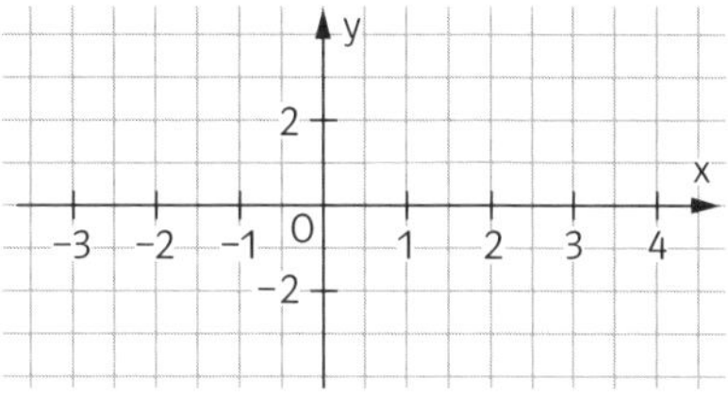

f) $f(x) = 3\sin(2x)$; $I = \left[-\frac{\pi}{2}; \frac{\pi}{2}\right]$
Nullstellen: ______

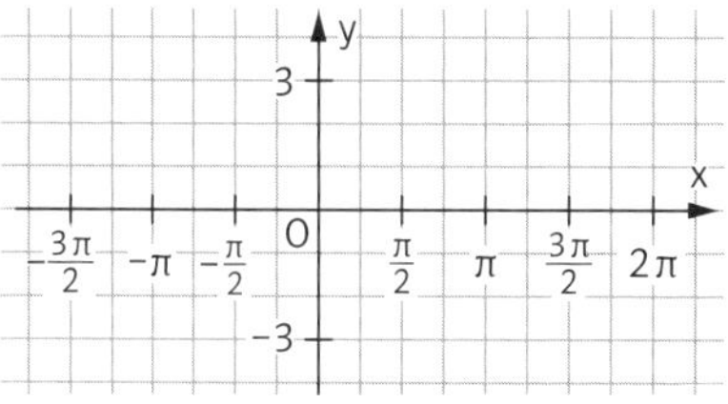

4 Berechnen Sie den Flächeninhalt zwischen Graph der Funktion f und x-Achse. Markieren Sie die Fläche.

a) $f(x) = -x^2 - 2x + 3$

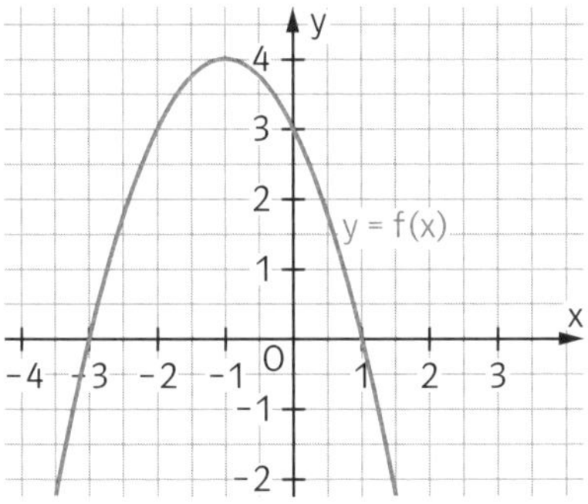

b) $f(x) = \frac{1}{2}x^2 - \frac{1}{2}x - 3$

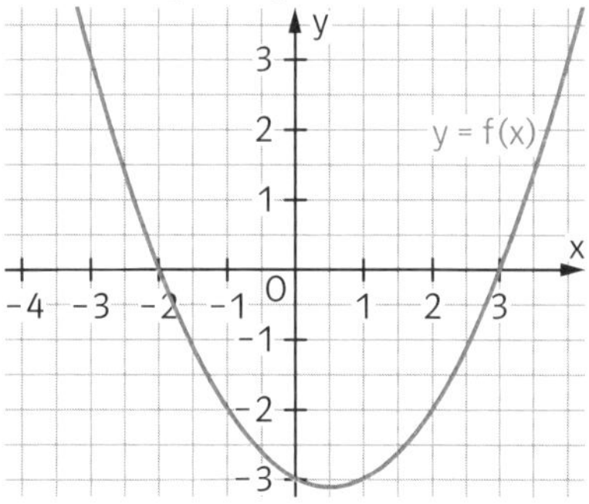

c) $f(x) = x^3 - 6x^2 + 9x$

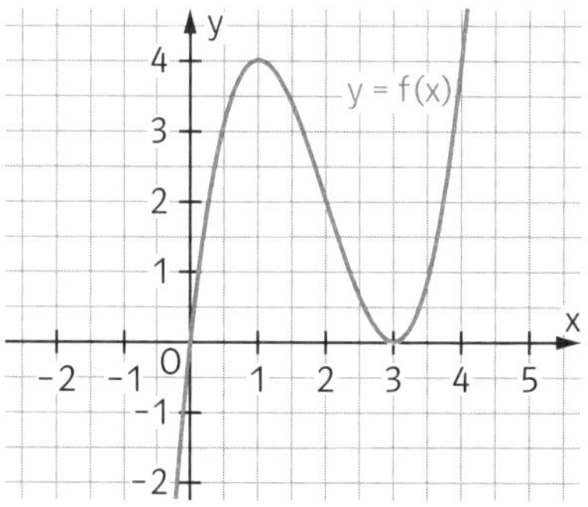

d) $f(x) = 2\sin\left(\frac{1}{2}x\right)$; $D = [-0{,}5; 6{,}5]$

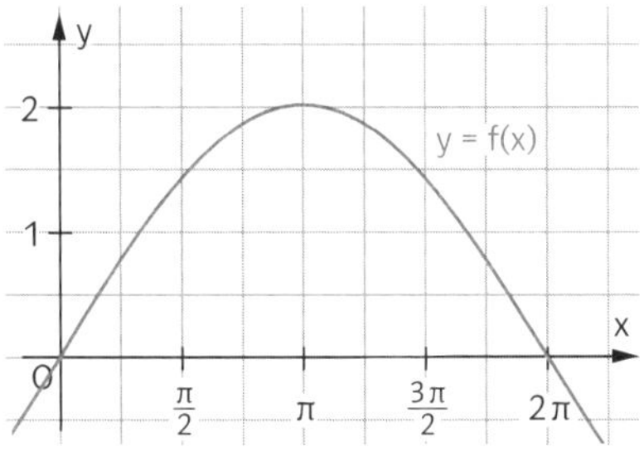

e) $f(x) = 0{,}5\sin(2x)$; $D = [6; 13]$

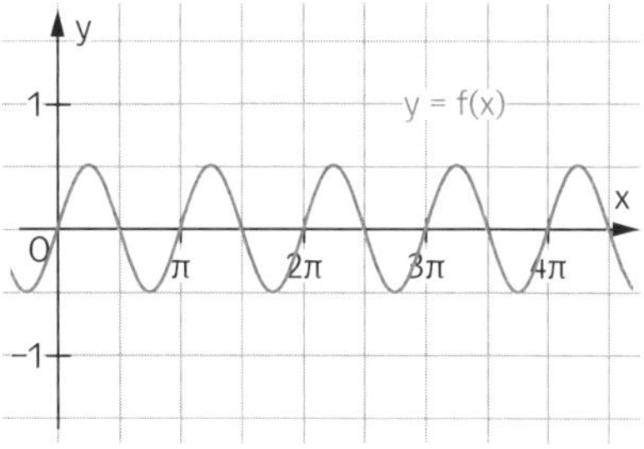

f) $f(x) = 2\cos(2x)$; $D = [0; 3]$

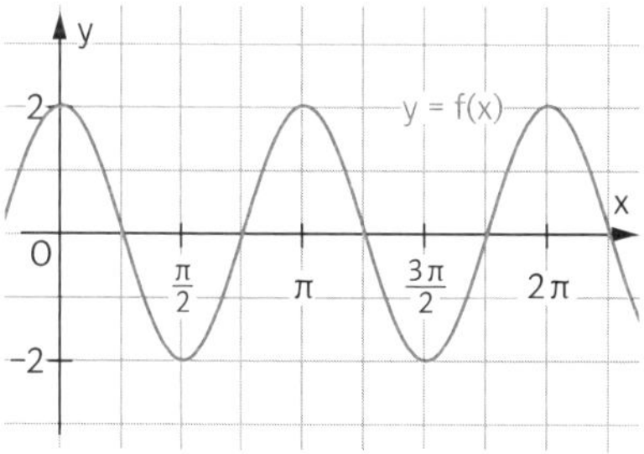

5 Markieren Sie die Fläche, die vom Graphen von f und den beiden Koordinatenachsen begrenzt wird. Berechnen Sie den Inhalt dieser Fläche.

a) $f(x) = 2 - e^x$

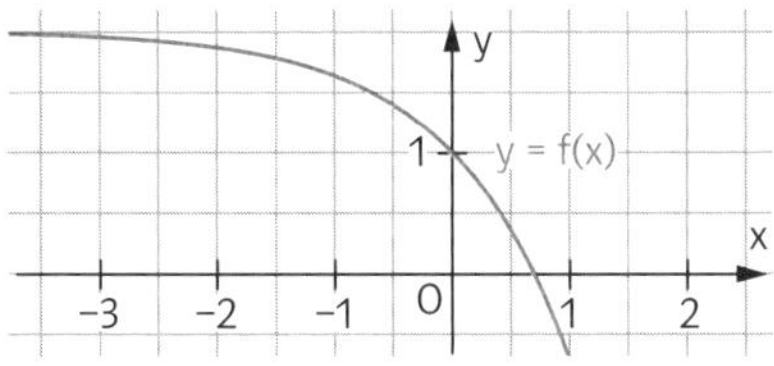

b) $f(x) = e^{-x} - 3$

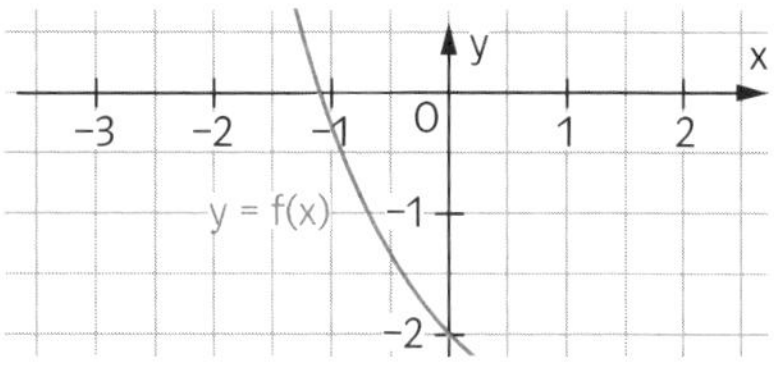

c) $f(x) = e - e^{-x}$

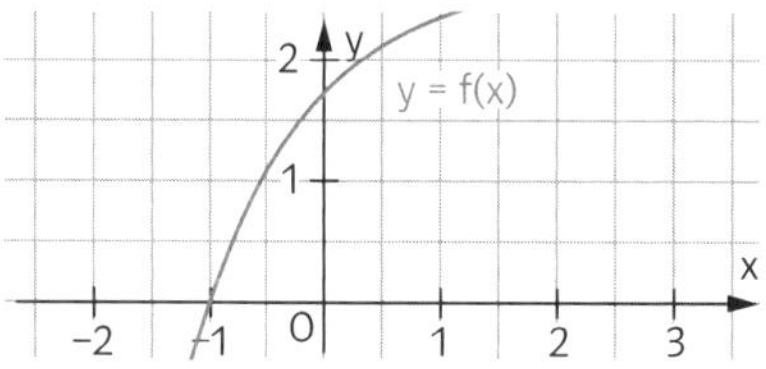

Es soll der **Inhalt der Fläche** berechnet werden, die von den Graphen zweier Funktionen f und g im Intervall [a; b] begrenzt wird. Die Funktion f verläuft oberhalb der Funktion g. Die **Graphen** der Funktionen **schneiden sich nicht**. Für das Integral gilt: $\int_a^b (f(x) - g(x))\,dx$.

Der Flächeninhalt A entspricht in diesem Fall dem Wert des Integrals.

Beispiel: $f(x) = \frac{1}{2}x^2 - \frac{1}{2}$ und $g(x) = -\frac{1}{2}x - \frac{3}{2}$ Für das Integral gilt:

$$\int_{-2}^{1} (f(x) - g(x))\,dx = \int_{-2}^{1} \left(\frac{1}{2}x^2 - \frac{1}{2} - \left(-\frac{1}{2}x - 1\right)\right) dx$$

$$= \int_{-2}^{1} \left(\frac{1}{2}x^2 + \frac{1}{2}x + \frac{1}{2}\right) dx = \left[\frac{1}{6}x^3 + \frac{1}{4}x^2 + \frac{1}{2}x\right]_{-2}^{1} = \frac{9}{4}.$$

Der Flächeninhalt beträgt damit $A = \frac{9}{4} = 2{,}25$.

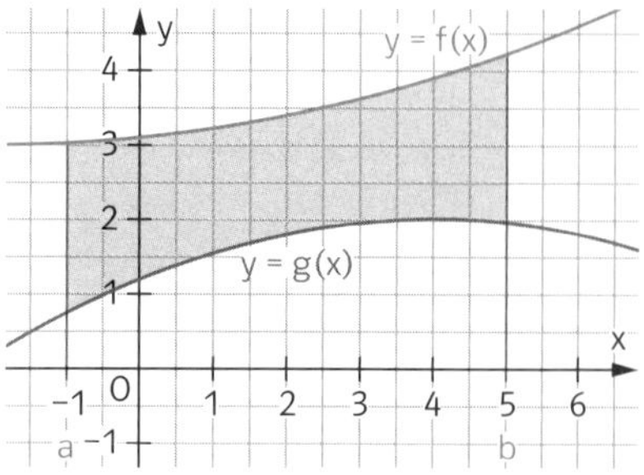

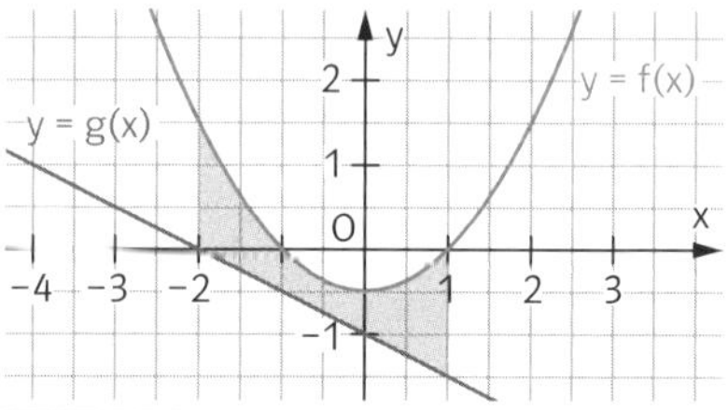

1 Berechnen Sie den Inhalt der Fläche, den die beiden Graphen der Funktionen f und g über dem eingezeichneten Intervall begrenzen.

a) $f(x) = \frac{1}{2}x + 2$; $g(x) = \frac{1}{2}x - 1$

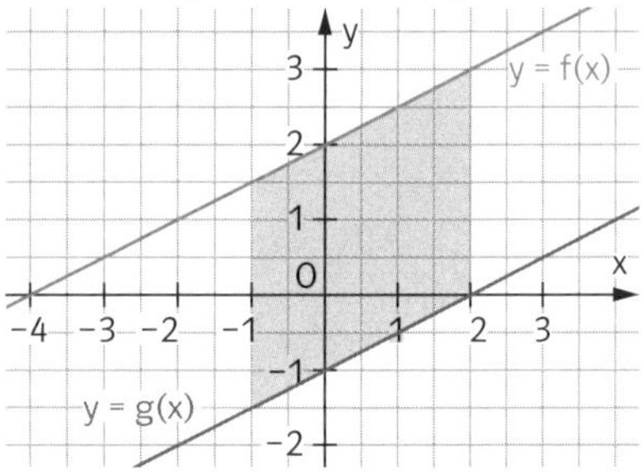

b) $f(x) = x + 3$; $g(x) = -\frac{1}{2}x^2 + 1$

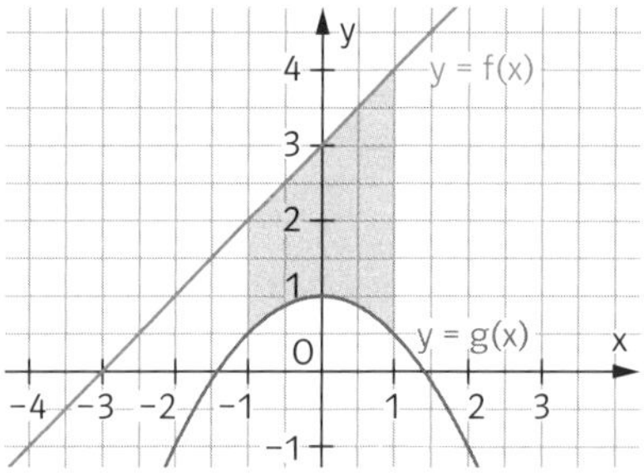

c) $f(x) = x^2 - 2x - 1$; $g(x) = -3$

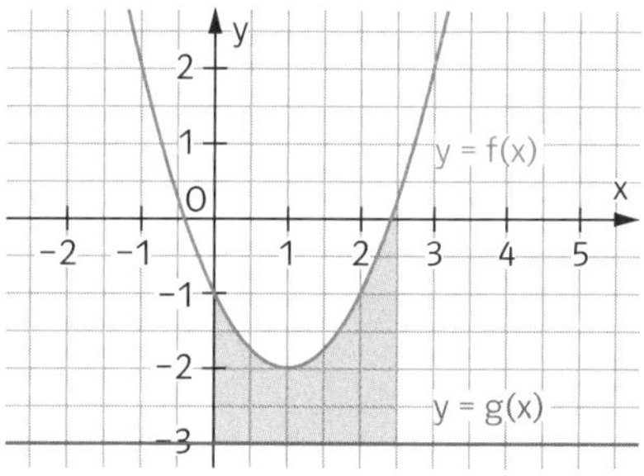

Die **Graphen der Funktionen f und g schneiden sich** im Intervall [a; b] nicht. Der Graph der Funktion g verläuft aber oberhalb des Graphen von f, so wird das Integral $\int_a^b (f(x) - g(x))\,dx$ negativ.

Beispiel: Es soll der Inhalt der Fläche bestimmt werden, die von den Graphen der Funktion f mit $f(x) = -\frac{1}{2}x^2 + 1$ und der Funktion g mit $g(x) = -x + 2$ auf dem Intervall [0; 2] begrenzt wird.

Berechnet man wie oben, erhält man ein negatives Ergebnis:

$$\int_0^2 f(x) - g(x)\,dx = \int_0^2 \left(-\frac{1}{2}x^2 + 1 - (-x + 2)\right) dx = \int_0^2 \left(-\frac{1}{2}x^2 + x - 1\right) dx = \left[-\frac{1}{6}x^3 + \frac{1}{2}x^2 - x\right]_0^2 = -\frac{4}{3}.$$

Der Flächeninhalt ist der Betrag des Integralwerts, d.h. $A = \frac{4}{3}$.

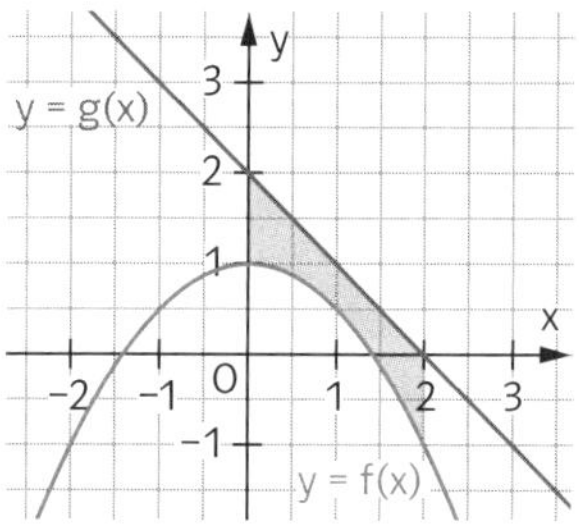

2 Schraffieren Sie die Fläche, die die Graphen der Funktionen f und g über dem Intervall I begrenzen. Berechnen Sie den Inhalt dieser Fläche.

a) $f(x) = 1 - \frac{1}{2}x^2$; $g(x) = 1{,}5$; $I = [-1; 1]$

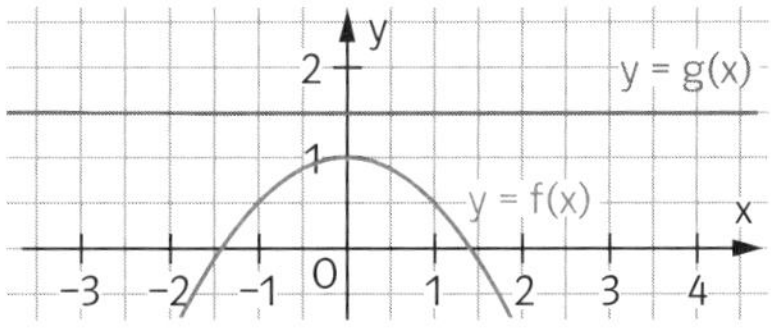

b) $f(x) = \sin(x)$; $g(x) = 1 + x$; $I = \left[-\frac{\pi}{2}; \frac{\pi}{2}\right]$

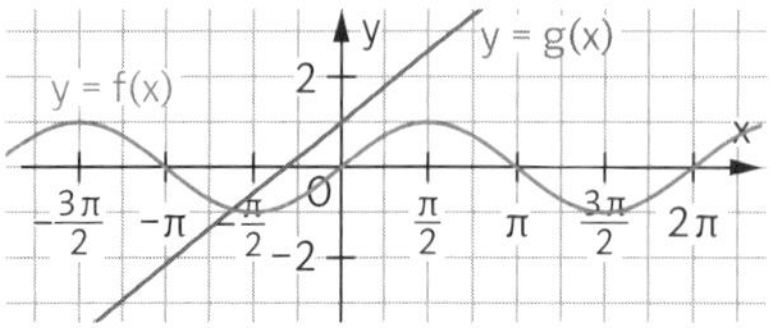

c) $f(x) = 1 - \frac{1}{3}e^x$; $g(x) = 1$; $I = [-1; 1]$

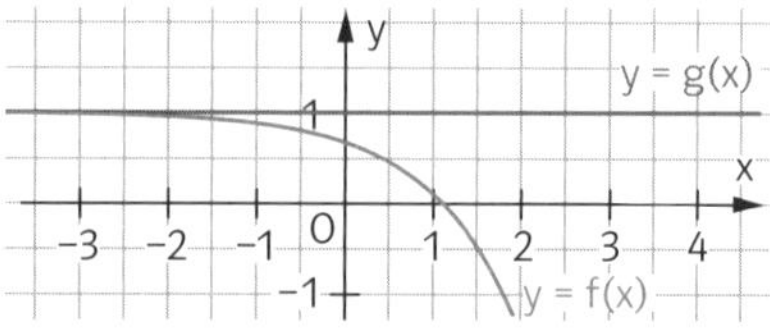

Kennt man die Graphen von f und von g, so kann man **Teilintervalle** erkennen, in denen der Graph von f oberhalb und solche in denen er unterhalb des Graphen von g verläuft. Man geht wie folgt vor:

1. Schnittstellen aus der Abbildung entnehmen und prüfen.
2. Integrale für die Teilflächen aufstellen und berechnen.
3. Inhalte der Teilflächen aufsummieren.

Beispiel: $f(x) = x^3 - 4x^2 + 10$; $g(x) = x^2 - 2x + 2$

1. Abgelesen: $x_1 = -1$; $x_2 = 2$ und $x_3 = 4$, nachgerechnet: $f(-1) = 5$ und $g(-1) = 5$, $f(2) = 2$ und $g(2) = 2$, $f(4) = 10$ und $g(4) = 10$.
2. $\int_{-1}^{2}(f(x) - g(x))\,dx = \frac{63}{4}$; $A_1 = \frac{63}{4}$

   $\int_{2}^{4}(f(x) - g(x))\,dx = -\frac{16}{3}$; $A_2 = \left|-\frac{16}{3}\right| = \frac{16}{3}$
3. $A = A_1 + A_2 = \frac{63}{4} + \frac{16}{3} = \frac{253}{12} \approx 21{,}083$

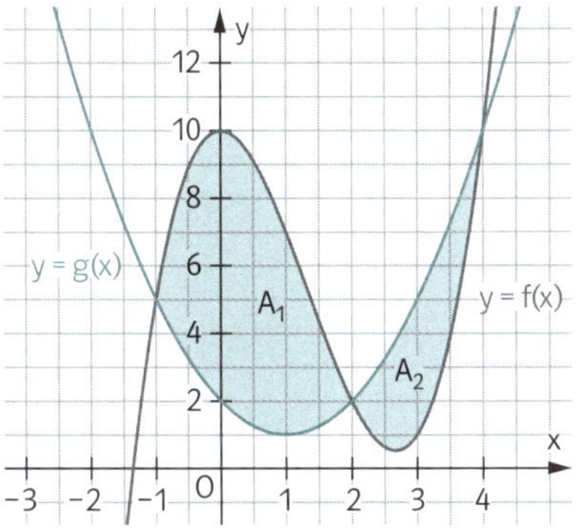

3 Entnehmen Sie der Abbildung jeweils die Schnittstellen. Prüfen Sie diese Schnittstellen. Berechnen Sie die Gesamtfläche, die die Graphen von f und g über dem Intervall [a;b] begrenzen.

Funktionen f und g	a) $f(x) = 4 - x^2$; $g(x) = x + 2$ über dem Intervall [−2; 2]	b) $f(x) = \sin\left(\frac{\pi}{3}x\right)$; $g(x) = \frac{1}{5}x$ über dem Intervall [0; 4]	c) $f(x) = \cos\left(\frac{\pi}{6}x\right)$; $g(x) = 0{,}5$ über dem Intervall [−3; 3]
Graphen von f und g	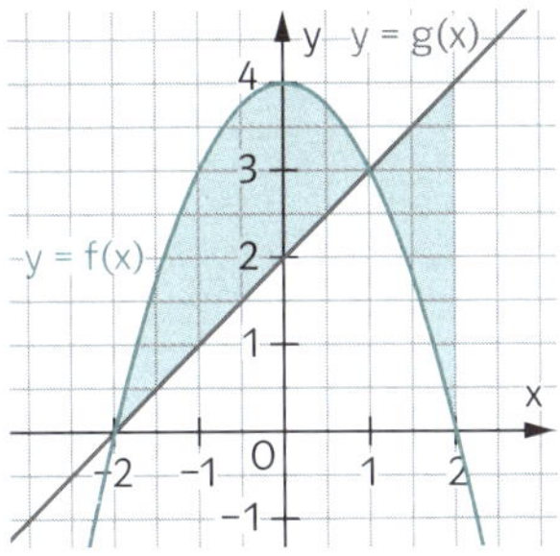	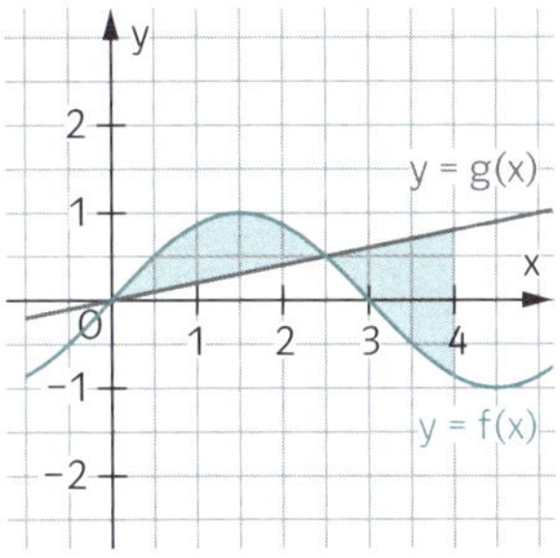	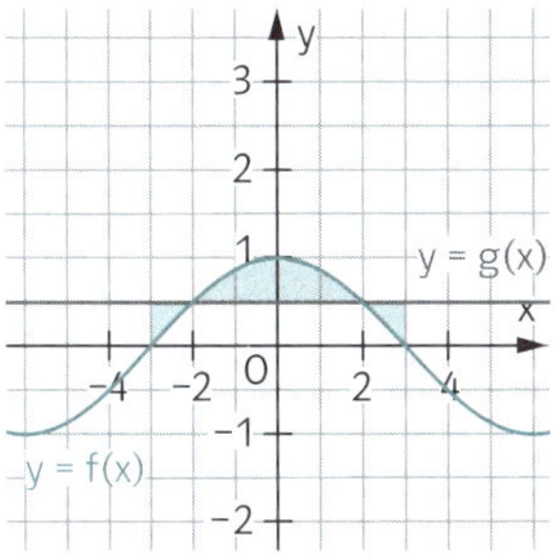
abgelesene Schnittstellen	x_1 = ___ und x_2 = ___	x_1 = ___ und x_2 = ___	x_1 = ___ und x_2 = ___
Test	f( ) = ___ ; g( ) = ___ f( ) = ___ ; g( ) = ___	f( ) = ___ ; g( ) = ___ f( ) = ___ ; g( ) = ___	f( ) = ___ ; g( ) = ___ f( ) = ___ ; g( ) = ___
Teilintegrale	$\int_{-2}$(___) dx = [___] = ___ $\int^{2}$(___) dx = [___] = ___		
Teilflächen	A_1 = ___ A_2 = ___		
Gesamtfläche	A = ___		

Kennt man die Graphen der Funktion f und g nicht, geht man zur **Berechnung des Inhalts der Fläche**, die von diesen beiden Graphen über [a; b] begrenzt wird, wie folgt vor:

1. Schnittstellen x_1, x_2 usw. im Intervall [a; b] berechnen.
2. **Teilintegrale** berechnen und damit die Inhalte der Teilflächen bestimmen.
3. Inhalte der Teilflächen aufsummieren.

Beispiel: Die Graphen der Funktion f mit $f(x) = x^2$ und der Funktion g mit $g(x) = 2x$ begrenzen im Intervall [−1; 2] Flächen. Der Inhalt dieser Flächen soll berechnet werden.

1. Schnittstellen: $f(x) = g(x)$ führt auf die Gleichung $x^2 - 2x = 0$. Man erhält die Lösungen $x_1 = 0$ und $x_2 = 2$.
2. Erstes Teilintegral (Graph von f oberhalb vom Graphen von g): $\int_{-1}^{0} (x^2 - 2x)\,dx = \left[\frac{1}{3}x^3 - x^2\right]_{-1}^{0} = \frac{4}{3}$.

   Zweites Teilintegral (Graph von g oberhalb vom Graphen von f): $\int_{0}^{2} (x^2 - 2x)\,dx = \left[\frac{1}{3}x^3 - x^2\right]_{0}^{2} = -\frac{4}{3}$.
3. Die beiden Teilflächen haben zusammen den Inhalt $A = \frac{4}{3} + \frac{4}{3} = \frac{8}{3}$.

4 Berechnen Sie den Inhalt der Fläche, den die Graphen der Funktionen f und g miteinander einschließen.

	a) $f(x) = x^3 - x$, $g(x) = 3x$		b) $f(x) = x^2$, $g(x) = -x^3 + 3x^2$	
Schnittstellen				
Teilintervalle	$I_1 =$	$I_2 =$	$I_1 =$	$I_2 =$
Integrale, die zu berechnen sind				
Gesamtflächeninhalt				

	c) $f(x) = 2\sin\left(\frac{\pi}{3}x\right) + 1$; $g(x) = 2$ im Bereich [0; 3]	d) $f(x) = x^4 - 5x^2$; $g(x) = -4$
Schnittstellen		
Teilintervalle		
Integrale, die zu berechnen sind		
Gesamtflächeninhalt		

5 Die Graphen der Funktionen f und g und die Geraden mit den Gleichungen $x = a$ und $x = b$ begrenzen eine Fläche. Berechnen Sie deren Inhalt.

a) $f(x) = x^2 + x - 3$, $g(x) = x^3 - 2x^2$

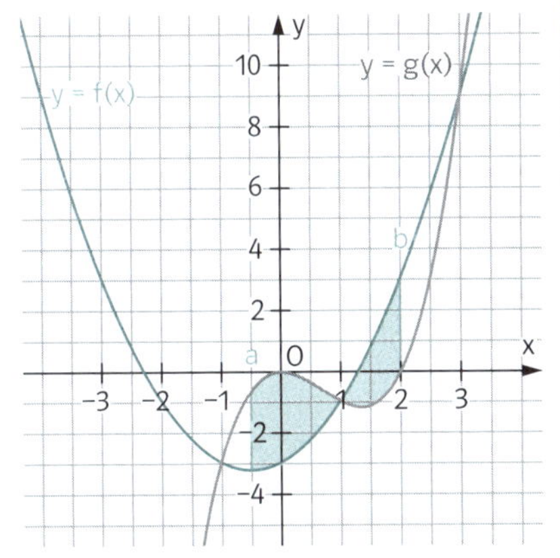

b) $f(x) = x^3$, $g(x) = x^2 + 2x$

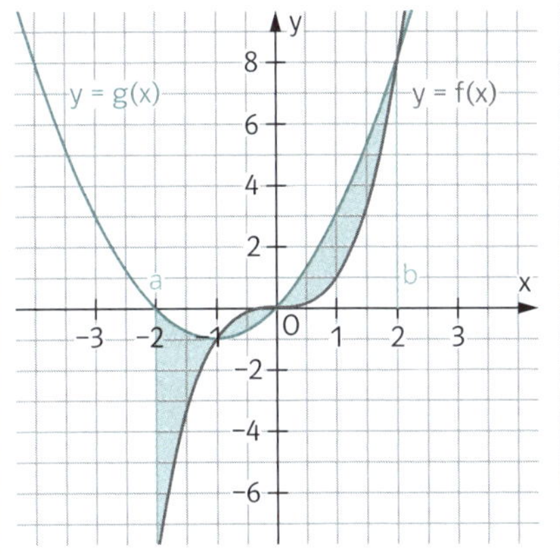

c) $f(x) = -x^2 + 4x$, $g(x) = 0{,}5x$

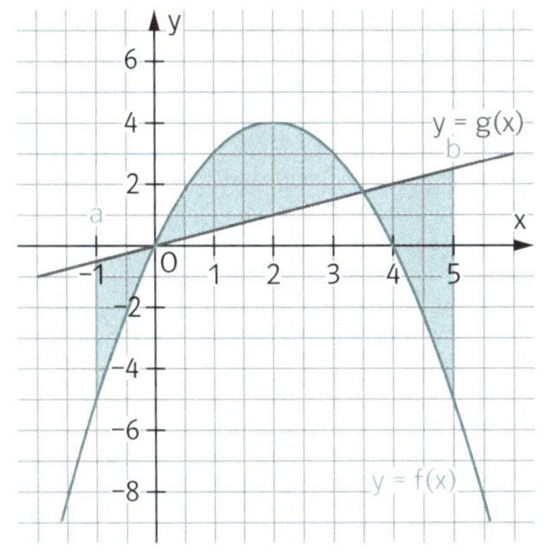

6 Die Graphen der Funktionen f mit $f(x) = x^2$ und g mit $g(x) = x$, sowie die Gerade mit der Gleichung $x = 2$ begrenzen zwei Flächen. Kreuzen Sie an, ob die Aussagen wahr oder falsch sind.

	wahr	falsch
a) $f(x) \geq g(x)$ für $x \in [0; 1]$	☐	☐
b) $f(x) \geq g(x)$ für $x \in [1; 2]$	☐	☐
c) $\int_0^1 (f(x) - g(x))\,dx < 0$	☐	☐
d) $\int_1^2 (f(x) - g(x))\,dx > 0$	☐	☐
e) Den Flächeninhalt kann man mit dem Integral $\int_0^2 (f(x) - g(x))\,dx$ berechnen.	☐	☐
f) Die Inhalte der beiden Teilflächen unterscheiden sich um den Wert $\int_0^2 (f(x) - g(x))\,dx$.	☐	☐
g) Der Flächeninhalt beträgt $A = 1$.	☐	☐

7 Gegeben ist die Funktion f mit $f(x) = x^3 - x + 1$; ihr Graph heißt K.

a) Zeigen Sie, dass K in $W(0\,|\,1)$ einen Wendepunkt besitzt. Die Gerade n schneidet die Tangente im Wendepunkt orthogonal. Bestimmen Sie die Gleichung von n.

b) K und n schließen zwei Flächenstücke ein. Berechnen Sie einen dieser beiden Flächeninhalte.

8 Berechnen Sie den Inhalt der gefärbten Fläche. Wählen Sie das passende Integral aus. Begründen Sie.

$I_1 = \int_{-1}^{0} (e^x - x - 1)\,dx$ $I_2 = \int_{0}^{1{,}5} (e^x - x - 1)\,dx$ $I_3 = \int_{-3}^{0} e^x\,dx$ $I_4 = \int_{-2{,}5}^{1{,}5} (e^x - x - 1)\,dx$ $I_5 = \int_{-2}^{1} e^x\,dx$ $I_6 = \int_{-3}^{0} (1 - e^x)\,dx$

a)

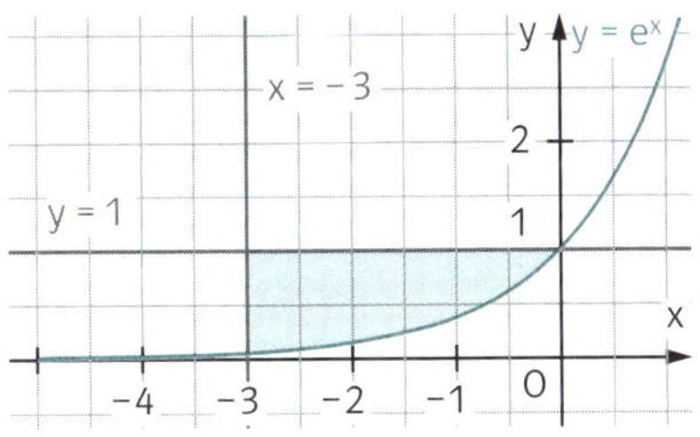

b)

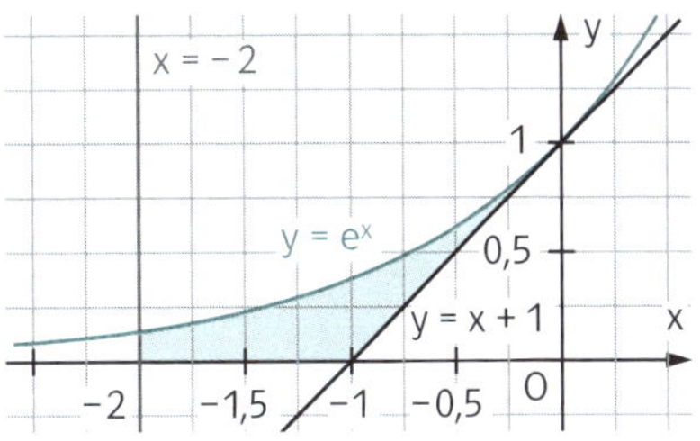

c)

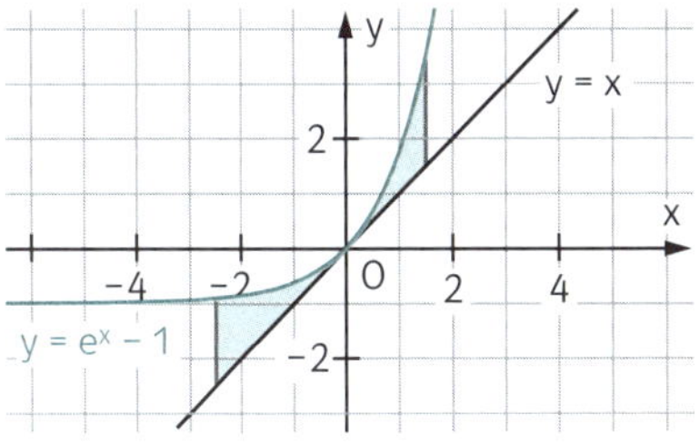

Test

1 Geben Sie zu der Funktion f jeweils eine Stammfunktion an.

a) $f(x) = 3x^2 - 2x + 5$
b) $f(x) = 6\sqrt{x} - \frac{4}{x^3}$
c) $f(x) = \frac{1}{2}(4x - 3)^2$
d) $f(x) = \frac{1}{4}x \cdot (x - 6)^2$
e) $f(x) = 4e^{\frac{x}{2}} - 8e^{2x}$
f) $f_t(x) = e^{-tx} - 3tx$
g) $f(x) = 4\sin(2x + 3)$
h) $f(x) = 3\cos\left(\frac{x}{3}\right) - e \cdot x$
i) $f_a(x) = a \cdot \sin(\pi x) - e^{ax}$

2 Der Graph der Funktion f mit $f(x) = e^x - e$ schließt mit der x-Achse und den Geraden mit den Gleichungen $x = 0$ und $x = c;\ c > 0$ eine Fläche ein.

a) Berechnen Sie deren exakten Inhalt der Fläche für $c = 1$.
b) Welche Bedeutung hat das Vorzeichen des Wertes von $\int_0^1 f(x)\,dx$ für die Lage des Graphen von f?
c) Bestimmen Sie c so, dass gilt: $\int_0^c f(x)\,dx = 0$.

3 Berechnen Sie den Inhalt der Fläche, die vom Graphen von f und der x-Achse im vorgegebenen Intervall I begrenzt wird.

a) $f(x) = -0{,}5x^2 + 2,\ I = [-2; 4]$
b) $f(x) = x^3 + x^2 - 2x,\ I = [-1; 2]$
c) $f(x) = 2 - e^x,\ I = [0; 1]$
d) $f(x) = e^{-x} - 3,\ I = [-2; 1]$
e) $f(x) = 0{,}5\sin(2x),\ I = \left[-\frac{\pi}{2}; \frac{\pi}{2}\right]$
f) $f(x) = \cos\left(\frac{\pi}{3}x\right),\ I = [0; 3]$

4 Ein Golfverein will das Gelände zwischen zwei Feldwegen zur Erweiterung des Geländes kaufen. Ein Quadratmeter Boden kostet 5 €. Der Verlauf der Wege entspricht ungefähr
$f(x) = x^3 - 3x^2 - 18x + 40$ und $g(x) = x^2 + 13x - 30$.
a) Berechnen Sie die Größe der Fläche, die der Golfplatz erwerben möchte. Geben Sie an, wie teuer die Fläche ist.
b) Der Verkäufer will nur 14 400 € haben. Er geht davon aus, dass die Fläche nur $2880\,m^2$ groß ist. Wo liegt sein Rechenfehler vermutlich?

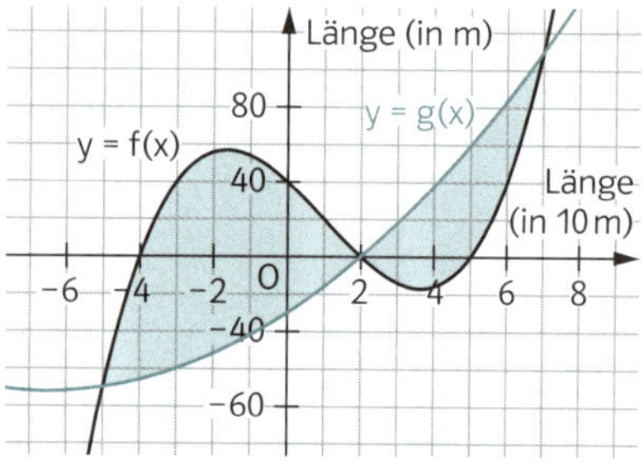

5 Gegeben sind die Funktionen f mit $f(x) = -0{,}5x^2 + 2$ und g mit $g(x) = x^2 + 4x + 0{,}5$.
a) Welchen Inhalt hat die Fläche, die der Graph der Funktion f mit der x-Achse einschließt?
b) Berechnen Sie den Inhalt der Fläche, die die Graphen der beiden Funktionen f und g einschließen.
c) Wie groß ist der Inhalt der Fläche, die die Graphen der Funktionen f und g auf [−2; 0] begrenzen?

6 Gegeben sind die Funktion f mit $f(x) = \cos(x)$ sowie g mit $g(x) = 3\cos(x) - 2$ im Intervall [−1; 7].
a) Erstellen Sie die Graphen der Funktionen f und g.
b) Zeigen Sie, dass sich die Graphen von f und g in ihren Hochpunkten berühren.
c) Die Graphen von f und g schließen zwischen ihren beiden Hochpunkten eine Fläche ein. Berechnen Sie deren Inhalt.

7 Die Niederschlagsmenge, die an einem bestimmten Ort innerhalb eines regnerischen Monats gemessen wurde, lässt sich mithilfe einer Funktion V mit
$V(t) = -0{,}005 \cdot (t - 17)^2 + 0{,}09 \cdot \sin(0{,}7t) + 4,\ t \in [0; 30]$
modellieren (t in Tagen, V in Litern pro Quadratmeter).
Bestimmen Sie näherungsweise, welche Niederschlagsmenge im aufgezeichneten Zeitraum insgesamt fiel.

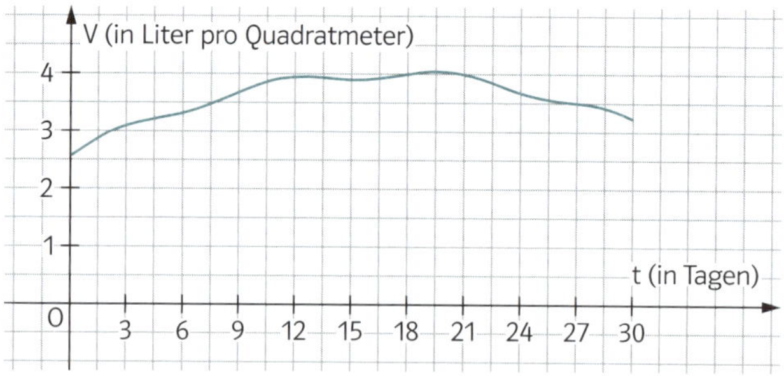

Der Gauß-Algorithmus (1)

ab Lerneinheit 1

Lineare Gleichungssysteme (LGS) wie das rechts abgebildete bestehen aus mehreren Gleichungen mit den n **Lösungsvariablen** $x_1, x_2, \ldots, x_n$. Die Vorfaktoren vor den Lösungsvariablen heißen **Koeffizienten**, die Summanden ohne Lösungsvariablen **Absolutglieder**. Ein **n-Tupel** von Zahlen, das jede Gleichung erfüllt, heißt **Lösung des LGS**. Bei n = 2 ist dies ein **Zahlenpaar**, bei n = 3 ein **Zahlentripel**.

Beispiel: Das LGS

$$\begin{aligned} 2x_1 &= -4 \\ x_2 &= -3x_1 - 5 \\ x_3 &= 4 + x_2 \end{aligned}$$

besitzt als Lösung das Zahlentripel (−2; 1; 5), denn

$$\begin{aligned} 2\cdot(-2) &= -4 \text{ (r)} \\ 1 &= -3\cdot(-2) - 5 \text{ (r)} \\ 5 &= 4 + 1 \text{ (r)} \end{aligned}$$

Für die systematische Behandlung eines LGS ist es günstig, die Gleichungen nach den Lösungsvariablen zu ordnen. Bei fehlenden Lösungsvariablen wird entsprechend Platz gelassen oder eine Null notiert. Die Absolutglieder werden auf die rechte Seite der Gleichung gebracht.

Geordnetes LGS:

$$\begin{aligned} 2x_1 \qquad\quad &= -4 \\ 3x_1 + x_2 \qquad &= -5 \\ -x_2 + x_3 &= 4 \end{aligned}$$

Bei einem solchermaßen geordneten LGS genügt es, die Koeffizienten in einer **Koeffizientenmatrix** anzugeben. In der **erweiterten Koeffizientenmatrix** stehen die Absolutglieder hinter einem senkrechten Strich.

LGS in Matrixform: $\left(\begin{array}{ccc|c} 2 & 0 & 0 & -4 \\ 3 & 1 & 0 & -5 \\ 0 & -1 & 1 & 4 \end{array}\right)$

1 Prüfen Sie durch Einsetzen des gegebenen n-Tupels, ob es Lösung des linearen Gleichungssystems ist.

a) $4x_1 + 3x_2 = 23$
$-2x_1 + x_2 = 1$
Zahlenpaar: (2; 5)

b) $-x_1 + 5x_2 = -2$
$4x_2 - 7 = 3x_1$
Zahlenpaar: (−3; −1)

c) $-3x_1 = -2x_3$
$-x_2 = 1 + x_3$
$6x_3 = 5x_1 - 2x_2$
Zahlentripel: (2; −4; 3)

d) $2 = -x_1 + 3x_3$
$2x_3 = 3x_2 - 15$
$5x_1 = -10 + 2x_2$
Zahlentripel: (−2; 5; 0)

2 Notieren Sie die Gleichungssysteme aus Aufgabe 1 als erweiterte Koeffizientenmatrix.

a) b) c) d)

Die **Hauptdiagonale** der Koeffizientenmatrix verläuft von oben links nach unten rechts. Befinden sich unterhalb der Hauptdiagonalen nur Nullen, liegt das LGS in **Stufenform** vor. Die Lösung kann dann ermittelt werden, indem man schrittweise von der untersten Zeile nach oben „hochrechnet".

Beispiel:

LGS mit Lösungsvariablen:

$$\begin{aligned} x_1 + 2x_2 - x_3 &= -1 \\ x_2 + 3x_3 &= 0 \\ 2x_3 &= 4 \end{aligned}$$

LGS als Matrix in Stufenform: (Hauptdiagonale)

$$\left(\begin{array}{ccc|c} 1 & 2 & -1 & -1 \\ 0 & 1 & 3 & 0 \\ 0 & 0 & 2 & 4 \end{array}\right)$$

Lösung berechnen „von unten nach oben":
3. Zeile: $2x_3 = 4$, also $x_3 = 2$.
2. Zeile: $x_2 + 3\cdot 2 = 0$, also $x_2 = -6$.
1. Zeile: $x_1 + 2\cdot(-6) - 2 = -1$, also $x_1 = 13$.

Die Lösung des LGS lautet somit: (13; −6; 2).

3 Notieren Sie das lineare Gleichungssystem als erweiterte Koeffizientenmatrix und ermitteln Sie die Lösung.

a) $x_1 + x_2 - x_3 = 4$
$x_2 - 3x_3 = 1$
$x_3 = 2$
Lösung (___; ___; ___)

b) $3x_1 + x_2 - x_3 = 1$
$-2x_2 + 5x_3 = 10$
$6x_3 = 12$
Lösung (___; ___; ___)

c) $x_1 + 3x_2 - 3x_3 = -4$
$-x_2 + 4x_3 = 7$
$3x_3 = 6$
Lösung (___; ___; ___)

d) $3x_1 + 8x_2 - 2x_3 = -4$
$20x_2 + x_3 = -7$
$2x_3 = 6$
Lösung (___; ___; ___)

4 Bestimmen Sie die Lösung des linearen Gleichungssystems. Beginnen Sie jeweils mit derjenigen Zeile, die nur eine Lösungsvariable enthält. Überlegen Sie sich, welche Gleichung Sie als zweite verwenden.

a) $3x_1 = 6$
$x_2 = 2x_1 - 7$
$x_3 = 4 - 2x_2$

Lösung (___; ___; ___)

b) $2x_1 = 8$
$x_2 = -x_3 + 7$
$x_3 = 5 + x_1$

Lösung (___; ___; ___)

c) $6x_1 = 2x_2$
$-x_2 = 3$
$x_3 = x_1 + x_2$

Lösung (___; ___; ___)

d) $x_1 + x_3 = 2$
$2x_1 = 3x_2 - 3$
$5x_3 = -20$

Lösung (___; ___; ___)

5 Ordnen Sie jedes LGS aus Aufgabe 4 nach den Lösungsvariablen und notieren Sie es als erweiterte Koeffizientenmatrix. Inwiefern erkennt man an der Anzahl und Position der Nullen in der Koeffizientenmatrix, welche Reihenfolge für die Verwendung der Gleichungen geschickt ist?

a) $\left(\begin{array}{ccc|c} \_ & \_ & \_ & \_ \\ \_ & \_ & \_ & \_ \\ \_ & \_ & \_ & \_ \end{array}\right)$ b) $\left(\begin{array}{ccc|c} \_ & \_ & \_ & \_ \\ \_ & \_ & \_ & \_ \\ \_ & \_ & \_ & \_ \end{array}\right)$ c) $\left(\begin{array}{ccc|c} \_ & \_ & \_ & \_ \\ \_ & \_ & \_ & \_ \\ \_ & \_ & \_ & \_ \end{array}\right)$ d) $\left(\begin{array}{ccc|c} \_ & \_ & \_ & \_ \\ \_ & \_ & \_ & \_ \\ \_ & \_ & \_ & \_ \end{array}\right)$

6 Bestimmen Sie die Lösung des linearen Gleichungssystems, das als erweiterte Koeffizientenmatrix vorliegt.

a) $\left(\begin{array}{ccc|c} 3 & 0 & 0 & 24 \\ 2 & 0 & 1 & 15 \\ 0 & 5 & -3 & 13 \end{array}\right)$ Lösung (___; ___; ___)

b) $\left(\begin{array}{ccc|c} 3 & 0 & 3 & 12 \\ -2 & 4 & 0 & -8 \\ 0 & 5 & 0 & -15 \end{array}\right)$ Lösung (___; ___; ___)

c) $\left(\begin{array}{ccc|c} 0 & 2 & 0 & 10 \\ -2 & -4 & 0 & -8 \\ -1 & 4 & -2 & 4 \end{array}\right)$ Lösung (___; ___; ___)

d) $\left(\begin{array}{ccc|c} 2 & 0 & -4 & -12 \\ 3 & 0 & 0 & -6 \\ 4 & -3 & 3 & -5 \end{array}\right)$ Lösung (___; ___; ___)

Sind in der Koeffizientenmatrix nicht genügend Nullen vorhanden, um die Lösung des linearen Gleichungssystems unmittelbar berechnen zu können, wird der **Gauß-Algorithmus** angewandt.
Es wird die Stufenform angestrebt, wobei folgende **Äquivalenzumformungen** erlaubt sind:
(1) Zwei Gleichungen miteinander vertauschen.
(2) Eine Zeile mit einer Zahl ungleich null multiplizieren.
(3) Eine Zeile durch die Summe von ihr und einer anderen ersetzen.

Um bei den Umformungen Übersichtlichkeit zu gewährleisten, werden immer alle Gleichungen des LGS mitgeführt. Es ist darauf zu achten, dass die Koeffizienten in der Reihenfolge der Lösungsvariablen geordnet sind und dass die Absolutglieder rechts vom Gleichheitszeichen bzw. senkrechten Strich stehen.

7 Vollziehen Sie die Schritte des Gauß-Algorithmus nach, indem Sie im folgenden Beispiel die Lücken im Lösungsweg bei beiden Schreibweisen ausfüllen.

Ausführliche Schreibweise:	Matrixschreibweise:	Vorgehen:
I $5x_1 + x_2 + 4x_3 = 3$ II $-x_1 + x_2 + x_3 = 0$ $\mid \cdot 5$ (+ I), $\mid \cdot 2$ III $2x_1 - 6x_2 - 4x_3 = 10$ (+)	$\left(\begin{array}{ccc\|c} 5 & 1 & 4 & 3 \\ -1 & 1 & 1 & 0 \\ 2 & -6 & -4 & 10 \end{array}\right)$ $\mid \cdot 5$ (+), $\mid \cdot 2$ (+)	Zeile I belassen Zeile I zum 5-Fachen der Zeile II addieren → Zeile IIa Zeile II mit 2 multiplizieren und zur Zeile III addieren → Zeile IIIa
I $5x_1 + x_2 + 4x_3 = 3$ IIa $6x_2 + \_\_ x_3 = \_\_$ $\mid \cdot 4$ IIIa $-4x_2 - \_\_ x_3 = \_\_$ $\mid \cdot 6$ (+)	$\left(\begin{array}{ccc\|c} 5 & 1 & 4 & 3 \\ 0 & 6 & \_\_ & \_\_ \\ 0 & -4 & \_\_ & \_\_ \end{array}\right)$ $\mid \cdot 4$, $\mid \cdot 6$ (+)	Zeile IIa mit 4 multiplizieren, Zeile IIIa mit 6 multiplizieren, beides addieren → Zeile IIIb
I $5x_1 + x_2 + 4x_3 = 3$ IIa $6x_2 + \_\_ x_3 = \_\_$ IIIb $\_\_ x_3 = \_\_$	$\left(\begin{array}{ccc\|c} 5 & 1 & 4 & 3 \\ 0 & 6 & \_\_ & \_\_ \\ 0 & 0 & \_\_ & \_\_ \end{array}\right)$	Dies ist die **Stufenform**: Unterhalb der Hauptdiagonalen befindet sich ein „Dreieck" aus Nullen.

8 Das LGS von Aufgabe 7 weist nach den durchgeführten Äquivalenzumformungen die rechts stehende **Stufenform** auf.
Man kann nun auf zwei Wegen weiterrechnen:

$$\left(\begin{array}{ccc|c} 5 & 1 & 4 & 3 \\ 0 & 6 & 9 & 3 \\ 0 & 0 & 24 & 72 \end{array}\right)$$

A Von unten nach oben durch **Rückwärtseinsetzen** zuerst x_3, dann x_2 und schließlich x_1 berechnen.
B Die Koeffizientenmatrix auf **Diagonalform (Einheitsmatrix)** bringen: Die Hauptdiagonale besteht nur aus Einsen, außerhalb der Hauptdiagonale sind nur Nullen.

Variante A: Rückwärtseinsetzen

Aus der 3. Zeile ___________ folgt $x_3 =$ ______.

Einsetzen in 2. Zeile $6x_2 +$ ____ · ____ = _____ liefert $x_2 =$ ______.

Einsetzen in 1. Zeile $5x_1 +$ ____ $+ 4 \cdot$ ____ $= 3$ liefert $x_1 =$ ______.

Lösung des LGS: (____ ; ____ ; ____)

Variante B: Einheitsmatrix herstellen

$$\left(\begin{array}{ccc|c} 5 & 1 & 4 & 3 \\ 0 & 6 & 9 & 3 \\ 0 & 0 & 24 & 72 \end{array}\right) \begin{array}{l} \\ \\ |:24 \end{array} \rightarrow \left(\begin{array}{ccc|c} 5 & 1 & 4 & 3 \\ 0 & 6 & 9 & 3 \\ 0 & 0 & 1 & \;\; \end{array}\right) \begin{array}{l} \\ \\ |\cdot(-9) \;\; |\cdot(-4) \end{array} \rightarrow \left(\begin{array}{ccc|c} 5 & 1 & 0 & \;\; \\ 0 & 6 & 0 & \;\; \\ 0 & 0 & 1 & \;\; \end{array}\right) \begin{array}{l} \\ |:6 \\ \\ \end{array}$$

$$\rightarrow \left(\begin{array}{ccc|c} 5 & 1 & 0 & \;\; \\ 0 & 1 & 0 & \;\; \\ 0 & 0 & 1 & \;\; \end{array}\right) \begin{array}{l} \\ |\cdot(-1) \\ \\ \end{array} \rightarrow \left(\begin{array}{ccc|c} 5 & 0 & 0 & \;\; \\ 0 & 1 & 0 & \;\; \\ 0 & 0 & 1 & \;\; \end{array}\right) \begin{array}{l} |:5 \\ \\ \\ \end{array} \rightarrow \left(\begin{array}{ccc|c} 1 & 0 & 0 & \;\; \\ 0 & 1 & 0 & \;\; \\ 0 & 0 & 1 & \;\; \end{array}\right)$$

Die Lösung des LGS kann unmittelbar von oben nach unten abgelesen werden: (____ ; ____ ; ____).

Bemerkung:
Bei digitalen Mathematikwerkzeugen gibt es einen Befehl zur Herstellung einer Dreiecksmatrix, dann muss Variante A anschließend noch durchgeführt werden, und einen anderen Befehl, um direkt die Lösung nach Variante B zu erhalten.

9 Lösen Sie das lineare Gleichungssystem mit dem Gauß-Algorithmus. Stellen Sie zunächst die Stufenform her und verwenden Sie dann für den weiteren Lösungsweg wahlweise eine der beiden obigen Varianten.

a) $\begin{aligned} 2x_1 + x_2 + x_3 &= 1 \\ -3x_2 - 2x_3 &= -8 \\ x_2 - x_3 &= 1 \end{aligned}$

$$\left(\begin{array}{ccc|c} \;\; & \;\; & \;\; & \;\; \\ 0 & & & \\ 0 & & & \end{array}\right)$$

Lösung (___ ; ___ ; ___)

b) $\begin{aligned} x_1 + x_2 - x_3 &= 4 \\ x_2 - 3x_3 &= 1 \\ -x_1 - 2x_2 - x_3 &= 5 \end{aligned}$

$$\left(\begin{array}{ccc|c} \;\; & \;\; & \;\; & \;\; \\ & & & \\ & & & \end{array}\right)$$

Lösung (___ ; ___ ; ___)

c) $\begin{aligned} 2x_1 + x_2 - 4x_3 &= -6 \\ x_1 - 3x_2 + 6x_3 &= -2 \\ x_1 + 2x_2 + 3x_3 &= 5 \end{aligned}$

$$\left(\begin{array}{ccc|c} \;\; & \;\; & \;\; & \;\; \\ & & & \\ & & & \end{array}\right)$$

Lösung (___ ; ___ ; ___)

d) $\begin{aligned} x_1 + x_2 + 2x_3 &= 1 \\ x_1 + 3x_2 + 4x_3 &= 1 \\ 2x_1 + x_2 - 2x_3 &= 7 \end{aligned}$

$$\left(\begin{array}{ccc|c} \;\; & \;\; & \;\; & \;\; \\ & & & \\ & & & \end{array}\right)$$

Lösung (___ ; ___ ; ___)

10 Bei den dargestellten Äquivalenzumformungen wurden Fehler gemacht. Machen Sie diese ausfindig und beschreiben kurz, um welche Art von Fehler es sich jeweils handelt. Korrigieren Sie anschließend die Fehler und bestimmen Sie die Lösung des linearen Gleichungssystems mit dem Gauß-Algorithmus.

a) $$\left(\begin{array}{ccc|c} -2 & 1 & 2 & -6 \\ 1 & 1 & 0 & 0 \\ -2 & 0 & 3 & 1 \end{array}\right) \begin{array}{l} |\cdot(-1) \\ |\cdot 2 \\ \\ \end{array}$$

$$\left(\begin{array}{ccc|c} -2 & 1 & 2 & -6 \\ 0 & 3 & 4 & -6 \\ 0 & -1 & 1 & -5 \end{array}\right)$$

Lösung (___ ; ___ ; ___)

b) $$\left(\begin{array}{ccc|c} 3 & 4 & 2 & 8 \\ 0 & 3 & 2 & -5 \\ 0 & -4 & -3 & -7 \end{array}\right)$$

$$\left(\begin{array}{ccc|c} 3 & 4 & 2 & 8 \\ 0 & 3 & 2 & -5 \\ 0 & 0 & -1 & 1 \end{array}\right)$$

Lösung (___ ; ___ ; ___)

c) $$\left(\begin{array}{ccc|c} 5 & 1 & 4 & 1 \\ 5 & 3 & 2 & -7 \\ 4 & 2 & -6 & 4 \end{array}\right) \begin{array}{l} |\cdot(-1) \;\; |\cdot(-4) \\ \\ |\cdot 5 \end{array}$$

$$\left(\begin{array}{ccc|c} 5 & 1 & 4 & 1 \\ 0 & 2 & -2 & -8 \\ 0 & 6 & -36 & 16 \end{array}\right)$$

Lösung (___ ; ___ ; ___)

Beim Lösen von LGS können – nach der Umformung in Stufenform – folgende Fälle auftreten:

1. Fall: Das LGS hat genau eine Lösung.

Stufenform:

$$\begin{aligned} 3x_1 + 2x_2 - x_3 &= 7 \\ x_2 + 2x_3 &= -2 \\ x_3 &= -1 \end{aligned}$$

Matrixschreibweise:

$$\left(\begin{array}{ccc|c} 3 & 2 & -1 & 7 \\ 0 & 1 & 2 & -2 \\ 0 & 0 & 1 & -1 \end{array}\right)$$

Bestimmung der Lösungsmenge:

$x_3 = -1$; $x_2 = 0$; $x_1 = 2$.
Lösung (2; 0; −1), also ist die Lösungsmenge $L = \{(2; 0; -1)\}$.

2. Fall: Das LGS hat keine Lösung.

Stufenform

$$\begin{aligned} 2x_1 + x_2 - x_3 &= 6 \\ 3x_2 + 2x_3 &= -2 \\ 0 \cdot x_3 &= 1 \end{aligned}$$

Matrixschreibweise:

$$\left(\begin{array}{ccc|c} 2 & 1 & -1 & 6 \\ 0 & 3 & 2 & -2 \\ 0 & 0 & 0 & 1 \end{array}\right)$$

Bestimmung der Lösungsmenge:
Die 3. Zeile lautet ausführlich:
$0 \cdot x_1 + 0 \cdot x_2 + 0 \cdot x_3 = 1$ und ist für keine Werte der Lösungsvariablen zu erfüllen. Das LGS ist unlösbar, daher ist die Lösungsmenge $L = \{\,\}$.

3. Fall: Das LGS hat unendlich viele Lösungen.

Stufenform

$$\begin{aligned} x_1 + 2x_2 - x_3 &= 4 \\ 2x_2 - 2x_3 &= -4 \\ 0 \cdot x_3 &= 0 \end{aligned}$$

Matrixschreibweise:

$$\left(\begin{array}{ccc|c} 1 & 2 & -1 & 4 \\ 0 & 2 & -2 & -4 \\ 0 & 0 & 0 & 0 \end{array}\right)$$

Bestimmung der Lösungsmenge:
Die 3. Zeile lautet ausführlich:
$0 \cdot x_1 + 0 \cdot x_2 + 0 \cdot x_3 = 0$; diese **Nullzeile** ist für beliebige Werte der Lösungsvariablen eine wahre Aussage.

Somit verbleibt im 3. Fall ein **unterbestimmtes LGS** mit zwei Gleichungen für die drei Lösungsvariablen x_1, x_2, x_3. Man wählt nun für eine der Lösungsvariablen einen reellen Parameter, typischerweise $x_3 = t$. Durch Rückwärtseinsetzen kann man auch die anderen Lösungsvariablen in Abhängigkeit von t ausdrücken:
2. Zeile: $2x_2 - 2t = -4$, also $x_2 = -2 + t$; 1. Zeile: $x_1 + 2 \cdot (-2 + t) - t = 4$, also $x_1 = 8 - t$.
Lösungsmenge: $L = \{(8 - t; -2 + t; t) \mid t \in \mathbb{R}\}$

Aus diesen unendlich vielen Lösungen erhält man eine konkrete Lösung, indem man eine Zahl für t einsetzt. Beispielsweise liefert $t = 6$ die Lösung (2; 4; 6); $t = -3$ führt auf die Lösung (11; −5; −3).

1 a) Füllen Sie die Lücken aus und bestimmen Sie die Lösungsmenge des LGS.

Stufenform:

$$\begin{array}{ll} \text{I} & -x_1 - 4x_2 + x_3 = 2 \quad |\cdot(-2) \\ \text{II} & -2x_1 + x_2 - 7x_3 = -5 \quad \leftarrow + \\ \text{III} & x_1 + x_2 + 2x_3 = 1 \quad \leftarrow + \end{array}$$

Matrixschreibweise:

$$\left(\begin{array}{ccc|c} -1 & -4 & 1 & 2 \\ -2 & 1 & -7 & -5 \\ 1 & 1 & 2 & 1 \end{array}\right) \quad |\cdot(-2)$$

Vorgehen:
Zeile I mit −2 multiplizieren und zur Zeile II addieren → Zeile IIa
Zeile I zur Zeile III addieren → Zeile IIIa

$$\begin{array}{ll} \text{I} & -x_1 - 4x_2 + x_3 = 2 \\ \text{IIa} & 9x_2 - \underline{\quad}\, x_3 = \underline{\quad} \quad \leftarrow + \\ \text{IIIa} & -3x_2 + \underline{\quad}\, x_3 = \underline{\quad} \quad |\cdot 3 \end{array}$$

$$\left(\begin{array}{ccc|c} -1 & -4 & 1 & 2 \\ 0 & 9 & \square & \square \\ 0 & -3 & \square & \square \end{array}\right) \quad |\cdot 3$$

Zeile IIa zum 3-Fachen der Zeile IIIa addieren → Zeile IIIb

$$\begin{array}{ll} \text{I} & -x_1 - 4x_2 + x_3 = 2 \\ \text{IIa} & 9x_2 - \underline{\quad}\, x_3 = \underline{\quad} \\ \text{IIIb} & 0 = 0 \end{array}$$

$$\left(\begin{array}{ccc|c} -1 & -4 & 1 & 2 \\ 0 & 9 & \square & \square \\ 0 & 0 & 0 & 0 \end{array}\right)$$

Zeile IIIb ist eine Nullzeile. Für das Rückwärtseinsetzen wird die Wahl $x_3 = t$ getroffen.

Zeile IIa: $9x_2 - \underline{\quad}\, t = \underline{\quad}$ liefert $x_2 = \underline{\qquad}$; Zeile I: $-x_1 - 4 \cdot (\underline{\qquad}) + t = 2$ liefert $x_1 = \underline{\qquad}$.

Lösungsmenge: $L = \{(\underline{\qquad}; \underline{\qquad}; t) \mid t \in \mathbb{R}\}$

b) Bestimmen Sie die konkrete Lösung für den angegebenen Wert des Parameters t.

$t = 3$: $L = \{(\underline{\quad}; \underline{\quad}; \underline{\quad})\}$; $t = -6$: $L = \{(\underline{\quad}; \underline{\quad}; \underline{\quad})\}$; $t = 0$: $L = \{(\underline{\quad}; \underline{\quad}; \underline{\quad})\}$

2 Bestimmen Sie die Lösungsmenge.

a) $x_1 - 2x_2 + x_3 = 5$ $\quad x_3 = t$

$x_2 - x_3 = 0$ $\quad x_2 =$ ____________

$0x_3 = 0$ $\quad x_1 =$ ____________

Lösungsmenge: L = ______________________

b) $4x_1 + x_2 - 2x_3 = 7$ $\quad x_3 = t$

$2x_2 + 2x_3 = 4$ $\quad x_2 =$ ____________

$0x_3 = 0$ $\quad x_1 =$ ____________

Lösungsmenge: L = ______________________

3 Begründen Sie anhand der gegebenen Stufenform, wie viele Lösungen das LGS besitzt. Bestimmen Sie die Lösungsmenge des linearen Gleichungssystems.

a) $\left(\begin{array}{ccc|c} 3 & -2 & 5 & 10 \\ 0 & 4 & 2 & 8 \\ 0 & 0 & 0 & 3 \end{array}\right)$ b) $\left(\begin{array}{ccc|c} 1 & -2 & 6 & -12 \\ 0 & 1 & 3 & 4 \\ 0 & 0 & 0 & 0 \end{array}\right)$ c) $\left(\begin{array}{ccc|c} 3 & -2 & -1 & -3 \\ 0 & 4 & 3 & 0 \\ 0 & 0 & 1 & 0 \end{array}\right)$ d) $\left(\begin{array}{ccc|c} 3 & 3 & -1 & -1 \\ 0 & 0 & 3 & -6 \\ 0 & 0 & 0 & 0 \end{array}\right)$

4 Ergänzen Sie die erweiterte Koeffizientenmatrix an den freien Stellen so, dass das LGS die geforderte Anzahl von Lösungen besitzt.

a) $\left(\begin{array}{ccc|c} 3 & 0 & -2 & 4 \\ 0 & 1 & 4 & 2 \\ 0 & \square & 4 & \square \end{array}\right)$ keine Lösung

b) $\left(\begin{array}{ccc|c} 1 & 3 & -4 & 5 \\ 0 & 2 & -1 & 4 \\ 0 & \square & 1 & \square \end{array}\right)$ unendlich viele Lösungen

c) $\left(\begin{array}{ccc|c} 1 & -4 & 3 & -2 \\ 0 & \square & 2 & \square \\ 0 & 0 & \square & 0 \end{array}\right)$ genau eine Lösung

d) $\left(\begin{array}{ccc|c} 2 & 0 & -1 & -1 \\ 0 & 5 & 0 & 10 \\ \square & 0 & 4 & \square \end{array}\right)$ keine Lösung

5 Die Lösungsmenge gehört zu einem LGS mit unendlich vielen Lösungen. Geben Sie Zahlentripel an, sodass
a) alle drei Lösungsvariablen ganzzahlig und positiv sind,
b) alle drei Lösungsvariablen ganzzahlig sind und mindestens eine Lösungsvariable negativ ist,
c) alle drei Lösungsvariablen echte Bruchzahlen sind.

allgemeine Lösungsmenge	a)	b)	c)
$L = \{(3t;\, 2t-4;\, t) \mid t \in \mathbb{R}\}$			
$L = \{(3-t;\, 2t;\, t) \mid t \in \mathbb{R}\}$			
$L = \{(0{,}5t+6;\, t;\, t+3) \mid t \in \mathbb{R}\}$			
$L = \left\{\left(4s;\, \frac{s}{3};\, \frac{s}{2}\right) \mid s \in \mathbb{R}\right\}$			

6 Untersuchen Sie, ob das LGS genau eine, keine oder unendlich viele Lösungen besitzt. Welche sind dies?

a)
$$\begin{aligned} x_1 + 3x_2 - 2x_3 &= 0 \\ 2x_1 - 4x_2 + x_3 &= -3 \\ 4x_1 - 8x_2 + 2x_3 &= -5 \end{aligned}$$

Anzahl der Lösungen: ____________

L = ____________

b)
$$\begin{aligned} 2x_1 + 3x_2 &= 0 \\ 4x_1 + 2x_2 &= -8 \\ x_1 + 4x_2 &= 5 \end{aligned}$$

Anzahl der Lösungen: ____________

L = ____________

c)
$$\begin{aligned} -2x_1 + x_2 + 4x_3 &= -6 \\ 2x_1 - 2x_2 - 3x_3 &= 0 \end{aligned}$$

Anzahl der Lösungen: ____________

L = ____________

7 Sind die Aussagen wahr oder falsch? Korrigieren Sie, falls notwendig.

Aussage	wahr	falsch	Korrektur
a) Ein LGS mit weniger Gleichungen als Lösungsvariablen kann keine eindeutige Lösung besitzen.			
b) Hat ein LGS gleich viele Gleichungen wie Lösungsvariablen und besitzt es unendlich viele Lösungen, so kann durch Äquivalenzumformungen eine Nullzeile erzeugt werden.			
c) Enthält ein LGS eine Nullzeile, gibt es auf jeden Fall unendlich viele Lösungen.			

Bei der **Bestimmung einer Funktion** wird **aus vorgegebenen Bedingungen** und Eigenschaften einer Funktion ein passender **Funktionsterm ermittelt**.

1. Ansatz für den Funktionsterm f(x) wählen
2. Formulieren der gegebenen Bedingungen mithilfe von f(x), f′(x), f″(x) usw.
3. Aufstellen des Gleichungssystems
4. Lösen des Gleichungssystems
5. Kontrolle, insbesondere der Art der Extrem und Wendestellen mittels Kriterien

Angabe des ermittelten Funktionsterms

Der Graph einer Polynomfunktion f dritten Grades ist punktsymmetrisch zum Ursprung und hat den Hochpunkt H(1 | 2). Bestimmen Sie f.

1. Die Symmetrieeigenschaft bedeutet, dass nur ungerade Potenzen von x auftreten:
   $f(x) = ax^3 + cx$; $f'(x) = 3ax^2 + c$; $f''(x) = 6ax$
2. H(1 | 2) ist Punkt des Graphen: $f(1) = 2$
   H(1 | 2) ist Hochpunkt: $f'(1) = 0$ und $f''(1) < 0$
3. $f(1) = 2$ d.h. $a + c = 2$
   $f'(1) = 0$ d.h. $3a + c = 0$
4. $c = 2 - a$ einsetzen liefert $a = -1$ und $c = 3$.
5. Für $f(x) = -x^3 + 3x$ ist $f''(1) = -6 < 0$, also ist H(1 | 2) ein Hochpunkt.

Ergebnis: $f(x) = -x^3 + 3x$ erfüllt alle Bedingungen.

1 K ist der Graph der Funktion f. Welche Bedingungen treffen zu? Kreuzen Sie diese an.

a) P(1 | 3) liegt auf K.	$f(1) = 3$	☐	$f(3) = 1$	☐	$f'(1) = 3$	☐
b) H(1 | −3) ist Hochpunkt von K.	$f'(1) = 0$	☐	$f'(1) = -3$	☐	$f(-3) = 1$	☐
c) T(3 | 1) ist Tiefpunkt von K.	$f(3) = 1$	☐	$f'(3) = 0$	☐	$f''(3) = 0$	☐
d) W(−3 | 1) ist Wendepunkt von K.	$f'(-3) = 0$	☐	$f''(-3) = 0$	☐	$f(-3) = 0$	☐

2 K ist der Graph der Funktion f, G der Graph der Funktion g. Ergänzen Sie folgende Tabelle, wobei auch Felder offen bleiben können.

Eigenschaften von K bzw. von G	Punkt	Steigung	Krümmungsverhalten
K hat den Wendepunkt W(−2 | 5) mit waagerechter Tangente.	$f(-2) = 5$	$f'(-2) = 0$	$f''(-2) = 0$
K hat einen Tiefpunkt an der Stelle 3.			
K geht durch den Punkt P(1 | −4)			
W(0 | 3) ist Wendepunkt von K.			
K ist punktsymmetrisch zum Ursprung.			
Die Tangente an K in P(−2 | 2) hat die Steigung 3.			
Die Wendetangente an K in W(0 | 0) hat die Steigung −4.			
K und G berühren sich in P(5 | −1).			

3 K bezeichnet den Graph einer Polynomfunktion dritten Grades f mit $f(x) = ax^3 + bx^2 + cx + d$. Formulieren Sie die angegebenen Bedingungen mithilfe von f, f′ und f″ und das daraus resultierende LGS für die Koeffizienten a, b, c und d.

Bedingungen	Formulierung mit f, f′ und f″	LGS
a) K hat den Tiefpunkt T(−2 | 4) und verläuft durch O(0 | 0).		
b) Die Steigung im Wendepunkt W(1 | −3) von K ist 3.		
c) K berührt die x-Achse bei 5 und schneidet sie bei 1.		
d) In W(3 | 0) hat der Graph K einen Sattelpunkt.		
e) K enthält Q(2 | 5) und hat in P(−1 | 2) eine Tangente mit der Steigung 4.		

4 Der Graph einer Polynomfunktion dritten Grades hat einen Wendepunkt in P(0 | 2) und einen Hochpunkt bei Q(1 | 4). Bestimmen Sie die Funktionsgleichung, indem Sie die Lücken ausfüllen:

- Aufstellen der allgemeinen Form der Funktionsgleichung einer Funktion dritten Grades:
  $f(x) = a \cdot x^3 + b \cdot x^2 + c \cdot x + d$

  und damit ist $f'(x) =$ ______________ und $f''(x) =$ ______________

- Ansatz der Bedingungen:

Ansatz der Bedingungen		Zugehöriges LGS
P liegt auf dem Graphen von f	______________	I $d = 2$
P ist Wendepunkt	$f''(0) =$ ______	II $2b = 0$ d.h. $b =$ ____
Q liegt auf dem Graphen von f	$f(1) = 4$	III ______________
Q ist Hochpunkt	______________	IV $3a + 2b + c = 0$

Einsetzen von I und II ergibt das LGS
IIIa $a + c + 2 = 4$
IVa ______________

IIIb $a + c = 2$ $| \cdot (-1)$
IVa $3a + c = 0$ $+$

IIIb $a + c = 2$
IVb $2a = -2$

Man erhält als Lösungen $a =$ ________ und aus $a + c = 2$ folgt $c =$ ________. Mit $b = 0$ und $d = 2$ ergibt sich damit die Funktionsgleichung der gesuchten Funktion
$f(x) =$ ______________________________.

5 Bestimmen Sie eine Polynomfunktion dritten Grades, deren Graph die x-Achse im Ursprung berührt und im Punkt P(−1 | −2) die Steigung 3 hat.

6 Der Graph einer Funktion vierten Grades enthält den Punkt P(0 | 0) und hat dort einen Hochpunkt. Der Punkt Q(−2 | −4) ist ein Tiefpunkt des zur y-Achse symmetrischen Graphen. Bestimmen Sie die Funktion.

7 Ermitteln Sie einen passenden Funktionsterm zu den Graphen der Funktionen f, g und h.

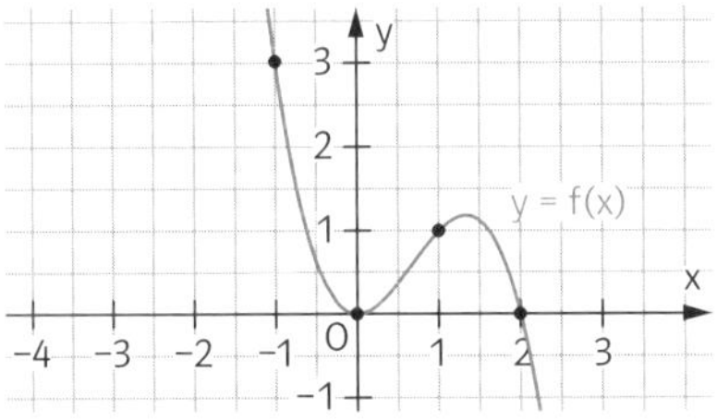

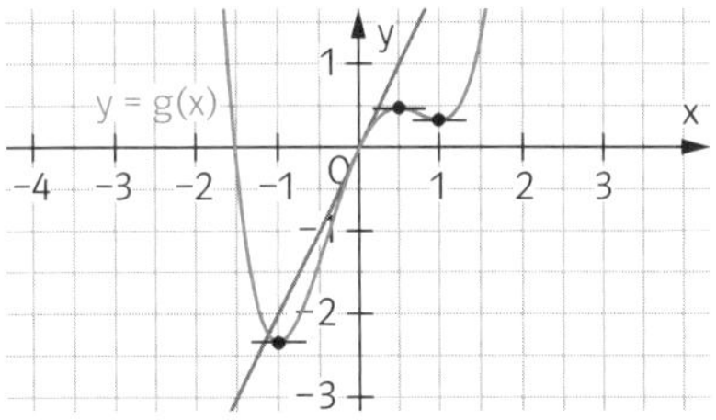

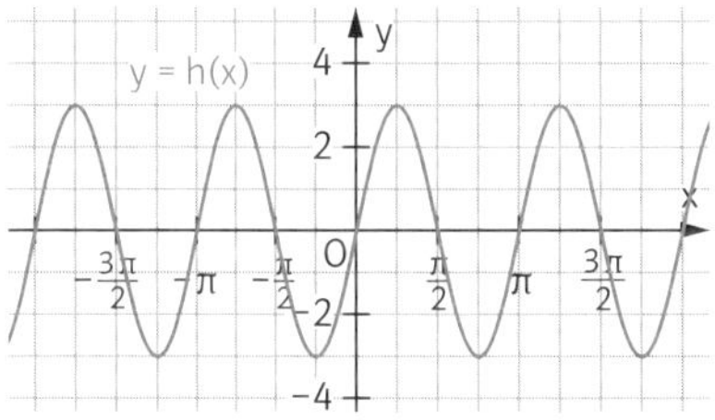

8 a) Der Graph einer Polynomfunktion f vierten Grades ist symmetrisch zur y-Achse, geht durch die Punkte P(0 | 1) und N(5 | 0) und hat in N die Steigung $-\frac{4}{5}$. Bestimmen Sie eine Funktionsgleichung von f.
b) Berechnen Sie einen Funktionsterm für die Polynomfunktion vom Grad fünf, deren Graph im Punkt P(−1 | 1) eine Wendetangente mit der Steigung 3 hat und punktsymmetrisch zum Ursprung ist.

9 Der Graph der quadratischen Funktion f geht durch die Punkte P(−3 | 0), Q(3 | 0) und R(6 | 6).
a) Welche der folgenden Ansätze können verwendet werden? Welche Idee steckt dahinter?

I $f(x) = ax^2 + bx + c$
IV $f'(x) = 2ax + b$
II $f(x) = ax^2 + c$
V $f'(x) = 2ax$
III $f(x) = a(x - 3)(x + 3)$

b) Bestimmen Sie den Funktionsterm der Funktion f.
c) Adrian behauptet, dass der Scheitelpunkt des Graphen einer quadratischen Funktion immer ein Extrempunkt ist. Hat er recht?

10 Gegeben sind vier Graphen K_1, K_2, K_3 und K_4 von Polynomfunktionen.

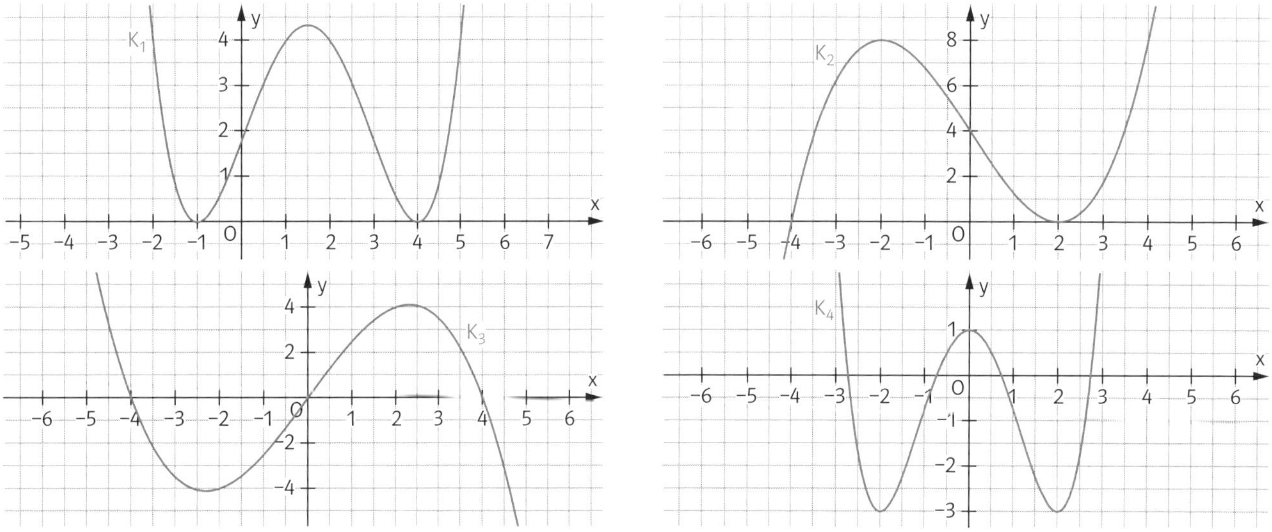

a) Begründen Sie, welche der folgenden Ansätze für f(x) jeweils verwendet werden können.

I $a \cdot (x-b)(x-c)^2$

III $ax^3 + bx$

V $a \cdot (x^2 - b^2)^2 + c$

IV $a \cdot x \cdot (x^2 - b^2)$

II $a \cdot (x-b)^2 (x-c)^2$

VI $ax^4 + bx^2 + c$

b) Erläutern Sie für jeden Ansatz die Idee, die dahintersteckt.

c) Bestimmen Sie zu jedem Graphen einen Funktionsterm.

11 Geben Sie mindestens einen Funktionsterm f an, sodass die angegebenen Bedingungen erfüllt sind.

Bedingung	Funktionsterm
Der Graph der Funktion f ist symmetrisch zur y-Achse und schneidet bzw. berührt die x-Achse an den Stellen $x_1 = -2$ bzw. $x_2 = 2$.	
Der Graph der Funktion f ist für alle $x \in \mathbb{R}$ linksgekrümmt und schneidet die y-Achse im positiven Bereich.	
Der Graph der Ableitungsfunktion von f ist symmetrisch zur y-Achse und schneidet die x-Achse an der Stelle $x = -2$ mit VZW von + nach −. Das globale Minimum von f′ ist −3.	

12 K ist der Graph der Funktion f. Kreuzen Sie an.

	wahr	falsch
a) Hat K eine Wendetangente im Punkt W(2 | 3) mit der Steigung −1, dann gilt: $f(2) = 3$ und $f''(2) = -1$	☐	☐
b) Hat eine Polynomfunktion dritten Grades Hochpunkt und Tiefpunkt, so liegt die Wendestelle in der Mitte zwischen den Extremstellen.	☐	☐
c) Vier Funktionswerte an vier verschiedenen x-Stellen legen eine Polynomfunktion vom Grad vier eindeutig fest.	☐	☐

13 K ist der Graph einer Polynomfunktion f vierten Grades. K geht durch den Ursprung und hat im Wendepunkt W(2 | 0) eine waagerechte Tangente. Die Tangente an K im Ursprung hat die Steigung $\frac{1}{4}$. Bestimmen Sie den Funktionsterm von f.

14 Der Graph einer Funktion f berührt die Parabel mit der Gleichung $y = 4 - x^2$ bei $x = 1$ und enthält den Punkt P(0 | 2). Bestimmen Sie eine Funktion der angegebenen Art.

a) f ist eine Polynomfunktion vom Grad zwei.

b) f ist eine Polynomfunktion vom Grad vier mit symmetrischem Graphen.

Bestimmen von speziellen Funktionen (1)

1 Jeweils ein Ansatz zur Funktionsbestimmung gehört zu einem Funktionsterm und einem passenden Graphen.
Ordnen Sie jedem Ansatz einen Funktionsterm zu und bestimmen Sie die Funktionsgleichung zum Graphen, indem Sie den Parameter t durch eine geeignete Punktprobe ermitteln.

A Polynomfunktion 2. Grades, Scheitelpunkt bekannt, Nullstellen nicht exakt ablesbar
B Polynomfunktion 3. Grades, Nullstellen nicht exakt ablesbar, Graph punktsymmetrisch zu O(0|0)
C Polynomfunktion 3. Grades, alle Nullstellen sind in ihrer Vielfachheit bekannt
D Polynomfunktion 4. Grades, alle Nullstellen sind in ihrer Vielfachheit bekannt
E Polynomfunktion 4. Grades, keine Nullstellen, Graph achsensymmetrisch zur y-Achse
F Trigonometrische Funktion mit maximalem y-Wert bei $x = 0$ (Hochpunkt auf der y-Achse)
G Trigonometrische Funktion mit „mittlerem" y-Wert bei $x = 0$ (Wendepunkt auf der y-Achse)
H Exponentialfunktion mit Asymptote $y = -2$
I Exponentialfunktion mit Asymptote $y = 2{,}5$

1 $f(x) = 0{,}5\cos\left(\frac{\pi}{2}x\right) + t$	2 $f(x) = te^{0{,}5x} - 2$	3 $f(x) = -1{,}5\sin(\pi x) + t$
4 $f(x) = tx^3 + 3x$	5 $f(x) = -\frac{1}{16}(x+1)^3(x-t)$	6 $f(x) = \frac{1}{8}x^4 - x^2 + t$
7 $f(x) = te^{-x} + 2{,}5$	8 $f(x) = 0{,}5(x+1)(x-t)^2$	9 $f(x) = t(x-1)^2 + 2{,}5$

a) D – 5 $f(x) = -\frac{1}{16}(x+1)^3(x-3)$

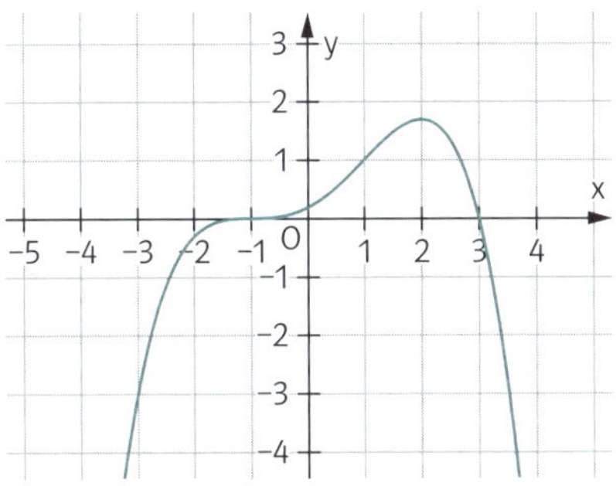

b) ______

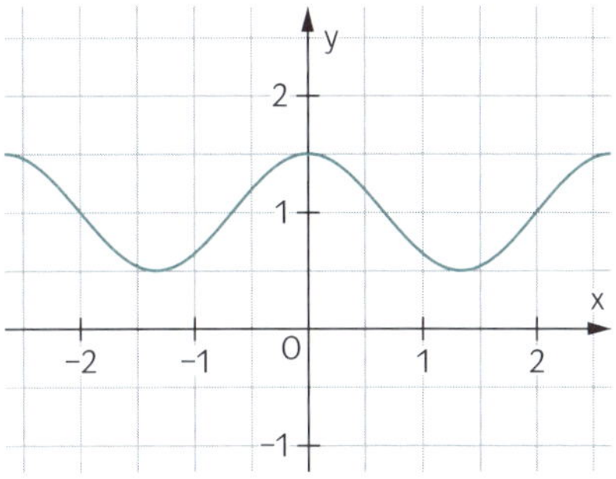

c) ______

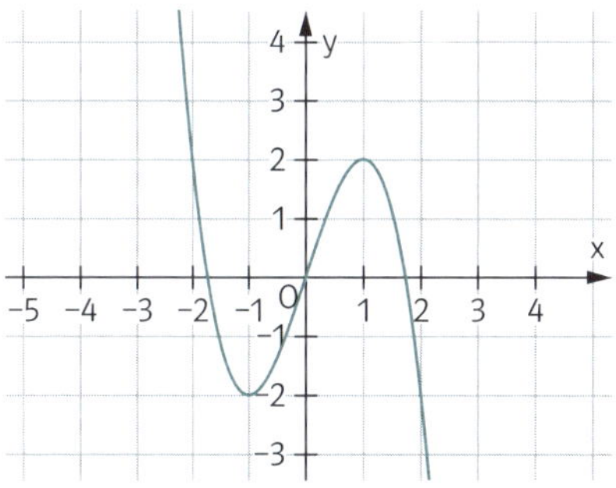

d) ______

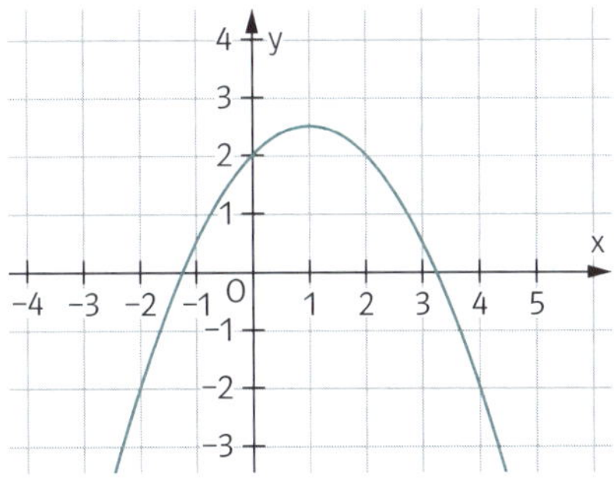

e) ______

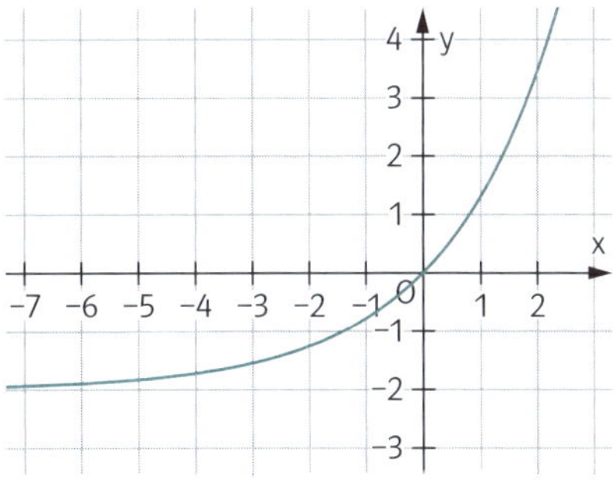

f) ______

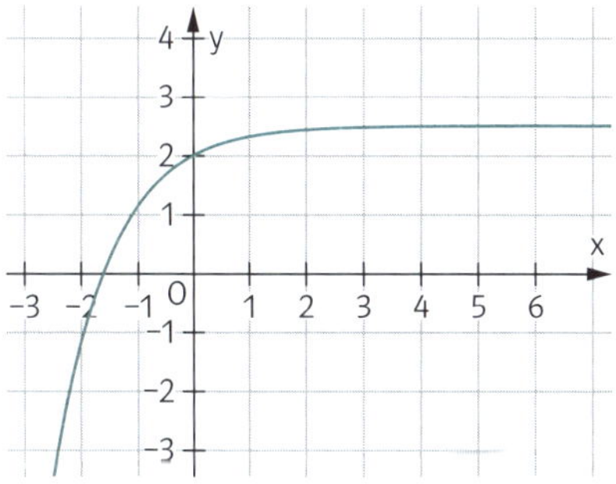

g) ______

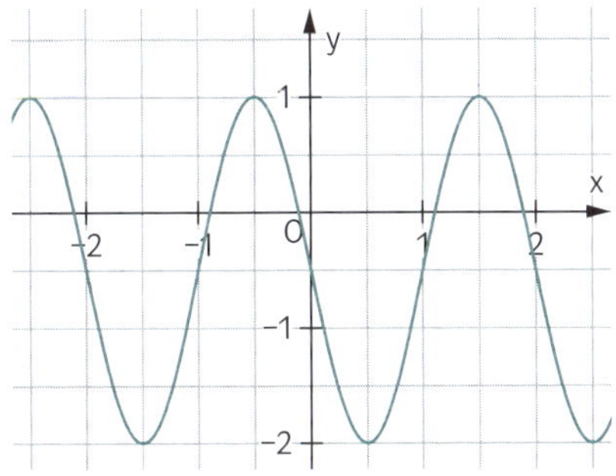

h) ______

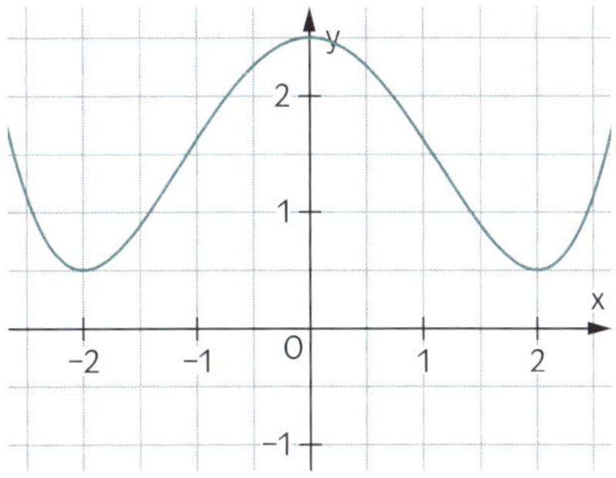

i) ______

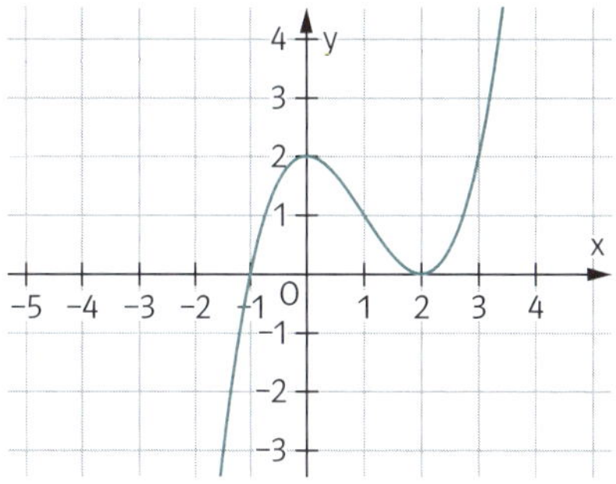

2 Der Sonnenaufgang für Freiburg ist für ausgewählte Tage des Jahres 2021 dargestellt (alle Zeiten MEZ).

Datum	21.03.2021	21.06.2021	23.09.2021	21.12.2021
Sonnenaufgang	06:30 Uhr	04:30 Uhr	06:17 Uhr	08:16 Uhr
Minuten nach 00:00 Uhr	390			
Tag nach dem 23.09.	−186			

Der Zeitpunkt des Sonnenaufgangs in Minuten nach 00:00 Uhr lässt sich annähernd durch eine Funktion f mit $f(x) = a \cdot \sin(bx) + d$ (f(x) in Minuten, x in Tagen) beschreiben. Das Maximum liegt bei y_{max} = ______ und das Minimum bei y_{min} = ______, damit ergibt sich für den mittleren Sonnenaufgang

$d = \frac{y_{max} + y_{min}}{2} = \frac{\quad + \quad}{2} =$ ______ und für die Amplitude $a = \frac{y_{max} - y_{min}}{2} = \frac{\quad - \quad}{2} =$ ______.

Die Periodenlänge beträgt ein Jahr, also $p \approx$ ______ Tage, für b folgt daraus $b = \frac{2\pi}{p} \approx \frac{2\pi}{\quad} \approx$ ______.

Somit lautet die Funktionsgleichung $f(x) =$ ______________________.

Vergleichen Sie nun die Funktionswerte dieser Modellierung für die tabellierten Tage mit den tatsächlichen Werten. Beurteilung dieser Modellierung:

____

____

Tag	01.05.2021	01.07.2021	01.11.2021
Tag nach dem 23.09.			
f(x)			
tatsächlicher Wert in Minuten nach 00:00 Uhr	313	274	434

3 Entnehmen Sie dem Graphen Amplitude und Periode der Funktion sowie die Koordinaten ihrer Extrempunkte und bestimmen Sie einen passenden Funktionsterm.

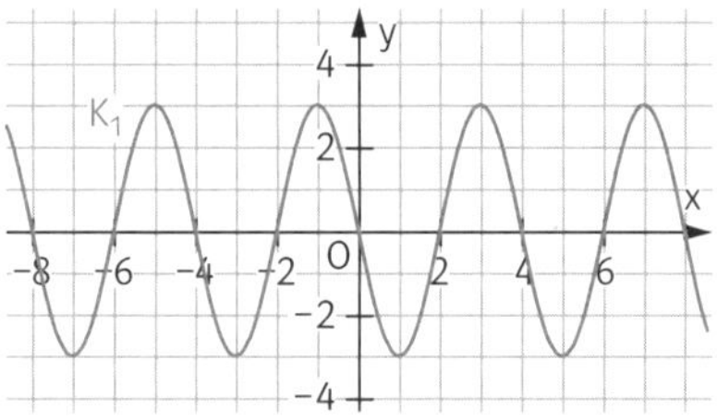

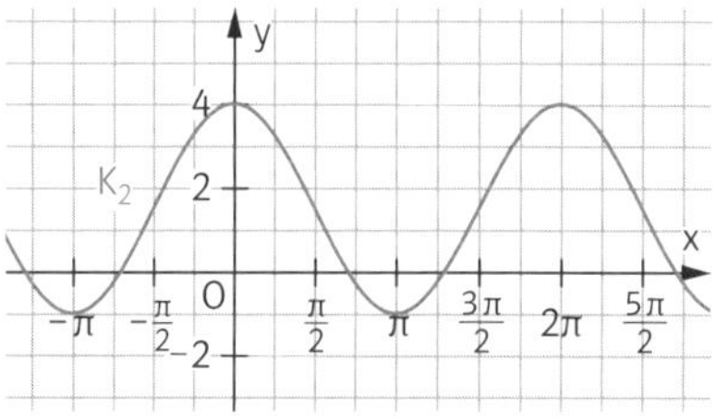

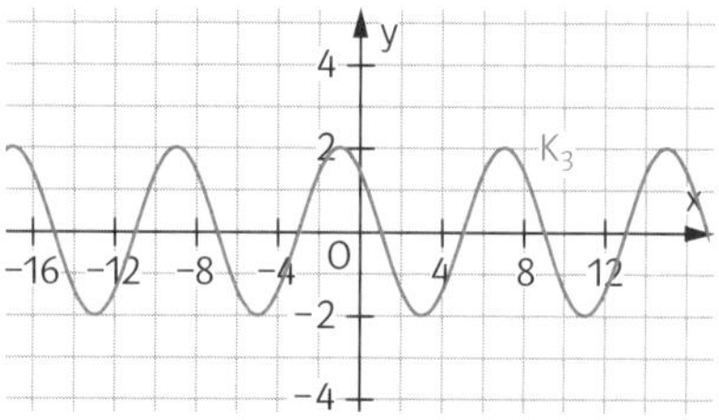

4 Gegeben ist der Graph einer Funktion f mit $f(x) = a \cdot e^{bx} + d$.
Bestimmen Sie die Parameter a, b und d aus dem Graphen.

1 Die Asymptote ist __________, somit ist d = ______.

Dies ergibt das Zwischenergebnis f(x) = ________________.

2 Punktprobe mit S_y(___ | ___) ergibt: ________________.

3 Punktprobe mit P(________ | ___) ergibt:

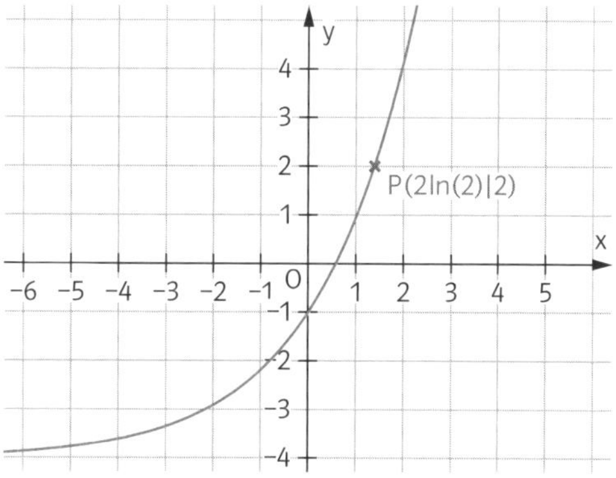

Der Funktionsterm ist

______________________.

5 a) Die Funktion f mit $f(x) = a \cdot x \cdot e^{b \cdot x}$ hat an der Stelle −1 das lokale Maximum $\frac{1}{e}$. Bestimmen Sie passende Werte für $a, b \in \mathbb{R}$.
b) Der Graph einer trigonometrischen Funktion f mit $f(x) = a \cdot \sin(b \cdot (x - c)) + d$ hat im Ursprung einen Wendepunkt. Der horizontale Abstand benachbarter Hochpunkte ist 4. Der Unterschied der y-Werte benachbarter Hoch- und Tiefpunkte beträgt 3. Bestimmen Sie einen passenden Funktionsterm.

1 Lösen Sie das lineare Gleichungssystem mit dem Gauß-Algorithmus.

a)
$$\begin{aligned} x_1 + 2x_2 + x_3 &= 3 \\ x_2 + x_3 &= 1 \\ 2x_1 - x_2 + 6x_3 &= 3 \end{aligned}$$

b)
$$\begin{aligned} -3x_1 + 3x_2 + 2x_3 &= 38 \\ 4x_1 \qquad - 7x_3 &= -91 \\ -x_1 \qquad - 2x_3 &= -26 \end{aligned}$$

c)
$$\begin{aligned} 2x_1 + 6x_2 - x_3 &= -15 \\ -5x_1 + x_2 + 9x_3 &= 70 \\ 2x_1 - 3x_2 + x_3 &= -5 \end{aligned}$$

2 Bestimmen Sie, ob das LGS eine, keine oder unendlich viele Lösungen hat, und die Lösungsmenge.

a)
$$\begin{aligned} x_1 + 4x_2 + x_3 &= 10 \\ x_1 + 2x_2 + x_3 &= 8 \\ x_1 + x_2 - x_3 &= 3 \end{aligned}$$

b)
$$\begin{aligned} -2x_1 + x_2 + 4x_3 &= -3 \\ 2x_1 - x_2 - 4x_3 &= 0 \\ -4x_1 + 2x_2 + 8x_3 &= 5 \end{aligned}$$

c)
$$\begin{aligned} 3x_1 - x_2 + 2x_3 &= 7 \\ x_1 + 2x_2 + 3x_3 &= 14 \end{aligned}$$

3 Bestimmen Sie zu den drei Graphen K_1, K_2 und K_3 jeweils einen passenden Funktionsterm.

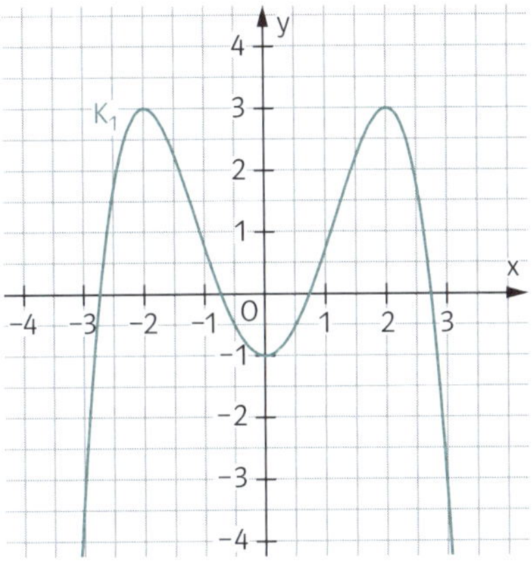

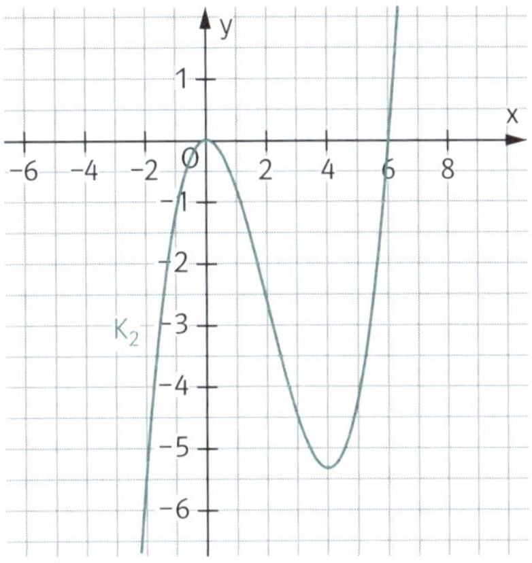

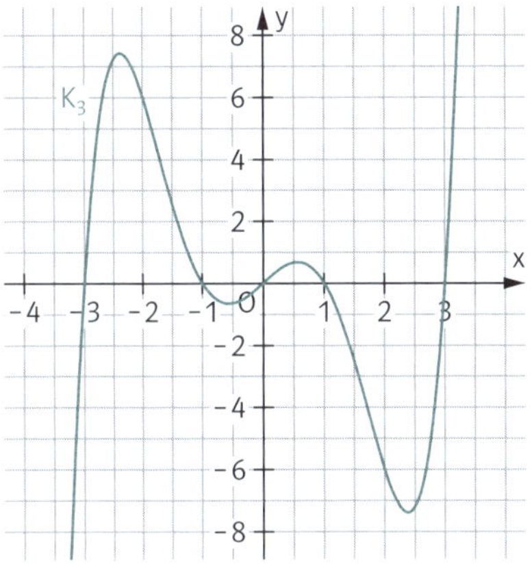

4 K ist der Graph einer Polynomfunktion f mit $f(x) = ax^4 + bx^2 + c$. Formulieren Sie die angegebenen Bedingungen mithilfe von f, f′ und f″ und das daraus folgende LGS für die Koeffizienten a, b und c.

Bedingungen	Formulierung mit f, f′ und f″	LGS
a) K berührt die x-Achse bei 5 und schneidet sie bei 2.		
b) K hat den Hochpunkt P(1|3) und enthält den Ursprung.		
c) Die Steigung von K im Wendepunkt W(−2|3) ist −4.		

5 Der Graph einer Funktion ist symmetrisch zur y-Achse mit Tiefpunkt T(0 | −3) und benachbartem Hochpunkt H(2 | 4).

a) Bestimmen Sie eine Polynomfunktion mit diesen Eigenschaften.
b) Bestimmen Sie eine trigonometrische Funktion mit diesen Eigenschaften.

6 Bestimmen Sie jeweils den Funktionsterm. Der Graph einer Polynomfunktion …

a) 3. Grades berührt die x-Achse im Ursprung und hat an der Nullstelle $x = -3$ die Steigung 6.
b) 3. Grades hat einen Tiefpunkt T(0 | 3) und einen Wendepunkt W(1 | 5).
c) 4. Grades ist achsensymmetrisch zur y-Achse. Er schneidet die y-Achse bei 2, hat einen Tiefpunkt T(2 | −6).
d) 5. Grades ist punktsymmetrisch zum Ursprung. Der Hochpunkt ist H(1 | −4). Für $x = 0$ ist die Steigung −4.
e) 5. Grades ist punktsymmetrisch zum Ursprung und hat einen Wendepunkt bei W(1 | −1). Die Tangente im Ursprung hat die Gleichung $t(x) = \frac{11}{2}x$.
f) 4. Grades hat im Ursprung einen Wendepunkt mit waagerechter Tangente. In P(−1 | 5) ist die Steigung −18.

Optimierung einbeschriebener Figuren (1)

In vielen Anwendungssituationen kann eine Größe von zwei Variablen abhängen. Kennt man einen Zusammenhang zwischen diesen beiden Variablen, so kann man die Größe als Funktion einer Variablen beschreiben und diese auf Extremwerte untersuchen.

Strategie für das Lösen von Optimierungsproblemen mithilfe der Differenzialrechnung

1. Beschreiben der Zielgröße, die optimiert werden soll, durch eine Formel, die mehrere Variablen enthalten kann.
2. Ermitteln der Nebenbedingung (Es kann auch mehrere Nebenbedingungen geben.).
3. Wahl der unabhängigen Variable und Bestimmung der Zielfunktion mithilfe der Nebenbedingung.
4. Untersuchung der Zielfunktion auf Extremstellen.
5. Untersuchung der Randwerte, Feststellen der globalen Extrema.
6. Formulierung der Ergebnisse im Kontext des Optimierungsproblems.

Beispiel: Bei einem Rechteck mit dem Umfang 28 cm sollen die Seitenlängen so bestimmt werden, dass der Flächeninhalt A möglichst groß wird.

1. Flächeninhalt $A = a \cdot b$

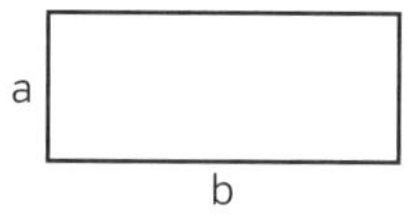

2. Nebenbedingung:
   $2a + 2b = 28$
3. Als unabhängige Variable wird a gewählt (b wäre auch möglich). Aus der Nebenbedingung folgt: $b = 14 - a$
   Zielfunktion A mit $A(a) = a \cdot (14 - a)$; $a \in [0; 14]$
4. Ableitungen: $A'(a) = 14 - 2a$; $A''(a) = -2$
   mögliche Extremstelle:
   $A'(a) = 0$; $14 - 2a = 0$; $a = 7$
   $A''(7) = -2 < 0$; lokales Maximum mit $A(7) = 49$
5. Randwerte: $A(0) = 0$ und $A(14) = 0$
   Da beide Randwerte kleiner als $A(7)$ sind, gibt es an der Stelle $a = 7$ ein globales Maximum.
6. Die Seitenlängen müssen jeweils 7 cm betragen, damit der Flächeninhalt mit 49 cm² maximal ist.

1 Zwei Seiten eines Rechtecks liegen auf den Koordinatenachsen, ein Eckpunkt auf der Parabel mit der Gleichung $y = -0{,}25x^2 + 4$.

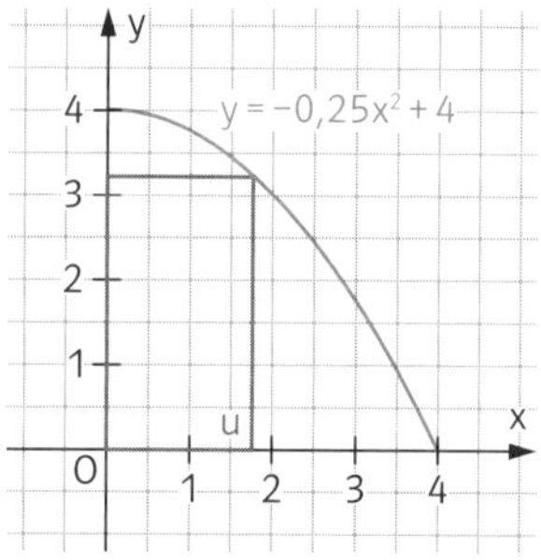

a) Wie lang müssen die Seitenlängen des Rechtecks sein, damit sein Flächeninhalt maximal wird? ______

b) Wie lang müssen die Seitenlängen des Rechtecks sein, damit sein Umfang maximal wird? ______

2 Gegeben sind zwei Funktionen f mit $f(x) = e^x$ und g mit $g(x) = x \cdot e^x$. Die Gerade mit der Gleichung $x = u$ schneidet für $u \leq 1$ den Graphen von f in P und den Graphen von g in Q.
Für welchen Wert u ist die Differenz der y-Werte von P und Q am größten?

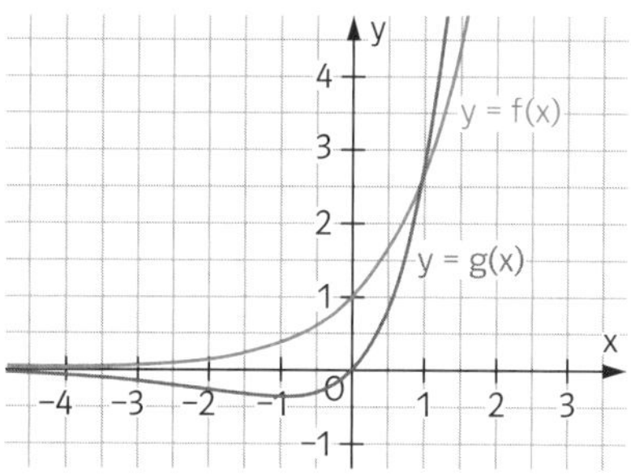

Zielfunktion d mit $d(u) =$ ______

$d'(u) =$ ______

$d''(u) =$ ______

lokale Extremstelle: ______

lokales Maximum: ______

Verhalten an den Rändern der Definitionsmenge: ______

______

Ergebnis: ______

3 Im Stadtpark soll eine quadratische Fläche mit der Seitenlänge 10 m neu gestaltet und teilweise mit Frühlingsblumen bepflanzt werden. Die Eckpunkte des neuen bepflanzten Rechtecks liegen auf den Kanten der quadratischen Fläche. Die Längsseiten des Rechtecks sind parallel zu einer Diagonalen des Quadrates.

a) Das Blumenbeet soll einen möglichst großen Flächeninhalt besitzen. Wie lang sind dann die Seiten des neuen Blumenbeetes?

b) Das Blumenbeet soll eingezäunt werden. Je Meter Zaunlänge werden 20 € veranschlagt. Welche Maße hat dann das kostengünstigste Beet?

4 In der Tabelle stehen Formeln, die bei Extremwertproblemen im Zusammenhang mit Funktionsgraphen häufig verwendet werden. Dabei ist $P(u\,|\,f(u))$ stets ein Punkt auf dem Graphen einer Funktion f. Allerdings sind die Formeln fehlerhaft. Korrigieren Sie.

Größe, die extremal werden soll	Fehlerhafte Formel	Korrigierte Formel
a) Summe S der Funktionswerte zweier Funktionen f und g	$S = f(u) + u$	
b) Abstand d des Punktes P vom Ursprung	$d = u^2 + (f(u))^2$	
c) Umfang U eines achsenparallelen Rechtecks mit den Ecken $P(u\,|\,f(u))$ und $O(0\,|\,0)$	$U = u \cdot f(u)$	
d) Inhalt A eines Dreiecks mit den Ecken $P(u\,|\,f(u))$, $A(u\,|\,0)$ und $O(0\,|\,0)$	$A = u + f(u)$	

5 Bestimmen Sie die Koordinaten des Punktes auf der Geraden mit der Gleichung $y = 5 - 2x$, der vom Ursprung den kürzesten Abstand hat.

6 Die Kurve von C nach S ist Teil des Graphen von f mit $f(x) = \frac{1}{2}(x + 3)(4 - x)$. Die Punkte $P(u\,|\,0)$, $S(4\,|\,0)$ und der Kurvenpunkt $Q(u\,|\,v)$ sind die Eckpunkte eines Dreiecks PSQ, bei dem die Lage der Punkte P und Q von u $(0 \le u \le 4)$ abhängt.

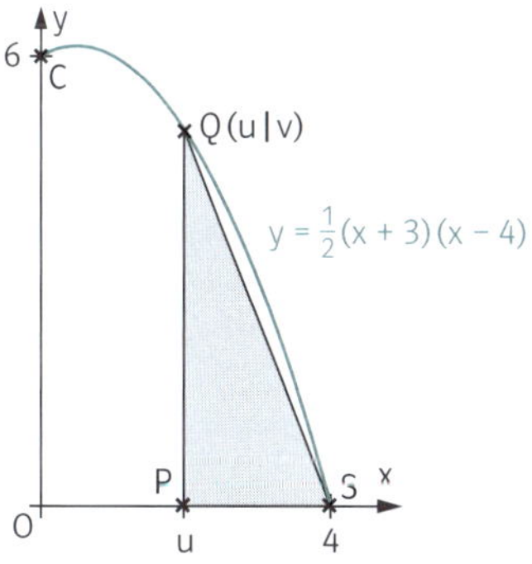

a) Geben Sie den Flächeninhalt A des Dreiecks PSQ in Abhängigkeit von u an und skizzieren Sie den Graphen von A für $0 \le u \le 4$.

b) Für welchen Punkt Q zwischen C und S wird der Flächeninhalt des Dreiecks PSQ maximal? Geben Sie den maximalen Flächeninhalt an.

7 Die nebenstehende Figur ist aus einem Rechteck und zwei rechtwinkligen Dreiecken zusammengesetzt.

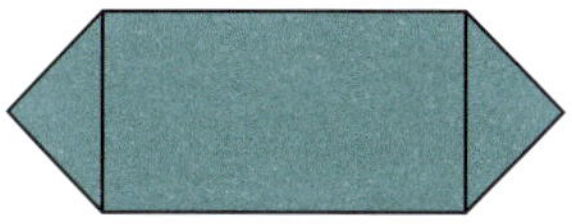

a) Wie lang und wie breit muss das Rechteck sein, wenn der Flächeninhalt der Figur $100\,cm^2$ ist und der Umfang minimal sein soll?

b) Wie lang und wie breit muss das Rechteck sein, wenn der Umfang der Figur 50 cm ist und der Flächeninhalt maximal sein soll?

Besonders häufig erfordern **Optimierungsprobleme** die **mathematische Modellierung** realer Sachverhalte.

Beispiel: Von einem Rechteck sollen an den Ecken vier gleich große Quadrate so abgeschnitten werden, dass ein offener quaderförmiger Behälter mit maximalem Volumen geformt werden kann. Wie weit muss geschnitten werden, wenn die Rechteckseiten 24 cm und 18 cm lang sind?

Zielgröße: $V = l \cdot b \cdot h$

Nebenbedingungen: $l = 24 - 2h$ und $b = 18 - 2h$ und $h = h$

Zielfunktion und Rechnung: $V(h) = (24 - 2h)(18 - 2h) \cdot h;\ h \in [0; 9]$

$V'(h) = 12h^2 - 168h + 432;\ V''(h) = 24h - 168$

$V'(h) = 0$ d.h. $h \approx 3{,}39;\ V''(3{,}39) = -86{,}54 < 0.$

$V(3{,}39) = 654{,}98;$ Randwerte: $V(0) = 0;\ V(9) = 0$

Man muss ca. 3,4 cm weit einschneiden.

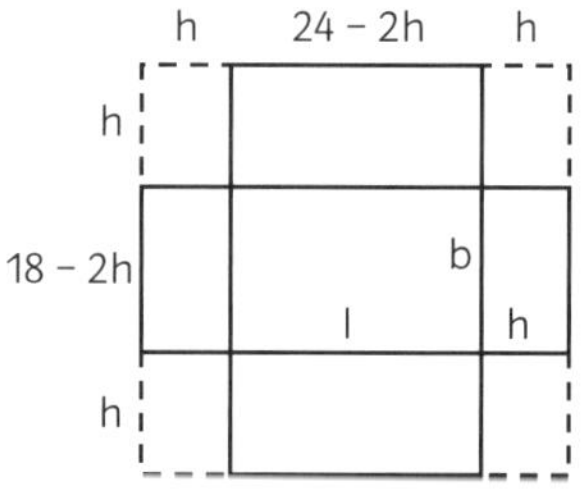

1 Für den internationalen Versand von quaderförmigen Päckchen mit der Post gilt folgende Regelung: Die Summe von Länge, Breite und Höhe darf 90 Zentimeter nicht überschreiten, wobei keine Seite länger als 60 Zentimeter sein darf.
Welchen maximalen Inhalt hat das Päckchen, wenn sich Länge zu Breite wie 2 : 1 verhalten?

Zielgröße: ____________________ Skizze:

Nebenbedingungen: ____________________

Zielfunktion: ____________________

lokale Extremstelle: ____________________

Verhalten an den Rändern: ____________________ Globales Maximum: __________

____

2 Ein Quader mit quadratischer Grundfläche hat ein Volumen von $1000\,cm^3$.

a) Bestimmen Sie die Maße des Quaders, wenn sein Oberflächeninhalt minimal sein soll. Wie groß ist dieser minimale Oberflächeninhalt?

Zielgröße: ____________________

Nebenbedingung: ____________________

Auflösen nach der Variablen h: h = ____________________

Zielfunktion: O(a) = ____________________; a ∈ __________

lokale Extremstelle: __________; lokales Minimum: __________

Verhalten an den Rändern: ____________________

Ergebnis: ____________________

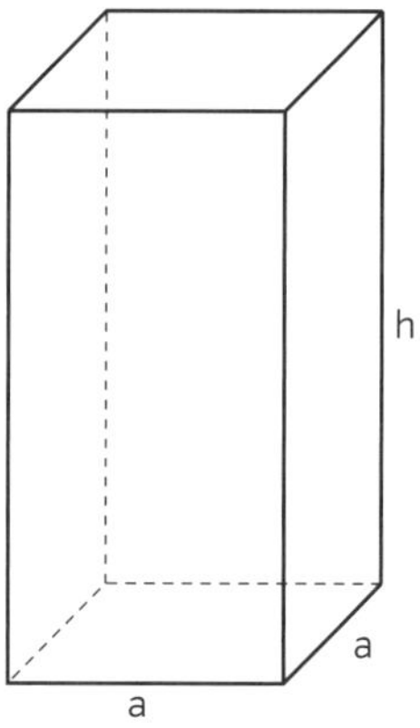

b) Wie verändert sich das Ergebnis aus Teilaufgabe a), wenn der Quader oben offen sein soll?

3 Ein Designer möchte ein neues Sektglas in Trichterform entwerfen.
Die Seitenlänge s des Sektglases ist mit 12 cm vorgegeben.
Für welche Höhe ist das Volumen des Glases am größten?

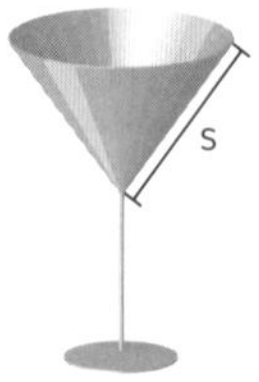

____

____

____

____

Mathematische Modelle in Form von graphischen Darstellungen, Tabellen oder Funktionen können helfen. Phänomene der Umwelt bzw. des Alltags zu beschreiben oder zu erklären, Vorhersagen zu machen oder Empfehlungen zu formulieren.

Beispiel:
Die Tabelle des Statistischen Bundesamtes (2022) erfasst für den Zeitraum von 2008 von 2008 bis 2020 in Zeitabständen von drei Jahren die Abiturienten in Prozent eines Jahrgangs.

Abiturient/-innen in Baden-Württemberg

Jahr	2008	2011	2014	2017	2020
Anteil Gymn.	35,2 %	40,0 %	42,2 %	42,2 %	40,9 %

Um Vorhersagen für kommende Jahre zu machen, werden z.B. mit einer Regression Funktionsterme bestimmt. Dabei steht $t = 0$ für die erste Datenerhebung im Jahr 2008 und $t = 1$ für die Datenerhebung im Jahr 2011. Dies ergibt:
Bei quadratischer Regression: $f(t) = -1{,}029\,t^2 + 5{,}474\,t + 35{,}32$
Bei kubischer Regression: $g(t) = 0{,}108\,t^3 - 1{,}679\,t^2 + 6{,}410\,t + 35{,}193$
Das Bestimmtheitsmaß ist bei beiden Regressionen $r^2 > 0{,}99$.
Beide Funktionen beschreiben den Sachverhalt für den angegebenen Zeitraum sehr gut.
Für $t = 5$ (das Jahr 2023) ist $f(t) \approx 37{,}0$ und $g(t) \approx 38{,}8$. Beide Modelle legen nahe, dass der Anteil der Abiturientinnen und Abiturienten pro Jahrgang weiter abnimmt.

Langfristig betrachtet liefern beide Modelle keine realistischen Ergebnisse, denn es gilt $f(10) < 0$ und $g(15) > 100$, d.h. beim ersten Modell gäbe es gar keine Abiturienten mehr, beim zweiten Modell würde alle Schülerinnen und Schüler Abitur machen.

1 Die Tabelle zeigt die Abhängigkeit der Auslenkung einer Feder von der Masse des verwendeten Gewichts.

Masse in g	0	100	200	300	400
Auslenkung in cm	0	5	10	14,5	21

a) Stellen Sie ein Modell auf, das die Auslenkung der Feder in Abhängigkeit von der Masse beschreibt.
b) Kontrollieren Sie, ob Ihr Modell mit allen Daten der Tabelle übereinstimmt. Interpretieren Sie dieses.
c) Machen Sie eine Vorhersage über die Auslenkung bei einem Gewicht von 40 g bzw. 480 g.

2 Folgende Gefäße werden gleichmäßig mit Wasser gefüllt. Man beschreibt diesen Vorgang modellhaft durch ein Diagramm. Welcher Graph passt zu welchem Gefäß?

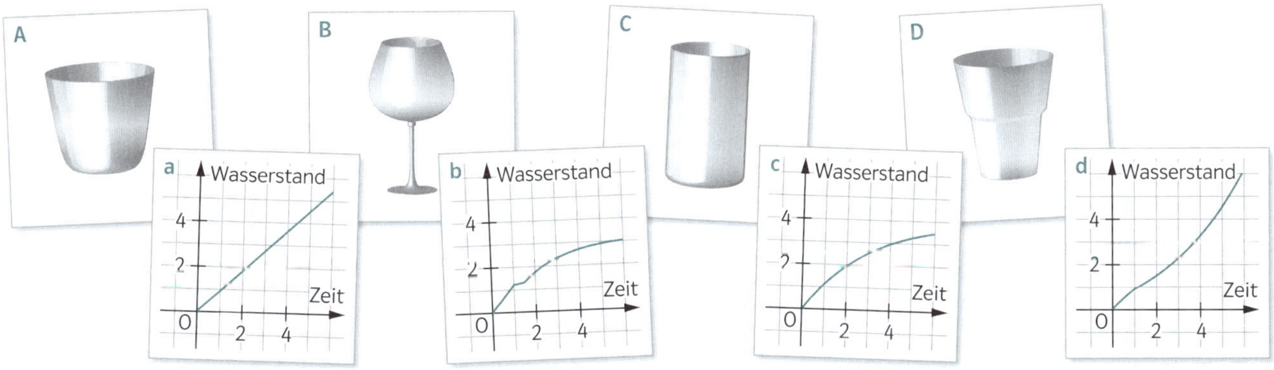

3 Die Messreihe eines Entladungsvorgangs liefert die in der Tabelle festgehaltenen Daten.
a) Erstellen Sie ein Diagramm.
b) Überprüfen Sie, ob zur Modellierung der Daten
- eine Polynomfunktion 3. Grades
- eine Polynomfunktion 5. Grades geeignet ist.

Machen Sie ggf. einen Verbesserungsvorschlag.

Zeit t in s	0	2	4	5	6	8	10
Ladung Q in C	100	97	83	60	37	23	20

4 Bei einem Experiment wird die Wachstumsrate von Hopfenpflanzen über 8 Wochen beobachtet. Dabei gibt t die Zeit (in Tagen nach der Keimung) und w(t) die zugehörige Wachstumsrate (in cm pro Tag) an.

t	0	7	14	21	28	35	42	49	56
w(t)	0	16,1	27	33,3	35,9	35,3	32,3	27,5	21,6

a) Übertragen Sie die Daten in ein Diagramm.
b) Modellieren Sie mittels Regression eine Polynomfunktion dritten Grades. Bewerten Sie die Qualität der Modellierung mithilfe des Bestimmtheitsmaßes r^2.
c) Zu welchem Zeitpunkt ist die Wachstumsrate der Hopfenpflanze bei Ihrer Modellierung maximal?
d) Zeigen Sie, dass die Funktion h mit $h(t) = \frac{1}{3000}t^3 - \frac{3}{50}t^2 + \frac{27}{10}t$ die Wachstumsrate beschreibt.
Zu welchem Zeitpunkt ist die Wachstumsrate maximal? Wann verändert sie sich am stärksten?

Bei der Modellierung beeinflusst die **Wahl des Koordinatensystems** den Funktionsterm.

Beispiel: Nebenstehendes Bild zeigt ein altes Stadttor.
Der Torbogen beginnt in einer Höhe von 3 m über Straßenniveau und ist 3,80 m breit. Der höchste Punkt des Torbogens liegt 5 m über Straßenniveau.

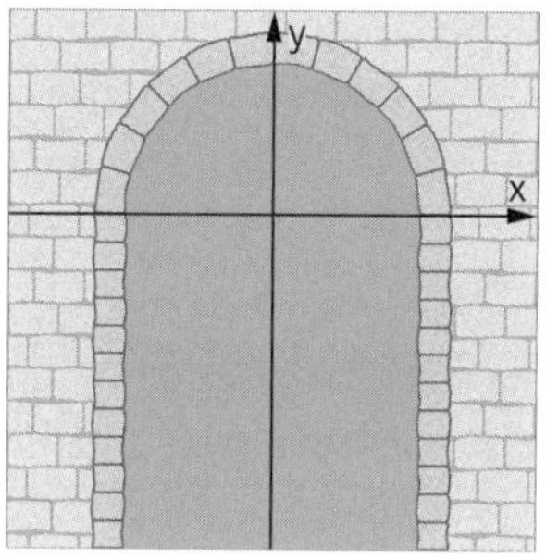

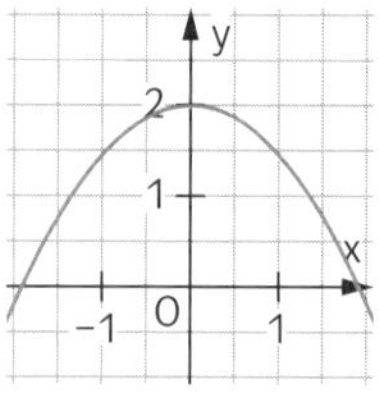

Variante 1: Der Ursprung des Koordinatensystems liegt wie im rechten Bild mittig zwischen den Auflagepunkten des Bogens. Wegen der Achsensymmetrie zur y-Achse gilt:
$f_1(x) = ax^2 + c$; $f_1(1,9) = 0$ und $f_1(0) = 2$ führt zu
$f_1(x) = -0,554x^2 + 2$.

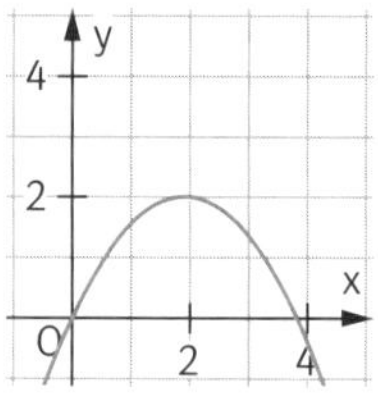

Variante 2: Der Ursprung des Koordinatensystems liegt im linken Auflagepunkt des Bogens: $f_2(x) = ax^2 + bx + c$; $f_2(0) = 0$; $f_2(1,9) = 2$ und $f_2(3,8) = 0$ führt zu
$f_2(x) = -0,554x^2 + 2,105x$.
Durch Verschieben der zweiten Kurve kann man die erste erhalten, denn
$f_2(x + 1,9) = f_1(x)$.
Die Lage des Koordinatensystems kann also beliebig gewählt werden.

5 Ein Gartenfachgeschäft möchte in der kommenden Gartensaison japanische Bogenbrücken in den Maßen 460 cm × 100 cm anbieten.

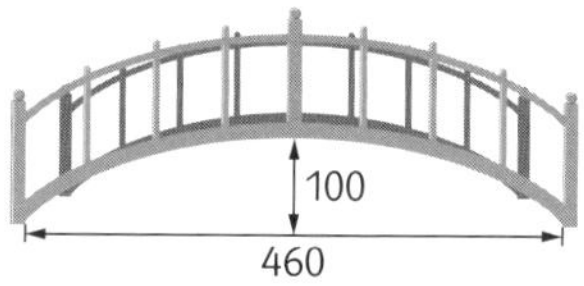

a) Erstellen Sie eine Längen-Höhen-Skizze des unteren Brückenbogens.
b) Für die Einstellung der Produktionsanlage werden Koordinaten von Punkten benötigt, die auf dem Graphen der Funktion liegen, welcher den unteren Brückenbogen beschreibt. Bestimmen Sie Funktionsterm und Steigungswinkel in den beiden Auflagepunkten mit dem Erdboden.

6 Eine neue Straße wird geplant. Sie soll zwei bereits vorhandene, parallel verlaufende Straßenstücke verbinden.

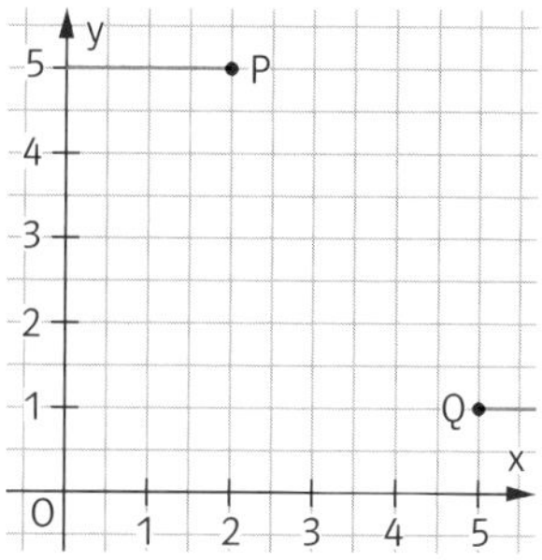

a) Die Straßenstücke sollen so verbunden werden, dass die neu zu bauende Straße mit einer Geraden durch die Punkte P(2 | 5) und Q(5 | 1) beschrieben wird (alle Angaben in 100 m). Ist diese Lösung auch für eine Schnellstraße geeignet?
b) Die Straßenstücke sollen so verbunden werden, dass an den Übergängen zum neuen Verbindungsstück keine plötzlichen Richtungswechsel entstehen. Welche mathematischen Bedingungen erfüllen diese Vorgaben?
c) Überprüfen Sie, ob folgende Funktionen f bzw. g zur Modellierung des fehlenden Verbindungstücks geeignet sind: $f(x) = \frac{8}{27}x^3 - \frac{28}{9}x^2 + \frac{80}{9}x - \frac{73}{27}$; $g(x) = 2\cos\left(\frac{\pi}{3}(x-2)\right) + 3$.
d) Das Koordinatensystem soll so verschoben werden, dass der neue Ursprung im jetzigen Punkt R(3,5 | 3) liegt. Welche Eigenschaft des Graphen von f bzw. von g kann nun ausgenutzt werden?
Wie heißt die neue Funktion, die aus g durch das Verschieben des Koordinatensystems entsteht?

Modellieren von Wachstums- und Zerfallsprozessen (1)

Beim **exponentiellen Wachstum** multipliziert sich der Bestand pro Zeitschritt mit einem festen Faktor. Das Wachstum in Abhängigkeit der Zeit t kann durch eine Funktion f mit $f(t) = b \cdot a^t$ beschrieben werden. Dabei steht b für den Anfangsbestand zu Beginn der Beobachtung und a mit $a > 1$ für den **Wachstumsfaktor**. Gilt $0 < a < 1$, liegt **exponentieller Zerfall** vor.
Der Wachstumsfaktor a ergibt sich als Quotient zweier Bestände, die direkt aufeinander folgen, also z.B. $a = \frac{f(4)}{f(3)}$ oder allgemein $a = \frac{f(t+1)}{f(t)}$.

Die **Eulersche Zahl e** wird in vielen naturwissenschaftlichen Wachstums- und Zerfallsprozessen als Basis verwendet. Mit $a = e^{\ln(a)}$ wird f zu $f(t) = b \cdot e^{t \cdot \ln(a)}$ und mit $k = \ln(a)$ zu $f(t) = b \cdot e^{k \cdot t}$.
k heißt **Wachstumskonstante** für $k > 0$ und **Zerfallskonstante** für $k < 0$.

Die **Wachstumsgeschwindigkeit** wird durch f′ errechnet. Besonders einfach ist die Ermittlung von f′ für die Basis e: $f'(t) = b \cdot k \cdot e^{k \cdot t}$.

Beispiel: Folgende Tabelle gibt den Bestand f(t) einer Bakterienkultur zum Zeitpunkt t (in Stunden) an:

t	0	1	2	3	4	5	6
f(t)	2000	3600	6480	11664	20995	37791	68024

Beschreiben Sie das Wachstum der Bakterienkultur durch eine Funktion f und bestimmen Sie den Bestand nach eineinhalb Stunden. Wie groß ist die Wachstumsgeschwindigkeit nach eineinhalb Stunden?

$a = \frac{f(1)}{f(0)} = \frac{3600}{2000} = 1{,}8$; $b = f(0) = 2000$

Mit dem Wachstumsfaktor a: $f(t) = b \cdot a^t$
$f(t) = 2000 \cdot 1{,}8^t$, also ist $f(1{,}5) \approx 4830$.

Mit der Wachstumskonstanten k: $f(t) = b \cdot e^{k \cdot t}$
$k = \ln(1{,}8) \approx 0{,}5878$;
$f(t) = 2000 \cdot e^{0{,}5878 \cdot t}$, also ist $f(1{,}5) \approx 4830$.

Wachstumsgeschwindigkeit: $f'(t) = 1175{,}6\, e^{0{,}5878 \cdot t}$; $f'(1{,}5) \approx 2839$.
Der Bakterienbestand nach eineinhalb Stunden beträgt ca. 4830 Einheiten. Die Wachstumsgeschwindigkeit zu diesem Zeitpunkt beträgt ca. 2839 Einheiten je Stunde.

1 Vervollständigen Sie die Tabelle und skizzieren Sie den Graphen der Funktion f.

a) $f(t) = 30 \cdot 2{,}5^t$

a = ___; b = ___; k = ___

t	−2	−1	0	1	2	3	4	5
f(t)								

b) $f(t) = 4000 \cdot e^{-0{,}65t}$

a = ___; b = ___; k = ___

t	−2	−1	0	1	2	3	4	5
f(t)								

2 Modellieren Sie folgende Beispiele für exponentielles Wachstum durch eine Funktion mit der Basis e. Berechnen Sie f(6).

a) Ein Bestand mit $f(0) = 45$ verdreifacht sich jeden Tag.

k = ______ f(t) = ______ f(6) = ______

b) Ein Bestand mit $f(0) = 180$ halbiert sich jede Woche.

c) Ein Schimmelpilz bedeckt eine Fläche von $1{,}5\,cm^2$. Die bedeckte Fläche wächst pro Tag um 15 %.

d) Ein Patient nimmt 500 mg eines Medikaments ein. Pro Stunde wird im Körper $\frac{1}{6}$ der Menge abgebaut.

3 Der Holzbestand eines Waldes kann durch die Funktion f mit $f(t) = 8500 \cdot e^{0{,}0415t}$ beschrieben werden (t in Jahren, f(t) in m^3).

a) Zu Beginn der Beobachtung beträgt der Holzbestand ______. Nach 5 Jahren ist der Holzbestand auf ______ angewachsen. Nach ______ Jahren ist er auf über $12\,000\,m^3$ angewachsen.

b) Zwei Jahre vor Beginn der Beobachtung betrug er ______.

c) Die Wachstumsgeschwindigkeit wird beschrieben durch ______ mit ______.

Bei **exponentiellem Wachstum** oder **exponentiellem Zerfall** gilt: In der **Verdoppelungszeit T_V** verdoppelt sich nicht nur der Anfangsbestand, sondern jeder Bestand: $T_V = \frac{\ln(2)}{k}$,
in der **Halbwertszeit T_H** halbiert sich jeder Bestand: $T_H = -\frac{\ln(2)}{k}$.

Beispiel: Ein Kapital von 1500 € wird zu 2,5 % Zinsen angelegt.
Nach wie vielen Jahren hat sich das Kapital verdoppelt?
Ansatz: $f(t) = b \cdot e^{k \cdot t}$ Für das Kapital nach einem Jahr gilt $f(1) = 1500 \cdot 1{,}025 = 1537{,}5$.
Man erhält also $1537{,}5 = 1500 \cdot e^{k \cdot 1}$. Damit gilt: $k = \ln(1{,}025) \approx 0{,}0247$. Somit ist $f(t) = 1500 \cdot e^{0{,}0247 \cdot t}$.
Verdoppelt sich der Bestand, gilt: $3000 = 1500 \cdot e^{0{,}0247 \cdot T_V}$, also ist $2 = e^{0{,}0247 \cdot T_V}$ und
somit $T_V = \frac{\ln(2)}{0{,}0247} \approx 28{,}06$. Das Kapital verdoppelt sich in ca. 28 Jahren und 1 Monat.

4 Ein exponentielles Wachstum wird beschrieben durch f mit $f(t) = 1200 \cdot e^{0{,}1668t}$.

Die Verdopplungszeit beträgt T_V = ________________.

5 Die Halbwertszeit des radioaktiven Isotops Jod 131 beträgt 8 Tage.

a) Wann ist noch ein Viertel der ursprünglichen Menge vorhanden? Wann ist es noch ein Sechzehntel? ________

b) Wie viel Prozent der ursprünglichen Menge ist nach 40 Tagen zerfallen? ________

c) Nach wie viel Tagen ist weniger als 1 Prozent der ursprünglichen Menge vorhanden? ________

d) Nach 10 Tagen sind noch 2 mg vorhanden. Bestimmen Sie den Anfangsbestand. ________

e) Wie groß ist in diesem Fall die Zerfallsgeschwindigkeit nach 16 Tagen? ________

6 Ein radioaktiver Stoff hat eine Halbwertszeit von 3 Monaten. Die Funktion f mit $f(t) = b \cdot e^{k \cdot t}$ beschreibt, wie viel Gramm dieses Stoffes nach t Jahren noch vorhanden sind.

a) Wie viel Prozent der anfangs vorhandenen Stoffmenge ist nach einem Jahr vorhanden? Weshalb spielt der Anfangsbestand keine Rolle? ________

b) Bestimmen Sie die Zerfallskonstante k. ________

c) Um wie viel Prozent nimmt die Stoffmenge in einem Monat ab? ________

d) Nach wie viel Jahren ist nur noch 0,1 % der heutigen Menge vorhanden? ________

e) Vor wie viel Jahren betrug die Stoffmenge ein 10-faches von heute? ________

7 Die Funktion T in Abhängigkeit der Zeit t mit $T(t) = 37 + (4t + 4) \cdot e^{-0{,}5t - 0{,}5}$ beschreibt näherungsweise die Körpertemperatur eines Fieberpatienten. Dabei wird die Körpertemperatur in °C und die Zeit in Stunden seit Messbeginn wiedergegeben. Welche der folgenden Aussagen sind richtig?

	richtig	falsch
a) Der Patient hatte bei Messbeginn eine Temperatur von 41°.	☐	☐
b) Die momentane Änderungsrate der Körpertemperatur zum Zeitpunkt t ist $T'(t) = (2 - 2t) \cdot e^{-0{,}5t - 0{,}5}$.	☐	☐
c) Die Körpertemperatur ist eine Stunde nach Messbeginn am höchsten.	☐	☐
d) Der Köpertemperatur sinkt drei Stunden nach Messbeginn am stärksten.	☐	☐
e) Langfristig stellt sich eine Körpertemperatur von 37° ein.	☐	☐

Einfache **periodische Vorgänge** können mithilfe der **allgemeinen Sinusfunktion** f mit $f(x) = a \cdot \sin(b \cdot (x - c)) + d$ oder einer entsprechenden **Kosinusfunktion** modelliert werden.

Beispiel: Der Graph einer trigonometrischen Funktion f geht durch die benachbarten Hochpunkte $H_1(0\,|\,2{,}5)$ und $H_2(8\,|\,2{,}5)$ und den Tiefpunkt $T(4\,|\,-1{,}5)$. Bestimmen Sie eine Funktion f.

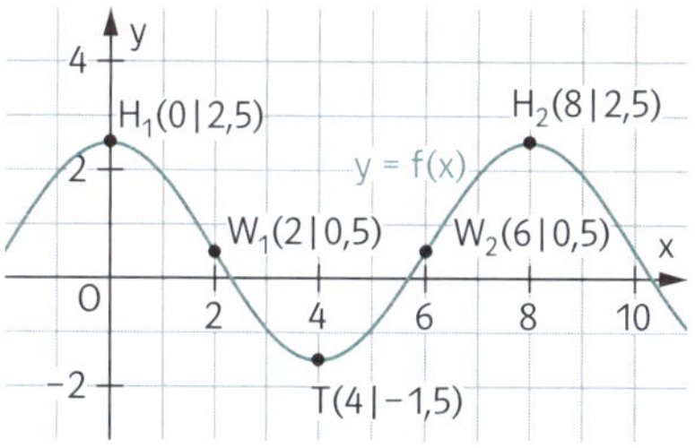

Der Abstand der benachbarten Hochpunkte bestimmt die Periode: $p = 8$. Die Periode beeinflusst den Streckungsfaktor b in x-Richtung: $b = \frac{2\pi}{8} = \frac{\pi}{4}$. Der halbe vertikale Abstand der y-Werte von Hoch- und Tiefpunkt ergibt die Amplitude: $a = \frac{1}{2}(2{,}5 - (-1{,}5)) = 2$.

Wegen vorliegender Symmetrieeigenschaften liegt genau in der Mitte zwischen einem Hoch- und einem Tiefpunkt ein Wendepunkt. Die y-Koordinaten der Wendepunkte zeigen die Verschiebung in y-Richtung an: $d = 0{,}5$. Die x-Koordinaten der Wendepunkte zeigen die Verschiebung in x-Richtung an. Das ergibt

z. B.: $f(x) = 2 \cdot \sin\left(\frac{\pi}{4}(x - 6)\right) + 0{,}5$ oder $f(x) = -2 \cdot \sin\left(\frac{\pi}{4}(x - 2)\right) + 0{,}5$ oder $f(x) = 2 \cdot \cos\left(\frac{\pi}{4}x\right) + 0{,}5$.

1 Nebenstehende Grafiken zeigen den sogenannten Kammerton a′ mit einer Frequenz von 440 Hz, das sind 440 Schwingungen pro Sekunde, und den um eine Oktave tieferen Sinuston a mit einer Frequenz von 220 Hz, also 220 Schwingungen pro Sekunde.

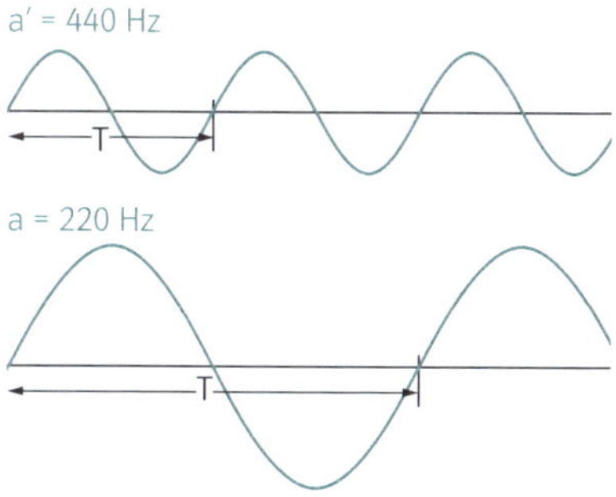

a) Zeigen Sie mithilfe der Grafik, dass die Schwingungsdauer T des Kammertons a′ halb so groß wie die des Sinustones a ist.

b) Bei größerer Amplitude ist der Ton lauter. Für welchen Ton gilt das?

____

____

c) Was passiert, wenn die Schwingungsdauer T des Sinustones bei gleicher Amplitude verkleinert wird?

____

2 Der Sonnenaufgang für Berlin ist für ausgewählte Tage des Jahres 2021 dargestellt (alle Zeiten MEZ).

Datum	21.03.	21.06.	23.09.	21.12.
Sonnenaufgang	06:07 Uhr	04:44 Uhr	06:51 Uhr	08:15 Uhr
Minuten nach 0 Uhr	367			
Tag nach dem 23.09.	−186			

Der Zeitpunkt des Sonnenaufgangs lässt sich annähernd durch eine Funktion f mit $f(t) = a \cdot \sin(b \cdot t) + d$ mit f(t) in Minuten nach 0 Uhr und t in Tagen nach dem 23.09. beschreiben. Das Maximum liegt bei

y_{max} = ________ und das Minimum bei y_{min} = ________, damit ergibt sich für den mittleren Sonnenaufgang $d = \frac{y_{max} + y_{min}}{2}$ = ________ und für die Amplitude $a = \frac{y_{max} - y_{min}}{2}$ = ________.

Die Periodenlänge beträgt ein Jahr, also p = ______ Tage, für b folgt daraus $b = \frac{2\pi}{p}$ = ________.

Somit lautet die Funktionsgleichung:

f(t) = ______________________________.

Vergleichen Sie nun die Funktionswerte Ihrer Modellierung mit den tatsächlichen Werten und beurteilen Sie diese Modellierung.

Datum	01.05.2021	01.07.2021	01.11.2021
Tag nach dem 23.09.			
f(t)			
Istwerte nach 0 Uhr	313	274	434

1 Gegeben ist die Funktion f mit $f(x) = 3 - \frac{1}{3}x^2,\ x \in [-3;3]$.

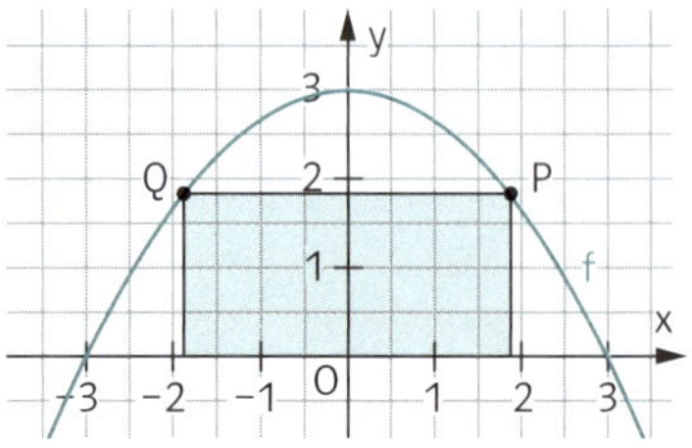

Auf dem Graphen von f liegen die Punkte $P(u\,|\,f(u))$ und $Q(-u\,|\,f(-u))$.
P und Q sind Eckpunkte eines Rechtecks, von dem eine Kante auf der x-Achse liegt.
Bestimmen Sie den maximalen Flächeninhalt dieses Rechtecks.

2 Gegeben ist die Funktion f mit $f(x) = e^{\frac{1}{4}x} - 1$.

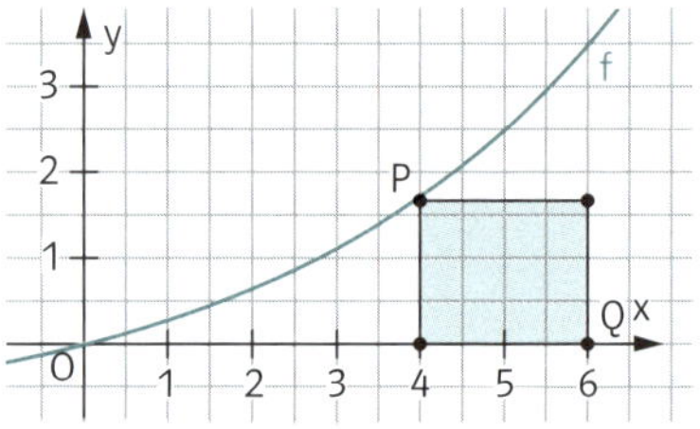

Der Punkt $P(a\,|\,f(a))$ mit $0 < a < 6$ und der Punkt $Q(6\,|\,0)$ sind gegenüberliegende Eckpunkte eines Rechtecks, dessen Seiten parallel zu den Koordinatenachsen verlaufen.
Bestimmen Sie die Koordinaten von P so, dass der Umfang des Rechtecks minimal ist.

3 In einem Weingut soll ein parabelförmiger Kellereingang gemauert werden. Der Abstand der Fußpunkte des Parabelbogens mit dem Kellerboden beträgt 5 m.

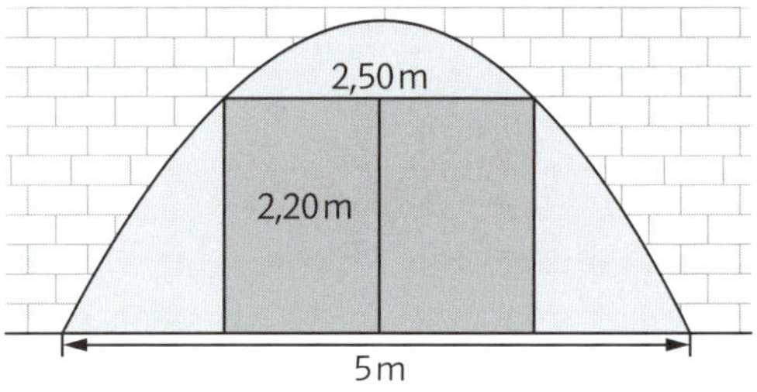

a) Wie hoch muss der Keller mindestens sein, damit innerhalb des Parabelbogens ein 2,50 m breiter und 2,20 m hoher Kellereingang gemauert werden kann?
b) Unter welchem Winkel trifft der Parabelbogen auf den Boden?

4 Kaffee wird in eine Tasse gegossen und bei Raumtemperatur stehen gelassen. Alle 5 Minuten wird die Temperatur T des Kaffees gemessen.

t (in min)	5	10	15	20	25	30	35	40	45
T (in °C)	56	42	33	28	25	23	22	21	21

a) Veranschaulichen Sie die Messdaten in einem Koordinatensystem.
b) Wählen Sie einen geeigneten Funktionstyp aus und begründen Sie Ihre Entscheidung.

$T(t) = a \cdot t + b$ $\quad$ $T(t) = \frac{a}{t+b} + c$ $\quad$ $T(t) = a \cdot e^{bt} + c$

c) Bestimmen Sie aus den Daten die Parameter in der Funktionsgleichung.

T(t) =

d) Überprüfen Sie die Brauchbarkeit der Modellfunktion anhand weiterer Messdaten. Geben Sie die Temperatur der Kaffees beim Eingießen $(t = 0)$ sowie die Raumtemperatur an. T_{Kaffee} = °C T_{Raum} = °C

5 Bei der Schwingung eines Pendels wurde eine Messreihe aufgenommen (t in Sekunden, f(t) in cm). Die Schwingung lässt sich durch die Funktion f mit $f(t) = a \cdot \sin(b \cdot t) + d$ modellieren. Übertragen Sie die Punkte in ein Koordinatensystem und bestimmen Sie f.

t	0	0,5	1	1,5	2	2,5	3
f(t)	0	1,3	1,9	1,4	0,1	−1,8	−2,1

6 Der Wasserstand bei Spiekeroog an der Nordsee schwankt zwischen 1 m bei Niedrigwasser und 3 m bei Hochwasser. Der Wasserstand h (in m) lässt sich in Abhängigkeit von der Zeit t (in Std. nach Niedrigwasser) beschreiben mit $h(t) = a + b \cdot \cos\left(\frac{1}{6}\pi \cdot t\right)$.
a) Bestimmen Sie a und b.
b) Wie lange liegt der Wasserpegel unter 1,5 m?
c) Wie viele Zentimeter steigt das Wasser je Minute maximal?

Lambacher Schweizer

Mathematik für berufliches Gymnasium, Baden-Württemberg

Jahrgangsstufe, grundlegendes Anforderungsniveau

I Trigonometrische Funktionen

Sinus und Kosinus – das Bogenmaß, Seite 3

1 a) $\sin(0°) = 0$; $\cos(0°) = 1$

b) $\sin(45°) = \frac{\sqrt{2}}{2} \approx 0{,}71$; $\cos(45°) = \frac{\sqrt{2}}{2} \approx 0{,}71$

c) $\sin(90°) = 1$; $\cos(90°) = 0$

d) $\sin(30°) = \frac{1}{2} = 0{,}5$; $\cos(30°) = \frac{\sqrt{3}}{2} \approx 0{,}87$

e) $\sin(60°) = \frac{\sqrt{3}}{2} \approx 0{,}87$; $\cos(60°) = \frac{1}{2} = 0{,}5$

f) $\sin(17°) \approx 0{,}29$; $\cos(17°) \approx 0{,}96$

g) $\sin(82{,}5°) \approx 0{,}99$; $\cos(82{,}5°) \approx 0{,}13$

2 a) $\sin^{-1}(0{,}5) = 30°$ b) $\cos^{-1}(0{,}2) \approx 78{,}5°$

3 a) $\sin(32°) \approx 0{,}53$; $\cos(32°) \approx 0{,}85$

b) $\sin(10°) \approx 0{,}17$; $\cos(10°) \approx 0{,}98$

$\sin(40°) \approx 0{,}64$; $\cos(40°) \approx 0{,}77$

$\sin(85°) \approx 0{,}99$; $\cos(75°) \approx 0{,}26$

4 a) $\sin(160°) \approx 0{,}34$; $\cos(160°) \approx -0{,}94$

b) $\sin(225°) \approx -0{,}71$; $\cos(225°) \approx -0{,}71$;

$\sin(330°) \approx -0{,}5$; $\cos(330°) \approx 0{,}87$;

$\sin(115°) \approx 0{,}91$; $\cos(260°) \approx -0{,}17$

5 a) $x = \frac{40°}{360°} \cdot 2\pi = \frac{2}{9}\pi$

b) $x = \frac{150°}{360°} \cdot 2\pi = \frac{5}{6}\pi$

c) $\alpha = \frac{\frac{\pi}{10}}{2\pi} \cdot 360° = \frac{\pi}{10} \cdot \frac{1}{2\pi} \cdot 360° = \frac{1}{20} \cdot 360° = 18°$

6 siehe Tabelle 1

Sinusfunktion und Kosinusfunktion, Seite 4

1 a) siehe Tabelle 2

b) siehe Figur 1

c) siehe Tabelle 3

Tabelle 1

Winkel α	360°	180°	90°	30°	10°	60°	30°	270°	15°	45°	25°	315°
Bogenmaß x	2π	π	$\frac{\pi}{2}$	$\frac{\pi}{6}$	$\frac{\pi}{18}$	$\frac{\pi}{3}$	$\frac{\pi}{6}$	$\frac{3\pi}{2}$	$\frac{\pi}{12}$	$\frac{\pi}{4}$	$\frac{5\pi}{36}$	$\frac{7\pi}{4}$

Tabelle 2

x	0	$\frac{\pi}{6}$	$\frac{\pi}{3}$	$\frac{\pi}{2}$	$\frac{2\pi}{3}$	$\frac{5\pi}{6}$	π	$\frac{7\pi}{6}$	$\frac{4\pi}{3}$	$\frac{3\pi}{2}$	$\frac{5\pi}{3}$	$\frac{11\pi}{6}$	2π	$\frac{13\pi}{6}$
sin(x)	0	0,5	0,87	1	0,87	0,5	0	−0,5	−0,87	−1	−0,87	−0,5	0	0,5
cos(x)	1	0,87	0,5	0	−0,5	−0,87	−1	−0,87	−0,5	0	0,5	0,87	1	0,87

Figur 1

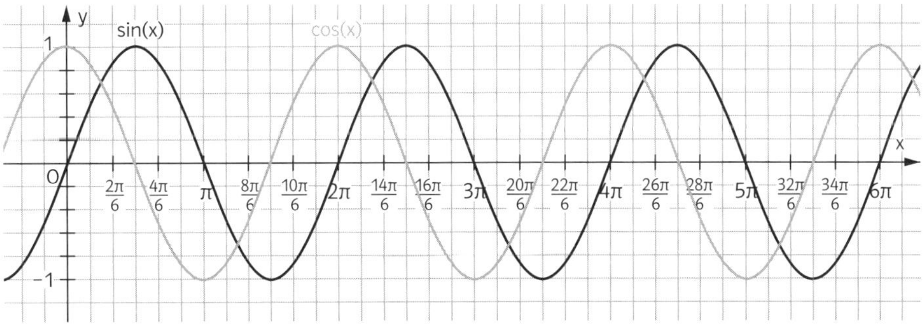

Tabelle 3

	Schnittpunkt mit y-Achse	Schnittpunkte mit x-Achse	größter y-Wert	kleinster y-Wert	Wertemenge
sin(x)	$S_y(0\|0)$	$N_1(0\|0)$; $N_2(\pi\|0)$; $N_3(2\pi\|0)$; …	1	−1	$W = [-1;\ 1]$
cos(x)	$S_y(0\|1)$	$N_1(\frac{\pi}{2}\|0)$; $N_2(\frac{3\pi}{2}\|0)$; $N_3(\frac{5\pi}{2}\|0)$; …	1	−1	$W = [-1;\ 1]$

2 a) $0;\ \pi;\ 2\pi;\ 3\pi;\ 4\pi;\ 5\pi;\ 6\pi$

b) $\frac{\pi}{2};\ \frac{5\pi}{2};\ \frac{9\pi}{2}$

c) $\frac{7\pi}{6};\ \frac{11\pi}{6};\ \frac{19\pi}{6};\ \frac{23\pi}{6};\ \frac{31\pi}{6};\ \frac{35\pi}{6}$

d) $\approx \frac{\pi}{18};\ \frac{35\pi}{18};\ \frac{37\pi}{18};\ \frac{71\pi}{18};\ \frac{73\pi}{18};\ \frac{107\pi}{18}$

e) $\frac{\pi}{2};\ \frac{3\pi}{2};\ \frac{5\pi}{2};\ \frac{7\pi}{2};\ \frac{9\pi}{2};\ \frac{11\pi}{2}$

f) $\pi;\ 3\pi;\ 5\pi$

g) $\frac{\pi}{3};\ \frac{5\pi}{3};\ \frac{7\pi}{3};\ \frac{11\pi}{3};\ \frac{13\pi}{3};\ \frac{17\pi}{3}$

h) $\approx \frac{11\pi}{18};\ \frac{25\pi}{18};\ \frac{47\pi}{18};\ \frac{61\pi}{18};\ \frac{83\pi}{18};\ \frac{97\pi}{18}$

3 siehe Tabelle 1 unten

4 a) $\sin\left(\frac{\pi}{2}\right) = 1$; weitere Werte sind $\frac{5\pi}{2};\ \frac{9\pi}{2};\ \frac{13\pi}{2};\ -\frac{3\pi}{2};\ -\frac{7\pi}{2}$;

b) $\sin(3\pi) = 0$; weitere Werte sind $\pi;\ 2\pi;\ -\pi;\ -2\pi$;

c) $\sin\left(-\frac{\pi}{2}\right) = -1$; weitere Werte sind $\frac{3\pi}{2};\ \frac{7\pi}{2};\ \frac{11\pi}{2};\ -\frac{5\pi}{2};\ -\frac{9\pi}{2}$

Die allgemeine Sinusfunktion, Seite 5

1

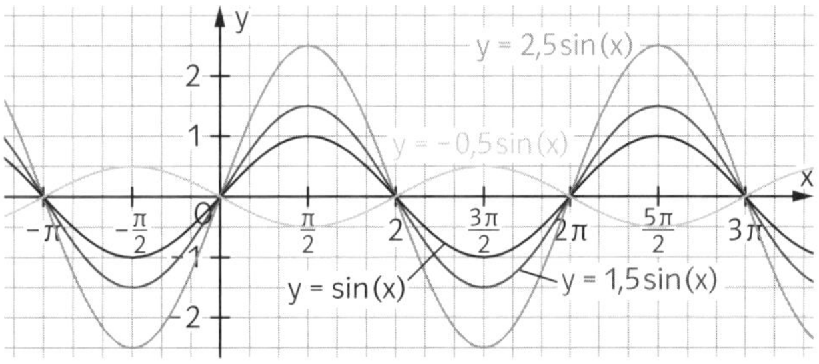

2 a)

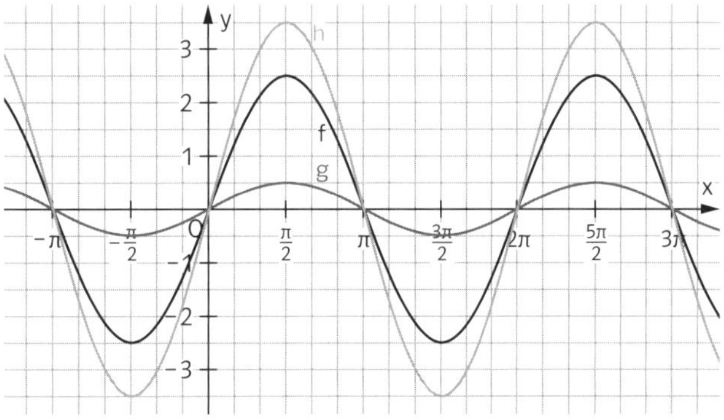

b) $f(x)$: $N_1(-\pi\,|\,0)$; $N_2(0\,|\,0)$; $N_3(\pi\,|\,0)$; $N_4(2\pi\,|\,0)$; $N_5(3\pi\,|\,0)$;
Wertebereich $W = [-2,5;\ 2,5]$

$g(x)$: $N_1(-\pi\,|\,0)$; $N_2(0\,|\,0)$; $N_3(\pi\,|\,0)$; $N_4(2\pi\,|\,0)$; $N_5(3\pi\,|\,0)$;
Wertebereich $W = [-0,5;\ 0,5]$

$h(x)$: $N_1(-\pi\,|\,0)$; $N_2(0\,|\,0)$; $N_3(\pi\,|\,0)$; $N_4(2\pi\,|\,0)$; $N_5(3\pi\,|\,0)$;
Wertebereich $W = [-3,5;\ 3,5]$

3 a) bis c) siehe Tabelle 2

d) Die Amplitude verändert den größten y-Wert auf den Wert $|a|$, die Schnittpunkte mit der x-Achse werden nicht verändert, d.h., die x-Werte bleiben gleich.

Seite 6

4 a) $f(x) = 2\sin(x)$ b) $f(x) = 0,4\sin(x)$ c) $f(x) = 20\sin(x)$

5

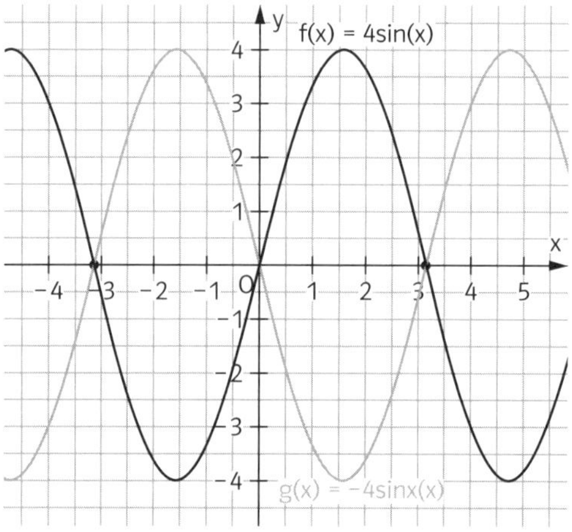

Man erhält den einen Graphen, indem man den anderen Graphen an der x-Achse spiegelt.

Tabelle 1

x	-2π	$-\frac{11\pi}{6}$	$-\frac{7\pi}{4}$	$-\frac{5\pi}{3}$	$-\frac{3\pi}{2}$	$-\frac{4\pi}{3}$	$-\frac{5\pi}{4}$	$-\frac{7\pi}{6}$	$-\pi$	$-\frac{5\pi}{6}$	$-\frac{3\pi}{4}$	$-\frac{2\pi}{3}$	$-\frac{\pi}{2}$	$-\frac{\pi}{3}$	$-\frac{\pi}{4}$	$-\frac{\pi}{6}$	0
sin(x)	0	$\frac{1}{2}$	$\frac{\sqrt{2}}{2}$	$\frac{\sqrt{3}}{2}$	1	$\frac{\sqrt{3}}{2}$	$\frac{\sqrt{2}}{2}$	$\frac{1}{2}$	0	$-\frac{1}{2}$	$-\frac{\sqrt{2}}{2}$	$-\frac{\sqrt{3}}{2}$	−1	$-\frac{\sqrt{3}}{2}$	$-\frac{\sqrt{2}}{2}$	$-\frac{1}{2}$	0
cos(x)	1	$\frac{\sqrt{3}}{2}$	$\frac{\sqrt{2}}{2}$	$\frac{1}{2}$	0	$-\frac{1}{2}$	$-\frac{\sqrt{2}}{2}$	$-\frac{\sqrt{3}}{2}$	−1	$-\frac{\sqrt{3}}{2}$	$-\frac{\sqrt{2}}{2}$	$-\frac{1}{2}$	0	$\frac{1}{2}$	$\frac{\sqrt{2}}{2}$	$\frac{\sqrt{3}}{2}$	1

Tabelle 2

Funktion	Amplitude	kleinster Funktionswert	größter Funktionswert	Wertebereich
a) $4\sin(x)$	4	−4	4	$W = [-4;\ 4]$
b) $0,7\cos(x)$	0,7	−0,7	0,7	$W = [-0,7;\ 0,7]$
c) $-1,8\sin(x)$	1,8	−1,8	1,8	$W = [-1,8;\ 1,8]$

6

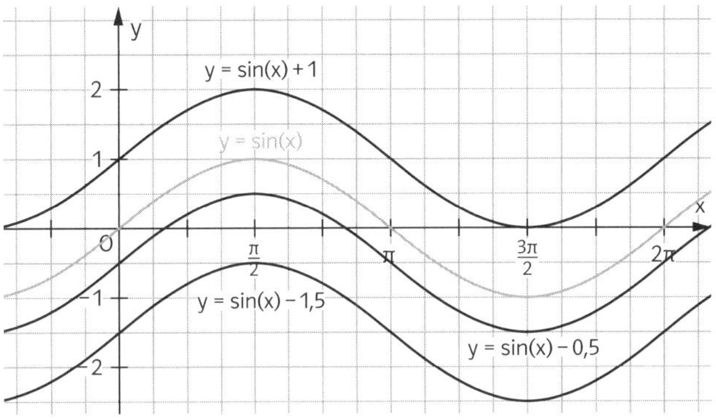

a) W = [0; 2] b) W = [−1,5; 0,5] c) W = [−2,5; −0,5]

7 a) W = [−0,5; 1,5]; ja, es gibt Schnittpunkte mit der x-Achse.
b) W = [2; 4]; nein, es gibt keine Schnittpunkte mit der x-Achse.
c) W = [−1,8; 0,2]; ja, es gibt Schnittpunkte mit der x-Achse
d) W = [−3,2; −1,2]; nein, es gibt keine Schnittpunkte mit der x-Achse.

Seite 7

8 a) $-\frac{\pi}{4}$ b) $-\frac{\pi}{8}$ c) $+\frac{\pi}{4}$ d) $-\frac{3\pi}{4}$
e) $+\frac{\pi}{8}$ f) $+\frac{3\pi}{4}$ g) −1 h) +0,5

9 a) Graph A ist der um $\frac{3\pi}{4}$ nach rechts verschobene Graph der Sinusfunktion, gehört also zu Teilaufgabe 8 f) oder der um $\frac{3\pi}{4}$ nach links verschobene Graph der Kosinusfunktion (gehört also auch zu Teilaufgabe 8 d)).
Graph B ist der um $\frac{\pi}{4}$ nach links verschobene Graph der Sinusfunktion, gehört also zu Teilaufgabe 8 a) bzw. der um $\frac{\pi}{4}$ nach rechts verschobene Graph der Kosinusfunktion (gehört also auch zu Teilaufgabe 8 b)).
Graph C ist der um $\frac{\pi}{8}$ nach rechts verschobene Graph der Sinusfunktion, gehört also zu Teilaufgabe 8 e).
b) A:

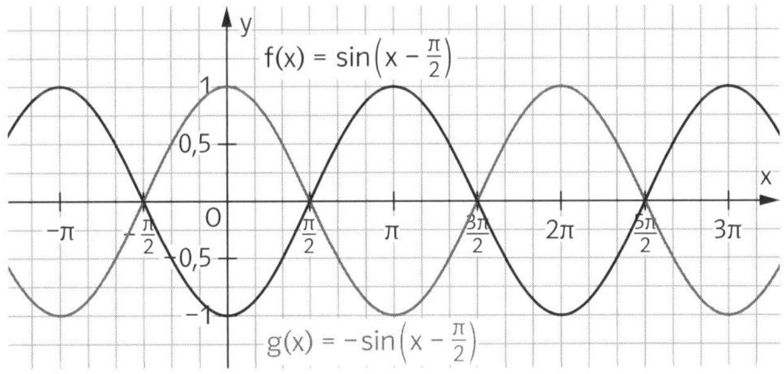

B:

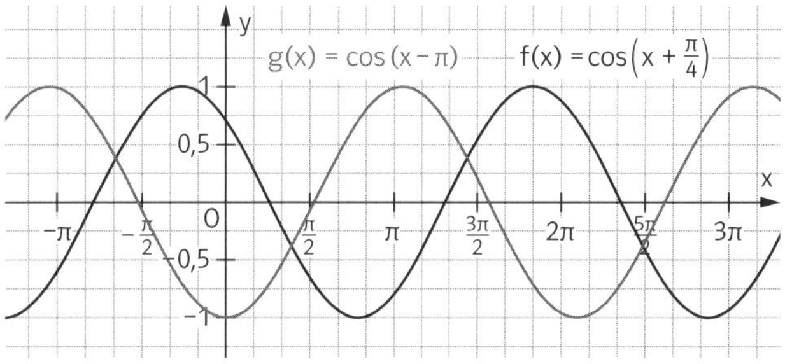

C:

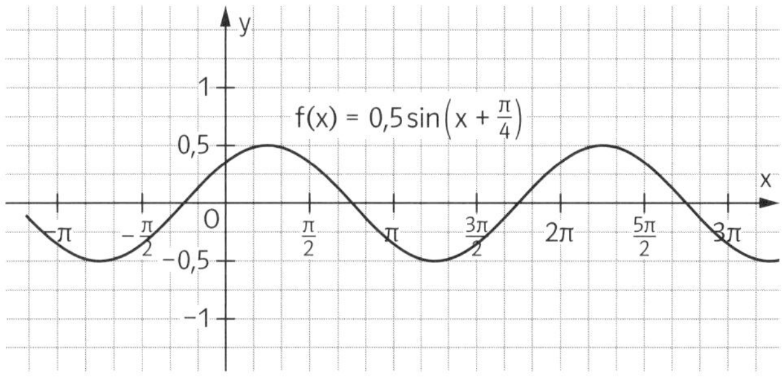

10

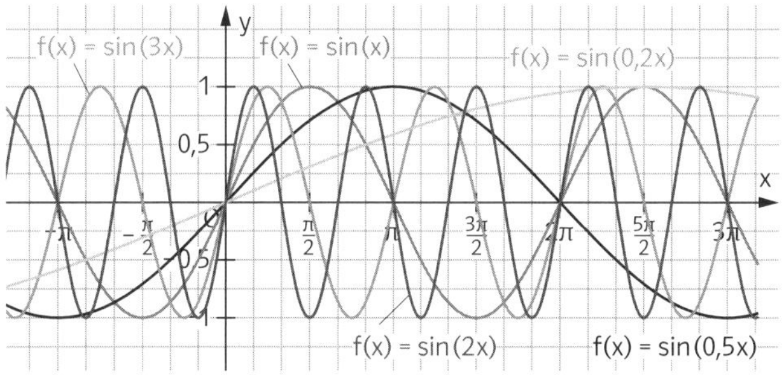

Seite 8

11 siehe Tabelle 1

12 Die Amplitude ist bei allen Graphen 2.
A gehört zu f_2, da die Periode 6 ist; B gehört zu f_3, da die Periode 1 ist; C gehört zu f_1, da die Periode π ist.

13 a) Falsch, denn die Amplitude ist 5; W = [−5; 5].
b) Richtig; b = 8 und damit ist der Streckfaktor in x-Richtung $\frac{1}{8}$.
c) Richtig, denn die Amplitude ist 3.
d) Falsch, denn b = 2 und damit ist die Periode π.

14 a) $f(x) = 13\sin\left(\frac{2}{9}x\right)$, denn $b = \frac{2\pi}{9\pi}$.
b) $f(x) = 3{,}5\sin\left(\frac{\pi}{2}x\right)$
c) $f(x) = 1{,}7\sin\left(\frac{x}{2}\right)$

Tabelle 1

Funktion	$f(x) = \sin(4x)$	$f(x) = \sin(\pi x)$	$f(x) = \sin\left(\frac{1}{4}x\right)$	$f(x) = \sin\left(\frac{1}{5}x\right)$	$f(x) = \sin\left(\frac{\pi}{2}x\right)$
Faktor b	4	π	$\frac{1}{4}$	$\frac{1}{5}$	$\frac{\pi}{2}$
Periode p	$\frac{\pi}{2}$	2	8π	10π	4

15 siehe Tabelle 1

Seite 9

16

a) f_1: $H\left(\frac{\pi}{2}\middle|2\right)$; $T\left(\frac{3\pi}{2}\middle|-2\right)$; f_2: $H(\pi|2)$; $T(3\pi|-2)$;

f_3: $H(\pi|1)$; $T(3\pi|-3)$

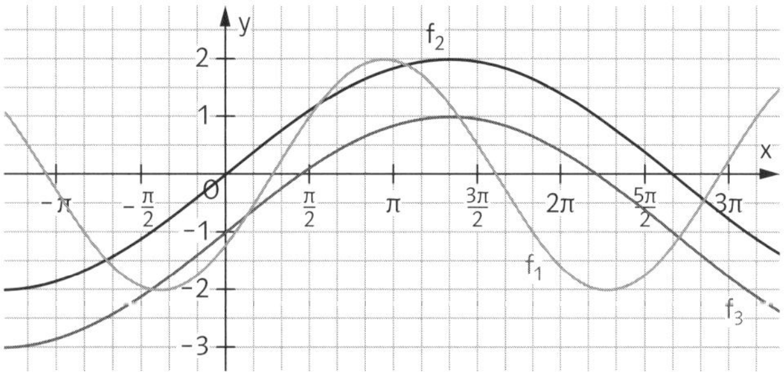

b) f_1: $H\left(\frac{\pi}{2}\middle|0{,}5\right)$; $T\left(\frac{3\pi}{2}\middle|-0{,}5\right)$; f_2: $H\left(\frac{\pi}{4}\middle|2\right)$; $T\left(\frac{3\pi}{4}\middle|1\right)$;

f_3: $H\left(\frac{5\pi}{8}\middle|2\right)$; $T\left(\frac{9\pi}{8}\middle|1\right)$

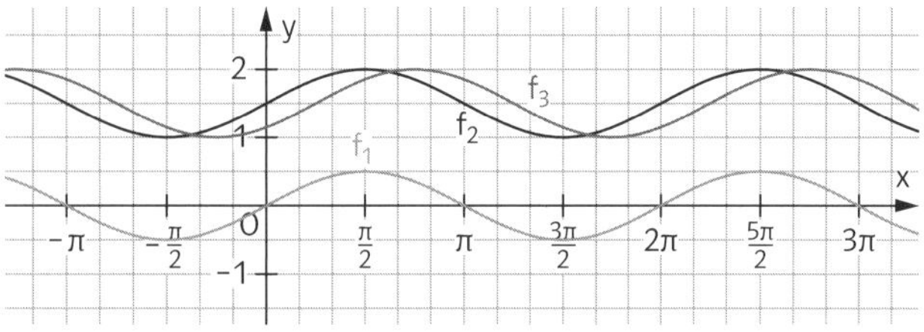

17 a) a = 1, p = 4, Verschiebung in x-Richtung um 0; Verschiebung in y-Richtung um −1,5

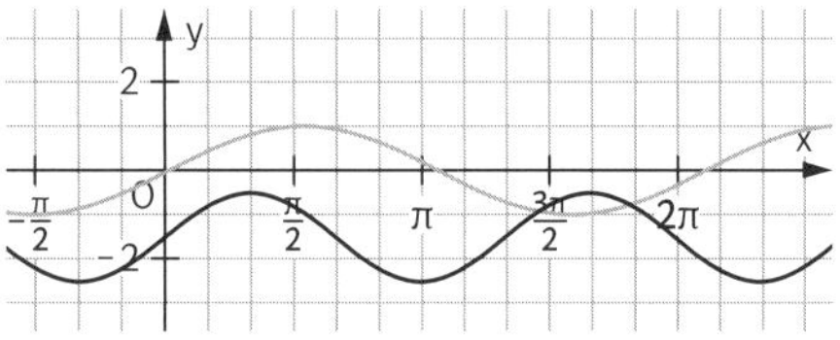

b) a = 1,5; p = π; Verschiebung in x-Richtung um 0, Verschiebung in y-Richtung um 0

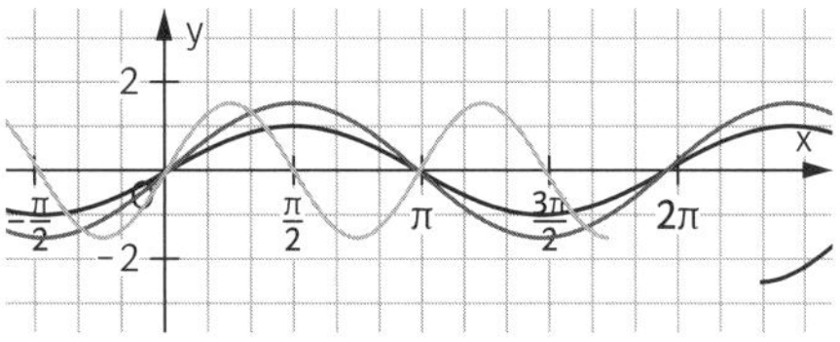

c) a = 1; p = 2π; Verschiebung in x-Richtung um $-\frac{\pi}{2}$; Verschiebung in y-Richtung um 0,5

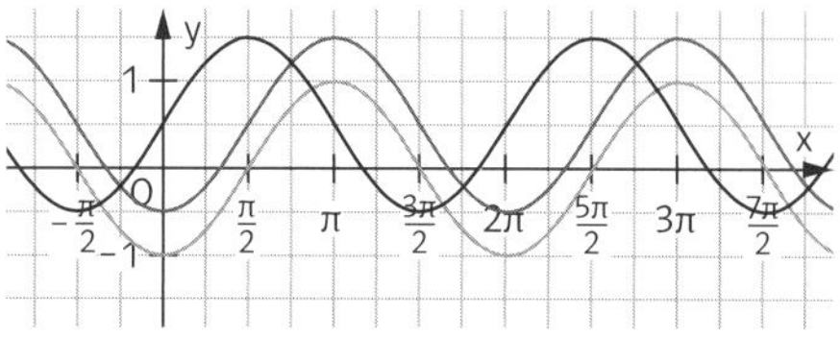

18 f_1 ist um +1 in y-Richtung verschoben, mit Faktor 2 in y-Richtung und mit Faktor $\frac{1}{2}$ in x-Richtung gestreckt.
f_1 gehört zu Graph II.
f_2 ist um 2 in y-Richtung und um +1 in x-Richtung verschoben sowie in y-Richtung mit Faktor 0,5 gestreckt.
f_2 gehört zu keinem Graphen.
f_3 ist um 1 in y-Richtung verschoben und in y-Richtung mit Faktor 0,5 gestreckt. f_3 gehört zu Graph I.

Graph von f_2:

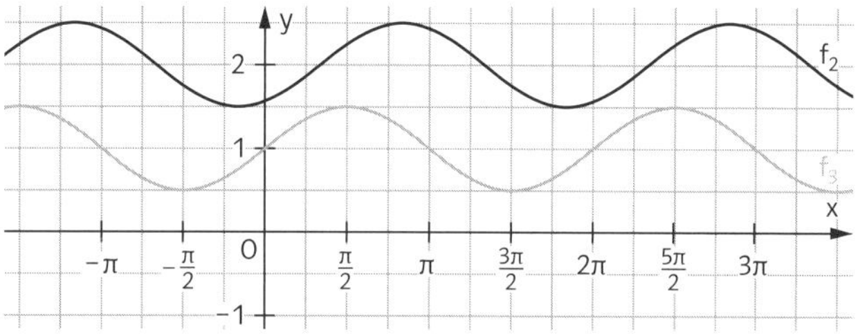

Trigonometrische Gleichungen, Seite 10

1 a) $5\sin(x) = 5$ d.h. $\sin(x) = 1$ d.h. $x = \frac{\pi}{2}$. b) $\frac{\pi}{2}$ c) $\frac{3\pi}{2}$ d) 0 e) $\frac{\pi}{3}$ f) $-\frac{\pi}{6}$

2 a) ≈ −0,7754 b) ≈ 0,9273 c) ≈ 1,7722 d) ≈ 0,9273

3

a) $\sin(x) = 0{,}4$ für $x \in [-\pi; 4\pi]$

$\sin^{-1}(0{,}4) \approx 0{,}4115$;

2. Lösung: $0{,}4115 + 2\pi \approx 6{,}6947$

3. Lösung: $\pi - 0{,}4115 \approx 2{,}7301$

4. Lösung: $2{,}7301 + 2\pi \approx 9{,}0133$

Lösungen: L = {0,4115; 2,7301; 6,6947; 9,0133}

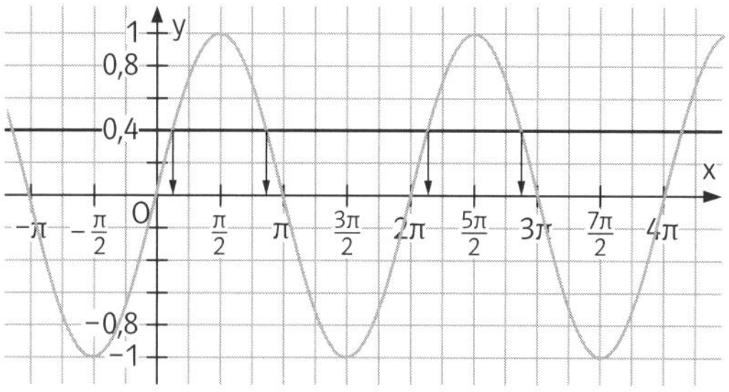

Tabelle 1

	$f(x) = 5\sin(x+3) - 1$	$g(x) = 1{,}4\sin\left(\frac{x}{5}\right) + 3$	$h(x) = 0{,}4\cos\left(\frac{\pi x}{4}\right) - 0{,}2$
Streckung in x-Richtung:	mit Faktor 1	mit Faktor 5	mit Faktor $\frac{4}{\pi}$
Streckung in y-Richtung:	mit Faktor 5	mit Faktor 1,4	mit Faktor 0,4
Verschiebung in y-Richtung:	um 1 nach unten	um 3 nach oben	um 0,2 nach unten
Verschiebung in x-Richtung:	um 3 nach links	nein	nein

b) $\sin(x) = -0{,}6$ für $x \in [-\pi; 3\pi]$

$\sin^{-1}(-0{,}6) \approx -0{,}6435$

2. Lösung: $-0{,}6435 + 2\pi \approx 5{,}6397$;

3. Lösung: $\pi - (-0{,}6435) \approx 3{,}7851$

4. Lösung: $3{,}7851 - 2\pi \approx -2{,}4981$

Lösungen $L = \{-2{,}4981; -0{,}6435; 3{,}7851; 5{,}6297\}$

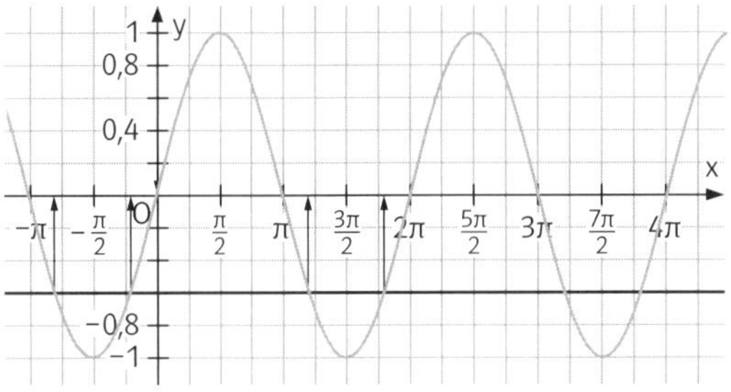

c) $0{,}5\sin(x) = 0{,}1$ für $x \in [-\pi; 4\pi]$

$\sin(x) = 0{,}2$, $\sin^{-1}(0{,}2) \approx 0{,}2014$

2. Lösung: $0{,}2014 + 2\pi \approx 6{,}4846$

3. Lösung: $\pi - 0{,}2014 \approx 2{,}9402$

4. Lösung: $2{,}9402 + 2\pi \approx 9{,}2234$

Lösungen: $L = \{0{,}2014; 2{,}9402; 6{,}4846; 9{,}2234\}$

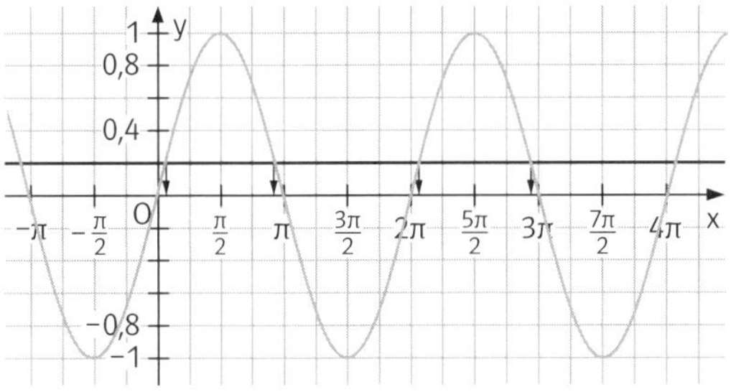

Seite 11

4 a) $\cos^{-1}(0{,}6) \approx 0{,}93$; $p = 2\pi$;

$0{,}93 + 2\pi \approx 7{,}21$; $0{,}93 + 4\pi \approx 13{,}50$; $0{,}93 + 6\pi \approx 19{,}78$;

$-0{,}93$; $-0{,}93 + 2\pi \approx 5{,}35$; $-0{,}93 + 4\pi \approx 11{,}64$;

$D = [-\pi; 3\pi]$ und $L = \{-0{,}93; 0{,}93; 5{,}35; 7{,}21]$

b) $x_1 \approx 1{,}37$; $x_2 \approx 4{,}91$; $x_3 \approx 7{,}65$; $x_4 \approx 11{,}20$; $x_5 \approx 13{,}94$

c) $x_1 \approx +0{,}6435$; $x_2 \approx -0{,}6435$

d) $x_1 \approx -8{,}06$; $x_2 \approx -4{,}51$; $x_3 \approx -1{,}77$; $x_4 \approx 1{,}77$

5 a) (1) $x_1 \approx 0{,}1674$; $x_2 \approx 2{,}9742$; $x_3 \approx 6{,}4506$; $x_4 \approx 9{,}2574$;

(2) $x_1 \approx 1{,}8235$; $x_2 \approx -1{,}8235$; $x_3 \approx 4{,}4597$; $x_4 \approx 8{,}1067$

b) (1) $x_1 = \frac{\pi}{3}$; $x_2 = -\frac{\pi}{3}$; $x_3 = \frac{5}{3}\pi$; $x_4 = \frac{7}{3}\pi$:

(2) $x_1 = \frac{3\pi}{2}$; $x_2 = -\frac{\pi}{2}$

6 Zu A) gehören c) und 4); zu B) gehören e) und 5); zu C gehören d) und 2); zu D) gehören b) und 5); zu E) gehören a) und 2).

Seite 12

7 a) $z = \frac{\pi}{2}$; $x = \frac{\pi}{6}$; $p = \frac{2\pi}{3}$; $\frac{\pi}{6} + \frac{2\pi}{3} = \frac{5\pi}{6}$; $\frac{\pi}{6} + \frac{4\pi}{3} = \frac{3\pi}{2}$;

$\frac{\pi}{6} + \frac{6\pi}{3} = \frac{13\pi}{6}$; $\frac{\pi}{6} + \frac{8\pi}{3} = \frac{17\pi}{6}$;

$L = \left\{\frac{\pi}{6}; \frac{5\pi}{6}; \frac{3\pi}{2}; \frac{13\pi}{6}\right\}$

b) $z = 0{,}5x$; $\cos(z) = -1$; $z = \pi$; $\pi = 0{,}5x$; $x = 2\pi$; $p = 4\pi$;

$2\pi + 4\pi = 6\pi$; $2\pi + 8\pi = 10\pi$;

$L = \{2\pi; 6\pi\}$

c) $\sin\left(\frac{x}{3}\right) = -1$; $z = \frac{x}{3}$; $\sin(z) = -1$; $z = \frac{3\pi}{2}$; $\frac{3\pi}{2} = \frac{x}{3}$; $x = \frac{9\pi}{2}$; $p = 6\pi$;

$L = \left\{\frac{9\pi}{2}; \frac{21\pi}{2}\right\}$

d) $L = \{0; 2; 4\}$;

e) $L = \{-3; 1; 5\}$

8

a) $3\cos(2x) = 1{,}5$; $x \in [-\pi; \pi]$ $\quad 2x_1 = \frac{\pi}{3} \quad 2x_2 = -\frac{\pi}{3}$

$3\cos(2x) = 1{,}5 \quad | :3 \qquad x_1 = \frac{\pi}{6} \quad x_2 = -\frac{\pi}{6}$

$\cos(2x) = 0{,}5 \qquad$ Periode $p = \frac{2\pi}{2} = \pi$

$\cos(z) = 0{,}5 \qquad \frac{\pi}{6} + \pi = \frac{7\pi}{6} > \pi$; $\frac{\pi}{6} - \pi = -\frac{5\pi}{6}$

$z_1 = \frac{\pi}{3} \quad z_2 = -\frac{\pi}{3} \qquad -\frac{\pi}{6} + \pi = \frac{5\pi}{6}$; $-\frac{\pi}{6} - \pi = -\frac{7\pi}{6} < -\pi$

$L = \left\{-\frac{5\pi}{6}; -\frac{\pi}{6}; \frac{\pi}{6}; \frac{5\pi}{6}\right\}$

b) $\sin\left(\frac{\pi x}{2}\right) = 0{,}6$; $z = \frac{\pi}{2x}$; $\sin(z) = 0{,}6$; $z_1 \approx 0{,}6435$; $z_2 \approx 2{,}41981$;

$x_1 \approx 0{,}4095$; $x_2 \approx 1{,}5903$; $p = 4$;

$L = \{0{,}4095; 1{,}5903; 4{,}4095; 5{,}5903\}$

c) $\sin(0{,}2x) = \frac{14}{15}$; $z = 0{,}2x$; $\sin(z) = \frac{14}{15}$; $z_1 \approx 1{,}2036$; $z_2 \approx 1{,}9380$;

$x_1 \approx 6{,}018$; $x_2 \approx 9{,}6900$; $p = 10\pi$;

$L = \{6{,}018; 9{,}69; 37{,}4339; 41{,}1059\}$

d) $L = \{54{,}72; 310{,}3; 419{,}7; 675{,}3\}$;

e) $L = \{1{,}1714; 3{,}3779; 11{,}1714; 13{,}3778\}$

9 a) $\frac{\pi}{12}; \frac{5\pi}{12}; \frac{13\pi}{12}; \frac{17\pi}{12}$; b) $\frac{5\pi}{6}; \frac{5\pi}{3}; \frac{10\pi}{3}$

Anwendungen trigonometrischer Funktionen, Seite 13

1 a) $t = 10$; $L(10) = 8{,}88$

Die Tageslänge beträgt Ende Oktober ca. 9 Stunden.

b) $12 + 6{,}24 = 18{,}24$; $12 - 6{,}24 = 5{,}76$

Der längste Tag ist etwa 18 h und 15 min lang; der kürzeste Tag ist etwa 5 h und 45 min lang.

c) $p = 12$; x-Richtung; Hälfte; Beginn; $t = 6$; Der längste Tag ist Ende Juni. $t = 0$; der kürzeste Tag ist Anfang Januar.

d) $L(t) = 14$; $14 = 12 - 6{,}24\cos\left(\frac{\pi t}{6}\right)$;

$t_1 \approx 3{,}62$; $t_2 \approx 8{,}34$. Etwa am 20. April und Mitte September ist der Tag 14 h lang.

2 a)

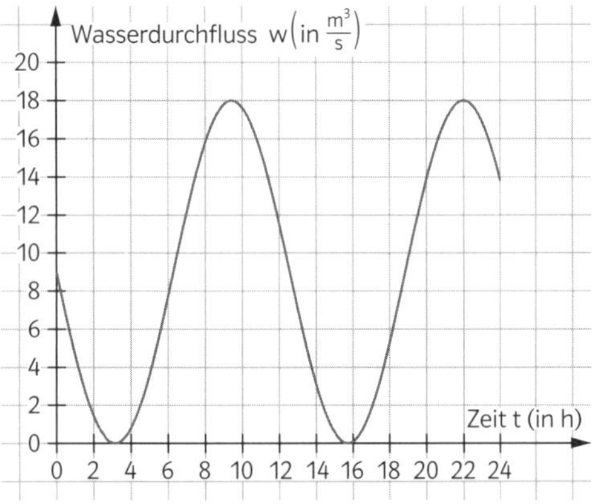

b) $w(7) \approx 12{,}157$; $w(20) \approx 13{,}896$;
Wasserdurchfluss $12\,157\,\frac{m^3}{s}$ um 7 Uhr bzw. $13\,896\,\frac{m^3}{s}$ um 20 Uhr.
c) $9 + 9 = 18$. Der max. Wasserdurchfluss beträgt $18\,000\,\frac{m^3}{s}$.
d) Tiefpunkt bei $t_1 = \pi$ und $t_2 = 5\pi \approx 15{,}71$.
Also um 3:08 Uhr und um 15:43 Uhr.
e) $7{,}5 = -9\sin(0{,}5t) + 9$ hat auf $[0; 24]$ die Lösungen 0,33; 5,95; 12,90 und 18,51. Also um 0:20 Uhr; um 5:57 Uhr, um 12:57 Uhr und um 18:31 Uhr.

Seite 14

3 a) $p = 2\pi$; $a = 1{,}25$; $f(x) = 1{,}25 \cdot \sin(x) - 0{,}25$
b) $p = \pi$; $a = 1{,}5$; $f(x) = -1{,}5\sin(2x)$ oder $f(x) = 1{,}5\sin\left(2\left(x - \frac{\pi}{2}\right)\right)$
c) $p = 4$; $a = 2$; $f(x) = 2\sin\left(\frac{\pi x}{2}\right) + 1$
d) $p = 1$; $a = 3$;
$f(x) = -3\sin(2\pi x) - 1$ oder $f(x) = 3\sin(x - 0{,}5) - 1$

Seite 15

4
a) $y_H = 25$; $y_T = 15$; $a = 5$; $d = 20$;
$p = 2$; $b = \pi$; $c = 0$; $f(t) = 5\sin(\pi t) + 20$
b) Zum Zeitpunkt $t = 0$ befindet sich das Pendel im Tiefpunkt, deshalb gibt es eine Verschiebung in x-Richtung um 0,5:
$f(t) = 10\sin(\pi(t - 0{,}5) + 20$.
Alternativer Ansatz über cos (ohne Verschiebung) ergibt:
$f(t) = -10\cos(\pi t) + 20$.

5 $y_H = 25$; $y_T = 4$; $a = 10{,}5$; $d = 14{,}5$;
$x_H = 7$; $x_T = 1$;
Differenz der x-Werte von aufeinanderfolgendem Hochpunkt und Tiefpunkt: 6; $p = 12$; $b = \frac{\pi}{6}$;
$f(x) = -10{,}5\cos\left(\frac{\pi}{6}x\right) + 14{,}5$;
Mai: $x = 4$; $f(4) = 19{,}75$; Oktober: $f(9) = 14{,}5$
Die durchschnittliche Tageshöchsttemperatur im Mai ist 19,8 °C und im Oktober 14,5 °C.

6 a) falsch, denn die Periode beträgt $p = 2{,}4$
b) wahr
c) wahr
d) falsch, die Amplitude ist 25 cm
e) falsch, das a stimmt nicht und es fehlt ein b, da die Periode nicht 2π ist
f) falsch, denn $p = 1{,}2$; müsste aber 2,4 sein
g) falsch, denn $a = 50$, müsste aber 25 sein
h) wahr, Amplitude und Periode stimmen
i) wahr, Amplitude und Periode stimmen

Test, Seite 16

1 a) 0 b) 1 c) 0 d) 1,5 e) 0 f) −0,5

2 a) $L = \left\{\frac{3\pi}{8}; \frac{7\pi}{8}; \frac{11\pi}{8}; \frac{15\pi}{8}; \frac{19\pi}{8}; \frac{23\pi}{8}\right\}$
b) $L = \{0; 6\pi\}$
c) $L = \{5; 15; 25; 35; 45\}$
d) $x_1 \approx 0{,}64$; $x_2 \approx 2{,}50$
e) Keine Lösung, da $0{,}2 \cdot \sin(2x) = 5$ keine Lösung hat.
f) $L = \left\{-\frac{2}{3}; \frac{2}{3}; \frac{10}{3}; \frac{14}{3}\right\}$

3 a) Amplitude $|a| = 2$; Periode $p = 4$
b) $|a| = 1{,}5$; $p = 2\pi$
c) $|a| = 1$; $p = \pi$

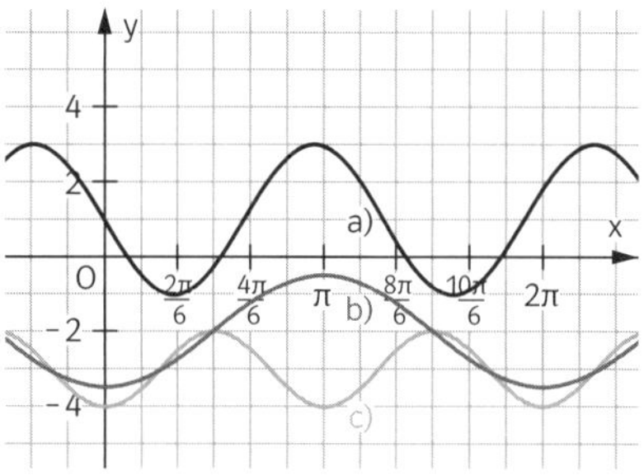

4 a) $f(x) = 3\sin(x + 4) - 5$
b) $0 = \sin(2 + b)$, z. B. $b = -2$ oder $b = \pi - 2$
c) $f(x) = 3\sin(\pi x) + \frac{1}{3}$

5 f_1 gehört zu B; f_2 gehört zu A; f_3 gehört zu C; f_4 gehört zu D

6 a) Der Graph ist nicht Graph der Funktion, da es in x-Richtung verschoben ist.
b) Der Graph ist Graph der Funktion, da die Amplitude 3, die Periode 2 und eine Verschiebung in y-Richtung um −2 vorliegt.
c) Der Graph ist nicht Graph der Funktion, da die Periode nicht 2 ist.

7 $f(t) = 9{,}1\cos(\pi x) + 10{,}2$
$f(5) \approx 14{,}75$
Im Mai ist mit ca. 14,75 °C zu rechnen.

II Differenzialrechnung

Differenzen- und Differenzialquotient, Seite 17

1 a) $f(-1) = -\frac{7}{2}$; $f(0) = -4$; $\frac{f(0) - f(-1)}{0 - (-1)} = \frac{-4 - \left(-\frac{7}{2}\right)}{1} = -\frac{1}{2}$

$f(-3) = \frac{1}{2}$; $f(2) = -2$; $\frac{f(2) - f(-3)}{2 - (-3)} = \frac{-2 - \frac{1}{2}}{5} = -\frac{1}{2}$

b) $f(-1) = -3$; $f(0) = 0$; $\frac{f(0) - f(-1)}{0 - (-1)} = \frac{0 - (-3)}{1} = 3$

$f(-3) = 15$; $f(2) = 0$; $\frac{f(2) - f(-3)}{2 - (-3)} = \frac{0 - 15}{5} = -3$

2 (Hinweis: Hier wird mit den exakten Werten gerechnet. Aus der Grafik liest man die Werte aber nur auf eine Nachkommastelle genau ab.)

a) $[1; 2]$: $\frac{f(2) - f(1)}{2 - 1} = \frac{3{,}5 - 2}{1} = 1{,}5$; $[1; 1{,}5]$: $\frac{f(1{,}5) - f(1)}{1{,}5 - 1} = \frac{2{,}875 - 2}{0{,}5} = 1{,}75$;

$[0; 1]$: $\frac{f(1) - f(0)}{1 - 0} = \frac{2 - (-0{,}5)}{1} = 2{,}5$; $[0{,}5; 1]$: $\frac{f(1) - f(0{,}5)}{1 - 0{,}5} = \frac{2 - 0{,}875}{0{,}5} = 2{,}25$

b) Vermutung: $\lim\limits_{x \to 1} \frac{f(x) - f(1)}{x - 1} = 2$

c) und d)

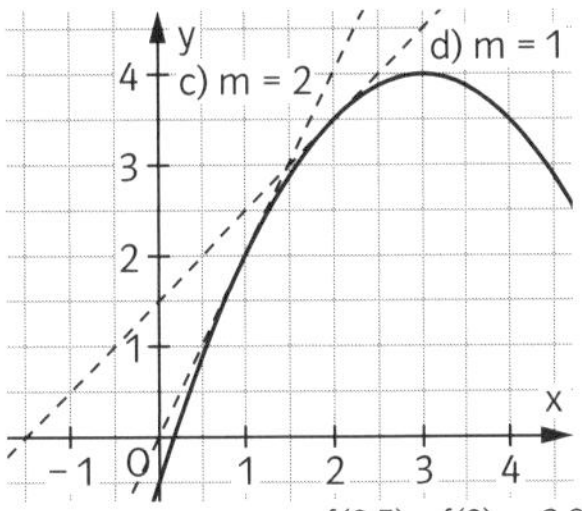

d) zum Beispiel: $\frac{f(2{,}5) - f(2)}{2{,}5 - 2} = \frac{3{,}875 - 3{,}5}{0{,}5} = 0{,}75$;

$\frac{f(1{,}5) - f(2)}{1{,}5 - 2} = \frac{2{,}875 - 3{,}5}{-0{,}5} = 1{,}25$; Vermutung: $\lim\limits_{x \to 2} \frac{f(x) - f(2)}{x - 2} = 1$

3 a) $\frac{f(1{,}9) - f(2)}{1{,}9 - 2} = -1{,}05$; $\frac{f(1{,}99) - f(2)}{1{,}99 - 2} = -1{,}005$;

$\frac{f(2{,}1) - f(2)}{2{,}1 - 2} = -0{,}95$; $\frac{f(2{,}01) - f(2)}{2{,}01 - 2} = -0{,}995$

b) Vermutung: $\lim\limits_{x \to 2} \frac{f(x) - f(2)}{x - 2} = -1$

c)

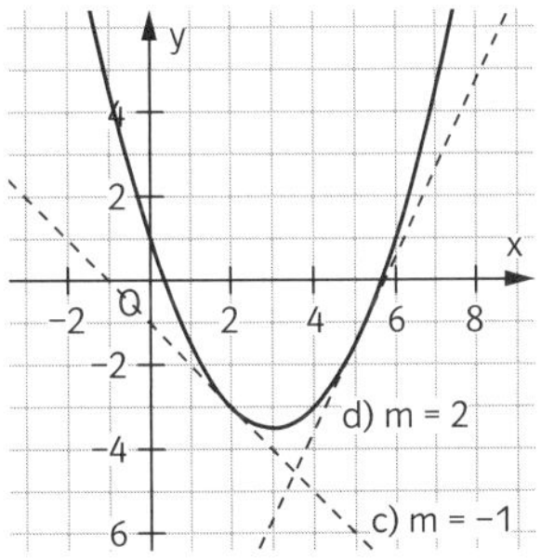

d) zum Beispiel: $\frac{f(4{,}9) - f(5)}{4{,}9 - 5} = 1{,}95$; $\frac{f(4{,}99) - f(5)}{4{,}99 - 5} = 1{,}995$;

$\frac{f(5{,}1) - f(5)}{5{,}1 - 5} = 2{,}05$; $\frac{f(5{,}01) - f(5)}{5{,}01 - 5} = 2{,}005$; Vermutung: $\lim\limits_{x \to 5} \frac{f(x) - f(5)}{x - 5} = 2$

4 a)

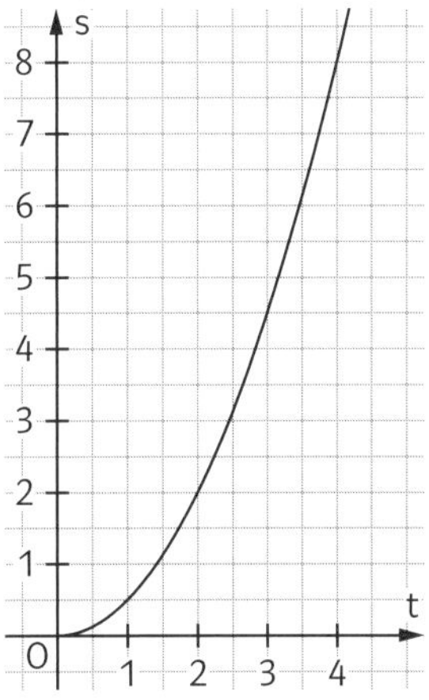

b) $s(2) = 2$ (Einheit m): Strecke, die nach 2 Sekunden zurückgelegt ist.

$\frac{s(4) - s(2)}{4 - 2} = 3$ (Einheit m/s): mittlere Geschwindigkeit im Zeitintervall von 2 Sekunden bis 4 Sekunden.

$\frac{s(0) - s(2)}{0 - 2} = 1$ (Einheit m/s): mittlere Geschwindigkeit in den ersten zwei Sekunden.

$\lim\limits_{t \to 2} \frac{s(t) - s(2)}{t - 2} = 2$ (Einheit in m/s): Momentangeschwindigkeit nach 2 Sekunden.

c) durchschnittliche Geschwindigkeit in der dritten Sekunde:

$\frac{s(3) - s(2)}{3 - 2} = \frac{4{,}5 - 2}{1} = 2{,}5$ (Einheit m/s);

Momentangeschwindigkeit nach 3 Sekunden:

$\lim\limits_{t \to 3} \frac{s(t) - s(3)}{t - 3} = 3$ (Einheit m/s).

Die Ableitungsfunktion, Seite 18

1 a) $f(x) = x^2 - 2$;

$f(x) = x_0^2 - 2$;

$\frac{f(x) - f(x_0)}{x - x_0} = \frac{x - 2 - (x_0^2 - 2)}{x - x_0} = \frac{x^2 + x_0^2}{x - x_0} = x - x_0$

$\lim\limits_{x \to x_0} (x + x_0) = 2x_0$. Also ist $f'(x) = 2x$

b) $f'(x) = 4x$ c) $f'(x) = -6x$

2 a) wahr, weil Graph durch den Koordinatenursprung geht

b) falsch, weil der Anstieg dort negativ ist

c) wahr, weil f dort fallend ist

d) falsch, weil f bei 0 stärker fällt als bei 1

e) wahr, weil der Graph dort über der x-Achse verläuft

f) wahr, weil der Graph bei x = 2 steiler ist

g) wahr, weil der Graph von wachsend zu fallend und von fallend zu wachsend wechselt

h) wahr, weil f in $[-2; 3]$ zwei einfache Nullstellen besitzt

Seite 19

3 $f'(x) > 0$: $]-\infty; -1[$; $]1; 4[$

$f'(x) = 0$: $x = -1$; $x = 1$; $x = 4$

$f'(x) < 0$: $]-1; 2[$; $]4; \infty[$

4 1 gehört zu E; 2 gehört zu C; 3 gehört zu A; 4 gehört zu B; 5 gehört zu D

5 A

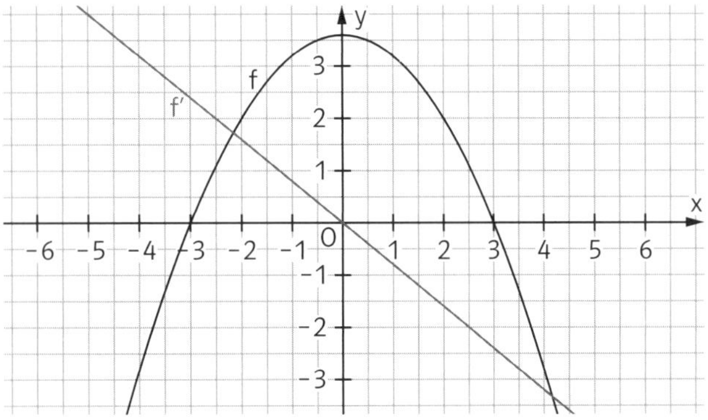

B

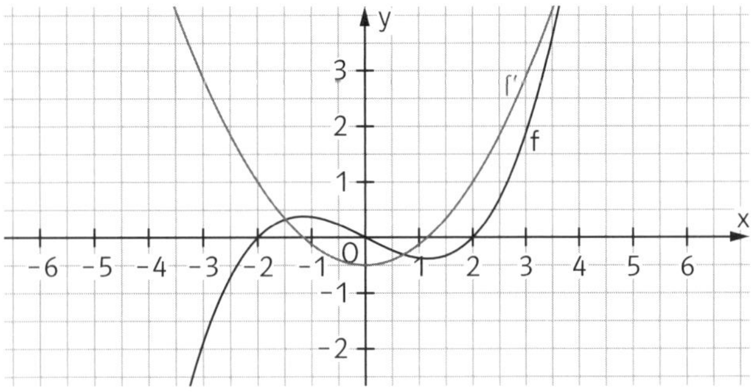

C

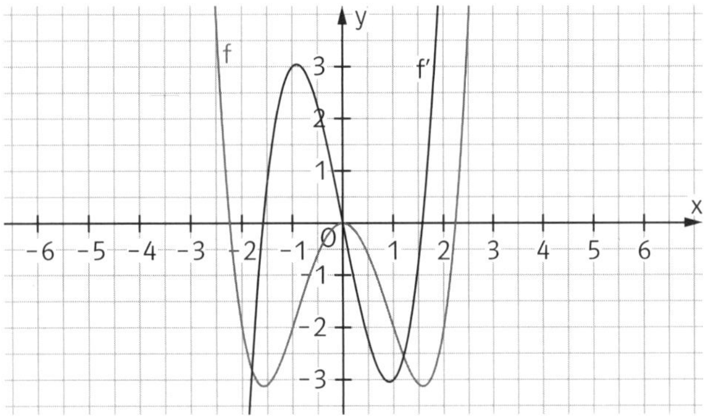

6 K_1 ist die Ableitung von K_3.
K_2 ist die Ableitung von K_5.
K_6 ist die Ableitung von K_4.

Zusammengesetzte Funktionen, Seite 20

1 a) Summe: $f(x) + g(x) = 2 - 3x + x^2 + 1 = x^2 - 3x + 3$
b) Differenz: $f(x) - g(x) = 2 - 3x - (x^2 + 1) = -x^2 - 3x + 1$
c) Differenz: $g(x) - f(x) = x^2 + 1 - (2 - 3x) = x^2 + 3x - 1$
d) Produkt: $f(x) \cdot g(x) = (2 - 3x) \cdot (x^2 + 1) = -3x^3 + 2x^2 - 3x + 2$
e) Quotient: $\frac{f(x)}{g(x)} = \frac{2 - 3x}{x^2 + 1}$

2 a) Summe: $f(x) = 4x^2 + 36x + 81$, also z. B.
$f(x) = u(x) + v(x)$ mit $u(x) = 4x^2$ und $v(x) = 36x + 81$.
Produkt: $f(x) = (2x + 9)(2x + 9)$, also z. B.
$f(x) = u(x) \cdot v(x)$ mit $u(x) = 2x + 9$ und $v(x) = 2x + 9$.
b) Produkt: $g(x) = \frac{3}{x} = \frac{1}{x} \cdot 3$, also z. B.
$g(x) = u(x) \cdot v(x)$ mit $u(x) = \frac{1}{x}$ und $v(x) = 3$.
c) Produkt: $h(x) = \frac{1}{(x + 1)^2} = \frac{1}{x + 1} \cdot \frac{1}{x + 1}$, also z. B.
$g(x) = u(x) \cdot v(x)$ mit $u(x) = \frac{1}{x + 1}$ und $v(x) = \frac{1}{x + 1}$.

3 a) $u(x) \cdot v(x) = \cos(2x) \cdot x^3$
b) $v(x) - u(x) = x^3 - \cos(2x)$

4 $f(x) = 0$ für $x = 1$; C gehört zu f;
$g(x) = 0$ für $x_{1,2} = 1$ (doppelte Nullstelle); A gehört zu g.
$h(x) = 0$ für $x_1 = -1$ und $x_2 = 1$; B gehört zu h.

Ableitungsregeln: Potenz-, Summen- und Faktorregel, Seite 21

1

f(x)	x^2	x^7	x^{31}	3	x^{-2}	$x^{\frac{1}{3}}$	$\sqrt{x} = x^{\frac{1}{2}}$
f′(x)	$2x$	$7x^6$	$31x^{30}$	0	$-2x^{-3} = -\frac{2}{x^3}$	$\frac{1}{3}x^{-\frac{2}{3}}$	$\frac{1}{2}x^{-\frac{1}{2}} = \frac{1}{2\sqrt{x}}$

f(x)	$x^{\frac{2}{5}}$	$\frac{1}{x}$	$\frac{1}{x^2}$	$\frac{1}{x^4}$	$\frac{1}{\sqrt{x}}$
f′(x)	$\frac{2}{5}x^{-\frac{3}{5}}$	$-x^{-2} = -\frac{1}{x^2}$	$-2x^{-3} = -\frac{2}{x^3}$	$-4x^{-5} = -\frac{4}{x^5}$	$-\frac{1}{2}x^{-\frac{3}{2}}$

2 a) $f'(u) = 2u$ b) $g'(a) = 5a^4$ c) $h'(t) = -3t^{-4}$
d) $s'(a) = \frac{-2}{a^3}$ e) $v'(t) = \frac{1}{2\sqrt{t}}$

3 a) $P\left(\frac{3}{2} \middle| \frac{9}{4}\right)$ b) $P_1(1|1)$ und $P_2(-1|-1)$
c) $P\left(-\sqrt[3]{\frac{2}{3}} \middle| \frac{1}{\sqrt[3]{\frac{4}{9}}}\right)$ d) keine Lösung e) $P\left(\frac{1}{36} \middle| \frac{1}{6}\right)$

4 a) $f(x) = x^4$; $f'(x) = 4x^3$; $f(2) = 16$; $f'(2) = 32$ (Tangentensteigung)
b) $f(x) = x^5$; $f'(x) = 5x^4$; $f(2) = 32$; $f'(2) = 40$
c) $f(x) = x^{0,5} = \sqrt{x}$; $f'(x) = 0{,}5x^{-0,5} = \frac{0,5}{\sqrt{x}}$; $f(4) = 2$; $f'(4) = 0{,}25$
d) $f(x) = x^{-2} = \frac{1}{x^2}$; $f'(x) = -2x^{-3} = -\frac{2}{x^3}$; $f(3) = \frac{1}{9}$; $f'(3) = -\frac{2}{27}$

5 a) $f'(x) = t \cdot x^{t-1}$ b) $f'(x) = (s - 1) \cdot x^{s-2}$
c) $f'(x) = -t \cdot x^{-t-1}$ d) $f'(x) = (2s + 1) \cdot x^{2s}$
e) $f'(x) = \frac{-(t + 1)}{x^{t+2}}$ f) $f'(x) = \frac{-2s}{x^{2s+1}}$

6 a) $f'(x) = 10x$ b) $f'(x) = -2x^{-2}$
c) $f'(x) = \frac{-6}{x^3}$ d) $f'(x) = 2x - 3x^2$
e) $f'(x) = 1 + \frac{1}{2\sqrt{x}}$ f) $f'(x) = 6x + 3$
g) $f'(x) = -4x^3 + 2$ h) $f'(x) = \frac{-2}{x^2}$
i) $f'(x) = \frac{1}{2}$ j) $f'(x) = \frac{-2}{x^2} + 2$

7 a) $f'(x) = 2ax$ b) $f'(x) = 2x$
c) $f'(x) = \frac{2x}{a}$ d) $f'(x) = a^2$
e) $f'(x) = \frac{-2a}{x^3}$ f) $f'(x) = 2ax + b$
g) $f'(x) = 2ax$ h) $f'(x) = 2bx$
i) $f'(x) = 3ax^2 + a^3$ j) $f'(a) = x^3 + 3a^2x$

Seite 22

8 a) $f(x) = x^3 + 2x^2 - 3x$; $f'(x) = 3x^2 + 4x - 3$
b) $f(x) = x^2 - x - 2$; $f'(x) = 2x - 1$
c) $f(x) = 1 + \frac{1}{x^2}$; $f'(x) = \frac{-2}{x^3}$

9 a) $f'(x) = x + 2$; $f'(-1) = 1$ b) $f'(x) = 3x^2 - 4$; $f'(2) = 8$
c) $f'(x) = \frac{-4}{x^3} - x$; $f'(-2) = 2{,}5$

10

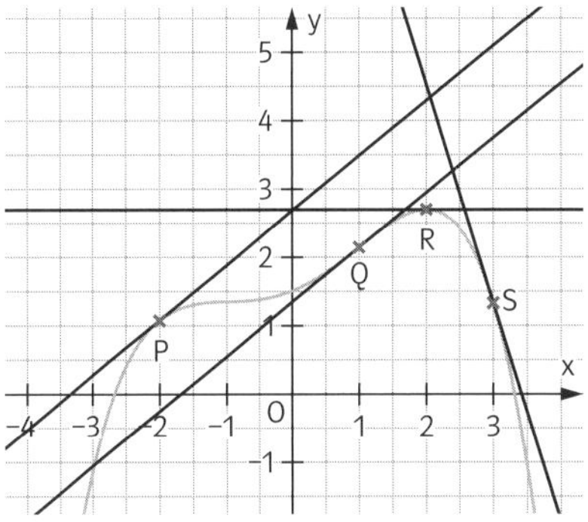

Abgelesene Tangentensteigungen:
in P: 0,8; in Q: 0,8; in R: 0; in S: −3,2
Ableitung: $f'(x) = \frac{1}{20}(-4x^3 + 12x + 8)$
$f'(-2) = 0{,}8$; $f'(1) = 0{,}8$; $f'(2) = 0$; $f'(3) = -3{,}2$
Tangente in P: $t_P(x) = \frac{4}{5}x + \frac{27}{10}$

Tangente in Q: $t_Q(x) = \frac{4}{5}x + \frac{27}{20}$

Tangente in R: $t_R(x) = \frac{27}{10}$

Tangente in S: $t_S(x) = -\frac{16}{5}x + \frac{219}{20}$

11 a) falsch, denn $f'(x) = 2x$
b) wahr
c) wahr
d) falsch, Gegenbeispiel: $f(x) = x^2$ und $g(x) = x^2 + 4$ haben beide die Ableitung $f'(x) = g'(x) = 2x$
e) falsch, Gegenbeispiel: $f(x) = x^2 + 1$ besitzt nur positive Funktionswerte, die Ableitung $f'(x) = 2x$ jedoch nicht
f) falsch, denn ein konstanter Summand fällt beim Ableiten weg
g) wahr

12 Ansatz: $f'(x) = g'(x)$
a) $2x = -\frac{4}{x^2}$; $x = -\sqrt[3]{2}$
b) $9x^2 + 2 = -2$; keine Lösung
c) $x^2 = 4x - 3$; $x_1 = 1$; $x_2 = 3$

13 $f'(x) = 3x^2 - 6x = 3x(x - 2)$;
Positive Tangentensteigung für $x < 0$ oder $x > 2$.

14 Ansatz: $f'(x) = 1$, da die Steigung der 1. Winkelhalbierenden 1 ist.
a) $-x + 2 = 1$; $x_1 = 1$
b) $3x^2 - 6x + 1 = 1$; $x_1 = 0$; $x_2 = 2$
c) $\frac{1}{4\sqrt{x}} = 1$; $x_1 = \frac{1}{16}$

Höhere Ableitungen, Seite 23

1 a) $f'(x) = 7x^6$; $f''(x) = 42x^5$; $f'''(x) = 210x^4$; $f^{(4)}(x) = 840x^3$
b) $f'(x) = 6x^2 - 1$; $f''(x) = 12x$; $f'''(x) = 12$; $f^{(4)}(x) = 0$
c) $f'(x) = -2x^3 - 4x + 4$; $f''(x) = -6x^2 - 4$; $f'''(x) = -12x$;
$f^{(4)}(x) = -12$
d) $f'(x) = -3x^{-4}$; $f''(x) = 12x^{-5}$; $f'''(x) = -60x^{-6}$; $f^{(4)}(x) = 360x^{-7}$
e) $f'(x) = nx^{n-1}$; $f''(x) = n(n-1)x^{n-2}$; $f'''(x) = n(n-1)(n-2)x^{n-3}$;
$f^{(4)}(x) = n(n-1)(n-2)(n-3)x^{n-4}$
f) $f'(x) = \frac{3}{2}x^{\frac{1}{2}}$; $f''(x) = \frac{3}{4}x^{-\frac{1}{2}}$; $f'''(x) = -\frac{3}{8}x^{-\frac{3}{2}}$; $f^{(4)}(x) = \frac{9}{16}x^{-\frac{5}{2}}$

2 a)

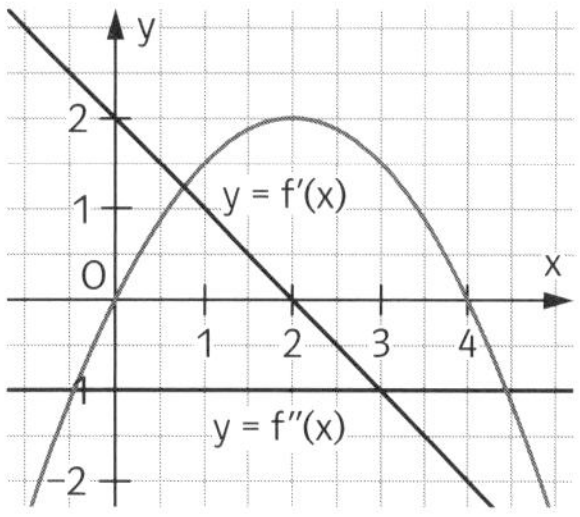

b)

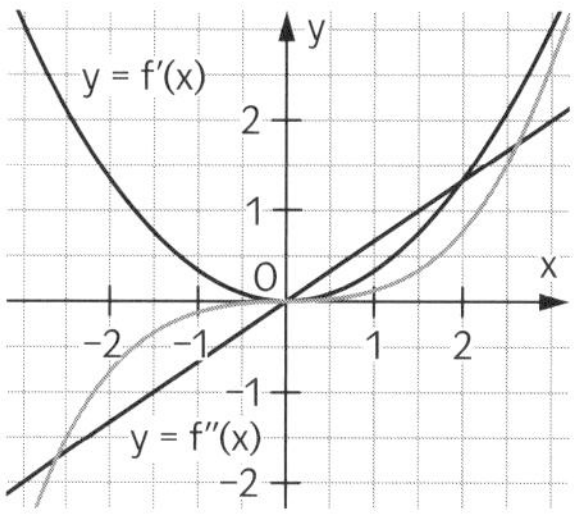

3 a) richtig
b) richtig, denn $f^7(x) = 5040$
c) falsch, Gegenbeispiel: $f(x) = \frac{1}{x}$.
d) falsch, Gegenbeispiel: Für $f(x) = 2x^3 - 3x + 5$ und $g(x) = 2x^3 + x + 5$ gilt: $f''(x) = g''(x) = 12x$, obwohl sich die Terme von f und g auch im linearen Term unterscheiden.

4 a) schwarz: f, grau: f′, blau: f″
b) grau: f, schwarz: f′, blau: f″
c) blau: f, schwarz: f′, grau: f″

5 a) Eine waagerechte Tangente hat die Steigung null.
Also sind Stellen mit $f'(x) = 0$ gesucht: $x_1 = -4$; $x_2 = -1$; $x_3 = 2{,}5$
b) Positive Tangentensteigungen bedeutet $f'(x) > 0$.
Dies ist für $-4 < x < -1$ sowie $x > 2{,}5$ der Fall.
c) Besitzt der Graph von f′ eine waagerechte Tangente, so gilt an der Berührstelle $f''(x) = 0$. Dies ist für $x \approx -2{,}7$ sowie $x \approx 1$ der Fall.
d)

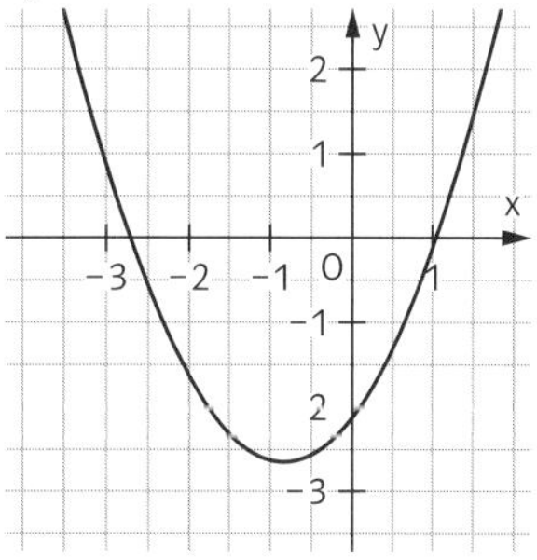

Tangenten, Seite 24

1 a) $f(2) = 8$; $f'(x) = 3x^2$; $f'(2) = 12$; t: $y = 12x - 16$
b) $f(-1) = -3$; $f'(x) = -\frac{3}{x^2}$; $f'(-1) = -3$; t: $y = -3x - 6$
c) $f(1) = 1$; $f'(x) = 6x^2 + 1$; $f'(1) = 7$; t: $y = 7x - 4$

2 a)

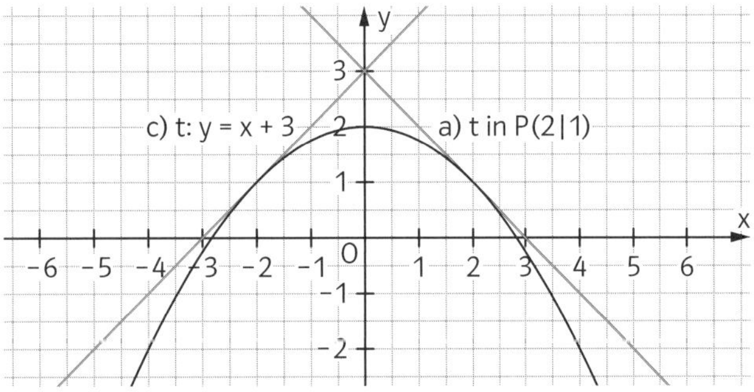

b) $f(x) = -\frac{1}{4}x^2 + 2$
$f(2) = 1$; $f'(x) = -0{,}5x$; $f'(2) = -1$; t: $y = -x + 3$
c) $f(-2) = 1$; $f'(-2) = 1$; t: $y = x + 3$
d) Die beiden Geraden sind orthogonal zueinander.

3 a) t: $y = -4x + 9$
Die Gleichung $-x^2 + 5 = -4x + 9$ ergibt umgeformt $(x - 2)^2 = 0$; sie besitzt nur die doppelte Lösung $x = 2$.
Daher gibt es keinen weiteren Schnittpunkt.
b) t: $y = -x$
Die Gleichung $x^3 - 2x^2 = -x$ ergibt umgeformt $x(x^2 - 2x + 1) = 0$.
Diese hat die Lösungen $x_1 = 0$; $x_{2/3} = 1$ (doppelte Lösung).
Daher gibt es noch den weiteren Schnittpunkt $O(0|0)$.
c) t: $y = -16$
Die Gleichung $x^4 - 8x^2 = -16$ ergibt umgeformt die Gleichung $x^4 - 8x^2 + 16 = 0$. Diese Gleichung hat die doppelten Lösungen $x_{1/2} = -2$; $x_{3/4} = 2$. Daher gibt es noch den weiteren Schnittpunkt $P(-2|-16)$ (t ist auch Tangente in diesem Punkt).

Ableitungen von e^x, sin(x) und cos(x), Seite 25

1 a) $f'(x) = 2e^x$; $f''(x) = 2e^x$
b) $f'(x) = 10x - 2e^x$; $f''(x) = 10 - 2e^x$
c) $f'(x) = e^x - e$; $f''(x) = e^x$
d) $f'(x) = \frac{e^x}{3} - \frac{x^2}{2}$; $f''(x) = \frac{e^x}{3} - x$
e) $f'(x) = 3\cos(x)$; $f''(x) = -3\sin(x)$
f) $f'(x) = 5 - \sin(x)$; $f''(x) = -\cos(x)$
g) $f'(x) = e^x - \cos(x)$; $f''(x) = e^x + \sin(x)$
h) $f'(x) = -\sin(x) - \frac{1}{2\sqrt{x}}$; $f''(x) = -\cos(x) + \frac{1}{4\sqrt{x^3}}$
i) $f'(x) = 3e^x + 2\sin(x)$; $f''(x) = 3e^x + 2\cos(x)$

2 a) $f'(x) = e^x + 1$; $f''(x) = e^x$
b) $f'(1) = e + 1$; $f'(0) = 2$; $f'(-1) = e^{-1} + 1 = \frac{1}{e} + 1$
c) Tangente in P: $y = (e + 1) \cdot x$; Tangente in Q: $y = 2 \cdot x + 1$
d) Eine waagerechte Tangente besitzt die Steigung null, d.h. gesucht ist eine Stelle mit $f'(x) = 0$, also $e^x + 1 = 0$. Wegen $e^x > 0$ besitzt diese Gleichung jedoch keine Lösung. Folglich besitzt der Graph von f keinen Punkt mit waagerechter Tangente.

3 a) Der Ansatz $f'(x) = -3e^x + 1 = -2$ führt auf $e^x = 1$ bzw. $x = 0$. Der gesuchte Punkt lautet $P(0|1)$.
b) Mit der Ableitung $f'(x) = -e^x + 2$ führt der Ansatz $f'(x) = 2 - e$ auf $-e^x + 2 = 2 - e$, also $x = 1$. Der gesuchte Punkt lautet $P(1|2 - e)$ bzw. $P(1|-0{,}7183)$.
c) Mit der Ableitung $f'(x) = -\frac{1}{2}e^x + 2$ führt der Ansatz $f'(x) = 0$ auf $-\frac{1}{2}e^x + 2 = 0$, also $x = \ln(4)$. Der gesuchte Punkt lautet $P(\ln(4)|-2 + 2\ln(4))$ bzw. $P(1{,}3863|0{,}7726)$.
d) Mit der Ableitung $f'(x) = -3e^x + 1$ führt der Ansatz $f'(x) = -2$ auf $-3e^x + 1 = -2$, also $x = 0$. Der gesuchte Punkt lautet $P(0|-3)$.

4 a) wahr
b) falsch, denn $f^{(5)}(x) = -\cos(x)$
c) wahr
d) falsch, denn $f^{(4)}(x) = 2e^x - 3\sin(x) + 30x$
e) wahr

5 a) Wegen der Periodizität der Sinusfunktion liegen diese Punkte mit waagerechter Tangente bei $P\left(\frac{\pi}{2} + n \cdot 2\pi \middle| 2\right)$ bzw. $Q\left(\frac{3\pi}{2} + n \cdot 2\pi \middle| -2\right)$, $n \in \mathbb{Z}$.
Die x-Koordinaten zweier benachbarter solcher Punkte haben voneinander den Abstand einer halben Periode, also π.
b) Der Ansatz $f'(x) = -\sin(x) = 1$ führt im gegebenen Intervall auf die Punkte $P_1\left(-\frac{\pi}{2} \middle| 0\right)$ und $P_2\left(\frac{3\pi}{2} \middle| 0\right)$.
c) Es ist $f'(x) = 2 - e^x < 2$ für alle $x \in \mathbb{R}$.
d) Die Tangente in $Y(0|5)$ hat die Gleichung $y = x + 5$ und schneidet die x-Achse in $N(-5|0)$. Somit gilt $\overline{OY} = \overline{ON} = 5$.

Verkettung von Funktionen, Seite 26

1 $u(v(x)) = \cos(2x^2)$; u: äußere, v: innere Funktion
$v(u(x)) = 2 \cdot (\cos(x))^2$; v: äußere, u: innere Funktion
$w(v(x)) = 2x^2 - 1$; v: innere, w: äußere Funktion
$u(w(x)) = \cos(x - 1)$; u: äußere, w: innere Funktion

2 $u(v(x)) = 3 \cdot \sin(x)$; $v(u(x)) = \sin(3x)$; $u(w(x)) = 3 \cdot e^x$;
$w(u(x)) = e^{3x}$; $v(w(x)) = \sin(e^x)$; $w(v(x)) = e^{\sin(x)}$

3 f(g(x)): richtig g(f(x)): richtig
$f(h(x)) = 2 \cdot (x^3 + 1) = 2x^3 + 2$, also falsch.
h(f(x)): richtig
$f(f(x)) = 2 \cdot 2x = 4x$, also falsch.
g(g(x)): richtig

4 a) $u(x) = x^2$; $v(x) = 4x + 5$
b) $u(x) = \frac{2}{x}$; $v(x) = x + 1$
c) $u(x) = \sin(x)$; $v(x) = x + 8$
d) $u(x) = e^x$; $v(x) = -2x + 1$

5
a) $f(g(4)) = \sqrt{2 \cdot 4 + 1} = \sqrt{9} = 3$
$g(f(4)) = 2 \cdot \sqrt{4} + 1 = 2 \cdot 2 + 1 = 5$
b) $f(g(x)) = \sqrt{2 \cdot x + 1} = 5$
$\sqrt{25} = 5$
d.h. $2 \cdot x + 1 = 25$ d.h. $x = 12$.
$f(g(12)) = 5$

Die Kettenregel, Seite 27

1 siehe Tabelle 1

2 a) $v(x) = 5x$; $v'(x) = 5$; $u(v) = 0{,}5\cos(v)$; $u'(v) = -0{,}5\sin(v)$;
$u'(v(x)) = -0{,}5\sin(5x)$
Damit ist $f'(x) = -0{,}5\sin(5x) \cdot 5 = -2{,}5\sin(5x)$.
b) $v(x) = -2x$; $v'(x) = -2$; $u(v) = 4e^v + 1$; $u'(v) = 4e^v$;
$u'(v(x)) = 4e^{-2x}$
Damit ist $f'(x) = 4e^{-2x} \cdot (-2) = -8e^{-2x}$.

Seite 28

3 a) $f'(x) = 4 \cdot (2x-3)^3 \cdot 2$
b) $f'(x) = -2 \cdot (5-4x)^{-3} \cdot (-4)$
c) $f'(x) = -3 \cdot \cos(4x+1) \cdot 4$
d) $f(x) = (3x-6)^4$; $f'(x) = 4 \cdot (3x-6)^3 \cdot 3$
e) $f(x) = 4e^{3x+1}$; $f'(x) = 12 \cdot e^{3x+1}$
f) $f(x) = 8 \cdot e^{-x}$; $f'(x) = -8 \cdot e^{-x}$

4 a) $f'(x) = 8 \cdot \cos(5x-3) \cdot 5 = 40\cos(5x-3)$
b) $g'(x) = 4 \cdot e^{\frac{x}{2}} \cdot \frac{1}{2} = 2 \cdot e^{\frac{x}{2}}$
c) $h'(x) = \frac{1}{6} \cdot 3(2x+4)^2 \cdot 2 = (2x+4)^2$
d) $i'(x) = \frac{1}{2\sqrt{6x-9}} \cdot 6 = \frac{3}{\sqrt{6x-9}}$

5 a) $f'(x) = 3 \cdot (-2) \cdot (x+1)^{-3} = -\frac{6}{(x+1)^3}$
b) $g'(x) = 8x \cdot \cos(x+1)$
c) $h'(x) = -6x \cdot e^{2x}$
d) $i'(x) = 10 \cdot (3x-4)^4 \cdot 3 = 30 \cdot (3x-4)^4$

6 Fig. 1: g   Fig. 2: h   Fig. 3: f, g′   Fig. 4: h′

7 a) f_2, f_4 b) g_1, g_4 c) h_1, h_3 d) i_2, i_3

8 a) $f'(x) = 2(2x-5)^2$; $f'(0) = 50$; $f'(1) = 18$
$g'(x) = -3 \cdot e^{3x+1}$; $g'(0) = -3e$; $g'(1) = -3e^{-2}$
b) Der Ansatz $f'(x) = 2$ führt auf $2(2x-5)^2 = 2$ mit den Lösungen $x_1 = 2$; $x_2 = 3$. Man erhält die Punkte $P\left(2 \middle| -\frac{1}{3}\right)$ und $Q\left(3 \middle| -\frac{1}{3}\right)$.
c) Der Ansatz $g'(x) = -3$ führt auf $x = \frac{1}{3}$.
Der zugehörige Punkt lautet $P\left(\frac{1}{3} \middle| 1\right)$, die Tangentengleichung $y = -3x + 2$.

Die Produktregel, Seite 29

1 siehe Tabelle 2

2 a) $f'(x) = 3\cos(x) - (3x-1) \cdot \sin(x)$
b) $g'(x) = -3x^2 \cdot \sqrt{x} + (1-x^3) \cdot \frac{1}{2\sqrt{x}}$
c) $h'(x) = 10x \cdot \sin(x) + 5x^2 \cdot \cos(x)$
d) $i'(x) = -\frac{10}{x^3} \cdot \sin(x) + \frac{5}{x^2} \cdot \cos(x)$

3 a) $u(x) = 2x^3 - x$; $v(x) = \cos(x)$;
$f'(x) = (6x^2-1) \cdot \cos(x) - (2x^3 - x) \cdot \sin(x)$
b) $u(x) = \frac{1}{x-1}$; $v(x) = x^2$;
$g'(x) = -\frac{1}{(x-1)^2} \cdot x^2 + \frac{1}{x-1} \cdot 2x = -\frac{x^2}{(x-1)^2} + \frac{2x}{x-1}$
c) $u(x) = \frac{1}{x-1}$; $v(x) = -\sin(x)$;
$h'(x) = -\frac{1}{(x-1)^2} \cdot (-\sin(x)) + \frac{1}{x-1} \cdot (-\cos(x)) = \frac{\sin(x)}{(x-1)^2} - \frac{\cos(x)}{x-1}$
d) $u(x) = 3\sqrt{x}$; $v(x) = (x^4+1)$;
$i'(x) = \frac{3}{2\sqrt{x}} \cdot (x^4+1) + 3\sqrt{x} \cdot 4x^3 = \frac{3(x^4+1)}{2\sqrt{x}} + 12\sqrt{x} \cdot x^3$
e) $u(x) = x^2 - 4x$; $v(x) = e^x$;
$j'(x) = (2x-4) \cdot e^x + (x^2-4x) \cdot e^x = (x^2 - 2x - 4) \cdot e^x$
f) $u(x) = \cos(x)$; $v(x) = e^x$;
$k'(x) = -\sin(x) \cdot e^x + \cos(x) \cdot e^x = (\cos(x) - \sin(x)) \cdot e^x$

Seite 30

4 a) $v(x)$ ist eine verkettete Funktion.
$f'(x) = (2x-1) \cdot \cos(2x) + (x^2-x) \cdot (-\sin(2x)) \cdot 2$
$= (2x-1) \cdot \cos(2x) - 2(x^2-x) \cdot \sin(x)$
b) $v(x)$ ist eine verkettete Funktion.
$f'(x) = -\frac{1}{x^2} \cdot (2x+1)^3 + \frac{1}{x} \cdot 3 \cdot (2x+1)^2 \cdot 2 = -\frac{(2x+1)^3}{x^2} + \frac{6(2x+1)^2}{x}$

Tabelle 1

f(x)	v(x)	v′(x)	u(v)	u′(v)	u′(v(x))	f′(x)
$\sin(x+3)$	$x+3$	1	$\sin(v)$	$\cos(v)$	$\cos(x+3)$	$\cos(x+3) \cdot 1 = \cos(x+3)$
$(2x+9)^4$	$2x+9$	2	v^4	$4v^3$	$4(2x+9)^3$	$4(2x+9)^3 \cdot 2 = 8(2x+9)^3$
$\sqrt{5x+1}$	$5x+1$	5	$\sqrt{v}$	$\frac{1}{2\sqrt{v}}$	$\frac{1}{2\sqrt{5x+1}}$	$\frac{1}{2\sqrt{5x+1}} \cdot 5 = \frac{5}{2\sqrt{5x+1}}$
$2\cos(3x)$		3	$2\cos(v)$	$-2\sin(v)$	$-2\sin(3x)$	$-2\sin(3x) \cdot 3 = -6\sin(3x)$
$\frac{3}{(1-2x)^4}$	$1-2x$	-2	$\frac{3}{v^4}$	$-\frac{12}{v^5}$	$-\frac{12}{(1-2x)^5}$	$-\frac{12}{(1-2x)^5} \cdot (-2) = \frac{24}{(1-2x)^5}$
e^{3x+2}	$3x+2$	3	e^v	e^v	e^{3x+2}	$e^{3x+2} \cdot 3 = 3e^{3x+2}$

Tabelle 2

f(x)	u(x)	u′(x)	v(x)	v′(x)	f′(x)
$(4x-2) \cdot \sin(x)$	$4x-2$	4	$\sin(x)$	$\cos(x)$	$4 \cdot \sin(x) + (4x-2) \cdot \cos(x)$
$(4x-2) \cdot \cos(x)$	$4x-2$	4	$\cos(x)$	$-\sin(x)$	$4 \cdot \cos(x) - (4x-2) \cdot \sin(x)$
$x^2 \cdot e^x$	x^2	$2x$	e^x	e^x	$2x \cdot e^x + x^2 \cdot e^x = (x^2+2x) \cdot e^x$
$\frac{1}{x} \cdot \sin(x)$	$\frac{1}{x}$	$-\frac{1}{x^2}$	$\sin(x)$	$\cos(x)$	$-\frac{1}{x^2} \cdot \sin(x) + \frac{1}{x} \cdot \cos(x)$
$\sqrt{x} \cdot \cos(x)$	$\sqrt{x}$	$\frac{1}{2\sqrt{x}}$	$\cos(x)$	$-\sin(x)$	$\frac{1}{2\sqrt{x}} \cdot \cos(x) - \sqrt{x} \cdot \sin(x)$

c) v(x) ist eine verkettete Funktion.
$f'(x) = 2 \cdot e^{-2x} + (2x + 1) \cdot e^{-2x} \cdot (-2) = -4x \cdot e^{-2x}$
d) u(x) ist eine verkettete Funktion.
$f'(x) = -e^{-x} \cdot \sin(x) + e^{-x} \cdot \cos(x) = e^{-x} \cdot (\cos(x) - \sin(x))$

5 a) Summen-, Potenz-, Faktor- und Produktregel
b) Produkt-, Potenz-, Faktor- und Kettenregel

6 $f'(x) = 2x \cdot \sin(x) + x^2 \cdot \cos(x)$, 1x Produktregel
$f''(x) = 2 \cdot \sin(x) + 2x \cdot \cos(x) + 2x \cdot \cos(x) - x^2 \cdot \sin(x)$
$= (2 - x^2) \cdot \sin(x) + 4x \cdot \cos(x)$, 2x Produktregel

7 a) $f'(x) = 3x^2 \cdot \sin(x) + x^3 \cdot \cos(x)$
b) $g'(x) = x^2 \cdot \sin(x) + (1 - \cos(x)) \cdot 2x$

8 a) $f'(x) = 2x \cdot e^{-x} + x^2 \cdot (-1) \cdot e^{-x} = (2x - x^2) \cdot e^{-x}$
$f'(1) = 1 \cdot e^{-1} = \frac{1}{e}$; $f'(2) = 0$; $f'(-1) = -3e$
b) $f'(x) = (x - 1)^4 + 4x(x - 1)^3$
$f(x) = 0$: $x_1 = 0$, $x_2 = 1$; $f'(0) = 1$, $f'(1) = 0$
$f'(x) = 0$: $x_3 = x_2 = 1$; $x_4 = \frac{1}{5}$

9 a) $f'(x) = g'(x) \cdot \sin(x) + g(x) \cdot \cos(x)$
b) $v'(x) = -\frac{1}{x^2}$; $f'(x) = g'(x) \cdot \frac{1}{x} - g(x) \cdot \frac{1}{x^2}$

Test, Seite 31

1 In den Punkten A und F ist die Steigung des Graphen negativ, in den Punkten C und E ist sie null und in den Punkten B und D ist die Steigung positiv.
A, F, C und E, B, D.

2 a) $f'(x) = \frac{1}{2}x^2 + 10x - 3$
b) $f'(x) = \cos(5x) - 5x \cdot \sin(5x)$
c) $f'(x) = 3(x^2 + 4)^3 + 3x \cdot 3(x^2 + 4)^2 \cdot 2x = (21x^2 + 12)(x^2 + 4)^2$
d) $f'(x) = e^{2x} \cdot (2\sin(x) + \cos(x))$
e) $f'(x) = e^{tx} \cdot (tx^2 + 2x - t^2)$
f) $f'(x) = \frac{1}{a} \cdot \sin(ax) + \frac{x}{a} \cdot a\cos(ax) = \frac{1}{a} \cdot \sin(ax) + x \cdot \cos(ax)$

3 a) $f'(x) = \frac{x^2}{2} + \frac{2}{\sqrt{x}} + \frac{6}{x^3}$; $f''(x) = x - \frac{1}{\sqrt{x^3}} - \frac{18}{x^4}$
b) $f'(x) = 2x^3 - \frac{3}{2}x^2 - 6x$; $f''(x) = 6x^2 - 3x - 6$
c) $f'(x) = \frac{1}{2} \cdot 2x \cdot (4x + 2) + \frac{1}{2}(x^2 - 3) \cdot 3 = 6x^2 + 2x - 6$;
$f''(x) = 12x + 2$
d) $f'(x) = \frac{1}{4} \cdot (x - 8)^2 + \frac{1}{4}x \cdot 2 \cdot (x - 8)$
$= \frac{1}{4} \cdot (x - 8)^2 + \frac{1}{2}x(x - 8)$
$f''(x) = \frac{1}{2} \cdot (x - 8) + \frac{1}{2}(x - 8) + \frac{1}{2}x$
e) $f'(x) = t \cdot \frac{1}{x^2} + (tx - 2t^2) \cdot \left(\frac{-2}{x^3}\right)$
$f''(x) = -2 \cdot t \cdot \frac{1}{x^3} + t \cdot \left(\frac{-2}{x^3}\right) + (tx - 2t^2) \cdot \frac{6}{x^4}$
f) $f'(x) = a \cdot (x^2 - a^2) + ax \cdot 2x = 3ax^2 - a^3$
$f''(x) = 6ax$

4 D: Graph von f, C: Graph von g, A: Graph von h
Mögliches Vorgehen: Man liest die Nullstellen der Ableitungsfunktion ab und bestimmt so die Stellen, wo der Graph der ursprünglichen Funktion eine waagerechte Tangente aufweist. Ein anderes Kriterium ist, dass offenbar nur Graphen von Polynomfunktionen vorliegen. Da sich beim Ableiten der Grad um eins verringert, muss die ursprüngliche Funktion einen um eins höheren Grad besitzen. Beispiel: Der Grad von f′ ist offensichtlich drei, also muss der Grad von f vier sein.

5

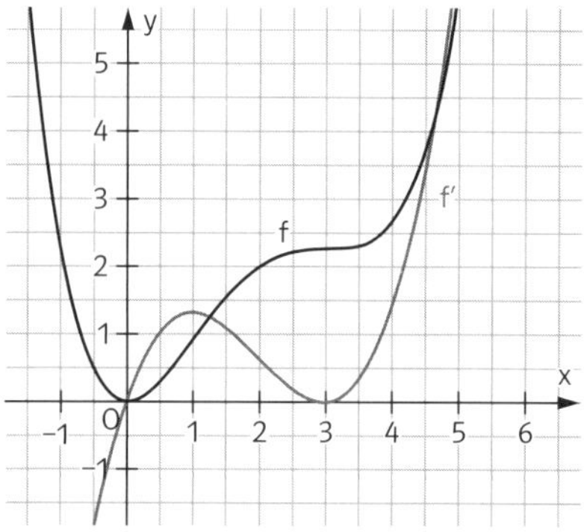

a) Wahr; f ist monoton wachsend, da $f'(x) > 0$ für $x > 0$.
b) Falsch; $f'(x) \approx 1{,}3$.
c) Unentscheidbar; alle Graphen von Stammfunktionen von f′ sind in y-Richtung gegeneinander verschoben.

6 a) $f(0) = -4$, also $Y(0 \mid -4)$.
$f(x) = 0$ führt auf $x = 4$, also $N(4 \mid 0)$.
$f'(x) = \left(-\frac{1}{2}x + 3\right) \cdot e^{-\frac{x}{2}}$; $f'(0) = 3$; $f'(4) = e^{-2} = \frac{1}{e^2}$
b) $f'(x) = 0$ führt auf $x = 6$, also $B\left(6 \middle| \frac{2}{e^3}\right)$.
c) $P\left(2 \middle| -\frac{2}{e}\right)$; $f'(2) = \frac{2}{e}$; t: $y = \frac{2}{e}x - \frac{6}{e}$; n: $y = -\frac{e}{2}x + e - \frac{2}{e}$

III Extremstellen und Wendestellen

Bedeutung der 1. Ableitung – Monotonie, Seite 32

1 a) Graph von f: rot: $x < -2$, grün: $x > -2$
Graph von g: rot: $x < -2$ sowie $-0{,}6 < x < 0$,
grün: $-2 < x < -0{,}6$ sowie $x > 0$
b) Tangenten an den Graphen haben im roten Bereich eine negative Steigung und im grünen Bereich eine positive Steigung.

2 a) $f'(x) = -2 - 3x^2 < 0$ für alle $x \in \mathbb{R}$, also ist f streng monoton fallend.
b) $f'(x) = 4x^3$
Für $x > 0$ ist f streng monoton wachsend.
Für $x < 0$ ist f streng monoton fallend.
c) $f(x) = e^x > 0$ für alle $x \in \mathbb{R}$, also ist f streng monoton wachsend.
d) $f'(x) = -\sin(x) \leq 0$ für alle $x \in [0; \pi]$
Für $x \in [0; \pi]$ ist f also monoton fallend.
e) $f'(x) = 6(x - 4)^2 > 0$ für alle $x \neq 4$ und $f'(4) = 0$:
f ist streng monoton wachsend auf $\mathbb{R}$.
f) $f'(x) = 2e^{2x+1} > 0$ für alle $x \in \mathbb{R}$, also f streng monoton wachsend.
g) $f'(x) = -e^{3-x} < 0$ für alle $x \in \mathbb{R}$, also ist f streng monoton fallend.
h) $f'(x) = 7 > 0$, also ist f streng monoton wachsend.
i) $f'(x) = 3\pi \cdot \cos(\pi x)$
f streng monoton wachsend für $0 < x < 0{,}5$ sowie $1{,}5 < x < 3$
f streng monoton fallend für $0{,}5 < x < 1{,}5$.

3 a) wahr, weil $f'(x) = 5x^4 + 2 > 0$ für alle $x \in \mathbb{R}$
b) wahr, da $f'(x) = \underbrace{-3}_{<0}\underbrace{e^{-x}}_{>0} < 0$
c) falsch, für $f'(x) < 0$ liegt der Graph von f unterhalb der x-Achse

4 a) $f'(x) = -2$
Skizze:

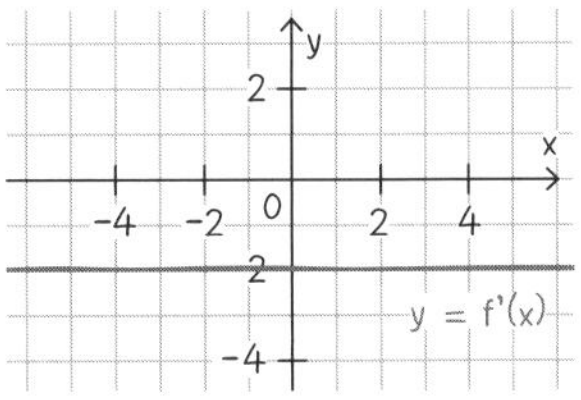

Der Graph von f' ist eine Parallele zur x-Achse unterhalb der x-Achse, also ist f streng monoton fallend.

b) $f'(x) = 3x^2 - 3$
Skizze:

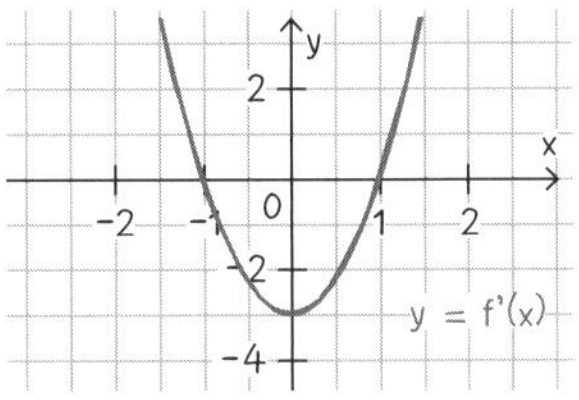

Der Graph von f' ist eine nach oben geöffnete Parabel und schneidet die x-Achse bei −1 und 1.
Also ist f streng monoton fallend auf [−1; 1].

c) $f'(x) = -e^x$
Skizze:

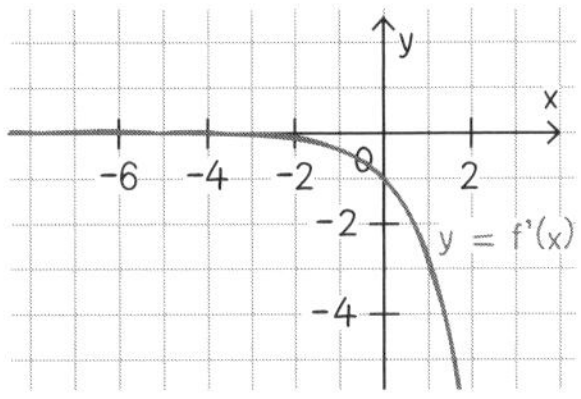

Der Graph von f' verläuft unterhalb der x-Achse, also ist f streng monoton fallend.

d) $f'(x) = -1(x + 2)$
Skizze:

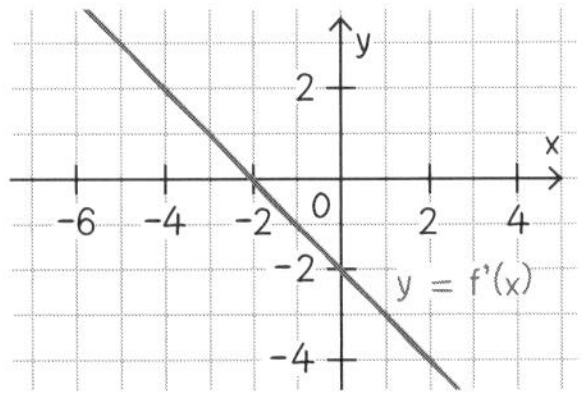

Der Graph von f' ist eine fallende Gerade, die die x-Achse bei −2 schneidet. Also ist f streng monoton fallend für $x > -2$.

e) $f'(x) = 3\cos(x)$
Skizze:

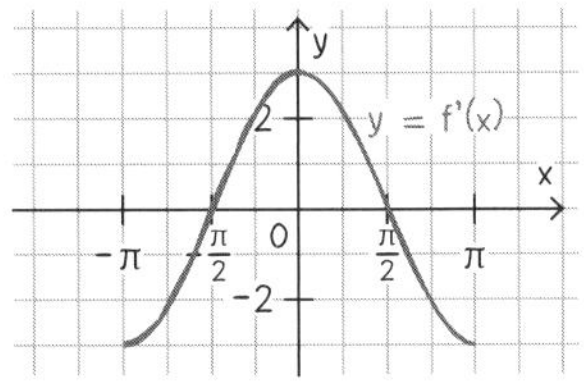

Der Graph von f' gehört zu einer gedehnten Kosinusfunktion, schneidet also die x-Achse bei $-\frac{\pi}{2}$ und bei $+\frac{\pi}{2}$. f ist somit streng monoton fallend auf $\left[-\pi; -\frac{\pi}{2}\right]$ und auf $\left[\frac{\pi}{2}; \pi\right]$.

f) $f'(x) = -2\sin(2x)$
Skizze:

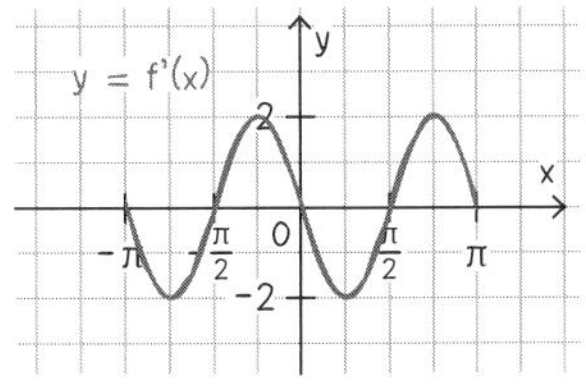

Der Graph von f' ist eine Sinuskurve mit der Periode π, schneidet also die x-Achse bei $-\pi$; $-\frac{\pi}{2}$; 0; $+\frac{\pi}{2}$ und $+\pi$. f ist streng monoton fallend auf $\left[-\pi; -\frac{\pi}{2}\right]$ und auf $\left[0; \frac{\pi}{2}\right]$.

5 a) wahr, der Graph von f' liegt unterhalb der x-Achse
b) wahr, der Graph von f' liegt oberhalb der x-Achse
c) falsch, der Graph von f' liegt unterhalb der x-Achse
d) wahr, der Graph von f' hat für $x > 2$ negative Tangentensteigungen
e) wahr, hier schneidet der Graph die x-Achse6 a) …, ihre Ableitung ist aber $f'(x) = 3x^2$, hat also die Nullstelle $x_1 = 0$ ohne Vorzeichenwechsel.
b) … Definitionslücken, …

Bedeutung der 2. Ableitung – Krümmung, Seite 33

1 a) Linkskrümmung für $-2 < x < 1$ und für $x > 4$;
Rechtskrümmung für $x < -2$ und für $1 < x < 4$
b) Linkskrümmung für $x < 0$ und für $x > 2$;
Rechtskrümmung für $0 < x < 2$
c) Linkskrümmung für $x < 2$; für $4 < x < 6$ und für $x > 8$;
Rechtskrümmung für $2 < x < 4$ und für $6 < x < 8$

2 a) f' positiv; f'' positiv

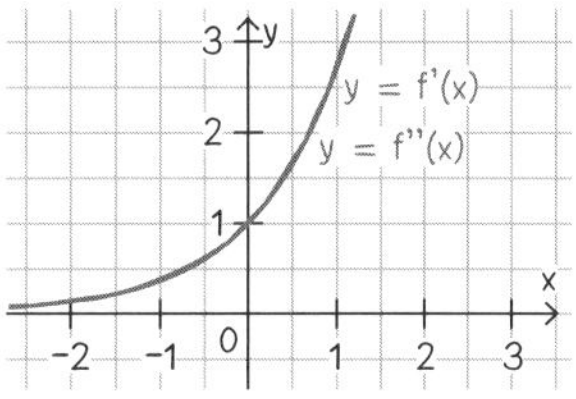

b) f' negativ; f'' negativ

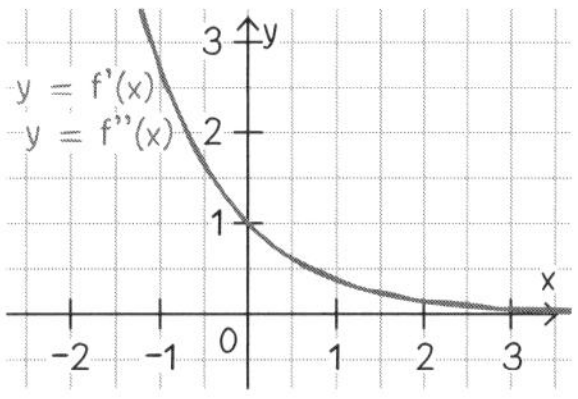

c) f' negativ; f'' positiv

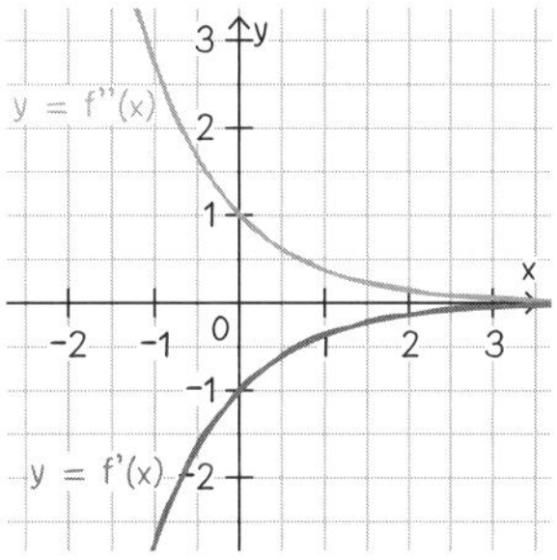

d) f' positiv; f'' negativ

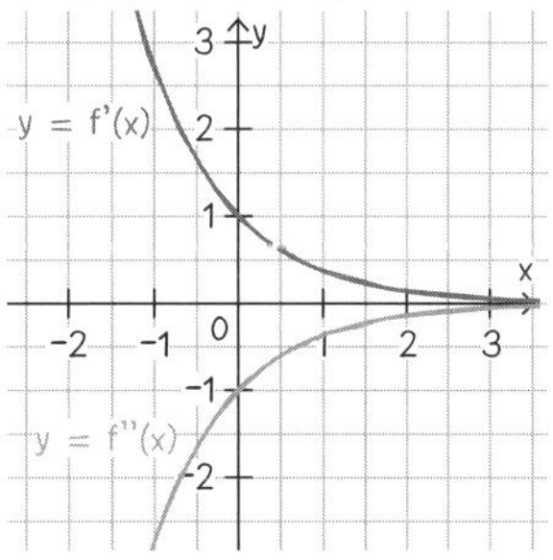

3 a) $f'(x) = 6x - 4$, $f''(x) = 6 > 0$

Der Graph ist eine linksgekrümmte Parabel.

b) $f'(x) = 7 - 2x$, $f''(x) = -2 < 0$

Der Graph ist eine rechtsgekrümmte Parabel.

c) $f'(x) = 3x^2 - 24x$, $f''(x) = 6x - 24 = 6(x - 4)$

Für $x < 4$ ist $f''(x) < 0$, der Graph ist also eine Rechtskurve.

Für $x > 4$ ist $f''(x) > 0$, der Graph ist also eine Linkskurve.

d) $f'(x) = -1{,}5x^2 + 3$, $f''(x) = -3x$

Für $x < 0$ ist $f''(x) > 0$, der Graph ist also eine Linkskurve.

Für $x > 0$ ist $f''(x) < 0$, der Graph ist also eine Rechtskurve.

e) $f'(x) = 4x^3 + 6x^2 - 5$, $f''(x) = 12x^2 + 12x = 12x(x + 1)$

Für $-1 < x < 0$ ist $f''(x) < 0$, der Graph ist eine Rechtskurve.

Für $x < -1$ und für $x > 0$ ist $f''(x) > 0$, der Graph ist also eine Linkskurve.

f) $f'(x) = x^4 - 8x^2 + 2$, $f''(x) = 4x^3 - 16x = 4x(x + 2)(x - 2)$

Für $x < -2$ ist $f''(x) < 0$, der Graph ist eine Rechtskurve.

Für $-2 < x < 0$ ist $f''(x) > 0$, der Graph ist eine Linkskurve.

Für $0 < x < 2$ ist $f''(x) < 0$, der Graph ist eine Rechtskurve.

Für $2 < x$ ist $f''(x) > 0$, der Graph ist eine Linkskurve.

g) $f'(x) = (x - 3)e^x$, $f''(x) = (x - 2)e^x$

Für $x < 2$ ist $f''(x) < 0$, der Graph ist eine Rechtskurve.

Für $2 < x$ ist $f''(x) > 0$, der Graph ist eine Linkskurve.

h) $f'(x) = -xe^{-x}$, $f''(x) = (x - 1)e^{-x}$

Für $x < 1$ ist $f''(x) < 0$, der Graph ist eine Rechtskurve.

Für $1 < x$ ist $f''(x) > 0$, der Graph ist eine Linkskurve.

i) $f'(x) = -2\cos\left(x + \frac{\pi}{3}\right)$, $f''(x) = 2\sin\left(x + \frac{\pi}{3}\right)$

$f''(x) = 0$ für $x_1 = \frac{2}{3}\pi$ und $x_2 = \frac{5}{3}\pi$.

Für $0 < x < \frac{2}{3}\pi$ und für $\frac{5}{3}\pi < x < 2\pi$ ist $f''(x) > 0$, der Graph von f ist somit eine Linkskurve.

Für $\frac{2}{3}\pi < x < \frac{5}{3}\pi$ ist $f''(x) < 0$, der Graph von f ist also eine Rechtskurve.

4 a)

Punkt	VZ von f	VZ von f'	VZ von f''
A	–	+	+
B	0	+	+
C	+	+	+

b)

Punkt	VZ von f	VZ von f'	VZ von f''
A	–	+	–
B	0	+	–
C	+	0	–
D	+	–	0
E	0	0	+
F	+	+	+

c)

Punkt	VZ von f	VZ von f'	VZ von f''
A	–	+	–
B	–	0	0
C	0	+	+
D	+	+	+

Extrempunkte eines Funktionsgraphen, Seite 34

1 Zu K_1: a)

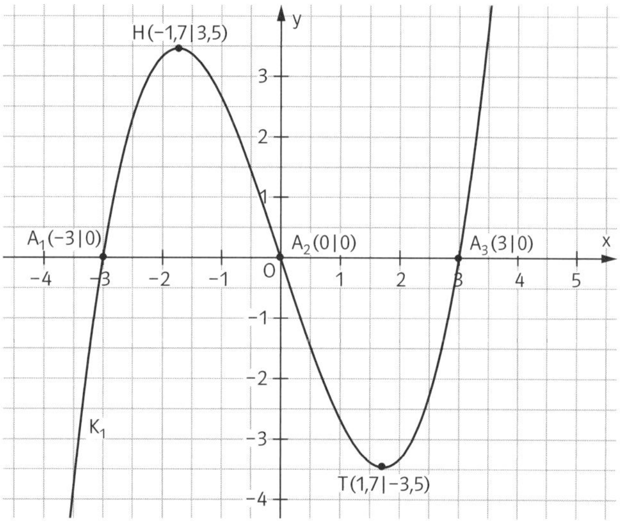

b) Die Kurve K_1 kommt aus dem 3. Quadranten, schneidet die x-Achse in $A_1(-3 \mid 0)$ und steigt weiter bis zum Hochpunkt $H(-1{,}7 \mid 3{,}5)$. Danach fällt die Kurve, geht durch $A_2(0 \mid 0)$, wo sie die kleinste Steigung hat, und fällt weiter bis zum Tiefpunkt $T(1{,}7 \mid -3{,}5)$. Von da an steigt die Kurve an, schneidet die x-Achse bei $A_3(3 \mid 0)$ und geht im 1. Quadranten weiter aufwärts.

c) Globales Maximum in $[-2; 3]$: $y_1 \approx 3{,}5$

Globales Minimum in $[-2; 3]$: $y_2 \approx -3{,}5$

Zu K_2: a)

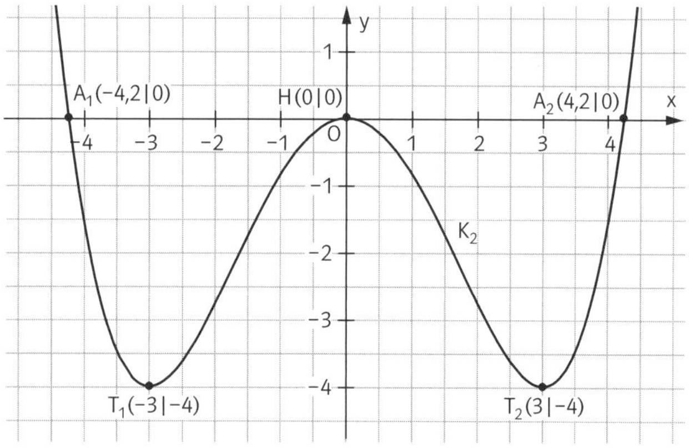

b) Die Kurve K_2 kommt aus dem 2. Quadranten und fällt bis zum ersten Tiefpunkt $T_1(-3 \mid -4)$; dabei schneidet sie die x-Achse in $A_1(-4{,}2 \mid 0)$. Die Kurve steigt danach und schneidet die Achsen im Ursprung $H(0 \mid 0)$, der gleichzeitig ein Hochpunkt ist. Ihr Verlauf danach erfolgt symmetrisch zur y-Achse.

c) Globales Maximum in $[-2; 3]$: $y_1 \approx 0$

Globales Minimum in $[-2; 3]$: $y_2 \approx -4$

Zu K_3: a)

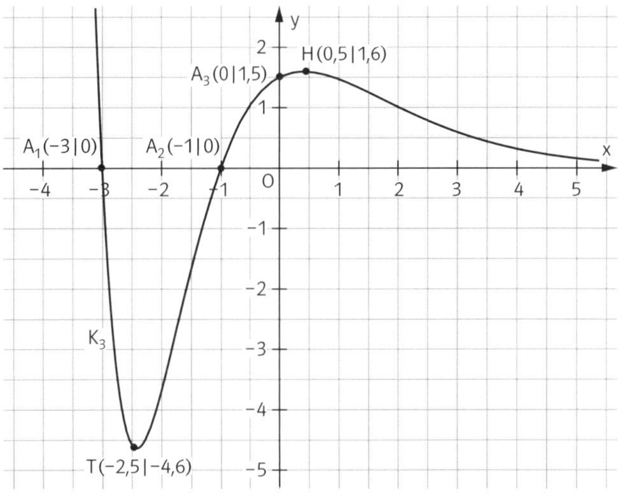

b) Die Kurve K_3 fällt steil von oben im 2. Quadranten, schneidet die x-Achse in $A_1(-3\,|\,0)$ und fällt weiter bis zum Tiefpunkt $T(-2{,}5\,|\,-4{,}6)$. Sie steigt danach steil an, schneidet die x-Achse im Punkt $A_2(-1\,|\,0)$ und die y-Achse in $A_3(0\,|\,1{,}5)$. Nach dem Hochpunkt $H(0{,}5\,|\,1{,}6)$ fällt die Kurve leicht ab und nähert sich in Form einer Linkskurve von oben an die x-Achse an.

c) Globales Maximum in $[-2; 3]$: $y_1 \approx 1{,}6$

Globales Minimum in $[-2; 3]$: $y_2 \approx -3{,}8$

2

a)

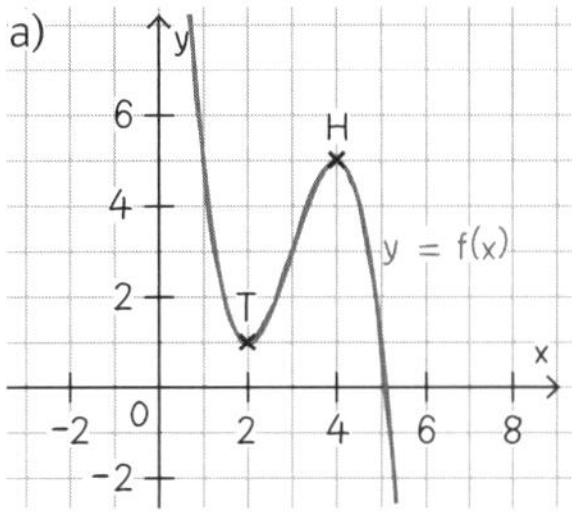

b)

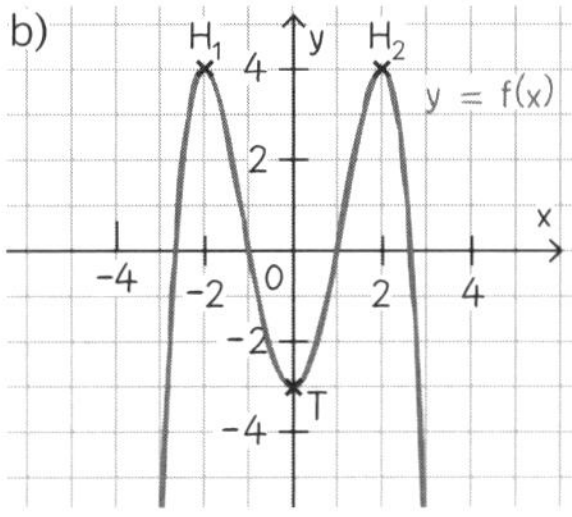

3 a)

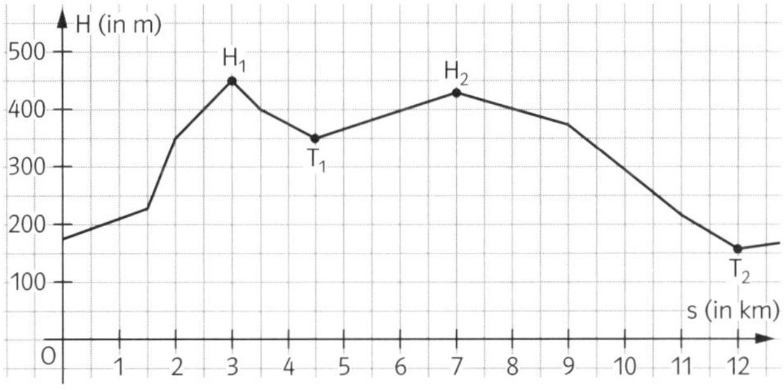

b) Auf den ersten 3 km steigt der Weg erst mäßig an, dann stärker und dann wieder weniger stark an. Danach steigt er noch einmal von km 4,5 bis km 7. Den letzten Kilometer verläuft er leicht ansteigend. Der Weg fällt zwischen km 3 und km 4,5 und zwischen km 7 und km 12.

c) Der Anstieg ist zwischen km 1,5 und km 2 am steilsten, das Gefälle ist von km 3 bis km 3,5 am stärksten.

d) Der höchste Gipfel ist bei km 3 auf 450 m Höhe. Ein weiterer Gipfel ist bei km 7 auf 430 m Höhe.

e) Eine Talsohle liegt bei km 4,5 auf 350 m Höhe, eine andere bei km 12 auf etwa 160 m Höhe.

f) Auf den ersten 1,5 km beginnt die Wanderung mit einem leichten Anstieg, auf den auf 500 m das steilste Stück der Wanderung folgt. Nach weiteren 1,5 km wird der höchste Punkt (450 m) des Weges erreicht. Danach geht es auf 1,5 km 100 m abwärts in ein Hochtal, danach wieder 2,5 km aufwärts. Von km 7 bis km 12 geht es nur noch abwärts. Der letzte Kilometer verläuft dann nur leicht ansteigend.

Berechnung lokaler Extremstellen, Seite 35

1 1. $f'(x) = 3x^2 + 6x = 3x(x+2)$

2. … $x_1 = -2$ und $x_2 = 0$.

3.

	$x < x_1$	x_1	$x_1 < x < x_2$	x_2	$x_2 < x$
x	−3	−2	z. B. −1	0	z. B. 1
f'(x)	+9	0	−3	0	+9
Steigung	↗	→	↘	→	↗

4. Ergebnis: Lokales Maximum 8 an der Stelle −2 und lokales Minimum 4 an der Stelle 0.

2 a) $f'(x) = 4x^3 + 4 = 4(x^3 + 1)$: $f'(x) = 0$ nur für $x_1 = -1$;

	$x < x_1$	x_1	$x_1 < x$
z. B. x	−2	−1	0
f'(x)	−28	0	4
Steigung	↘	→	↗

Ergebnis: f hat bei $x_1 = -1$ das (globale) Minimum $f(-1) = 0$.

b) $f'(x) = 3x^2 - 6x = 3x(x-2)$: $f'(x) = 0$ für $x_1 = 0$; $x_2 = 2$

	$x < x_1$	x_1	$x_1 < x < x_2$	x_2	$x_2 < x$
z. B. x	−1	0	1	2	3
f'(x)	9	0	−3	0	9
Steigung	↗	→	↘	→	↗

Ergebnis: f hat bei $x_1 = 0$ das lokale Maximum $f(0) = 1$ und bei $x_2 = 2$ das lokale Minimum $f(2) = -3$. (f hat keine globalen Extremwerte.)

c) $f'(x) = 4x^3 - 6x^2 = 4x^2\left(x - \frac{3}{2}\right)$:

$f'(x) = 0$ für $x_1 = 0$ und $x_2 = \frac{3}{2}$.

	$x < x_1$	x_1	$x_1 < x < x_2$	x_2	$x_2 < x$
z. B. x	−1	0	1	$\frac{3}{2}$	2
f'(x)	−10	0	−2	0	8
Steigung	↘	→	↘	→	↗

Ergebnis: f hat bei $x_1 = 0$ das lokale Maximum $f(0) = -2$ und bei $x_2 = \frac{3}{2}$ das lokale Minimum $-\frac{59}{16}$ (auch global).

3 a) wahr: Der Graph von g ist eine nach oben geöffnete Parabel.

b) wahr: In einer genügend kleinen Umgebung von x_0 gilt, $f(x) \le f(x_0)$.

c) falsch: Z. B. bei Graphen von Polynomfunktionen mit ausschließlich ungeraden Exponenten.

d) falsch: Der Wert 0 wird von f(x) nicht angenommen.

e) wahr: Denn $f\left(\frac{\pi}{2} + 2k\pi\right) = 1$ für $k \in \mathbb{Z}$; alle übrigen Funktionswerte sind kleiner als 1.

4 a) 2 b) −1 c) 0,5 d) nicht ablesbar

e) positiv f) positiv g) $-1 < x < 2$ h) $x < 0{,}5$

Seite 36

5 $f'(x) = 3x^2 - 6x = 3x(x-2)$; $f''(x) = 6x - 6$;
$f'(x) = 0$ für $x_1 = 0$ und für $x_2 = 2$;
$f''(0) = -6 < 0$; $f''(2) = 6 > 0$
Lokales Maximum $f(0) = -4$ an der Stelle $x_1 = 0$, lokales Minimum $f(2) = -8$ an der Stelle $x_2 = 2$.

6 a) $f'(x) = 4x^3 + 4$: $f'(x) = 0$ für $x = -1$;
$f''(x) = 12x^2$ und $f''(-1) = 12 > 0$: Tiefpunkt $T(-1\,|\,0)$.
b) $f'(x) = 3x^2 - 6x$: $f'(x) = 0$ für $x_1 = 0$; $x_2 = 2$;
$f''(x) = 6x - 6$; $f''(0) = -6 < 0$ und $f''(2) = 6 > 0$:
Hochpunkt $H(0\,|\,1)$ und den Tiefpunkt $T(2\,|\,-3)$.
c) $f'(x) = 4x^3 - 6x^2$: $f'(x) = 0$ für $x_1 = 0$ und $x_2 = \frac{3}{2}$.
$f''(x) = 12x^2 - 12x$: $f''(0) = 0$, also keine Aussage mit der 2. Methode möglich (die 1. Methode führt zum Ergebnis);
$f''\left(\frac{3}{2}\right) = 9 > 0$: Tiefpunkt $T\left(\frac{3}{2}\,\middle|\,-\frac{59}{16}\right)$.

7 Der Graph von g hat den Tiefpunkt $T(0\,|\,-1)$, denn $g'(0) = 0$ und $g''(0) = 3 > 0$ sowie den Hochpunkt $H(2\,|\,1)$, denn $g'(2) = 0$ und $g''(2) = -3 < 0$.

8 a) $f'(x) = 4x^3 - 12x^2$; $f''(x) = 12x^2 - 24x$
$f'(0) = 0$; $f''(0) = 0$; $f'(3) = 0$; $f''(3) = 36 > 0$
b) An den Stellen x_1 und x_2 liegen waagerechte Tangenten vor; $x_2 = 3$ ist eine lokale Minimumstelle.
c) $x_1 = 0$ ist eine doppelte Nullstelle von f', damit hat f' bei $x = 0$ keinen VZW.

9 $f(x) = x^3 \cdot e^x$; $f'(x) = x^2(x+3)e^x$; $f'(x) = 0$: $x_1 = 0$
keine Extremstelle, da doppelte Nullstelle von f';
$x_2 = -3$ lokale (und globale) Minimumstelle
$f(x) = (x-2)(x+4) = x^2 + 2x - 8$; $f'(x) = 2x + 2$
$f'(x) = 0$: $x_0 = 1$ lokale (und globale) Minimumstelle
$f(x) = (x^2+1)e^x$;
$f'(x) = 2xe^x + (x^2+1)e^x = (x^2+2x+1)e^x = (x+1)^2e^x$
$f'(x) = 0$: $x_0 = -1$ keine Extremstelle, da doppelte Nullstelle von f'.
$f(x) = (x-4)e^{2x}$; $f'(x) = (2x-7)e^{2x}$;
$f'(x) = 0$: $x_0 = \frac{7}{2}$ lokale (und globale) Minimumstelle
$f(x) = (x-2)e^{-x}$; $f'(x) = (3-x)e^{-x}$;
$f'(x) = 0$: $x_0 = 3$ lokale (und globale) Maximumstelle

10 a) $f'(x) = -\frac{3}{2}x^2 + 6$
$= -\frac{3}{2}(x^2 - 4)$:
$f'(x) = 0$ für $x_1 = -2$; $x_2 = 2$
$f''(x) = -3x$;
$f''(-2) = 6$ und $f''(2) = -6$:
$T(-2\,|\,-6)$ und $H(2\,|\,10)$.

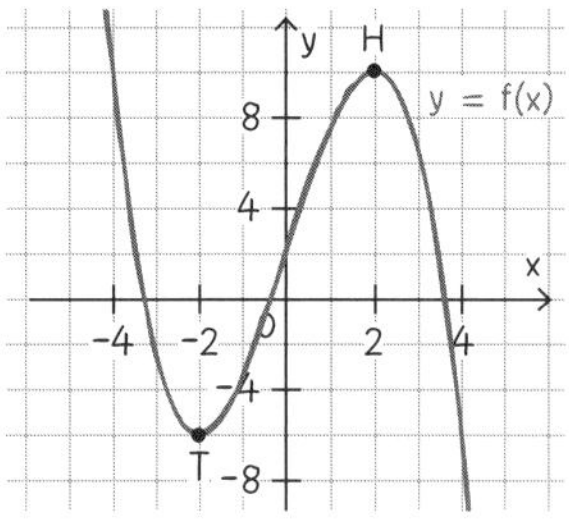

b) $f'(x) = 4x^3 - 16x = 4x(x^2 - 4)$;
$f'(x) = 0$ für $x_1 = -2$; $x_2 = 0$;
$x_3 = 2$;
Symmetrie zur y-Achse;
$f''(x) = 12x^2 - 16$;
$f''(-2) = 36$, $f''(0) = -12$,
$f''(2) = 36$.
$T(-2\,|\,0)$; $H(0\,|\,16)$; $T(2\,|\,0)$

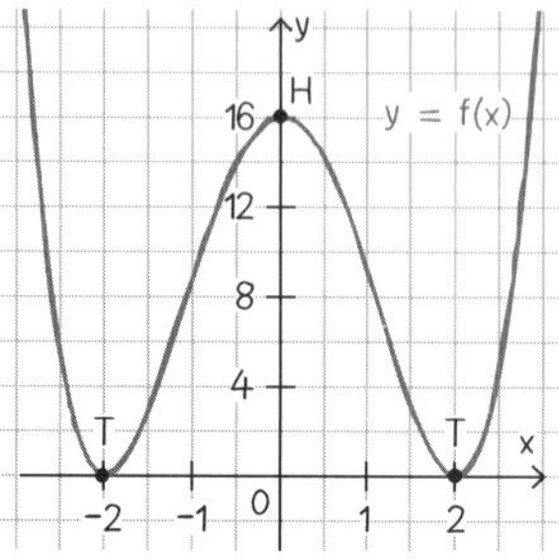

c) $f'(x) = 4x^3 + 12x^2$
$= 4x^2(x+3)$
$f'(x) = 0$ für $x_1 = 0$; $x_2 = -3$;
$f''(x) = 12x^2 + 24x$;
($f''(0) = 0$: keine Aussage)
$x_1 = 0$ doppelte Nullstelle, also kein VZW; bei $x_2 = -3$ VZW $-/+$:
$T(-3\,|\,-27)$

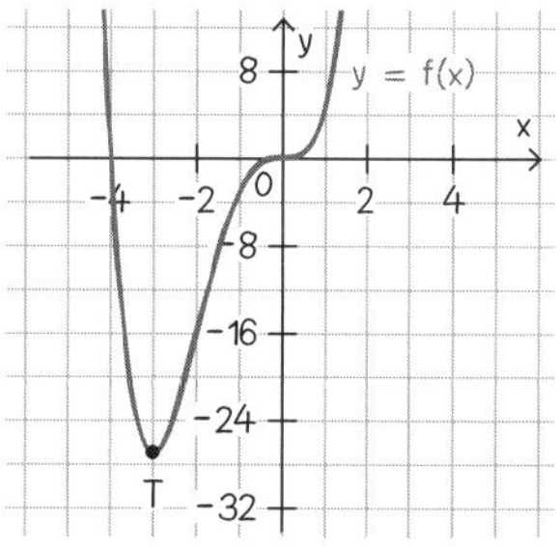

d) $f'(x) = -3x^2 + 2x + 1$;
$f'(x) = 0$ für $x_1 = -\frac{1}{3}$; $x_2 = 1$;
$f''(x) = -6x + 2$;
$f''\left(-\frac{1}{3}\right) = 4$; $f''(1) = -4$:
$T\left(-\frac{1}{3}\,\middle|\,\frac{11}{27}\right)$ und $H(1\,|\,1)$.

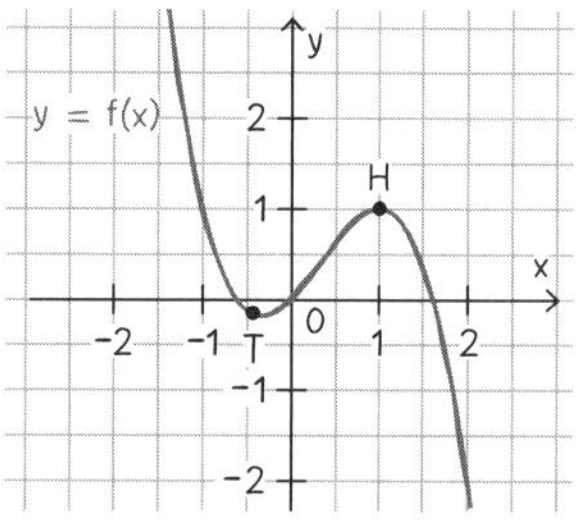

e) $f'(x) = (x+3)e^x$; $f'(x) = 0$ für $x_1 = -3$;
$f''(x) = (x+4)e^x$; $f''(-3) = e^{-3} > 0$;
$T\left(-3\,\middle|\,-\frac{1}{e^3}\right)$

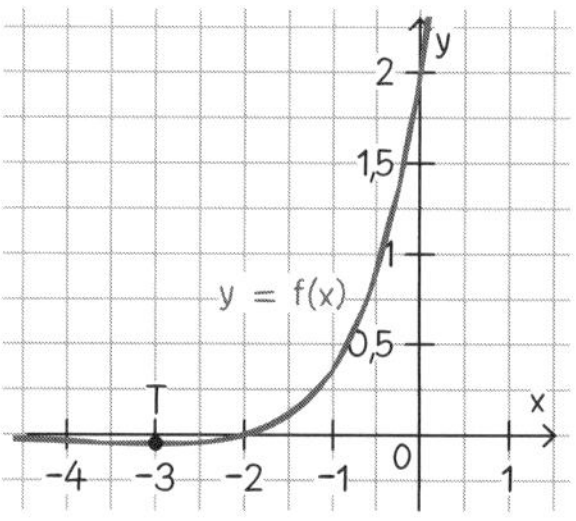

f) $f'(x) = -\sin(x) - \frac{1}{2}$;
$f'(x) = 0$ für $x_1 = -\frac{\pi}{6}$ und
$x_2 = -\frac{5}{6}\pi$.
$f''(x) = -\cos(x)$; $f''\left(-\frac{5}{6}\pi\right) > 0$
und $f''\left(-\frac{\pi}{6}\right) < 0$:
$T(-2{,}6\,|\,0{,}4)$; $H(-0{,}5\,|\,1{,}1)$

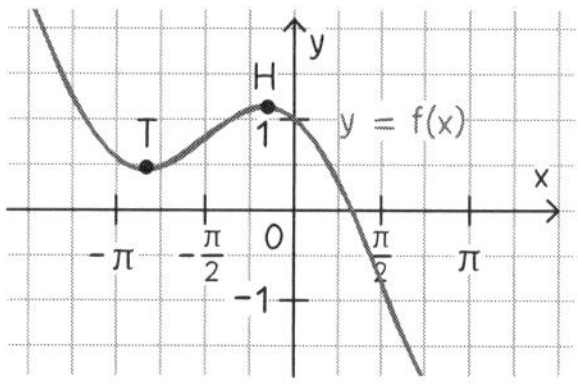

Seite 37

11 a) wahr
b) falsch, z. B. $f(x) = x^3$; $f'(x) = x^2$; f' hat an der Stelle $x_0 = 0$ eine doppelte Nullstelle und somit keine Extremstelle
c) falsch, hier schneidet der Graph von f die x-Achse
d) wahr (Vorzeichenwechselkriterium)
e) falsch, siehe Teilaufgabe d)
f) falsch, z. B. $f(x) = -x^2 - 1$ hat das Maximum $f(0) = -1$
g) falsch, siehe Merkkasten im Arbeitsheft auf Seite 36
h) falsch, nur in Verbindung mit $f'(x_0) = 0$
i) wahr

12 a) $f'(2) = 0$ und $f''(2) > 0$ b) $f'(2) < 0$
c) $f'(x) < 0$ auf I d) $f(-x) = -f(x)$ für alle x
e) $f(2) = 0$ f) $f(2) = 0$ und $f'(2) = 0$

13 a) Individuelle Lösung, z. B.: f mit $f(x) = -3x^2$ oder $f(x) = 2 - x^2$
b) Individuelle Lösung, z. B.: f mit $f(x) = 2x^4 - 3$ oder $f(x) = x^4 + x^2$
c) Individuelle Lösung, z. B.: f mit $f(x) = 2 + \sin(x)$ oder $f(x) = 2\cos(\pi x) - 3$
d) Individuelle Lösung, z. B.: f mit $f(x) = x^3 + 2x$ oder $f(x) = 2 - \frac{1}{2}x^3$

14 a) $f'(x) = 4(x - 1)^3$
VZW von f' bei x = 1 von − nach + und $f(x) \to \infty$ für $x \to \infty$ oder $x \to -\infty$
b) $f'(x) = 3(x + 2)^2$; $x = -2$ ist doppelte Nullstelle von f';
d. h. f' bei $x = -2$ hat keinen VZW
c) Amplitude von f: 1; an der x-Achse gespiegelt; Periode von f ist 8, Nullstellen von f: $x_1 = -4$; $x_2 = 0$; $x_3 = 4$; Extremstellen liegen genau in der Mitte zwischen zwei Nullstellen:
$x_1 = -2$; Maximum: $f(-2) = 1$
$x_2 = 2$; Minimum: $f(2) = -1$
d) $f'(x) = (-x^2 + 4x - 3) \cdot e^{-x}$
$f''(x) = (x^2 - 6x + 7) \cdot e^{-x}$
$f'(x) = 0$ führt auf $x_1 = 1$ und $x_2 = 3$
$f''(1) = 2e^{-1} > 0$; $f''(3) = -2e^{-1} < 0$
$f(1) = 0$ ist globales Minimum, da $f(x) \to 0$ für $x \to \infty$ und $f(x) \to \infty$ für $x \to -\infty$

15 a) Extremstellen von f sind Nullstellen von f' mit VZW:
$x_1 = -1{,}5$ und $x_2 = 1{,}5$.
Bei $x_3 = 0$ und $x_4 = 3$ hat f' Nullstellen ohne VZW, also hat der Graph von f dort Sattelpunkte und keine Extrempunkte.
Monotonie-Intervalle von f sind die Intervalle mit gleichem Vorzeichen von f', also die Intervalle zwischen aufeinanderfolgenden Nullstellen von f' ohne VZW: $]-\infty; -1{,}5[$ und $]-1{,}5; 1{,}5[$ und $]1{,}5; \infty[$.
b) Für Extremstellen siehe Teilaufgabe a):
lokales Maximum bei $x_1 = -1{,}5$, lokales Minimum bei $x_2 = 1{,}5$
Vor $x_1 = -1{,}5$ und nach $x_2 = 1{,}5$ verläuft der Graph von f' oberhalb der x-Achse, f' hat positives Vorzeichen, f ist streng monoton wachsend.
Zwischen $x_1 = -1{,}5$ und $x_2 = 1{,}5$ hat f' negatives VZ (außer bei $x_3 = 0$): f ist streng monoton fallend.
c)

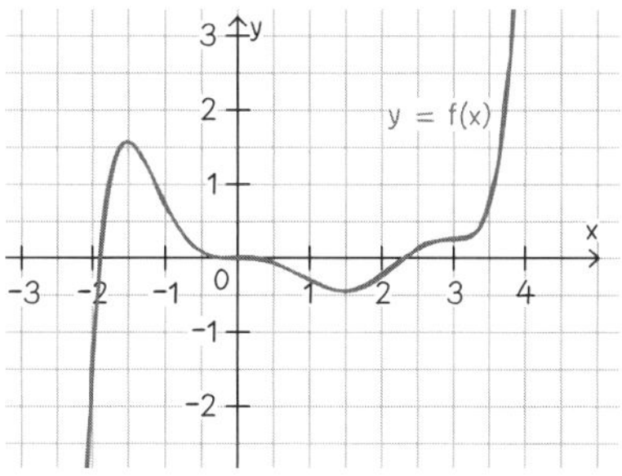

Berechnung von Wendestellen, Seite 38

1 a) $W(-1|0)$;
Minimale Steigung: $f'(-1) \approx -2$; keine maximale Steigung;
grün zu markieren: Teil des Graphen K für $x > -1$;
K ist rechtsgekrümmt im Intervall $]-\infty; -1[$
b) $W_1(-1|1)$ und $W_2(2|1)$;
lokal maximale Steigung $f'(-1) \approx 3$ in W_1, lokal minimale Steigung $f'(1) \approx -3$ in W_2
grün zu markieren: Teil von K für $x > -1$ und für $x > 2$;
K ist rechtsgekrümmt im Intervall $]-1; 2[$
c) kein Wendepunkt; K ist rechtsgekrümmt für alle $x \in \mathbb{R}$

2 … $f'(x) = 4x^3 - 12x$ … $f''(x) = 12x^2 - 12$
… $x_1 = -1$ … $x_2 = 1$

	$x < x_1$	x_1	$x_1 < x < x_2$	x_2	$x_2 < x$
x (z. B.)	−2	−1	0	1	2
f''(x)	36	0	−12	0	36
VZ von f''	+		−		+

(Bei $x_1 = -1$ hat f'' einen VZW von + nach − und bei $x_2 = 1$ hat f'' einen VZW von − nach +)
Wendestellen $x_1 = -1$ und $x_2 = 1$

3 a) $f'(x) = 4x^3 + 4$ und $f''(x) = 12x^2$;
$f''(x) = 0$ hat die doppelte Nullstelle $x_1 = 0$, also dort keinen VZW. Ergebnis: f hat keine Wendestellen.
b) $f'(x) = 3x^2 - 6x$ und $f''(x) = 6x - 6$; $f''(x) = 0$ für $x_1 = 1$;

	$x < x_1$	x_1	$x_1 < x$
x (z. B.)	0	1	2
f''(x)	−6	0	6
VZ von f''	−		+

Vorzeichenwechsel von f''(x) an der Stelle $x_1 = 1$
Ergebnis: f hat die Wendestelle $x_1 = 1$.
c) $f'(x) = 4x^3 - 6x^2$ und $f''(x) = 12x^2 - 12x = 12x(x - 1)$;
$f''(x) = 0$ für $x_1 = 0$ und $x_2 = 1$;

	$x < x_1$	x_1	$x_1 < x < x_2$	x_2	$x_2 < x$
x (z. B.)	−1	0	0,5	1	2
f''(x)	24	0	−3	0	24
VZ von f''	+		−		+

Vorzeichenwechsel von f''(x) an den Stellen $x_1 = 0$ und $x_2 = 1$
Ergebnis: f hat die Wendestellen $x_1 = 0$ und $x_2 = 1$.

Seite 39

4 a) $f'(x) = 4x^3 - 12x$; $f''(x) = 12x^2 - 12$; $x_1 = -1$ und $x_2 = 1$;
$f'''(x) = 24x$; $f'''(-1) = -24 \neq 0$ und $f'''(1) = 24 \neq 0$:
Wendestellen $x_1 = -1$ und $x_2 = 1$
b) $f'(x) = x^2 + 4x$; $f''(x) = 2x + 4$; $x_1 = -2$; $f'''(x) = 2$;
$f'''(-2) = 2 \neq 0$: Wendestelle $x_1 = -2$
c) $f'(x) = 4x^3 - 6x^2$; $f''(x) = 12x^2 - 12x$; $x_1 = 0$ und $x_2 = 1$;
$f'''(x) = 24x - 12$; $f'''(0) = -12 \neq 0$ und $f'''(1) = 12 \neq 0$:
Wendestellen $x_1 = 0$ und $x_2 = 1$
d) $f'(x) = x \cdot e^x$; $f''(x) = (x + 1) \cdot e^x$; $x_1 = -1$; $f'''(x) = (x + 2) \cdot e^x$;
$f'''(-1) = -\frac{1}{e} \neq 0$: Wendestelle $x_1 = -1$

5 a) falsch, es ist $f''(x_0) = 0$

b) falsch, x_0 ist Wendestelle, wenn $f''(x_0) = 0$ und $f'''(x_0) \neq 0$

c) wahr, der Graph von f' hat an der Stelle x_0 einen Extrempunkt mit der Tangentensteigung null

d) falsch, hier wechselt f'' das Vorzeichen

e) wahr, siehe Teilaufgabe d)

f) falsch, z.B. $f(x) = x^5$; $f'(x) = 5x^4$; $f''(x) = 20x^3$; $f'''(x) = 60x^2$
$f''(x) = 0$: $x_0 = 0$; $f'''(0) = 0$, aber VZW von $f''(0)$, denn $f''(-1) = -20$ und $f''(1) = 20$

g) wahr, siehe Merkkasten im Arbeitsheft auf Seite 38

h) falsch, f'' hat an der Stelle x_0 einen VZW von + nach – oder von – nach +

i) falsch, z.B. $f(x) = x^3$ hat an der Stelle $x_0 = 0$ keine Extremstelle, aber eine Wendestelle

j) wahr, zwischen einem lokalen Minimum und einem lokalen Maximum liegt mindestens eine Wendestelle

6 a) $W_1\left(-1\,\middle|\,\frac{7}{3}\right)$; $W_2(0\,|\,0)$; $W_3\left(1\,\middle|\,-\frac{7}{3}\right)$

b) $W\left(-2\,\middle|\,-\frac{2}{e^2}\right)$

c) $W_1\left(-\frac{3}{2}\,\middle|\,1\right)$; $W_2\left(-\frac{1}{2}\,\middle|\,1\right)$; $W_3\left(\frac{1}{2}\,\middle|\,1\right)$; $W_4\left(\frac{3}{2}\,\middle|\,1\right)$; $W_5\left(\frac{5}{2}\,\middle|\,1\right)$; $W_6\left(\frac{7}{2}\,\middle|\,1\right)$

7 a) A → Aufgabe 1 b) und C → Aufgabe 1 a)

b) Der Graph B von f' hat Extrempunkte bei $x_1 \approx -0{,}75$ und $x_1 \approx 2$. Also hat der Graph von f diese beiden Wendestellen (im gezeigten Bereich).

Vom Funktionsterm zum Graphen, Seite 40

1 a)

A: Nullstelle, gleichzeitig Minimum bei x = 2, Maximum bei x = 6, mindestens ein Wendepunkt.

B: y-Achsenschnittpunkt bei $(0\,|\,-2)$,
y = 0 ist waagerechte Asymptote,
Nullstelle bei x = 2, Minimum bei x = 1,
ein Wendepunkt, vermutlich bei x = 0.

C: y-Achsenschnittpunkt, gleichzeitig Maximum bei $(0\,|\,4)$,
y = 0 ist waagerechte Asymptote,
Nullstelle, bzw. Minimum bei x = 2,
zwei Wendepunkte

D: Periode π, keine Schnittpunkte mit der x-Achse,
$H_1\left(-\frac{7\pi}{4}\,\middle|\,\frac{5}{2}\right)$; $H_2\left(-\frac{3\pi}{4}\,\middle|\,\frac{5}{2}\right)$; $H_3\left(\frac{\pi}{4}\,\middle|\,\frac{5}{2}\right)$; $H_4\left(\frac{5\pi}{4}\,\middle|\,\frac{5}{2}\right)$;
$T_1\left(-\frac{5\pi}{4}\,\middle|\,\frac{1}{2}\right)$; $T_2\left(-\frac{\pi}{4}\,\middle|\,\frac{1}{2}\right)$; $T_3\left(\frac{3\pi}{4}\,\middle|\,\frac{1}{2}\right)$; $T_4\left(\frac{7\pi}{4}\,\middle|\,\frac{1}{2}\right)$;
$W_1\left(-\frac{3\pi}{2}\,\middle|\,\frac{3}{2}\right)$; $W_2\left(-\pi\,\middle|\,\frac{3}{2}\right)$; $W_3\left(-\frac{\pi}{2}\,\middle|\,\frac{3}{2}\right)$; $W_4\left(0\,\middle|\,\frac{3}{2}\right)$;
$W_5\left(\frac{\pi}{2}\,\middle|\,\frac{3}{2}\right)$; $W_6\left(\pi\,\middle|\,\frac{3}{2}\right)$; $W_7\left(\frac{3\pi}{2}\,\middle|\,\frac{3}{2}\right)$; $W_8\left(2\pi\,\middle|\,\frac{3}{2}\right)$.

b) f_1 gehört zu keinem der Graphen.
(Indiz: Die Amplitude von f_1 ist 2.)
f_2 gehört zu Graph A.
(Indiz z.B. x = 2 ist doppelte Nullstelle.)
f_3 gehört zu Graph D .
(Indizien: f(0) = 1,5; Periode ist π.)
f_4 gehört zu Graph C.
(Indizien z.B. $f_4(0) = 4$ und x = 2 ist doppelte Nullstelle.)
f_5 gehört zu Graph B.
(Indizien z.B. $f_5(0) = -2$ und x = 2 ist einfache Nullstelle.)

c)

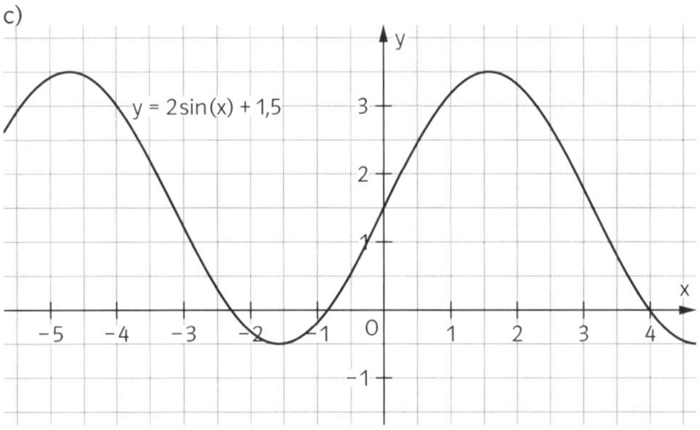

2 A1, B2, C5, D6, E3, F4

Seite 41

3 a) K ist der Graph C;
A ist an der x-Achse gespiegelt,
B hat nicht den Achsenschnittpunkt $N(-3\,|\,0)$

b) Symmetrie zum Ursprung, da $-f(-x) = f(x)$ für alle $x \in \mathbb{R}$;
$N_1(-3\,|\,0)$; $N_2(0\,|\,0)$; $N_3(3\,|\,0)$;
$H(-\sqrt{3}\,|\,2\sqrt{3})$; $T(\sqrt{3}\,|\,-2\sqrt{3})$;
$W(0\,|\,0)$

4

$f(x) = -x^4 + 4x^2$	$f(x) = 2 + 2\cos\left(\frac{1}{2}x\right)$	$f(x) = e \cdot x - 2e^{\frac{1}{2}x}$
$f'(x) = -4x^3 + 8x$ $f''(x) = -12x^2 + 8$	$f'(x) = -\sin\left(\frac{1}{2}x\right)$ $f''(x) = -\frac{1}{2}\cos\left(\frac{1}{2}x\right)$	$f'(x) = e - e^{\frac{1}{2}x}$ $f''(x) = -\frac{1}{2}e^{\frac{1}{2}x}$
zur y-Achse	zur y-Achse	keine
$N_1(-2\,|\,0)$; $N_2(0\,|\,0)$ $N_3(2\,|\,0)$	$N_1(-2\pi\,|\,0)$; $N_2(2\pi\,|\,0)$; $A(0\,|\,4)$	$N(2\,|\,0)$ $A(0\,|\,-2)$
$H_1(-\sqrt{2}\,|\,4)$; $T(0\,|\,0)$; $H_2(\sqrt{2}\,|\,4)$	$T_1(-2\pi\,|\,0)$; $H(0\,|\,4)$; $T_2(2\pi\,|\,0)$	$H(2\,|\,0)$
$W_1\left(-\frac{\sqrt{6}}{3}\,\middle|\,\frac{20}{9}\right)$; $W_2\left(\frac{\sqrt{6}}{3}\,\middle|\,\frac{20}{9}\right)$	$W_1(-\pi\,|\,2)$; $W_2(\pi\,|\,2)$	keine WP
$W = \{y\,|\,y \le 4\}$	$W = [0; 4]$	$W = \mathbb{R}$-
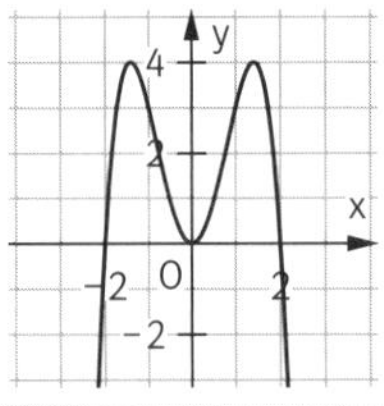	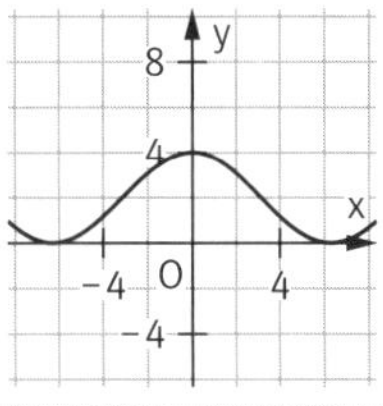	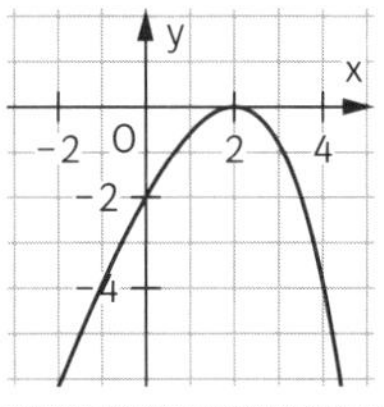

5

	f(x)	g(x)	h(x)
a)	$H(-1{,}5\,\vert\,1)$ $T(1{,}5\,\vert\,-3)$	$H\left(\frac{5}{2}\,\middle\vert\,2e^{-\frac{5}{2}}\right)$	$T_1\left(-3\,\middle\vert\,-\frac{209}{64}\right)$; $H(0\,\vert\,-2)$; $T_1\left(3\,\middle\vert\,-\frac{209}{64}\right)$
b)	Die Sinuskurve hat das Minimum -3 und das Maximum $+1$. $W = [-3; 1]$.	$W = \left]-\infty; 2e^{-\frac{5}{2}}\right]$, denn $f\left(\frac{5}{2}\right) = 2e^{-\frac{5}{2}}$ ist globales Maximum.	$h(x) \to \infty$ für $x \to \pm\infty$ und $h(\pm 3) = -\frac{209}{64}$ ist globales Minimum: $W = \left[-\frac{209}{64}; \infty\right[$

Seite 42

6 a) Extrempunkte: $H_1(-3\,|\,2)$; $T(0\,|\,-2)$; $H_2(3\,|\,2)$

Wendepunkte: $W_1(-1{,}5\,|\,0)$; $W_2(1{,}5\,|\,0)$

b) $f(x) = -2\cos\left(\frac{\pi}{3}x\right)$

c) $f'(x) = \frac{2\pi}{3}\sin\left(\frac{\pi}{3}x\right)$; $f''(x) = \frac{2\pi^2}{9}\cos\left(\frac{\pi}{3}x\right)$

Extrempunkte:

$f'(-3) = 0$; $f''(-3) = -\frac{2\pi^2}{9} < 0$ $H_1(-3\,|\,2)$

$f'(0) = 0$; $f''(0) = \frac{2\pi^2}{9} > 0$ $T(0\,|\,-2)$

$f'(3) = 0$; $f''(3) = -\frac{2\pi^2}{9} < 0$ $H_2(3\,|\,2)$

Wendepunkte: $f''(-1{,}5) = 0$; $f'''(-1{,}5) = \frac{2}{27}\pi^3 \neq 0$; $W_1(-1{,}5\,|\,0)$

Wegen der Symmetrie zur y-Achse ist $W_2(1{,}5\,|\,0)$.

d) keine Auswirkung

7 a) Wendepunkt

b) Extrempunkt

c) Wendepunkt mit waagerechter Tangente

d) Hochpunkt

e) Wendepunkt

f) Schnittpunkt mit der x-Achse

g) Wendepunkt

h) Wendepunkt mit waagerechter Tangente

8

	K_f	$K_{f'}$	$K_{f''}$
a)	gegeben	B	A
b)	C	gegeben	D
c)	E	F	gegeben

Seite 43

9 a) wahr, denn $f(0) = 0$

b) wahr, denn $x^3(x-1) = 0$; $x = 0$ ist dreifache Nullstelle

c) wahr, denn $f'(x) = 4x^3 - 3x^2$; $f'(0) = 0$

d) falsch, denn $f'(x) = x^2(4x - 3)$; $x = 0$ ist doppelte Nullstelle von f', d.h. kein VZW von f' bei $x = 0$

e) wahr, denn $f''(x) = 12x^2 - 6x = 6x(2x - 1)$

$f''(0) = 0$ und VZW von f'' bei $x = 0$

f) wahr, denn die Tangente an K in $O(0\,|\,0)$ mit der Gleichung $y = 0$ schneidet K in $N(1\,|\,0)$

g) wahr, denn $W(0\,|\,0)$ und $T\left(\frac{3}{4}\,\middle|\,-\frac{27}{256}\right)$ liegen auf der Geraden mit $y = -\frac{9}{64}x$

10 $f''(x) = 2\pi^2\sin(\pi x)$

$f''(x) = 0$ und $f'''(x) \neq 0$ für $x \in \{-2; -1; 0; 1; 2; 3; 4\}$

Damit existieren Wendepunkte. Ihr Funktionswert ist 0, somit ist die Aussage wahr.

11 $f'(x) = 10e^{x-1} + 10xe^{x-1} = 10e^{x-1}(1 + x)$

$f'(x) = 0$: $x_0 = -1$

Wenn der Graph von f eine Extremstelle hat, dann ist dies die Stelle $x = -1$. C kann also nicht der Graph von f sein.

$f(-1) = -10 \cdot e^{-2} < 0$. Der Extrempunkt hat negative y-Werte. A kann also nicht der Graph von f sein.

$f(-1) = -1{,}3533$. Der y-Wert des Tiefpunkts von Graph B ist etwa $-0{,}7$. Graph B ist also nicht der Graph von f.

12 Achsenschnittpunkt: $0(0\,|\,0)$, denn $f(0) = 0$

Extrempunkt: $T(-1\,|\,-0{,}3679)$, denn $f'(-1) = 0$ und $f''(-1) > 0$

Vermutungen: Punkt $W(-2\,|\,-0{,}2707)$ könnte ein Wendepunkt sein (sicher ist das aber nicht), da f''(x) für $x = -3$ negativ und für $x = -1$ positiv ist.

13 a) $f'(x) = 1 + \frac{2}{3}\cos\left(\frac{2}{3}x\right) > 0$ für alle x:

Also ist f streng monoton wachsend.

b) Es ist z.B. $f(-3\pi) = 3\pi + 1 > 0$ und $f(3\pi) = -3\pi + 1 < 0$, und da f streng monoton wachsend ist, hat f genau eine Nullstelle.

c) Nullstelle $x_0 \approx 1{,}26$

14 a) wahr, der Graph von f' hat hier einen Extrempunkt

b) falsch, da VZW von f' bei $x = 3$ von − nach +, der Graph hat keinen Hochpunkt

c) wahr, da der Graph von f' unterhalb der x-Achse liegt

d) wahr, denn $f'(0) = -1$

e) wahr, das globale Minimum von f' liegt bei ca. $-2{,}5$

f) wahr, denn die Tangentensteigung im Tiefpunkt des Graphen von f' ist null, also gilt $f''(2) = 0$

Differenzialrechnung im Sachzusammenhang, Seite 44

1 a) 90; 18 b) 22,9 c) 20

d) f' mit $f'(t) = -12{,}9024 \cdot e^{-0{,}1792t}$

e) $-5{,}27$ °C pro Minute f) 12 g) 15

2 a) falsch, denn $T(0) \approx 39{,}43$

b) wahr, denn

$T'(t) = 4e^{-0{,}5t-0{,}5} + (-2t - 2) \cdot e^{-0{,}5t-0{,}5} = (2 - 2t) \cdot e^{-0{,}5t-0{,}5}$

c) wahr, denn $T'(t) = 0$: $t = 1$ und $T''(1) \approx -0{,}74 < 0$, da $T''(t) = (t - 3)e^{-0{,}5t-0{,}5}$

d) wahr, denn $T''(t) = 0$: $t = 3$ und VZW von $f''(3)$

e) wahr, denn $\lim\limits_{t \to \infty} T(t) = 37$

5

	f(x)	g(x)	h(x)
a)	$H(-1{,}5 \mid 1)$ $T(1{,}5 \mid -3)$	$H\left(\frac{5}{2} \middle\vert 2e^{-\frac{5}{2}}\right)$	$T_1\left(-3 \middle\vert -\frac{209}{64}\right)$; $H(0 \mid -2)$; $T_1\left(3 \middle\vert -\frac{209}{64}\right)$
b)	Die Sinuskurve hat das Minimum -3 und das Maximum $+1$. $W = [-3; 1]$.	$W = \left]-\infty; 2e^{-\frac{5}{2}}\right]$, denn $f\left(\frac{5}{2}\right) = 2e^{-\frac{5}{2}}$ ist globales Maximum.	$h(x) \to \infty$ für $x \to \pm\infty$ und $h(\pm 3) = -\frac{209}{64}$ ist globales Minimum: $W = \left[-\frac{209}{64}; \infty\right[$

Seite 42

6 a) Extrempunkte: $H_1(-3 \mid 2)$; $T(0 \mid -2)$; $H_2(3 \mid 2)$
Wendepunkte: $W_1(-1{,}5 \mid 0)$; $W_2(1{,}5 \mid 0)$
b) $f(x) = -2\cos\left(\frac{\pi}{3}x\right)$
c) $f'(x) = \frac{2\pi}{3}\sin\left(\frac{\pi}{3}x\right)$; $f''(x) = \frac{2\pi^2}{9}\cos\left(\frac{\pi}{3}x\right)$
Extrempunkte:
$f'(-3) = 0$; $f''(-3) = -\frac{2\pi^2}{9} < 0$ $H_1(-3 \mid 2)$
$f'(0) = 0$; $f''(0) = \frac{2\pi^2}{9} > 0$ $T(0 \mid -2)$
$f'(3) = 0$; $f''(3) = -\frac{2\pi^2}{9} < 0$ $H_2(3 \mid 2)$
Wendepunkte: $f''(-1{,}5) = 0$; $f'''(-1{,}5) = \frac{2}{27}\pi^3 \neq 0$; $W_1(-1{,}5 \mid 0)$
Wegen der Symmetrie zur y-Achse ist $W_2(1{,}5 \mid 0)$.
d) keine Auswirkung

7 a) Wendepunkt
b) Extrempunkt
c) Wendepunkt mit waagerechter Tangente
d) Hochpunkt
e) Wendepunkt
f) Schnittpunkt mit der x-Achse
g) Wendepunkt
h) Wendepunkt mit waagerechter Tangente

8

	K_f	$K_{f'}$	$K_{f''}$
a)	gegeben	B	A
b)	C	gegeben	D
c)	E	F	gegeben

Seite 43

9 a) wahr, denn $f(0) = 0$
b) wahr, denn $x^3(x - 1) = 0$; $x = 0$ ist dreifache Nullstelle
c) wahr, denn $f'(x) = 4x^3 - 3x^2$; $f'(0) = 0$
d) falsch, denn $f'(x) = x^2(4x - 3)$; $x = 0$ ist doppelte Nullstelle von f′, d.h. kein VZW von f′ bei $x = 0$
e) wahr, denn $f''(x) = 12x^2 - 6x = 6x(2x - 1)$
$f''(0) = 0$ und VZW von f″ bei $x = 0$
f) wahr, denn die Tangente an K in $O(0 \mid 0)$ mit der Gleichung $y = 0$ schneidet K in $N(1 \mid 0)$
g) wahr, denn $W(0 \mid 0)$ und $T\left(\frac{3}{4} \middle\vert -\frac{27}{256}\right)$ liegen auf der Geraden mit $y = -\frac{9}{64}x$

10 $f''(x) = 2\pi^2 \sin(\pi x)$
$f''(x) = 0$ und $f'''(x) \neq 0$ für $x \in \{-2; -1; 0; 1; 2; 3; 4\}$
Damit existieren Wendepunkte. Ihr Funktionswert ist 0, somit ist die Aussage wahr.

11 $f'(x) = 10e^{x-1} + 10xe^{x-1} = 10e^{x-1}(1 + x)$
$f'(x) = 0$: $x_0 = -1$
Wenn der Graph von f eine Extremstelle hat, dann ist dies die Stelle $x = -1$. C kann also nicht der Graph von f sein.
$f(-1) = -10 \cdot e^{-2} < 0$. Der Extrempunkt hat negative y-Werte. A kann also nicht der Graph von f sein.
$f(-1) = -1{,}3533$. Der y-Wert des Tiefpunkts von Graph B ist etwa $-0{,}7$. Graph B ist also nicht der Graph von f.

12 Achsenschnittpunkt: $O(0 \mid 0)$, denn $f(0) = 0$
Extrempunkt: $T(-1 \mid -0{,}3679)$, denn $f'(-1) = 0$ und $f''(-1) > 0$
Vermutungen: Punkt $W(-2 \mid -0{,}2707)$ könnte ein Wendepunkt sein (sicher ist das aber nicht), da $f''(x)$ für $x = -3$ negativ und für $x = -1$ positiv ist.

13 a) $f'(x) = 1 + \frac{2}{3}\cos\left(\frac{2}{3}x\right) > 0$ für alle x:
Also ist f streng monoton wachsend.
b) Es ist z.B. $f(-3\pi) = 3\pi + 1 > 0$ und $f(3\pi) = -3\pi + 1 < 0$, und da f streng monoton wachsend ist, hat f genau eine Nullstelle.
c) Nullstelle $x_0 \approx 1{,}26$

14 a) wahr, der Graph von f′ hat hier einen Extrempunkt
b) falsch, da VZW von f′ bei $x = 3$ von − nach +, der Graph hat keinen Hochpunkt
c) wahr, da der Graph von f′ unterhalb der x-Achse liegt
d) wahr, denn $f'(0) = -1$
e) wahr, das globale Minimum von f′ liegt bei ca. $-2{,}5$
f) wahr, denn die Tangentensteigung im Tiefpunkt des Graphen von f′ ist null, also gilt $f''(2) = 0$

Differenzialrechnung im Sachzusammenhang, Seite 44

1 a) 90; 18 b) 22,9 c) 20
d) f′ mit $f'(t) = -12{,}9024 \cdot e^{-0{,}1792t}$
e) $-5{,}27$ °C pro Minute f) 12 g) 15

2 a) falsch, denn $T(0) \approx 39{,}43$
b) wahr, denn
$T'(t) = 4e^{-0{,}5t-0{,}5} + (-2t - 2) \cdot e^{-0{,}5t-0{,}5} = (2 - 2t) \cdot e^{-0{,}5t-0{,}5}$
c) wahr, denn $T'(t) = 0$: $t = 1$ und $T''(1) \approx -0{,}74 < 0$,
da $T''(t) = (t - 3)e^{-0{,}5t-0{,}5}$
d) wahr, denn $T''(t) = 0$: $t = 3$ und VZW von $f''(3)$
e) wahr, denn $\lim\limits_{t \to \infty} T(t) = 37$

3 Der K-Punkt entspricht dem Wendepunkt der Funktion f.
Ableitungen: $f'(x) = \frac{9}{100\,000}x^2 - \frac{18}{1000}x + \frac{1}{5}$; $f''(x) = \frac{18}{100\,000}x - \frac{18}{1000}$;
$f'''(x) = \frac{18}{100\,000} \neq 0$
Aus $f''(x_W) = 0$ folgt $x_W = 100$. Der K-Punkt hat die Koordinaten $(100\,|\,40)$. Das Gefälle ist die Steigung im Wendepunkt, also $f'(100) = -0{,}7$, also 70 %.

4 a) Höhendifferenz: $f(0) - f(1000) = 250$; 250 m

b) durchschnittliches Gefälle der Piste: $\overline{m} = \frac{250}{1000} \approx 0{,}25 = 25\,\%$

c) Die extremste Steigung ist an der Wendestelle. Diese befindet sich nach $\frac{1}{4}$ Periode, also bei $x = 500$.
Nach 500 m hat die Skipiste die extremste Steigung.
d) Steigung in $x = 500$: $f'(x) = -125\sin\left(\frac{\pi}{1000}\cdot x\right)\cdot\frac{\pi}{1000}$;
$f'(500) = -125\sin\left(\frac{\pi}{2}\right)\cdot\frac{\pi}{1000} = \frac{\pi}{8} \approx -0{,}393$;
Neigungswinkel: $\tan(\alpha) = 0{,}393$; $\alpha \approx 23{,}1°$
Eine Sicherung der Pistenraupe ist nicht erforderlich.

Test, Seite 45

1 a) $f'(x) = 3x^2 - 12x + 9$ und $f''(x) = 6x - 12$
$f'(x) = 0$ für $x_1 = 1$ und $x_2 = 3$, $f''(1) = -6 < 0$, $f''(3) = 6 > 0$:
Der Graph von f hat den Hochpunkt $H(1\,|\,4)$ und den Tiefpunkt $T(3\,|\,0)$.
b) $f'(x) = x^3 - 6x^2 = x^2(x-6)$: $f'(x) = 0$ für $x_1 = 0$ und $x_2 = 6$
Sattelpunkt $W(0\,|\,0)$ da kein VZW von f' bei $x_1 = 0$
$f''(x) = 3x^2 - 12x$; $f''(6) = 36 > 0$:
Der Graph von f hat den Tiefpunkt $T(6\,|\,-108)$.
c) $f'(x) = 3e^{0{,}5x} + (3x+1)e^{0{,}5x} = (1{,}5x + 4)e^{0{,}5x}$
und $f''(x) = (0{,}75x + 3{,}5)e^{0{,}5x}$
$f'(x) = 0$ für $x_1 = -\frac{8}{3}$; $f''\left(-\frac{8}{3}\right) = 1{,}5e^{-\frac{4}{3}} > 0$
Der Graph von f hat den Tiefpunkt $T\left(-\frac{8}{3}\,\middle|\,-1{,}58\right)$.

2 a) Der Graph ist weder zu $O(0\,|\,0)$ noch zur y-Achse symmetrisch.
$f'(x) = -1{,}5x^2 + 6 = -1{,}5(x+2)(x-2)$ und $f''(x) = -3x$;
Für $x < -2$ und für $x > 2$ ist $f'(x) < 0$, der Graph von f ist dort also streng monoton fallend (der Graph von f' ist eine nach unten geöffnete Parabel).
Für $-2 < x < 2$ ist $f'(x) > 0$, der Graph von f ist dort also streng monoton wachsend.
Für $x < 0$ ist $f''(x) > 0$, der Graph von f ist dort also linksgekrümmt.
Für $x > 0$ ist $f''(x) < 0$, der Graph von f ist dort also rechtsgekrümmt.
Skizze:

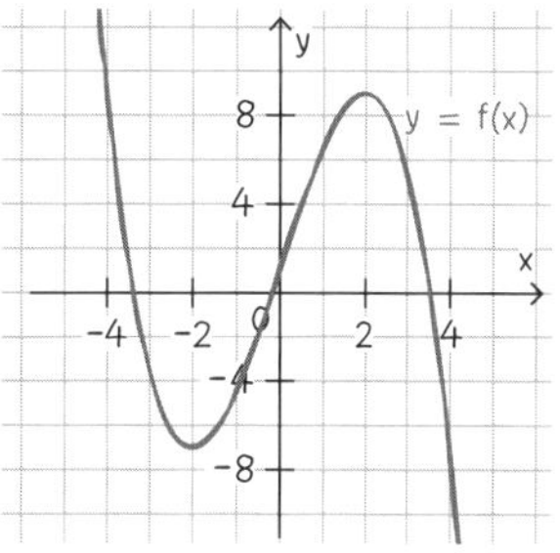

b) Der Graph ist symmetrisch zur y-Achse
$f'(x) = x^3 - 2x = (x + \sqrt{2})\,x\,(x - \sqrt{2})$
Für $x < -\sqrt{2}$ und für $0 < x < \sqrt{2}$ ist $f'(x) < 0$, der Graph von f ist dort also streng monoton fallend.
Für $-\sqrt{2} < x < 0$ und für $\sqrt{2} < x$ ist $f'(x) > 0$, der Graph von f ist dort also streng monoton wachsend.
$f''(x) = 3x^2 - 2 = 3\left(x^2 - \frac{2}{3}\right)$
Für $x < -\sqrt{\frac{2}{3}}$ und für $x > \sqrt{\frac{2}{3}}$ ist $f''(x) > 0$, der Graph von f ist dort also linksgekrümmt.
Für $-\sqrt{\frac{2}{3}} < x < \sqrt{\frac{2}{3}}$ ist $f''(x) < 0$, der Graph von f ist dort also rechtsgekrümmt.
Skizze:

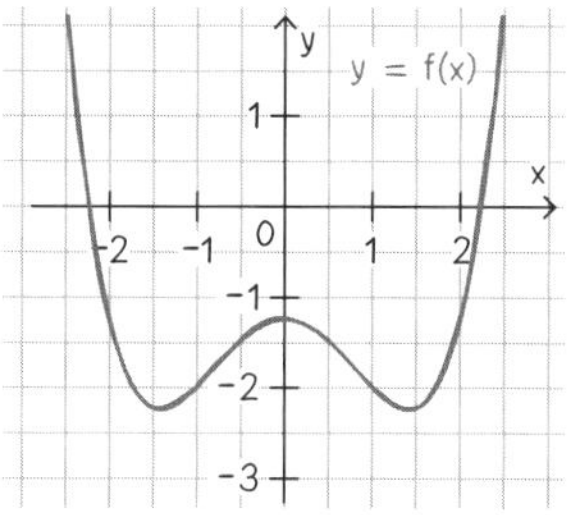

c) Der Graph ist punktsymmetrisch zum Koordinatenursprung.
$f'(x) = 2 - 2\cos(2x)$ und $f''(x) = 4\sin(2x)$
$f'(x) > 0$ für alle x außer $x = 0$.
f ist (streng) monoton wachsend auf $\left[-\frac{\pi}{2}; \frac{\pi}{2}\right]$.
$f''(x) = 0$ für $x_1 = -\frac{\pi}{2}$, $x_2 = 0$ und $x_3 = \frac{\pi}{2}$.
Wegen $f''(x) > 0$ auf $\left]-\frac{\pi}{2}; 0\right[$ ist der Graph von f rechtsgekrümmt auf $\left]-\frac{\pi}{2}; 0\right[$.
Wegen $f''(x) < 0$ ist auf $\left]0; \frac{\pi}{2}\right[$ ist der Graph von f linksgekrümmt auf $\left]0; \frac{\pi}{2}\right[$.
Skizze:

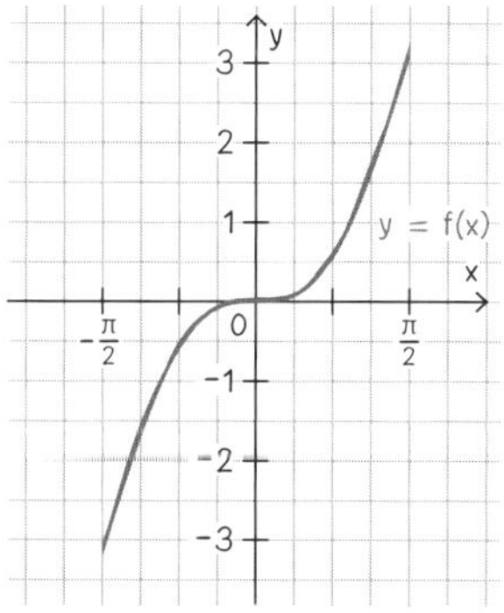

3 a) Der Graph K_1 gehört zu Funktion k, der Graph K_2 gehört zu Funktion f, und der Graph K_3 gehört zu Funktion g.
b) Der Graph K_1 von k hat den Tiefpunkt $T(0\,|\,-1)$ und die Hochpunkte $H_1(-2\,|\,3)$, $H_2(2\,|\,3)$.
Der Graph K_2 von f hat den Hochpunkt $H(0\,|\,0)$ und den Tiefpunkt $T\left(4\,\middle|\,-\frac{16}{3}\right)$.
Der Graph K_3 von g hat den Hochpunkt $H(-0{,}23\,|\,0{,}06)$ und den Tiefpunkt $T(4{,}23\,|\,-7{,}39)$.

c) Übrig bleibt die Funktion h.
$h'(x) = -2x^3 + 2$ und $h''(x) = -6x^2 \le 0$ für alle x:
h'' hat keinen VZW, also auch keine Wendestellen.

4 a) Wahr, es gilt $f(x) = f(-x)$ für alle $x \in \mathbb{R}$.
b) Wahr, denn f hat das globale Maximum 1,5 und das globale Minimum −1,5. Aufgrund der Punktsymmetrie zu den Wendepunkten haben diese den Funktionswert null.
c) Falsch, z. B. f mit $f(x) = x$.
d) Falsch, mindestens eine, maximal drei Nullstellen.
e) Wahr, denn zwischen zwei Nullstellen muss mindestens eine Extremstelle liegen.

5 a) $f_k(0) = 90$
Das Essen wird mit 90 °C in die Warmhaltebehälter gefüllt.
b) $f_k(15) = 30 + 60 \cdot e^{-\frac{k}{100} \cdot 15}$
$30 + 60 \cdot e^{-\frac{k}{100} \cdot 15} = 80$
$e^{-\frac{k}{100} \cdot 15} = \frac{5}{6}$
$-\frac{k}{100} \cdot 15 = \ln\left(\frac{5}{6}\right)$
$k = -\frac{100}{15} \cdot \ln\left(\frac{5}{6}\right) \approx 1{,}22$
entsprechend $k = -\frac{100}{15} \cdot \ln\left(\frac{3}{4}\right) \approx 1{,}92$
Für $1{,}22 < k < 1{,}92$ beträgt die Temperatur nach 15 Minuten zwischen 75 °C und 80 °C.
c) Etwa 36 Minuten lang wird diese Vorschrift eingehalten.
d) $f(t+5) - f(t) = -2$
$(30 + 60 \cdot e^{-0{,}015 - 0{,}075}) - (30 + 60 \cdot e^{-0{,}015t}) = -2$
$60 \cdot e^{-0{,}015 - 0{,}075} - 60 \cdot e^{-0{,}015t} = -2$
$e^{-0{,}015t} \cdot (e^{-0{,}075} - 1) = -\frac{2}{60}$
$e^{-0{,}015t} \cdot (-0{,}0723) = -\frac{2}{60}$
$-0{,}015t = \ln\left(\frac{-\frac{2}{60}}{-0{,}0723}\right) \approx -0{,}774$ d. h. $t_0 \approx 51{,}6$.
Zwischen der 52. und 57. Minute sinkt die Temperatur um 2 °C.
e) $f'(t) = 60 \cdot e^{-0{,}015t} \cdot (-0{,}015) = -0{,}9 \cdot e^{-0{,}015t}$
Da $f'(t) < 0$ für alle $t \ge 0$ gilt, ist die Temperaturänderung immer negativ, d. h. die Temperatur nimmt stets ab.

IV Integralrechnung

Rekonstruktion von Größen, Seite 46

1 Berechnung über Kästchen: 1 Kästchen ≙ 12,5 g, 4 Kästchen ≙ 50 g, usw. oder über Flächen:

a) Dreieck: $\frac{1}{2} \cdot 2\,\text{km} \cdot 150\,\frac{\text{g}}{\text{km}} = 150\,\text{g}$
Der Pkw stößt 150 g aus.

b) Rechteck: $5\,\text{km} \cdot 150\,\frac{\text{g}}{\text{km}} = 750\,\text{g}$
Der Pkw stößt 750 g aus.
c) Von 0 bis 2 km, Dreieck: 150 g,
von 2 bis 7 km, Rechteck: 750 g,
von 7 bis 10 km, Dreieck: 225 g.
Insgesamt von 0 bis 10 km: 1125 g
Auf der gesamten Streckte stößt der Pkw 1125 g aus.

2 a) Dreieck: $\frac{1}{2} \cdot 200\,\text{Jahre} \cdot 1\,\frac{\text{mm}}{100\,\text{Jahre}} = 1\,\text{mm}$
Der Tropfstein ist um 1 mm gewachsen.
b) siebtes Jahrhundert: von 600 bis 700
Rechteck: $100\,\text{Jahre} \cdot 5\,\frac{\text{mm}}{100\,\text{Jahre}} = 5\,\text{mm}$
Der Tropfstein ist um 5 mm gewachsen.
c) von 0 bis 200 Jahre, Dreieck: 1 mm
von 200 bis 600 Jahre, Trapez: 12 mm
von 600 bis 700 Jahre, Rechteck: 5 mm
von 700 bis 1000 Jahre, Trapez: 12,75 mm
Insgesamt von 0 bis 1000 Jahre:
1 mm + 12 mm + 5 mm + 12,75 mm = 30,75 mm
Der Tropfstein ist in 1000 Jahren um 30,75 mm gewachsen.

3 1 Kästchen ≙ 0,25 Liter,
bis 50 km: 23 Kästchen, also 5,75 Liter
gesamte Fahrstrecke: 68 Kästchen, also 17 Liter
Auf den ersten 50 km wurden 5,75 l verbraucht, auf der gesamten Strecke 17 l.

Seite 47

4 2 Liter + 0,75 Liter + 0,5 Liter + 2 Liter = 5,25 Liter.
Der Eimer muss mindestens 5,25 Liter fassen.

5 a) Zug 1 legt 1,5 km, Zug 2 legt 3 km zurück.
b) Zug 1 fährt in 0,3 h = 18 min genau 19 km.
c) Zug 1: 31 km; 0,28 Stunden; 0,58 Stunden
Zug 2: 47 km; 0,39 Stunden; 0,44 Stunden
d) Die Züge begegnen sich zwischen Göppingen und Stuttgart.

6 a) Der Hubschrauber steigt in den 30 Sekunden
$\frac{1}{3} \cdot 3 \cdot 30 = 45\,\text{m}$ hoch.
Nach 150 s ist er insgesamt $\frac{1}{2} \cdot 3 \cdot 120 + 45 = 225\,\text{m}$ gestiegen.
Er befindet sich dann auf 2225 m Höhe.
Nach 300 s ist der Hubschrauber um $\frac{1}{2} \cdot 30 \cdot 5 + 120 \cdot 5 = 675\,\text{m}$ gesunken. Er befindet sich nun auf einer Höhe von 1550 m.
b) Der Hubschrauber hat nach 150 s seinen höchsten Punkt erreicht.
c) Das Krankenhaus wird nach 420 s erreicht. Der Hubschrauber ist von seiner maximalen Höhe 2225 m insgesamt
$\frac{1}{2} \cdot 30 \cdot 5 + 180 \cdot 5 + \frac{1}{2} \cdot 60 \cdot 5 = 1125\,\text{m}$ gesunken.
Somit liegt das Krankenhaus auf 1100 m Höhe.

Berechnen von Flächeninhalten, Seite 48

1 a) $\int_{-1}^{3}\left(\frac{1}{2}x + 2\right)dx = 10$ (Trapez)

b) $\int_{-1}^{3}\left(-\frac{1}{3}x + 1\right)dx = \frac{8}{3}$ (Dreieck)

c) $\int_{-2}^{3}\left(-\frac{2}{5}x + 2\right)dx = 9$ (Trapez)

2

Fläche	A_1	A_2	A_3	A_4	A_5	A_6
Karte	5	8	4	2	10	1

„Druckfehler" bei den Karten:

Karte 6: $\int_{0}^{4}(4 - x^2)\,dx$; Differenz wurde vertauscht

Karte 7: $\int_{\frac{\pi}{2}}^{\pi}(\sin(x) + 1)\,dx$; Klammer war falsch

Karte 12: $\int_{-1}^{1}e^{-0,5x}\,dx$; ein Minus wurde im Exponent vergessen.

Neu zu markierende Flächen:

Karte 12 (korrigiert): Fläche A_7;

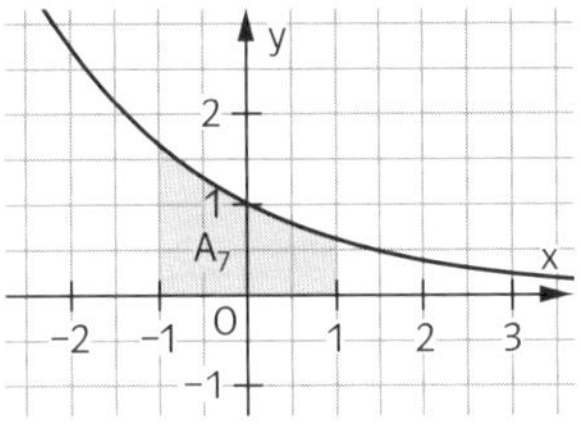

Karte 3: Fläche A_8

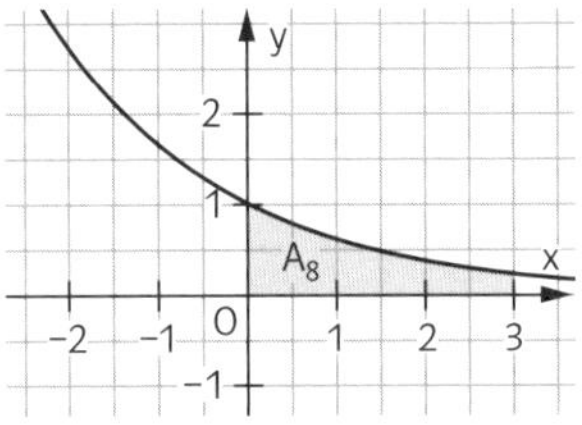

Karte 11: Fläche A_9;

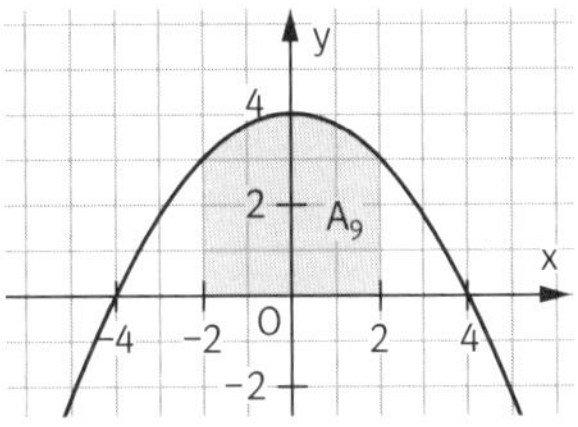

Karte 6 (korrigiert): Fläche A_{10}

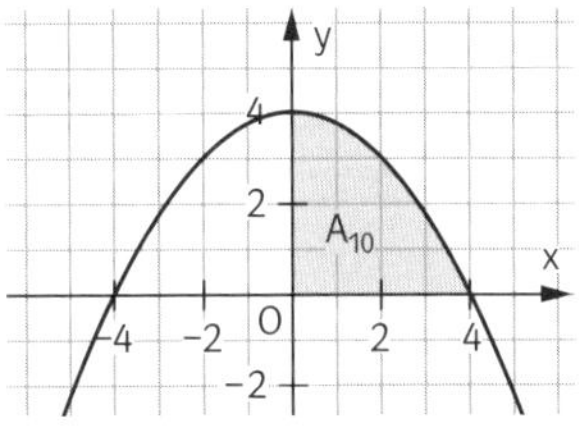

Karte 9: Fläche A_{11};

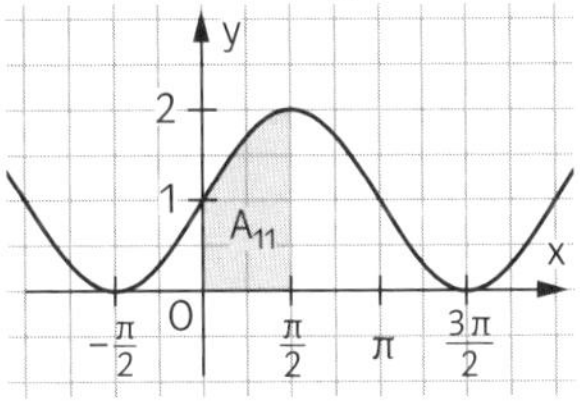

Karte 7 (korrigiert): Fläche A_{12}

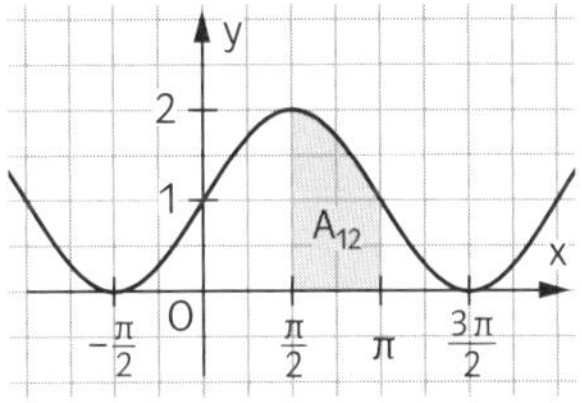

Seite 49

3 a) Siehe Abb.

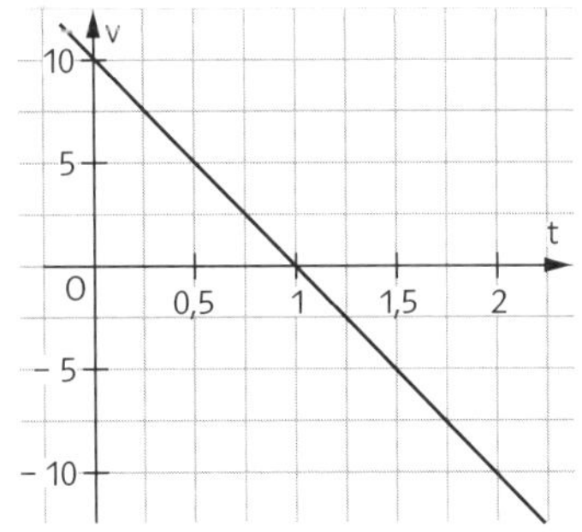

b) Die maximale Höhe liegt bei der Nullstelle des Diagramms, d.h. bei t = 1. Dies ist der höchste Punkt der Flugbahn.

Für die Höhe gilt:

$h = \int_{0}^{1}(10 - 10t)\,dt = \frac{1}{2}\cdot 10 \cdot 1$

$= 5$ (Dreiecksfläche).

c) Nach 0,5 s befindet sich der Volleyball auf derHöhe

$h_1 = \int_{0}^{0,5}(10 - 10t)\,dt = \frac{10+5}{2}\cdot 0,5 = 3,75$ (Trapezfläche).

d) Nach insgesamt 1,5 s befindet sich der Volleyball wieder in derselben Höhe wie nach 0,5 s. Das Dreieck oberhalb der t-Achse zwischen t = 0,5 und t = 1 hat denselben Inhalt (positiv gezählt) wie das Dreieck unterhalb der t-Achse zwischen t = 1 und t = 1,5 (negativ gezählt).

4 Die Reihenfolge erhält man, indem Bilanzen von Flächen oberhalb bzw. unterhalb der x-Achse gebildet und miteinander verglichen werden. Es ergibt sich:

$\int_{3}^{5}f(x)\,dx < \int_{3}^{4}f(x)\,dx < \int_{1}^{5}f(x)\,dx < \int_{1}^{3}f(x)\,dx$

5 (1) falsch, (2) wahr, (3) falsch, (4) wahr

Stammfunktionen, Seite 50

1 a) $F(x) = x^2 + \frac{1}{4}x^4$ b) $F(x) = -x^3 + \frac{1}{8}x^4$

c) $F(x) = -\frac{2}{9}x^{-3} - x^{-1}$ d) $F(x) = \frac{1}{16}x^{-4} + \frac{2}{3}x^{-3} + \frac{1}{2}x^4$

e) $F(x) = \frac{2}{3}x^{\frac{3}{2}} + \frac{1}{4}x^4$ f) $F(x) = -x^{-3} + 2x^{-1} + \frac{7}{2}x^2$

2 a)

	(A)	(B)	(C)	(D)	(E)	(F)	(G)	(H)	keine
(a)	☐	X	☐	☐	X	☐	☐	☐	☐
(b)	☐	☐	X	☐	☐	X	☐	☐	☐
(c)	☐	☐	☐	☐	☐	☐	☐	☐	☐
(d)	☐	☐	☐	☐	☐	☐	X	☐	☐

b) Zu $F(x) = \frac{1}{3}x^8$ gehört $f(x) = \frac{8}{3}x^7$, zu $F(x) = x$ gehört $f(x) = 1$, zu $F(x) = 2e^x + 3$ gehört $f(x) = 2e^x$.

c) Zu f mit $f(x) = 11$ lauten drei Stammfunktionen $F_1(x) = 11x$, $F_2(x) = 11x + 2$ und $F_3(x) = 11x - 3$.

Die zugehörigen Graphen gehen durch Verschiebung entlang der y-Achse auseinander hervor. Da es sich um Geraden handelt, liegen sie parallel zueinander.

Seite 51

3 a) nur Stammfunktion H

b) Stammfunktionen G und K

c) Stammfunktionen F und H

4 a) $f(x) = (x - 2)^2$, $F(x) = \frac{1}{3}(x - 2)^3$

b) $f(x) = \frac{1}{3}(x + 3)^4$, $F(x) = \frac{1}{15}(x + 3)^5$

c) $f(x) = (2x + 3)^{-3}$, $F(x) = \frac{1}{-4}(2x + 3)^{-2}$

d) $f(x) = 3\cdot e^{3x-4}$, $F(x) = e^{3x-4}$

e) $f(x) = \sin(2x - \pi)$, $F(x) = -\frac{1}{2}\cos(2x - \pi)$

f) $f(x) = -\cos(x + 1)$, $F(x) = -\sin(x + 1)$

5

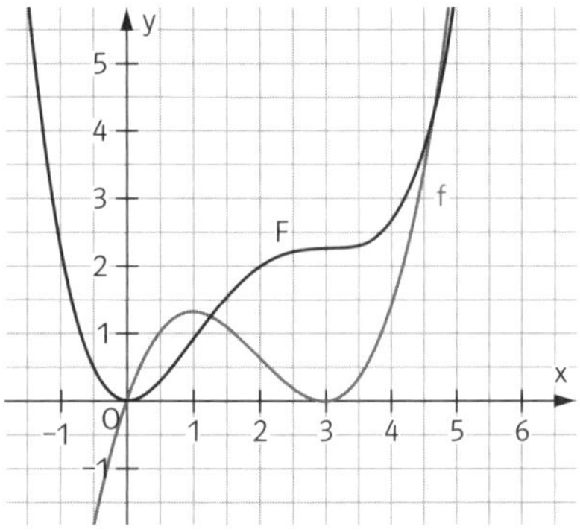

a) Wahr; F ist streng monoton wachsend, da $F'(x) = f(x) > 0$ für $x > 0$.

b) Falsch; an der Stelle $x = 0$ wechselt $f = F'$ sein Vorzeichen von negativ nach positiv.

c) Wahr; f(3) ist ein Minimum.

d) Unentscheidbar; alle Graphen von Stammfunktionen von f sind in y-Richtung gegeneinander verschoben.

e) Wahr; zwischen dem Graphen von f und der x-Achse sowie den Geraden $x = 0$ und $x = 3$ wird eine Fläche eingeschlossen, deren Inhalt größer als 1,5 ist.

6 a) Nein b) Ja c) Nein d) Nein

Hauptsatz der Differenzial- und Integralrechnung, Seite 52

1 a) $\int_1^3 2\,dx = [2x]_1^3 = 6 - 2 = 4$

b) $\int_3^5 x^5\,dx = \left[\frac{1}{6}x^6\right]_3^5 = \frac{15\,625}{6} - \frac{729}{6} = \frac{7448}{3} \approx 2482{,}7$

c) $\int_{-1}^3 x^5\,dx = \left[\frac{1}{6}x^6\right]_{-1}^3 = \frac{729}{6} + \frac{1}{6} = \frac{364}{3} \approx 121{,}3$

d) $\int_2^5 0{,}7x^4\,dx = \left[\frac{7}{50}x^5\right]_2^5 = \frac{21\,875}{50} - \frac{224}{50} = \frac{21\,651}{50} \approx 433{,}02$

e) $\int_{-2}^{-1} \frac{2}{5}x^3\,dx = \left[\frac{1}{10}x^4\right]_{-2}^{-1} = \frac{1}{10} - \frac{16}{10} = -1{,}5$

f) $\int_0^{\frac{\pi}{2}} \cos(x)\,dx = [\sin(x)]_0^{\frac{\pi}{2}} = 1 - 0 = 1$

g) $\int_0^{\pi} \sin(x)\,dx = [-\cos(x)]_0^{\pi} = 1 + 1 = 2$

h) $\int_{-\frac{\pi}{2}}^{\frac{\pi}{2}} \frac{1}{2}\cos(x)\,dx = \left[\frac{1}{2}\sin(x)\right]_{-\frac{\pi}{2}}^{\frac{\pi}{2}} = \frac{1}{2} - \frac{1}{2}\cdot(-1) = 1$

i) $\int_{-\pi}^{\pi} -\sin(x)\,dx = [\cos(x)]_{-\pi}^{\pi} = -1 - (-1) = 0$

j) $\int_2^4 \frac{2}{3}e^x\,dx = \left[\frac{2}{3}e^x\right]_2^4 = \frac{2}{3}e^4 - \frac{2}{3}e^2 \approx 31{,}47$

2 a) $F(x) = \frac{1}{3}x^3$, $a = -1{,}5$, $b = 2$,

$\int_{-1{,}5}^{2} x^2\,dx = \left[\frac{1}{3}x^3\right]_{-1{,}5}^{2} = \frac{1}{3}\cdot(8 + 3{,}375) \approx 3{,}79$

b) $F(x) = -\frac{1}{6}x^3 + 4x$, $a = -2$, $b = 1$,

$\int_{-2}^{1} \left(-\frac{1}{2}x^2 + 4\right)dx = \left[-\frac{1}{6}x^3 + 4x\right]_{-2}^{1} = -\frac{1}{6} + 4 - \left(\frac{8}{6} - 8\right) = 10{,}5$

c) $F(x) = \frac{1}{3}e^x$, $a = 0$, $b = 2{,}5$, $\int_0^{2{,}5} \frac{1}{3}e^x\,dx = \left[\frac{1}{3}e^x\right]_0^{2{,}5} = \frac{1}{3}\left(e^{2{,}5} - \frac{1}{3}\right) \approx 3{,}73$

d) $F(x) = -\cos(x)$, $a = \frac{\pi}{2}$, $b = \pi$, $\int_{\frac{\pi}{2}}^{\pi} \sin(x)\,dx = [-\cos(x)]_{\frac{\pi}{2}}^{\pi} = 1 - 0 = 1$

e) $F(x) = 5x$, $a = -3$, $b = 4$, $\int_{-3}^{4} 5\,dx = [5x]_{-3}^{4} = 20 - (-15) = 35$

f) $F(x) = \sqrt{x}$, $a = 1$, $b = 4$, $\int_1^4 \frac{1}{2\sqrt{x}}\,dx = [\sqrt{x}]_1^4 = 2 - 1 = 1$

Seite 53

3 a) $\int_1^3 x\,dx = \left[\frac{1}{2}x^2\right]_1^3 = \frac{9}{2} - \frac{1}{2} = 4$

(Es wurde eine falsche bzw. keine Stammfunktion verwendet.)

b) $\int_1^3 \frac{1}{2}x^2\,dx = \left[\frac{1}{6}x^3\right]_1^3 = \frac{1}{6}\cdot 3^3 - \frac{1}{6}\cdot 1^3 = \frac{27}{6} - \frac{1}{6} = \frac{13}{3}$

(Es wurde die falsche Reihenfolge beim Einsetzen der Grenzen in die Stammfunktion verwendet.)

c) $\int_0^{\pi} \frac{1}{2}\sin(x)\,dx = \left[-\frac{1}{2}\cdot\cos(x)\right]_0^{\pi} = -\frac{1}{2}\cos(\pi) - \left(-\frac{1}{2}\cos(0)\right) = \frac{1}{2} + \frac{1}{2} = 1$

(Es wurde ein Minuszeichen vergessen.)

d) $\int_0^1 \frac{1}{4}e^x\,dx = \left[\frac{1}{4}e^x\right]_0^1 = \frac{1}{4}e^1 - \frac{1}{4}e^0 = \frac{1}{4}e - \frac{1}{4}$

(Es wurde eine falsche Stammfunktion und ein falscher Wert der Stammfunktion an der unteren Grenze verwendet.)

4 a) $\int_1^4 x^7\,dx = \left[\frac{1}{8}x^8\right]_1^4 = \frac{1}{8}\cdot 4^8 - \frac{1}{8}\cdot 1^8 = 8192 - \frac{1}{8} = 8191{,}875$

b) $\int_{\pi}^{\frac{3}{2}\pi} \sin(x)\,dx = [-\cos(x)]_{\pi}^{\frac{3}{2}\pi} = -\cos\left(\frac{3}{2}\pi\right) + \cos(\pi) = 0 - 1 = -1$

c) $\int_0^1 \frac{2}{3}\cdot e^x\,dx = \left[\frac{2}{3}\cdot e^x\right]_0^1 = \frac{2}{3}\cdot e^1 - \frac{2}{3}\cdot e^0 = \frac{2}{3}e - \frac{2}{3}$

d) $\int_{-\frac{\pi}{2}}^{0} \cos(x)\,dx = [\sin(x)]_{-\frac{\pi}{2}}^{0} = \sin(0) - \sin\left(-\frac{\pi}{2}\right) = 0 - (-1) = 1$

Flächen oberhalb und unterhalb der x-Achse, Seite 54

1 a) Die Fläche liegt oberhalb der x-Achse.

$\int_1^5 x^3\,dx = \left[\frac{1}{4}x^4\right]_1^5 = 156$. Der Flächeninhalt beträgt $A = 156$ FE.

b) Die Fläche liegt unterhalb der x-Achse.

$\int_{-2}^{1} (e^x - 5)\,dx = [e^x - 5x]_{-2}^{1} = -12{,}41$.

Der Flächeninhalt beträgt $A = 12{,}41$ FE.

c) Die Fläche liegt oberhalb der x-Achse.

$\int_0^{\pi} \sin(x)\,dx = [-\cos(x)]_0^{\pi} = 2$. Der Flächeninhalt beträgt $A = 2$ FE.

d) Die Fläche liegt oberhalb der x-Achse. $\int_{-1}^{2} (2x^2 + 3)\,dx$

$= \left[\frac{2}{3}x^3 + 3x\right]_{-1}^{2} = 15$. Der Flächeninhalt beträgt $A = 15$ FE.

2 a) $\int_{-1}^{1} \left(-\frac{1}{2}x + 1\right)dx = \left[-\frac{1}{4}x^2 + x\right]_{-1}^{1} = 2$, somit $A = 2$

b) $\int_{-2}^{0} \left(\frac{1}{2}x^2 + x - \frac{3}{2}\right)dx = \left[\frac{1}{6}x^3 + \frac{1}{2}x^2 - \frac{3}{2}x\right]_{-2}^{0} = -\frac{11}{3}$, somit $A = \frac{11}{3}$

c) $\int_{-2}^{0}\left(-\frac{1}{4}x^3 + x\right)dx = \left[-\frac{1}{16}x^4 + \frac{1}{2}x^2\right]_{-2}^{0} = -1,$

$\int_{0}^{1}\left(-\frac{1}{4}x^3 + x\right)dx = \left[-\frac{1}{16}x^4 + \frac{1}{2}x^2\right]_{0}^{1} = \frac{7}{16}$, somit $A = 1 + \frac{7}{16} = \frac{23}{16}$

d) $\int_{-1}^{0}\left(\frac{1}{2}x^4 - \frac{5}{4}x^3\right)dx = \left[\frac{1}{10}x^5 - \frac{5}{16}x^4\right]_{-1}^{0} = \frac{33}{80},$

$\int_{0}^{2}\left(\frac{1}{2}x^4 - \frac{5}{4}x^3\right)dx = \left[\frac{1}{10}x^5 - \frac{5}{16}x^4\right]_{0}^{2} = -\frac{9}{5}$, somit $A = \frac{9}{5} + \frac{33}{80} = \frac{177}{80}$

e) $\int_{-1}^{0}(e^x - 1)\,dx = [e^x - x]_{-1}^{0} = -0{,}36$

$\int_{0}^{1}(e^x - 1)\,dx = [e^x - x]_{0}^{1} = 0{,}72$; somit $A = 0{,}36 + 0{,}72 = 1{,}08$

f) $\int_{0}^{2}\left(\sin\left(\frac{\pi}{2}x\right)\right)dx = \left[\frac{2}{\pi}\cos\left(\frac{\pi}{2}x\right)\right]_{0}^{2} = \frac{4}{\pi},$

$\int_{2}^{3}\left(\sin\left(\frac{\pi}{2}x\right)\right)dx = \left[\frac{2}{\pi}\cos\left(\frac{\pi}{2}x\right)\right]_{2}^{3} = -\frac{2}{\pi}$, somit $A = \frac{4}{\pi} + \frac{2}{\pi} = \frac{6}{\pi}$

e) $f(x) = e - e^x x$; $I = [-1; 2]$

Nullstelle: $x_1 = 1$

$\int_{-1}^{1}(e - e^x)\,dx = [e x - e^x]_{-1}^{1} = 3{,}09$

$\int_{1}^{2}(e - e^x)\,dx = [e x - e^x]_{1}^{2} = -1{,}95$

$A = 3{,}09 + 1{,}95 = 5{,}04$

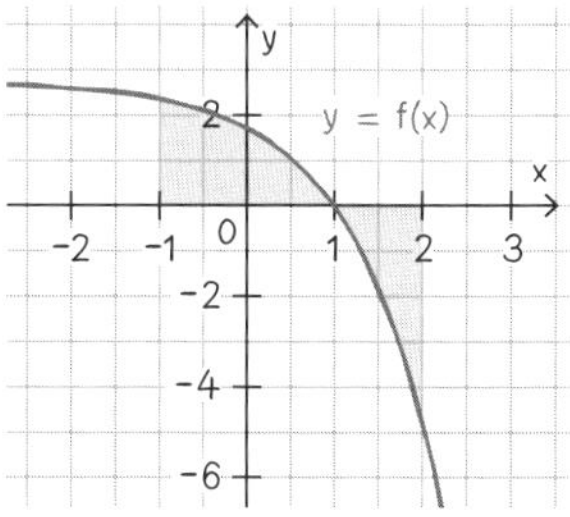

f) $f(x) = 3\sin(2x)$; $I = \left[-\frac{\pi}{2}; \frac{\pi}{2}\right]$

Nullstellen: $x_1 = -\frac{\pi}{2}$, $x_2 = 0$, $x_3 = \frac{\pi}{2}$

$\int_{-\frac{\pi}{2}}^{0}(3\sin(2x))\,dx = \left[-\frac{4}{2}\cos(2x)\right]_{-\frac{\pi}{2}}^{0} = -4$

$\int_{0}^{\frac{\pi}{2}}(3\sin((2x))\,dx = \left[-\frac{4}{2}\cos(2x)\right]_{0}^{\frac{\pi}{2}} = 3$

$A = 3 + 3 = 6$

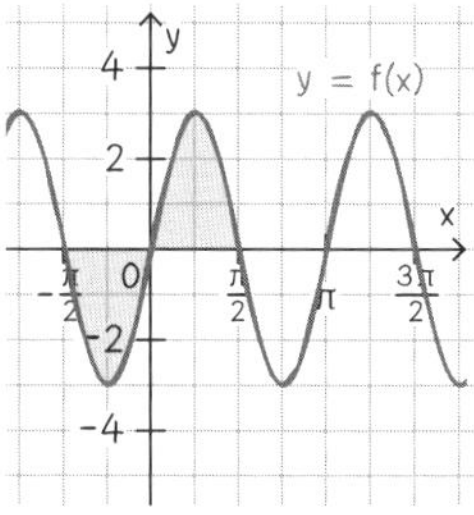

Seite 55

3 a) $f(x) = -\frac{1}{2}x + 1$; $I = [1; 3]$

Nullstelle: $x = 2$

$\int_{1}^{2}\left(-\frac{1}{2}x + 1\right)dx = \left[-\frac{1}{4}x^2 + x\right]_{1}^{2} = \frac{1}{4}$

$\int_{2}^{3}\left(-\frac{1}{2}x + 1\right)dx = \left[-\frac{1}{4}x^2 + x\right]_{2}^{3} = -\frac{1}{4}$

$A = \frac{1}{4} + \frac{1}{4} = \frac{1}{2}$

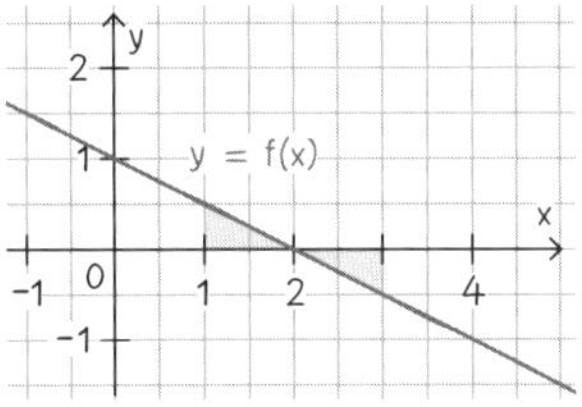

b) $f(x) = \frac{1}{2}x^2 - 2$; $I = [0; 3]$

Nullstellen: $x_1 = -2$ und $x_2 = 2$

$\int_{0}^{2}\left(\frac{1}{2}x^2 - 2\right)dx = \left[\frac{1}{6}x^3 - 2x\right]_{0}^{2} = -\frac{8}{3}$

$\int_{2}^{3}\left(\frac{1}{2}x^2 - 2\right)dx = \left[\frac{1}{6}x^3 - 2x\right]_{2}^{3} = \frac{7}{6}$

$A = \frac{3}{8} + \frac{7}{6} = \frac{23}{6} = 3{,}83$

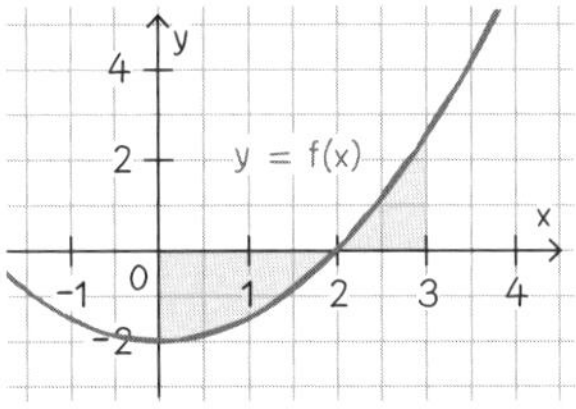

c) $f(x) = \frac{1}{4}x^3 - x$; $I = [-1; 3]$

Nullstellen: $x_1 = -2$, $x_1 = 0$, $x_3 = 2$

$\int_{-1}^{0}\left(\frac{1}{4}x^3 - x\right)dx = \left[\frac{1}{16}x^4 - \frac{1}{2}x^2\right]_{-1}^{0}$

$= \frac{7}{16}$

$\int_{0}^{2}\left(\frac{1}{4}x^3 - x\right)dx = \left[\frac{1}{16}x^4 - \frac{1}{2}x^2\right]_{0}^{2} = -1$

$\int_{2}^{3}\left(\frac{1}{4}x^3 - x\right)dx = \left[\frac{1}{16}x^4 - \frac{1}{2}x^2\right]_{2}^{3} = \frac{25}{16}$

$A = \frac{7}{16} + 1 + \frac{25}{16} = \frac{48}{16} = 3$

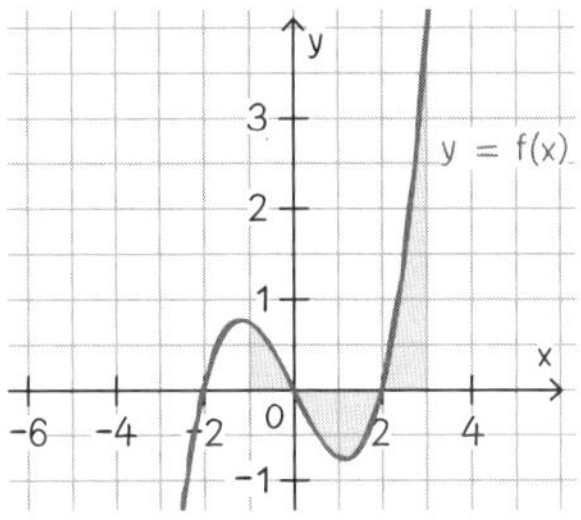

d) $f(x) = \cos(x)$; $I = [0; 2\pi]$

Nullstellen: $x_1 = \frac{\pi}{2}$ und $x_2 = \frac{3\pi}{2}$

$\int_{0}^{\frac{\pi}{2}}(\cos(x))\,dx = [\sin(x)]_{0}^{\frac{\pi}{2}} = 1$

$\int_{\frac{\pi}{2}}^{\frac{3\pi}{2}}(\cos(x))\,dx = [\sin(x)]_{\frac{\pi}{2}}^{\frac{3\pi}{2}} = -2$

$\int_{2}^{3}(\cos(x))\,dx = [\sin(x)]_{2\pi}^{\frac{3\pi}{2}} = 1$

$A = 1 + 2 + 1 = 4$

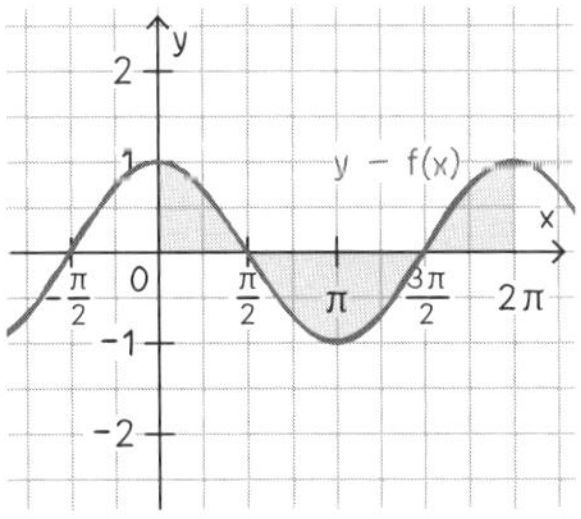

4 a) Nullstellen: $x_1 = -3$ und $x_2 = 1$

$\int_{-3}^{1}(-x^2 - 2x + 3)\,dx$

$= \left[-\frac{1}{3}x^3 - x^2 + 3x\right]_{-3}^{1} = \frac{32}{3}$

$A = \frac{32}{3} = 10{,}66$

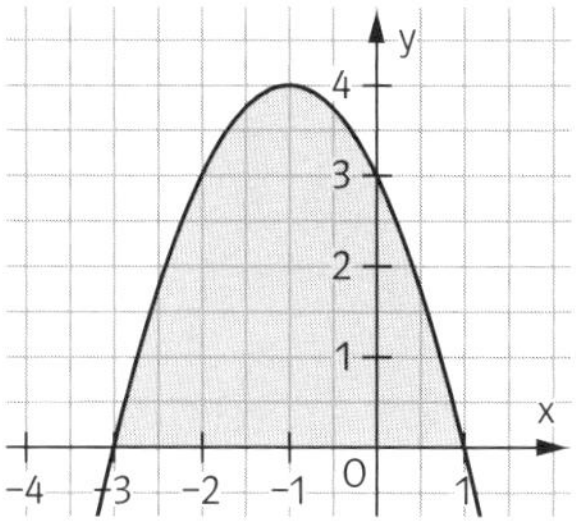

b) Nullstellen: $x_1 = -2$ und $x_1 = 3$

$\int_{-2}^{3}\left(\frac{1}{2}x^2 - \frac{1}{2}x - 3\right)dx$

$= \left[\frac{1}{6}x^3 - \frac{1}{4}x^2 - 3x\right]_{-2}^{3} = -\frac{125}{12}$

$A = \frac{125}{12} = 10{,}42$

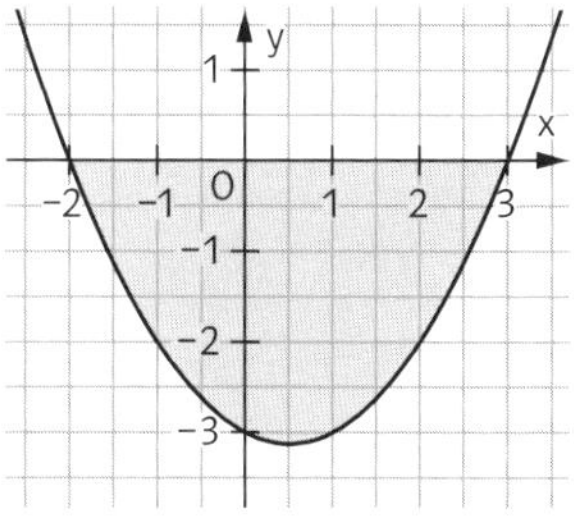

c) Nullstellen: $x_1 = 0$ und $x_2 = 3$

$\int_{0}^{3}(x^3 - 6x^2 + 9x)\,dx$

$= \left[\frac{1}{4}x^4 - 2x^3 + \frac{9}{2}x^2\right]_{0}^{3} = \frac{27}{4}$

$A = \frac{27}{4} = 6{,}75$

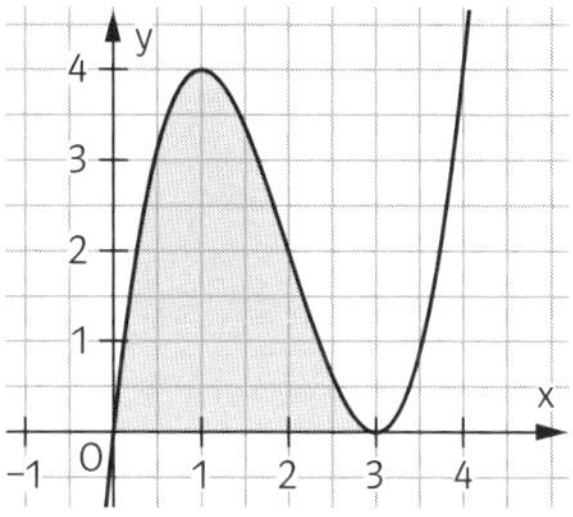

d) Nullstellen: $x_1 = 0$ und $x_2 = 2\pi$

$\int_{0}^{2\pi}\left(2\sin\left(\frac{1}{2}x\right)\right)dx = \left[-4\cos\left(\frac{1}{2}x\right)\right]_{0}^{2\pi}$

$= 8,$

$A = 8$

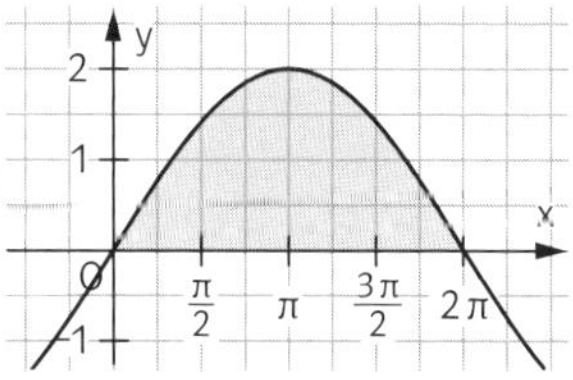

e) Nullstellen: $x_1 = 2\pi$, $x_2 = \frac{5}{2}\pi$

$x_3 = 3\pi$; $x_4 = \frac{7}{2}\pi$ und $x_5 = 4\pi$

Vier gleich große Flächenstücke:

$\int_{2\pi}^{\frac{5}{2}\pi}(0{,}5\sin(2x))\,dx$

$= [-0{,}25\cos(2x)]_{2\pi}^{\frac{5}{2}\pi} = 0{,}5$

$A = 4 \cdot 0{,}5 = 2$

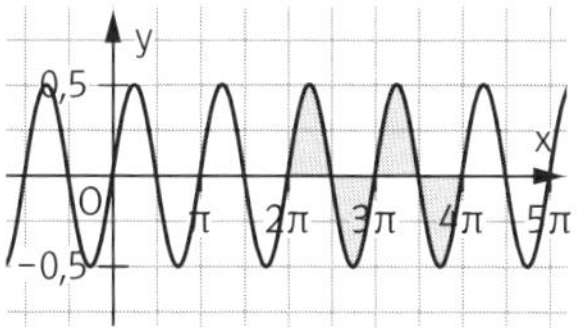

f) Nullstellen: $x_1 = \frac{1}{4}\pi$ und $x_2 = \frac{3}{4}\pi$

$\int_{\frac{1}{4}\pi}^{\frac{3}{4}\pi} (2\cos(2x))\,dx = [\sin(2x)]_{\frac{1}{4}\pi}^{\frac{3}{4}\pi} = -2$

A = 2

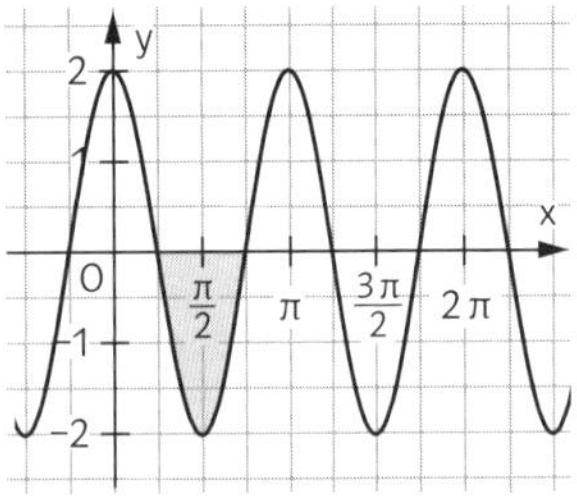

5 a) $f(x) = 2 - e^x$

Nullstelle: $x_1 = \ln(2)$

$\int_0^{\ln(2)} (2 - e^x)\,dx = [2x - e^x]_0^{\ln(2)} = 0{,}39$

A = 0,39

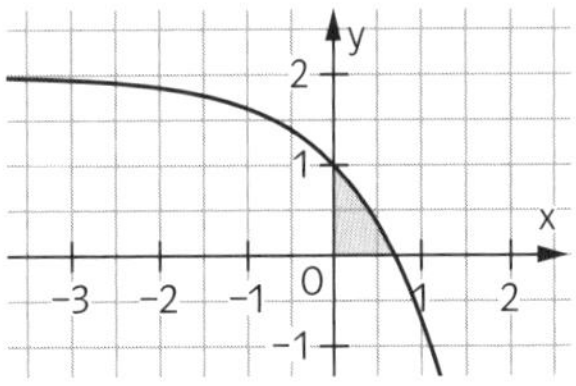

b) $f(x) = e^{-x} - 3$

Nullstelle: $x_1 = -\ln(3)$

$\int_{-\ln(3)}^{0} (e^{-x} - 3)\,dx = [e^{-x} - 3x]_{-\ln(3)}^{0}$

$\approx -1{,}3$

A ≈ 1,3

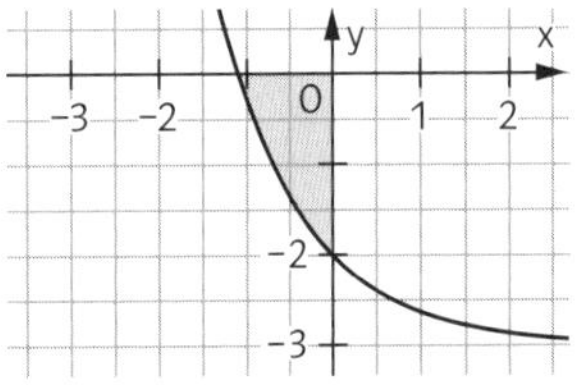

c) $f(x) = e - e^{-x}$

Nullstelle: $x_1 = -1$

$\int_{-1}^{0} (e - e^{-x})\,dx = [ex + e^{-x}]_{-1}^{0} = 1$

A = 1

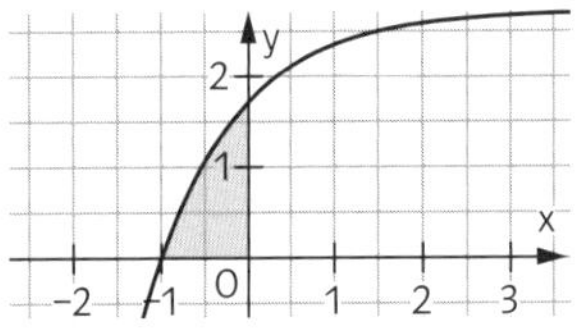

Flächen zwischen zwei Graphen, Seite 56

1 a) $f(x) = \frac{1}{2}x + 2$ und $g(x) = 0{,}5x - 1$

$\int_{-1}^{2} \left(\frac{1}{2}x + 2 - (0{,}5x - 1)\right) dx = \int_{-1}^{2} 3\,dx = [3x]_{-1}^{2} = 9$; A = 9

b) $f(x) = x + 3$ und $g(x) = -\frac{1}{2}x^2 + 1$

$\int_{-1}^{1} \left(x + 3 - \left(-\frac{1}{2}x^2 + 1\right)\right) dx = \int_{-1}^{1} \left(\frac{1}{2}x^2 + x + 2\right) dx$

$= \left[\frac{1}{6}x^3 + \frac{1}{2}x^2 + 2x\right]_{-1}^{1} = \frac{13}{3}$, somit ist $A = \frac{13}{3} = 4{,}33$

c) $f(x) = x^2 - 2x - 1$ und $g(x) = -3$

$\int_0^{2{,}5} (x^2 - 2x - 1 + 3)\,dx = \int_0^{2{,}5} (x^2 - 2x + 2)\,dx$

$= \left[\frac{1}{3}x^3 - x^2 + 2x\right]_0^{2{,}5} \approx 3{,}96$;

A ≈ 3,96

2 a) $f(x) = 1 - \frac{1}{2}x^2$ und $g(x) = 1{,}5$

I = [−1; 1]

Skizze:

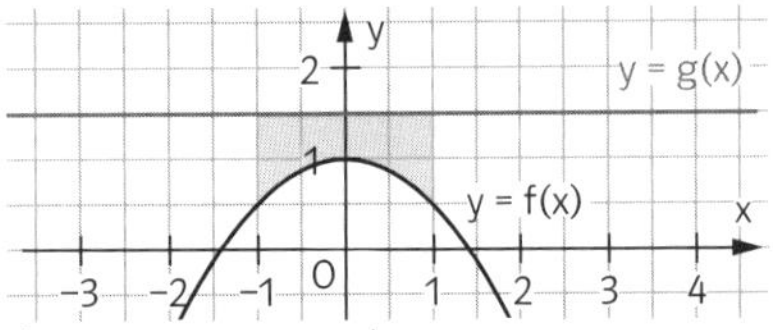

$\int_{-1}^{1} 1 - \frac{1}{2}x^2 - 1{,}5\,dx = \int_{-1}^{1} \left(-\frac{1}{2}x^2 - 0{,}5\right) dx = \left[-\frac{1}{6}x^3 - 0{,}5x\right]_{-1}^{1} = -\frac{4}{3}$

$A = \frac{4}{3}$

b) $f(x) = \sin(x)$ und $g(x) = 1 + x$

$I = \left[-\frac{\pi}{2}; \frac{\pi}{2}\right]$

Skizze:

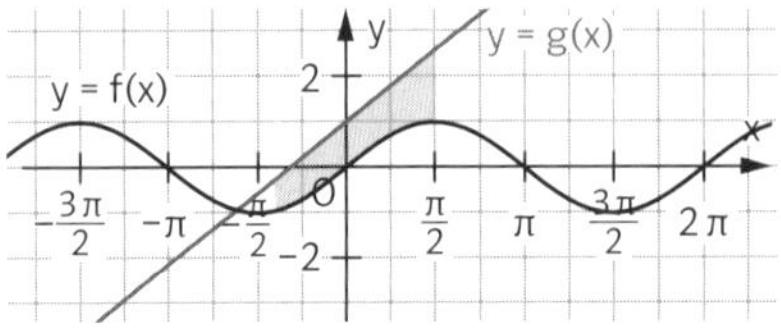

$\int_{-\frac{\pi}{2}}^{\frac{\pi}{2}} (\sin(x) - (1 + x))\,dx = \left[-\cos(x) - x - \frac{1}{2}x^2\right]_{-\frac{\pi}{2}}^{\frac{\pi}{2}} = -\pi$;

A = π ≈ 3,14

c) $f(x) = 1 - \frac{1}{3}e^x$ und $g(x) = 1$;

I = [−1; 1]

Skizze:

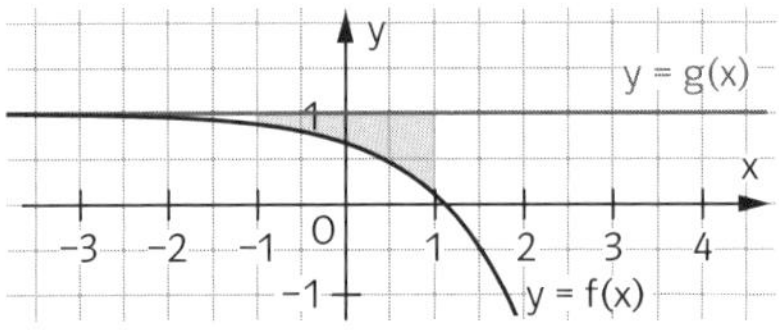

$\int_{-1}^{1} \left(1 - \frac{1}{3}e^x - 1\right) dx = \int_{-1}^{1} \left(-\frac{1}{3}e^x\right) dx = \left[-\frac{1}{3}e^x\right]_{-1}^{1} \approx -0{,}78$;

A = 0,78

Seite 57

3 a) abgelesene Schnittstellen: $x_1 = -2$ und $x_2 = 1$

Test: f(−2) = 0 g(−2) = 0

f(1) = 3 g(1) = 3

Teilintegrale:

$\int_{-2}^{1} (-x^2 - x + 2)\,dx = \left[-\frac{1}{3}x^3 - \frac{1}{2}x^2 + 2x\right]_{-2}^{1} = \frac{9}{2}$; $A_1 = \frac{9}{2}$

$\int_{1}^{2} (-x^2 - x + 2)\,dx = \left[-\frac{1}{3}x^3 - \frac{1}{2}x^2 + 2x\right]_{1}^{2} = -\frac{11}{6}$; $A_2 = \frac{11}{6}$

$A = \frac{9}{2} + \frac{11}{6} = \frac{19}{3}$

b) abgelesene Schnittstellen: $x_1 = 0$ und $x_2 = 2{,}5$

Test: f(0) = 0 g(0) = 0

f(2,5) = 0,5 g(2,5) = 0,5

Teilintegrale: $\int_0^{2{,}5} \left(\sin\left(\frac{\pi}{3}x\right) - \frac{1}{5}x\right) dx = \left[-\frac{3}{\pi}\cos\left(\frac{\pi}{3}x\right) - \frac{1}{2}x^2\right]_0^{2{,}5} = 1{,}16$;

$A_1 = 1{,}16$

$\int_{2{,}5}^{4} \left(\sin\left(\frac{\pi}{3}x\right) - \frac{1}{5}x\right) dx = \left[-\frac{3}{\pi}\cos\left(\frac{\pi}{3}x\right) - \frac{1}{2}x^2\right]_{2{,}5}^{4} = -1{,}32$;

$A_2 = 1{,}32$

A = 1,16 + 1,32 = 2,48

c) abgelesene Schnittstellen: $x_1 = -2$ und $x_2 = 2$

Test: f(−2) = 0,5 g(−2) = 0,5

f(2) = 0,5 g(2) = 0,5

Teilintegrale:

$\int_{-4}^{-2}\left(\cos\left(\frac{\pi}{6}x\right)-0{,}5\right)dx=\left[\frac{6}{\pi}\sin\frac{\pi}{6}x-\frac{1}{2}x\right]_{-4}^{-2}\approx-0{,}24;\ A_1\approx0{,}24$

$\int_{-2}^{2}\left(\cos\left(\frac{\pi}{6}x\right)-0{,}5\right)dx=\left[\frac{6}{\pi}\sin\frac{\pi}{6}x-\frac{1}{2}x\right]_{-2}^{2}\approx1{,}31;\ A_3\approx1{,}31$

Aus Symmetriegründen hat für das dritte Flächenstück ebenfalls den Inhalt $A_1=0{,}24$

$A=2\cdot0{,}24+1{,}31=1{,}79$

Seite 58

4 a) Schnittstellen: $x^3-x=3x;\ x^3-4x=0;\ x_1=-2,\ x_2=0$ und $x_3=2$

$\int_a^b(f(x)-g(x))dx=\int_{-2}^{0}(x^3-4x)dx=\left[\frac{1}{4}x^4-2x^2\right]_{-2}^{0}=0-(-4)=4$

$\int_a^b(f(x)-g(x))dx=\int_{0}^{2}(x^3-4x)dx=\left[\frac{1}{4}x^4-2x^2\right]_{0}^{2}=-4-0=-4$

$A=A_1+A_2=4+4=8$

b) Schnittstellen: $x^2=-x^3+3x^2;\ x^3-2x^2=0;\ x_1=0$ und $x_2=2$

$\int_a^b(f(x)-g(x))dx=\int_0^2(x^3-2x^2)dx=\left[\frac{1}{4}x^4-\frac{2}{3}x^3\right]_0^2=-\frac{4}{3}-0=-\frac{4}{3}$

$A=\frac{4}{3}$

c) Schnittstellen: $2\sin\left(\frac{\pi}{3}x\right)+1=2;\ \sin\left(\frac{\pi}{3}x\right)=0{,}5$

$x_1=0$ und $x_2=3$

$\int_0^3\left(2\sin\left(\frac{\pi}{3}x\right)\right)dx=\left[-\frac{6}{\pi}\cos\left(\frac{\pi}{3}x\right)\right]_0^3\approx3{,}82$

$A\approx3{,}82.$

d) Schnittstellen: $x^4-5x^2=-4;\ x^4-5x^2+4=0;\ x_1=-2,$ $x_2=-1,\ x_3=1$ und $x_4=2$

$\int_a^b(f(x)-g(x))dx=\int_{-2}^{-1}(x^4-5x^2+4)dx=\left[\frac{1}{5}x^5-\frac{5}{3}x^3+4x\right]_{-2}^{-1}$

$=-\frac{38}{15}-\left(-\frac{16}{15}\right)=-\frac{22}{15}$

$\int_a^b(f(x)-g(x))dx=\int_{-1}^{1}(x^4-5x^2+4)dx=\left[\frac{1}{5}x^5-\frac{5}{3}x^3+4x\right]_{-1}^{1}$

$=\frac{38}{15}-\left(-\frac{38}{15}\right)=\frac{76}{15}$

$\int_a^b(f(x)-g(x))dx=\int_{1}^{2}(x^4-5x^2+4)dx=\left[\frac{1}{5}x^5-\frac{5}{3}x^3+4x\right]_{1}^{2}$

$=\frac{16}{15}-\frac{38}{15}=-\frac{22}{15}$

$A=A_1+A_2+A_3=\frac{22}{15}+\frac{76}{15}+\frac{22}{15}=8$

Seite 59

5 a) $\int_{-0{,}5}^{1}(x^2+x-4-(x^3-2x^2))dx$

$\int_{-0{,}5}^{1}(-x^3+3x^2+x-4)dx=\left[-\frac{1}{4}x^4+x^3+\frac{1}{2}x^2-4x\right]_{-0{,}5}^{1}=-4{,}73;$

$A_1=4{,}73$

$\int_1^2(-x^3+3x^2+x-4)dx=\left[-\frac{1}{4}x^4+x^3+\frac{1}{2}x^2-4x\right]_1^2=1{,}75;$

$A_2=1{,}75$

$A=3{,}23+1{,}75=4{,}98$

b) $\int_{-2}^{-1}(x^3-(x^2+2x))dx=\int_{-2}^{-1}(x^3-x^2-2x)dx$

$=\left[\frac{1}{4}x^4-\frac{1}{3}x^3-x^2\right]_{-2}^{-1}=-\frac{47}{12}$

$A_1=3{,}08$

$\int_{-1}^{0}(x^3-x^2-2x)dx=\left[\frac{1}{4}x^4-\frac{1}{3}x^3-x^2\right]_{-1}^{0}=\frac{5}{12};$

$A_2=\frac{5}{12}=0{,}42$

$\int_0^2(x^3-x^2-2x)dx=\left[\frac{1}{4}x^4-\frac{1}{3}x^3-x^2\right]_0^2=-\frac{8}{3}$

$A_3=\frac{8}{3}$

$A=\frac{37}{12}+\frac{5}{12}+\frac{8}{3}=\frac{37}{6}=6{,}17$

c) $\int_{-1}^{0}(-x^2+4x-0{,}5x)dx=\int_{-1}^{0}\left(-x^2+\frac{7}{2}x\right)dx=\left[-\frac{1}{3}x^3+\frac{7}{4}x^2\right]_{-1}^{0}=-\frac{25}{12};$

$A_1=\frac{25}{12}$

$\int_0^{3{,}5}\left(-x^2+\frac{7}{2}x\right)dx=\left[-\frac{1}{3}x^3+\frac{7}{4}x^2\right]_0^{3{,}5}=\frac{343}{48};$

$A_2=\frac{343}{48}$

$\int_{3{,}5}^{5}\left(-x^2+\frac{7}{2}x\right)dx=\left[-\frac{1}{3}x^3+\frac{7}{4}x^2\right]_{3{,}5}^{5}=-\frac{443}{48};$

$A_3=\frac{343}{48}$

$A=\frac{25}{12}+\frac{343}{48}+\frac{343}{48}=\frac{131}{8}=16{,}375$

6 a) falsch, denn der Graph von f verläuft unterhalb des Graphen von g

b) wahr, denn der Graph von f verläuft oberhalb des Graphen von g

c) wahr, denn der Graph von f verläuft unterhalb des Graphen von g

d) wahr, denn der Graph von f verläuft oberhalb des Graphen von g

e) falsch, denn die Graphen von f und g schneiden sich im Intervall [0; 2]

f) Bei x = 1 befindet sich ein Schnittpunkt, so dass ein Teil des Integrals negativ und ein Teil positiv verrechnet wird.
So ergibt sich die Flächenbilanz der beide Flächenstücke.

g) $\int_0^1(x^2-x)dx=\left[\frac{1}{3}x^3-\frac{1}{2}x^2\right]_0^1=-\frac{1}{6}$

$\int_1^2(x^2-x)dx=\left[\frac{1}{3}x^3-\frac{1}{2}x^2\right]_1^2=\frac{5}{6}$

Die Aussage ist wahr. Der Flächeninhalt beträgt $\frac{5}{6}+\frac{1}{6}=1.$

7 a) Ableitungen: $f'(x)=3x^2-1;\ f''(x)=6x;\ f'''(x)=6;$
$f''(x)=0$ führt auf $x=0;\ f(0)=1;\ f'''(0)=6\neq0$, also $W(0\,|\,1)$

Bestimmung von n: $m_n=-\frac{1}{f'(0)}=-\frac{1}{-1};\ n: y=x+1$

b) Schnittstellen: $f(x)=y$, also $x^3-x+1=x+1$, vereinfacht: $x\cdot(x^2-2)=0$, also $x_1=0;\ x_{2,3}=\pm\sqrt{2}$

$\int_0^{\sqrt2}(y-f(x))dx=\int_0^{\sqrt2}(-x^3+2x)dx=\left[-\frac{1}{4}x^4+x^2\right]_0^{\sqrt2}=1$, also A = 1

8 a) Integral I_6, da die Fläche zwischen den Graphen von g: y = 1 und $f(x)=e^x$ von $x_1=0$ bis $x_2=3$ liegt.

$A=\int_{-3}^{0}(1-e^x)dx=[x-e^x]_{-3}^{0}=-1-(-3-e^{-3})=2+\frac{1}{e^3}\approx2{,}0498$

b) Integrale I_1 und I_5, da die Fläche zwischen den Graphen von $f(x) = e^x$ und g: $y = x + 1$ von $x_1 = -1$ bis $x_2 = 0$ sowie zwischen dem Graphen von $f(x) = e^x$ und der x-Achse von $x_3 = -2$ bis $x_1 = -1$ liegt.

$$A_1 = \int_{-1}^{0}(e^x - x - 1)\,dx = \left[e^x - \tfrac{1}{2}x^2 - x\right]_{-1}^{0} = 1 - \left(e^{-1} - \tfrac{1}{2} + 1\right) = \tfrac{1}{2} - \tfrac{1}{e}$$

$$A_2 = \int_{-2}^{-1} e^x\,dx = [e^x]_{-2}^{-1} = e^{-1} - e^{-2} = \tfrac{1}{e} - \tfrac{1}{e^2}$$

$$A = A_1 + A_2 = \tfrac{1}{2} - \tfrac{1}{e^2} \approx 0{,}3647$$

c) Integral I_4, da die Fläche zwischen den Graphen von $f(x) = e^x - 1$ und der Geraden g: $y = x$ liegt.

$$A = \int_{-2,5}^{1,5} (e^x - x - 1)\,dx = \left[e^x - \tfrac{1}{2}x^2 - x\right]_{-2,5}^{1,5}$$

$$A = e^{1,5} - \tfrac{9}{8} - \tfrac{3}{2} - \left(e^{-2,5} - \tfrac{25}{8} + \tfrac{5}{2}\right) = e^{1,5} - e^{-2,5} - 2 \approx 2{,}3996$$

Test, Seite 60

1 a) $F(x) = x^3 - x^2 + 5x$ b) $F(x) = 4x^{\frac{3}{2}} + \frac{2}{x^2}$

c) $F(x) = \frac{1}{24}(4x - 3)^3$ d) $F(x) = \frac{1}{16}x^4 - x^3 + \frac{9}{2}x^2$

e) $F(x) = 8e^{\frac{x}{2}} - 4e^{2x}$ f) $F_t(x) = -\frac{1}{t}e^{-tx} - \frac{3}{2}tx^2$

g) $F(x) = -2\cos(2x + 3)$ h) $F(x) = 9\sin\left(\frac{x}{3}\right) - \frac{e}{2}x^2$

i) $F_a(x) = -\frac{a}{\pi}\cos(\pi x) - \frac{1}{a}e^{ax}$

2 a) $\int_0^1 (e^x - e)\,dx = [e^x - e\cdot x]_0^1 = -1$; also $A = 1$

b) Die Funktion f besitzt als einzige Nullstelle $x = 1$, das Integral von Teilaufgabe a) ist negativ. Somit verläuft der Graph von f für $x < 1$ unterhalb der x-Achse.

c) $\int_0^c (e^x - e)\,dx = [e^x - e\cdot x]_0^c = e^c - e\cdot c - 1 = 0$

Lösen der Gleichung mit GTR: $c \approx 1{,}7508$

3 a) Nullstellen: $-0{,}5x^2 + 2 = 0$; $x_1 = -2$ und $x_2 = 2$

$$A_1 = \int_{-2}^{2}(-0{,}5x^2 + 2)\,dx = \left[-\tfrac{1}{6}x^3 + 2x\right]_{-2}^{2} = \tfrac{8}{3} - \left(-\tfrac{8}{3}\right) = \tfrac{16}{3}$$

$$A_2 = \int_{2}^{4}(-0{,}5x^2 + 2)\,dx = \left[-\tfrac{1}{6}x^3 + 2x\right]_{2}^{4} = -\tfrac{8}{3} - \tfrac{8}{3} = -\tfrac{16}{3}$$

$$A = A_1 + A_2 = \tfrac{16}{3} + \tfrac{16}{3} = \tfrac{32}{3}$$

b) Nullstellen: $x^3 + x^2 - 2x = 0$; $x_1 = -2$, $x_2 = 0$ und $x_3 = 1$

$$A_1 = \int_{-1}^{0}(x^3 + x^2 - 2x)\,dx = \left[\tfrac{1}{4}x^4 + \tfrac{1}{3}x^3 - x^2\right]_{-1}^{0} = 0 - \left(-\tfrac{13}{12}\right) = \tfrac{13}{12}$$

$$A_2 = \int_{0}^{1}(x^3 + x^2 - 2x)\,dx = \left[\tfrac{1}{4}x^4 + \tfrac{1}{3}x^3 - x^2\right]_{0}^{1} = -\tfrac{5}{12} - 0 = -\tfrac{5}{12}$$

$$A_3 = \int_{1}^{2}(x^3 + x^2 - 2x)\,dx = \left[\tfrac{1}{4}x^4 + \tfrac{1}{3}x^3 - x^2\right]_{1}^{2} = \tfrac{8}{3} - \left(-\tfrac{5}{12}\right) = \tfrac{37}{12}$$

$$A = A_1 + A_2 + A_3 = \tfrac{13}{12} + \tfrac{5}{12} + \tfrac{37}{12} = \tfrac{55}{12}$$

c) Nullstellen: $2 - e^x = 0$; $x_1 = \ln(2)$.

$$A_1 = \int_{0}^{\ln(2)} (2 - e^x)\,dx = [2x - e^x]_0^{\ln(2)} = 2\ln(2) - 2 + 1 = 2\ln(2) - 1 \approx 0{,}39$$

$$A_2 = \int_{\ln(2)}^{1} (2 - e^x)\,dx = [2x - e^x]_{\ln(2)}^{1} = (2 - e - 2\ln(2) + 2)$$

$$= (4 - e - 2\ln(2)) \approx 0{,}1$$

$$A = A_1 + A_2 \approx 0{,}39 + 0{,}1 = 0{,}49$$

d) Nullstellen: $e^{-x} - 3 = 0$; $x_1 = -\ln(3)$.

$$A_1 = \int_{-2}^{-\ln(3)} (e^{-x} - 3)\,dx = [-e^{-x} - 3x]_{-2}^{-\ln(3)} = -3 + 3\ln(3) + e^2 - 6$$

$$= 3\ln(3) - 9 + e^2 \approx 1{,}68$$

$$A_2 = -\int_{-\ln(3)}^{1} (e^{-x} - 3)\,dx = -[-e^{-x} - 3x]_{-\ln(3)}^{1} = -(-1 - (-3 + 3\ln(3))$$

$$= -(2 - 3\ln(3)) \approx 1{,}3$$

$$A = A_1 + A_2 \approx 1{,}68 + 1{,}3 = 2{,}98$$

e) Nullstellen: $0{,}5\sin(2x) = 0$; $x_1 = -\frac{\pi}{2}$; $x_2 = 0$; $x_3 = \frac{\pi}{2}$

Aus Symmetriegründen gilt:

$$A = 2\cdot\int_0^{\frac{\pi}{2}}(0{,}5\sin(2x))\,dx = 2\cdot[-0{,}25\cos(2x)]_0^{\frac{\pi}{2}}$$

$$= 2\cdot(0{,}25 + 0{,}25) = 1.$$

f) Nullstellen: $\cos\left(\frac{\pi}{3}x\right) = 0$; $x_1 = -1{,}5$; $x_2 = 0$; $x_3 = 1{,}5$

Aus Symmetriegründen gilt:

$$A = 2\cdot\int_0^{1,5}\left(\cos\left(\tfrac{\pi}{3}x\right)\right)dx = 2\cdot\left[\tfrac{3}{\pi}\sin\left(\tfrac{\pi}{3}x\right)\right]_0^{1,5} = 2\cdot 0{,}95 = 1{,}9$$

4 a) Bestimmung der Schnittstellen:

$f(x) = g(x)$, also $x^3 - 3x^2 - 18x + 40 = x^2 + 13x - 30$,

also $x^3 - 4x^2 - 31x + 70 = 0$; abgelesen und durch Probieren überprüft: $x_1 = -5$; $x_2 = 2$; $x_3 = 7$

$$\int_{-5}^{2}(x^3 - 4x^2 - 31x + 70)\,dx = \left[\tfrac{1}{4}x^4 - \tfrac{4}{3}x^3 - \tfrac{31}{2}x^2 + 70x\right]_{-5}^{2}$$

$\approx 71{,}33 - (-414{,}58) = 485{,}91$;

$$\int_{2}^{7}(x^3 - 4x^2 - 31x + 70)\,dx = \left[\tfrac{1}{4}x^4 - \tfrac{4}{3}x^3 - \tfrac{31}{2}x^2 + 70x\right]_{2}^{7}$$

$\approx -126{,}58 - (71{,}33) = -197{,}91$.

Fläche: $A \approx 485{,}91 + 197{,}91 = 683{,}82$

Die Fläche ist also $683{,}82\cdot 10\,m\cdot m = 6838{,}2\,m^2$ groß und kostet $6838{,}2\,m^2\cdot 5\,€/m^2 = 34\,191\,€$.

b) Der Verkäufer hat vermutlich gerechnet:

$$\int_{-5}^{7}(x^3 - 4x^2 - 31x + 70)\,dx = \left[\tfrac{1}{4}x^4 - \tfrac{4}{3}x^3 - \tfrac{31}{2}x^2 + 70x\right]_{-5}^{7}$$

$\approx -126{,}58 - (-414{,}58) = 288$. Er hat also die Flächenbilanz gezogen, statt abschnittsweise zu integrieren.

5 a) Nullstellen: $x_1 = -2$ und $x_2 = 2$;

$$A = \int_{-2}^{2}(-0{,}5x^2 + 2)\,dx = \left[-\tfrac{1}{6}x^3 + 2x\right]_{-2}^{2} = \tfrac{16}{3}.$$

b) Schnittstellen: $f(x) = g(x)$.

$-0{,}5x^2 + 2 = x^2 + 4x + 0{,}5$

$\frac{3}{2}x^2 + 4x - \frac{3}{2} = 0$ führt auf die Lösungen $x_1 = -3$ und $x_2 = \frac{1}{3}$.

$$A = \int_{-3}^{\frac{1}{3}}(-0{,}5x^2 + 2 - (x^2 + 4x + 0{,}5))\,dx$$

$$= \int_{-3}^{\frac{1}{3}}\left(-\tfrac{3}{2}x^2 - 4x + \tfrac{3}{2}\right)dx = \left[-\tfrac{1}{2}x^3 - 2x^2 + \tfrac{3}{2}x\right]_{-3}^{\frac{1}{3}} = 9{,}26$$

c) $$A = \int_{-2}^{0}(-0{,}5x^2 + 2 - (x^2 + 4x + 0{,}5))\,dx$$

$$= \int_{-2}^{0}\left(-\tfrac{3}{2}x^2 - 4x + \tfrac{3}{2}\right)dx = \left[-\tfrac{1}{2}x^3 - 2x^2 + \tfrac{3}{2}x\right]_{-2}^{0} = 7$$

6 a)

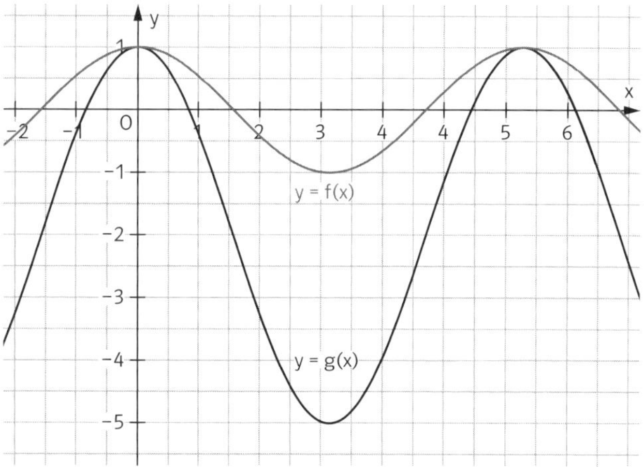

b) $f'(x) = -\sin(x)$; $f''(x) = -\cos(x)$
$g'(x) = -3\sin(x)$; $g''(x) = -3\cos(x)$
$f'(x) = 0$ führt wie $g'(x) = 0$ auf $x_1 = 0$; $x_2 = \pi$; $x_3 = 2\pi$
$f''(0) = -1$; $f''(\pi) = 1$; $f''(2\pi) = -1$, also $H_1(0\,|\,1)$; $H_2(2\pi\,|\,1)$.
$g''(0) = -3$; $g''(\pi) = 3$; $g''(2\pi) = -3$, also $H_1(0\,|\,1)$; $H_2(2\pi\,|\,1)$

c) $\int_0^{2\pi}(f(x) - g(x))\,dx = \int_0^{2\pi}(-2\cos(x) + 2)\,dx = [-2\sin(x) + 2x]_0^{2\pi}$,
also $A = 4\pi$.

7 Abzählen der Kästchen ergibt: Im angegebenen Zeitraum sind insgesamt ca. $108\,l\,\frac{\text{Regen}}{m^2}$ gefallen.

V Lineare Gleichungssysteme; Funktionen bestimmen

Der Gauß-Algorithmus, Seite 61

1 a) $4 \cdot 2 + 3 \cdot 5 = 23$ (richtig), $-2 \cdot 2 + 5 = 1$ (richtig), also ist das Zahlenpaar (2; 5) eine Lösung des LGS.
b) $-(-3) + 5 \cdot (-1) = -2$ (richtig), $4 \cdot (-1) - 7 = 3 \cdot (-3)$ (falsch), also ist das Zahlenpaar (−3; −1) keine Lösung des LGS.
c) $-3 \cdot 2 = -2 \cdot 3$ (richtig), $-(-4) = 1 + 3$ (richtig), $6 \cdot 3 = 5 \cdot 2 - 2 \cdot (-4)$ (richtig), also ist das Zahlentripel (2; −4; 3) eine Lösung des LGS.
d) $2 = -(-2) + 3 \cdot 0$ (richtig), $2 \cdot 0 = 3 \cdot 5 - 15$ (richtig), $5 \cdot (-2) = -10 + 2 \cdot 5$ (falsch), also ist das Zahlentripel (−2; 5; 0) keine Lösung des LGS.

2 a) $\left(\begin{array}{rr|r} 4 & 3 & 23 \\ -2 & 1 & 1 \end{array}\right)$ b) $\left(\begin{array}{rr|r} -1 & 5 & -2 \\ -3 & 4 & 7 \end{array}\right)$

c) $\left(\begin{array}{rrr|r} -3 & 0 & 2 & 0 \\ 0 & -1 & -1 & 1 \\ -5 & 2 & 6 & 0 \end{array}\right)$ d) $\left(\begin{array}{rrr|r} 1 & 0 & -3 & -2 \\ 0 & -3 & 2 & -15 \\ 5 & -2 & 0 & -10 \end{array}\right)$

3 a) $\left(\begin{array}{rrr|r} 1 & 1 & -1 & 4 \\ 0 & 1 & -3 & 1 \\ 0 & 0 & 1 & 2 \end{array}\right)$, Lösung: (−1; 7; 2)

b) $\left(\begin{array}{rrr|r} 3 & 1 & -1 & 1 \\ 0 & -2 & 5 & 10 \\ 0 & 0 & 6 & 12 \end{array}\right)$, Lösung: (1; 0; 2)

c) $\left(\begin{array}{rrr|r} 1 & 3 & -3 & -4 \\ 0 & -1 & 4 & 7 \\ 0 & 0 & 3 & 6 \end{array}\right)$, Lösung: (−1; 1; 2)

d) $\left(\begin{array}{rrr|r} 3 & 8 & -2 & -4 \\ 0 & 20 & 1 & -7 \\ 0 & 0 & 2 & 6 \end{array}\right)$, Lösung: $\left(2; -\frac{1}{2}; 3\right)$

Seite 62

4 a) zuerst 1. Zeile, dann 2. Zeile, Lösung: (2; −3; 10)
b) zuerst 1. Zeile, dann 3. Zeile, Lösung: (4; −2; 9)
c) zuerst 2. Zeile, dann 1. Zeile, Lösung: (−1; −3; −4)
d) zuerst 3. Zeile, dann 1. Zeile, Lösung: (6; 5; −4)

5 a) $\left(\begin{array}{rrr|r} 3 & 0 & 0 & 6 \\ -2 & 1 & 0 & -7 \\ 0 & 2 & 1 & 4 \end{array}\right)$ b) $\left(\begin{array}{rrr|r} 2 & 0 & 0 & 8 \\ 0 & 1 & 1 & 7 \\ -1 & 0 & 1 & 5 \end{array}\right)$

c) $\left(\begin{array}{rrr|r} 6 & -2 & 0 & 0 \\ 0 & -1 & 0 & 3 \\ -1 & -1 & 1 & 0 \end{array}\right)$ d) $\left(\begin{array}{rrr|r} 1 & 0 & 1 & 2 \\ 2 & -3 & 0 & -3 \\ 0 & 0 & 5 & -20 \end{array}\right)$

Man beginnt mit derjenigen Zeile, die zwei Nullen in der Koeffizientenmatrix aufweist. Danach verwendet man diejenige Zeile, bei der die soeben bestimmte Lösungsvariable eingesetzt werden kann und in der noch ein Koeffizient null ist.

6 a) (8; 2; −1) b) (−2; −3; 6) c) (−6; 5; 11) d) (−2; 1; 2)

7 Ausführliche Schreibweise: Matrixschreibweise:

I	$5x_1 + x_2 + 4x_3 = 3$	$\left(\begin{array}{rrr\|r} 5 & 1 & 4 & 3 \\ 0 & 6 & 9 & 3 \\ 0 & -4 & -2 & 10 \end{array}\right)$
IIa	$6x_2 + 9x_3 = 3$	
IIIa	$-4x_2 - 2x_3 = 10$	
I	$5x_1 + x_2 + 4x_3 = 3$	$\left(\begin{array}{rrr\|r} 5 & 1 & 4 & 3 \\ 0 & 6 & 9 & 3 \\ 0 & 0 & 24 & 72 \end{array}\right)$
IIa	$6x_2 + 9x_3 = 3$	
IIIb	$24x_3 = 72$	

Seite 63

8 Variante (I): Rückwärtseinsetzen
Aus der 3. Zeile $24x_3 = 72$ folgt $x_3 = 3$.
Einsetzen in 2. Zeile $6x_2 + 9 \cdot 3 = 3$ liefert $x_2 = -4$.
Einsetzen in 1. Zeile $5x_1 + (-4) + 4 \cdot 3 = 3$ liefert $x_1 = -1$.
Lösung des LGS: (−1; −4; 3)

Variante (II): Einheitsmatrix herstellen

$$\left(\begin{array}{rrr|r} 5 & 1 & 4 & 3 \\ 0 & 6 & 9 & 3 \\ 0 & 0 & 24 & 72 \end{array}\right) \Rightarrow \left(\begin{array}{rrr|r} 5 & 1 & 4 & 3 \\ 0 & 6 & 9 & 3 \\ 0 & 0 & 1 & 3 \end{array}\right) \Rightarrow \left(\begin{array}{rrr|r} 5 & 1 & 0 & -9 \\ 0 & 6 & 0 & -24 \\ 0 & 0 & 1 & 3 \end{array}\right) \Rightarrow$$

$$\left(\begin{array}{rrr|r} 5 & 1 & 0 & -9 \\ 0 & 1 & 0 & -4 \\ 0 & 0 & 1 & 3 \end{array}\right) \Rightarrow \left(\begin{array}{rrr|r} 5 & 0 & 0 & -5 \\ 0 & 1 & 0 & -4 \\ 0 & 0 & 1 & 3 \end{array}\right) \Rightarrow \left(\begin{array}{rrr|r} 1 & 0 & 0 & -1 \\ 0 & 1 & 0 & -4 \\ 0 & 0 & 1 & 3 \end{array}\right)$$

Lösung des LGS: (−1; −4; 3).

9 a) Stufenform: $\left(\begin{array}{rrr|r} 2 & 1 & 1 & 1 \\ 0 & -3 & -2 & -8 \\ 0 & 0 & -5 & -5 \end{array}\right)$, Lösung: (−1; 2; 1)

b) Stufenform: $\left(\begin{array}{rrr|r} 1 & 1 & -1 & 4 \\ 0 & 1 & -3 & 1 \\ 0 & 0 & -5 & 10 \end{array}\right)$, Lösung: (7; −5; −2)

c) Stufenform: $\left(\begin{array}{rrr|r} 2 & 1 & -4 & -6 \\ 0 & 7 & -16 & -2 \\ 0 & 0 & 1 & 1 \end{array}\right)$, Lösung: (−2; 2; 1)

d) Stufenform: $\left(\begin{array}{rrr|r} 1 & 1 & 2 & 1 \\ 0 & 2 & 2 & 0 \\ 0 & 0 & 1 & -1 \end{array}\right)$, Lösung: (2; 1; −1)

10 a) falsch:

$\left(\begin{array}{ccc|c} -2 & 1 & 2 & -6 \\ 0 & 3 & (4) & -6 \\ 0 & -1 & 1 & (-5) \end{array}\right)$

Fehler in Zeile (2) bei der Multiplikation von 0 mit 2 sowie in Zeile (1) bei der Multiplikation mit (−1).

richtig:

$\left(\begin{array}{ccc|c} -2 & 1 & 2 & -6 \\ 0 & 3 & 2 & -6 \\ 0 & -1 & 1 & 7 \end{array}\right)$

Lösung: (4; −4; 3)

b) falsch:

$\left(\begin{array}{ccc|c} 3 & 4 & 2 & 8 \\ 0 & 3 & 2 & -5 \\ 0 & (0) & -1 & 1 \end{array}\right)$

Die zweite Null in Zeile (3) muss durch Kombination der Zeilen (2) und (3) erzeugt werden.

richtig:

$\left(\begin{array}{ccc|c} 3 & 4 & 2 & 8 \\ 0 & 3 & 2 & -5 \\ 0 & 0 & -1 & -41 \end{array}\right)$

Lösung: (14; −29; 41)

c) falsch:

$\left(\begin{array}{ccc|c} 5 & 1 & 4 & 1 \\ 0 & 2 & -2 & -8 \\ 0 & 6 & (-36) & 16 \end{array}\right)$

Fehler beim Zusammenfassen von Zeile (3).

richtig:

$\left(\begin{array}{ccc|c} 5 & 1 & 4 & 1 \\ 0 & 2 & -2 & -8 \\ 0 & 6 & -46 & 16 \end{array}\right)$

Lösung: (2; −5; −1)

Lösungsmengen linearer Gleichungssysteme, Seite 64

1 a) Ausführliche Schreibweise: Matrixschreibweise:

$\begin{array}{ll} \text{I} & -x_1 - 4x_2 + x_3 = 2 \\ \text{II} & -2x_1 + x_2 - 7x_3 = -5 \\ \text{III} & x_1 + x_2 + 2x_3 = 1 \end{array}$ $\quad \left(\begin{array}{ccc|c} -1 & -4 & 1 & 2 \\ -2 & 1 & -7 & -5 \\ 1 & 1 & 2 & 1 \end{array}\right)$

$\begin{array}{ll} \text{I} & -x_1 - 4x_2 + x_3 = 2 \\ \text{IIa} & 9x_2 - 9x_3 = -9 \\ \text{IIIa} & -3x_2 + 3x_3 = 3 \end{array}$ $\quad \left(\begin{array}{ccc|c} -1 & -4 & 1 & 2 \\ 0 & 9 & -9 & -9 \\ 0 & -3 & 3 & 3 \end{array}\right)$

$\begin{array}{ll} \text{I} & -x_1 - 4x_2 + x_3 = 2 \\ \text{IIa} & 9x_2 - 9x_3 = -9 \\ \text{IIIb} & 0 = 0 \end{array}$ $\quad \left(\begin{array}{ccc|c} -1 & -4 & 1 & 2 \\ 0 & 9 & -9 & -9 \\ 0 & 0 & 0 & 0 \end{array}\right)$

Zeile IIIb: Nullzeile. Wähle $x_3 = t$.
Zeile IIa: $9x_2 - 9t = -9$ liefert $x_2 = -1 + t$;
Zeile I: $-x_1 - 4 \cdot (-1 + t) + t = 2$ liefert $x_1 = 2 - 3t$;
Lösungsmenge: $L = \{(2 - 3t; -1 + t; t) \mid t \in \mathbb{R}\}$
b) t = 3: L = {(−7; 2; 3)}; t = −6: L = {(20; −7; −6)};
t = 0: L = {(2; −1; 0)}

Seite 65

2

a) $x_3 = t$
$x_2 = t$
$x_1 = 5 + t$
$L = \{(5 + t; t; t) \mid t \in \mathbb{R}\}$

b) $x_3 = t$
$x_2 = 2 - t$
$x_1 = \frac{5}{4} + \frac{3}{4}t$
$L = \left\{\left(\frac{5}{4} + \frac{3}{4}t; 2 - t; t\right) \middle| t \in \mathbb{R}\right\}$

3 a) falsche Aussage in Zeile (3): (0 0 0 | 3); L = { }
b) unendlich viele Lösungen wegen Nullzeile in Zeile (3) und ansonsten keine falsche Aussage.
Wähle: $x_3 = t$; $L = \{(-4 - 12t; 4 - 3t; t) \mid t \in \mathbb{R}\}$
c) genau eine Lösung; L = {(−1; 0; 0)}
d) unendlich viele Lösungen wegen Nullzeile in Zeile (3); jedoch $x_3 = -2$. Wähle: $x_2 = t$; $L = \{(-1 - t; t; -2) \mid t \in \mathbb{R}\}$

4 Individuelle Lösungen, z. B.

a) $\left(\begin{array}{ccc|c} 3 & 0 & -2 & 4 \\ 0 & 1 & 4 & 2 \\ 0 & 1 & 4 & 3 \end{array}\right)$ b) $\left(\begin{array}{ccc|c} 1 & 3 & -4 & 5 \\ 0 & 2 & -1 & 4 \\ 0 & -2 & 1 & -4 \end{array}\right)$

c) $\left(\begin{array}{ccc|c} 1 & -4 & 3 & -2 \\ 0 & 2 & 2 & 2 \\ 0 & 0 & 1 & 0 \end{array}\right)$ d) $\left(\begin{array}{ccc|c} 2 & 0 & -1 & -1 \\ 0 & 5 & 0 & 10 \\ -8 & 0 & 4 & 5 \end{array}\right)$

5

a)	b)	c)
t = 3: (9; 2; 3)	t = 1: (3; −2; 1)	$t = \frac{1}{4}$: $\left(\frac{3}{4}; -\frac{7}{2}; \frac{1}{4}\right)$
t = 1: (2; 2; 1)	t = 4: (−1; 8; 4)	$t = \frac{1}{3}$: $\left(\frac{8}{3}; \frac{2}{3}; \frac{1}{3}\right)$
t = 2: (7; 2; 5)	t = −2: (5; −2; 1)	$t = \frac{1}{2}$: $\left(\frac{25}{4}; \frac{1}{2}; \frac{7}{2}\right)$
s = 6: (24; 2; 3)	s = −6: (−24; −2; −3)	$s = \frac{1}{3}$: $\left(\frac{4}{3}; \frac{1}{9}; \frac{1}{6}\right)$

6 a) keine Lösung; L = { }; b) genau eine Lösung; L = {(−3; 2)};
c) unendlich viele Lösungen: $L = \left\{\left(6 + \frac{5}{2}t; 6 + t; t\right)\right\}$

7 a) wahr; b) wahr;
c) falsch. Korrektur: Dies gilt nur, wenn die anderen Zeilen keine Widerspruchszeile enthalten und es ohne die Nullzeile weniger Zeilen als Variablen sind.

Bestimmen von Polynomfunktionen, Seite 66

1 a) f(1) = 3 b) f′(1) = 0
c) f(3) = 1 und f′(3) = 0 d) f″(−3) = 0

2

	Punkt	Steigung	Krümmung
Wendepunkt	f(−2) = 5	f′(−2) = 0	f″(−2) = 0
Tiefpunkt	–	f′(3) = 0	f″(3) > 0
Punkt	f(1) = −4	–	–
Wendepunkt	f(0) = 3	–	f″(0) = 0
Symmetrie	f(x) = −f(−x)	–	–
Steigung 3	f(−2) = 2	f′(−2) = 3	–
Wend.tang.	f(0) = 0	f′(0) = −4	f″(0) = 0
Berührpunkt	f(5) = g(5) = −1	f′(5) = g′(5)	–

3

a)	f(−2) = 4, f′(−2) = 0 f(0) = 0 f″(−2) > 0	−8a + 4b − 2c + d = 4 12a − 4b + c = 0 d = 0 −12a + 2b > 0
b)	f(1) = −3 f″(1) = 0 f′(1) = 3	a + b + c + d = −3 6a + 2b = 0 3a + 2b + c = 3
c)	f(5) = 0 f′(5) = 0 f(1) = 0	125a + 25b + 5c + d = 0 75a + 10b + c = 0 a + b + c + d = 0
d)	f(3) = 0 f″(3) = 0 f′(3) = 0	27a + 9b + 3c + d = 0 18a + 2b = 0 27a + 6b + c = 0
e)	f(2) = 5 f(−1) = 2 f′(−1) = 4	8a + 4b + 2c + d = 5 −a + b − c + d = 2 3a − 2b + c = 4

Seite 67

4 $f'(x) = 3a \cdot x^2 + 2b \cdot x + c$ und $f''(x) = 6a \cdot x + 2b$.

$f(0) = 2$	I	$d = 2$
$f''(0) = 0$	II	$2b = 0$, d.h. $b = 0$
$f(1) = 4$	III	$a + b + c + d = 4$
$f'(1) = 0$	IV	$3a + 2b + c = 0$

Einsetzen von I und II ergibt das LGS

IIIa $a + c + 2 = 4$
IVa $3a + c = 0$

IIIb $a + c = 2$ $\quad | \cdot (-1)$
IVa $3a + c = 0$ $\quad$ +

IIIb $a + c = 2$
IVb $2a = -2$

Man erhält als Lösungen $a = -1$ und aus $a + c = 2$ folgt $c = 3$.
Mit $b = 0$ und $d = 2$ ergibt dies die Funktionsgleichung der gesuchten Funktion $f(x) = -x^3 + 3x + 2$.

5 $f(0) = 0$, $f'(0) = 0$: Ansatz $f(x) = ax^3 + bx^2$.
$f(-1) = -2$ und $f'(-1) = 3$ führt auf $f(x) = -x^3 - 3x^2$.

6 Symmetrie zur y-Achse und Verlauf durch $O(0|0)$:
Ansatz $f(x) = ax^4 + bx^2$. $f(-2) = -4$ und $f'(-2) = 0$ liefert
$f(x) = \frac{1}{4}x^4 - 2x^2$.

7 Funktion f:
Doppelte Nullstelle bei $x = 0$, einfache Nullstelle bei $x = 2$:
Ansatz $f(x) = ax^2(x-2)$.
Wegen $f(1) = 1$ ist $a = -1$, also: $f(x) = -x^3 + 2x^2$
Funktion g:
$g(0) = 0$ und $g'(0) = 2$: Ansatz $g(x) = ax^4 + bx^3 + cx^2 + 2x$
$g'(-1) = 0$, $g'(0{,}5) = 0$, $g'(1) = 0$ also; $g(x) = x^4 - \frac{2}{3}x^3 - 2x^2 + 2x$
Funktion h:
Periode π, Amplitude 3, Punktsymmetrie zum Ursprung:
$h(x) = 3\sin(2x)$

8 a) $f(x) = ax^4 + bx^2 + c$ wegen Symmetrieeigenschaft
$f'(x) = 4ax^3 + 2bx$
$f(0) = 1$ d.h. $c = 1$; $f(5) = 0$; $f'(5) = -\frac{4}{5}$ d.h $b = 0$ und $a = -\frac{1}{625}$.
$f(x) = -\frac{1}{625}x^4 + 1$
b) Punktsymmetrie zum Ursprung:
Ansatz $f(x) = ax^5 + bx^3 + cx$. $f'(x) = 5ax^4 + 3bx^2 + c$
$f(-1) = 1$, $f''(-1) = 0$, $f'(-1) = 3$ d.h. $a = -\frac{3}{2}$, $b = 5$ und $c = -\frac{9}{2}$.
Ergebnis: $f(x) = -\frac{3}{2}x^5 + 5x^3 - \frac{9}{2}x$

9 a) Ansatz III: Wegen der gegebenen Nullstellen ist der Nullstellenansatz günstig. Auch die Ansätze I (allgemeine quadratische Funktion) und II (zur y-Achse symmetrische quadratische Funktion) sind möglich.
b) Einsetzen von R in $f(x) = a(x - 3)(x + 3)$ ergibt $6 = 27a$, also
$a = \frac{6}{27} = \frac{2}{9}$; $f(x) = \frac{2}{9}(x^2 - 9)$
$f(x) = \frac{2}{9}x^2 - 2$
c) Adrian hat recht. Es gilt für
$a > 0$: $f(x) \to \infty$ für $x \to \infty$ oder $x \to -\infty$
$a < 0$: $f(x) \to -\infty$ für $x \to \infty$ oder $x \to -\infty$

Seite 68

10 a) Zu K_1:
Die Ansätze I, III und IV sind nicht möglich, da K_1 vom Grad vier ist. V und VI sind nicht möglich, da sie Symmetrie zur y-Achse voraussetzen. Nur Ansatz II mit $f(x) = a \cdot (x - b)^2(x - c)^2$ ist verwendbar.
Zu K_2:
Die Ansätze II, V und VI sind nicht möglich, da K_2 vom Grad drei ist; III und IV sind nicht möglich, da K_2 den Ursprung nicht enthält. Nur Ansatz I mit $f(x) = a \cdot (x - b)(x - c)^2$ ist verwendbar.
Zu K_3:
Die Ansätze II, V und VI sind nicht möglich, da K_3 vom Grad drei ist; I ist nicht möglich, da K_3 die x-Achse nicht berührt; Ansätze III und IV sind möglich: K_3 ist symmetrisch zum Ursprung.
Zu K_4:
Die Ansätze I, III und IV sind nicht möglich, da K_4 vom Grad vier ist. II ist nicht möglich, da K_4 die x-Achse nicht berührt; Ansätze V und VI sind möglich: K_4 ist zur y-Achse symmetrisch.
b) Idee zu I: Polynomfunktion vom Grad drei; einfache Nullstelle b und doppelte Nullstelle c bekannt
Idee zu II: Polynomfunktion vom Grad vier; zwei doppelte Nullstellen b und c bekannt
Idee zu III: Polynomfunktion vom Grad drei; Graph punktsymmetrisch zum Ursprung
Idee zu IV: Wie III, jedoch mit den Nullstellen $x = 0$ und $x = \pm b$
Idee zu V: Polynomfunktion vom Grad vier; Graph symmetrisch zur y-Achse; ohne Verschiebung um c in y-Richtung würde der Graph die x-Achse bei $\pm b$ berühren.
Idee zu VI: Polynomfunktion vom Grad vier; Graph symmetrisch zur y-Achse
c) Zu K_1: Ansatz II mit $b = -1$, $c = 4$ und $f(1) = 4$.
$f(x) = \frac{1}{9}(x + 1)^2(x - 4)^2$
Zu K_2: Ansatz I mit $b = -4$, $c = 2$ und $f(0) = 4$.
$f(x) = \frac{1}{4}(x + 4)(x - 2)^2$
Zu K_3: Ansatz IV mit $b = 4$ und $f(2) = 4$.
$f(x) = -\frac{1}{6}x(x^2 - 16)$
Zu K_4: Ansatz V mit $b = 2$, $c = -3$ und $f(0) = 1$
$f(x) = \frac{1}{4}(x^2 - 4)^2 - 3$

11

Achsensymmetrie, $f(-2) = 0$; $f(2) = 0$	z.B: $f(x) = (x - 2)(x + 2)$ oder $f(x) = (x - 2)^2 (x - 2)^2(x + 2)^2$
$f''(x) > 0$; $f(0) > 0$	z.B. $f(x) = e^x$
f' ist achsensymmetrisch, $f'(-2) = 0$; $f'(-3) = 0$; $f''(-3) > 0$	z.B. (wegen $f'(x) = (x - 2)(x + 2) - 1$ $= x^2 - 3x)$ $f(x) = \frac{1}{3}x^3 - 3x$

12 a) falsch; es ist dann $f(2) = 3$, $f''(2) = 0$ und $f'(2) = -1$
b) wahr; der Graph der Ableitung f' ist eine Parabel, und ihre Nullstellen (die Extremstellen der Funktion f) liegen symmetrisch zur x-Stelle des Scheitelpunktes (der Wendestelle der Funktion f)

c) falsch; z. B. die Funktionen f und g haben beide die vier Nullstellen ±1 und ±2: $f(x) = 8(x^2 - 1)(x^2 - 4)$ und $g(x) = -17(x^2 - 1)(x^2 - 4)$

13 $f(x) = ax^4 + bx^3 + cx^2 + dx + e$
$f(0) = 0$ d.h. $e = 0$; $f(2) = 0$; $f''(2) = 0$; $f'(2) = 0$; $f'(0) = 4$ d.h. $d = 4$. Es folgen $a = -\frac{1}{2}$; $b = 3$ und $c = -6$.
$f(x) = -\frac{1}{2}x^4 + 3x^3 - 6x^2 + 4x$

14 Es ist $f(1) = 3$ und $f'(1) = -2$ und $f(0) = 2$.
a) $f(x) = ax^2 + bx + c$ führt zu $f(x) = -3x^2 + 4x + 2$.
b) $f(x) = ax^4 + bx^2 + c$ führt zu $f(x) = -2x^4 + 3x^2 + 2$.

Bestimmen von speziellen Funktionstermen, Seite 69

1 a) D – [5]; $f(x) = -\frac{1}{16}(x + 1)^3(x - 3)$
b) F – [1]; $f(x) = 0{,}5\cos(2x) + 1$
c) B – [4]; $f(x) = -x^3 + 3x$
d) A – [9]; $f(x) = -0{,}5(x - 1)^2 + 2{,}5$
e) H – [2]; $f(x) = 2e^{0{,}5x} - 2$
f) I – [7]; $f(x) = -0{,}5e^{-x} + 2{,}5$
g) G – [3]; $f(x) = -1{,}5\sin(\pi x) - 0{,}5$
h) E – [6]; $f(x) = \frac{1}{8}x^4 - x^2 + 2{,}5$
i) C – [8]; $f(x) = 0{,}5(x + 1)(x - 2)^2$

Seite 70

2

Datum	21.03.2021	21.06.2021	23.09.2021	21.12.2021
Sonnen-aufgang	06:30 Uhr	04:30 Uhr	06:17 Uhr	08:16 Uhr
Minuten nach 00:00 Uhr	390	270	377	496
Tag nach dem 23.09.	-186	-94	0	89

Das Maximum liegt bei $y_{max} = 496$ und das Minumum bei $y_{min} = 270$, damit ergibt sich für den mittleren Sonnenaufgang $d = \frac{496 + 270}{2} = 383$ und für die Amplitude $a = \frac{496 - 270}{2} = 113$.
Die Periodenlänge beträgt ein Jahr, also $p \approx 365$ Tage, für b folgt daraus $b = \frac{2\pi}{365} \approx 0{,}017$. Somit lautet die Funktionsgleichung $f(x) = 113 \cdot \sin(0{,}017 \cdot x) + 383$.

Tag	01.05.2021	01.07.2021	01.11.2021
Tag nach dem 23.09.	-145	-84	39
f(x)	312	271	453
tatsächlicher Wert in Minuten nach 00:00 Uhr	313	274	434

Beurteilung: Nur der letzte Wert weicht etwas deutlicher ab, ansonsten ist die Modellierung recht gut.

3

	K_1	K_2	K_3
Periode	4	2π	8
Amplitude	3	2,5	2
Hochpunkte	H(3 | 3)	H(0 | 4)	H(7 | 2)
Tiefpunkte	T(1 | -3)	T(π | -1)	T(3 | -2)
f(x)	$-3\sin\left(\frac{\pi}{2}x\right)$	$2{,}5\cos(x) + 1{,}5$	$2\cos\left(\frac{\pi}{4}(x + 1)\right)$

4
[1] Die Asymptote ist $y = -4$, somit ist $d = -4$.
Dies ergibt das Zwischenergebnis $f(x) = a \cdot e^{bx} - 4$.
[2] Punktprobe mit $S(0|-1)$ ergibt $a - 4 = -1$, also $a = 3$.
[3] Punktprobe mit $P(2\ln(2)|2)$ ergibt $b = 0{,}5$.
Der Funktionsterm ist $f(x) = 3 \cdot e^{0{,}5x} - 4$.

5 a) $f(-1) = \frac{1}{e}$ und $f'(-1) = 0$ führt zu $f(x) = -1 \cdot (x + 1) \cdot e^x$.
b) Periode 4 und Amplitude $\frac{3}{2}$ bedeutet $a = \frac{3}{2}$, $b = \frac{2\pi}{4}$. Wendepunkt im Ursprung bedeutet: $c = 0$ und $d = 0$.
Also $f_1(x) = \frac{3}{2}\sin\left(\frac{2\pi}{4} \cdot x\right)$ oder $f_2(x) = -\frac{3}{2}\sin\left(\frac{2\pi}{4} \cdot x\right)$.

Test, Seite 71

1 a) $L = \left\{\left(\frac{11}{9}; \frac{7}{9}; \frac{2}{9}\right)\right\}$ b) $L = \{(0; 4; 13)\}$ c) $L = \{(-5; 0; 5)\}$

2 a) genau eine Lösung, $L = \{(4; 1; 2)\}$
b) Das LGS kann auf die Form gebracht werden: $\left(\begin{array}{ccc|c} 1 & -0{,}5 & -2 & 0 \\ 0 & 0 & 0 & 1 \\ 0 & 0 & 0 & 0 \end{array}\right)$
Trotz der Nullzeile in Zeile (3) ist das LGS wegen der falschen Aussage in Zeile (2) nicht lösbar, $L = \{\ \}$.
c) Das LGS kann auf die Form gebracht werden: $\left(\begin{array}{ccc|c} 1 & 0 & 1 & 4 \\ 0 & 1 & 1 & 5 \end{array}\right)$
Es besitzt unendlich viele Lösungen, $L = \{(4 - t; 5 - t; t) \mid t \in \mathbb{R}\}$.

3 K_1: Der Graph K_1 ist achsensymmetrisch zur y-Achse und hat die Hochpunkte $H_1(-2|3)$ und $H_2(2|3)$ und den Tiefpunkt $T(0|-1)$. Es ist $f_1(x) = -\frac{1}{4}x^4 + 2x^2 - 1$.
K_2: Die Funktion f_2 ist vom Grad 3 und hat die doppelte Nullstelle $x_{1,2} = 0$ und die einfache Nullstelle $x_3 = 6$. K_2 verläuft (z. B.) durch den Punkt $P(3|-4{,}5)$. Es ist $f_2(x) = \frac{1}{6}x^2(x - 6)$.
K_3: Die Funktion f_3 hat die 5 einfachen Nullstelle $x_1 = 0$; $x_{2,3} = \pm 1$ und $x_{4,5} = \pm 3$ und ist vom Grad 5. K_3 verläuft (z. B.) durch den Punkt $P(2|-6)$. Es ist $f_3(x) = 0{,}2x(x - 1)(x + 1)(x - 3)(x + 3)$ $= 0{,}2(x^2 - 1)(x^2 - 9)$.

4

a)	$f(5) = 0$ $f'(5) = 0$ $f(2) = 0$	$625a + 25b + c = 0$ $500a + 10b = 0$ $16a + 4b + c = 0$
b)	$f(1) = 3$ $f'(1) = 0$ $f(0) = 0$	$a + b + c = 3$ $4a + 2b = 0$ $c = 0$
c)	$f(-2) = 3$ $f''(-2) = 0$ $f'(-2) = -4$	$16a + 4b + c = 3$ $48a + 2b = 0$ $-32a - 4b = -4$

5 a) $f(x) = -\frac{7}{16}x^4 + \frac{7}{2}x^2 - 3$ b) $g(x) = -\frac{7}{2}\cos\left(\frac{\pi}{2}x\right) + \frac{1}{2}$

6 a) $f(x) = \frac{2}{3}x^3 + 2x^2$ b) $f(x) = -x^3 + 3x^2 + 3$
c) $f(x) = \frac{1}{2}x^4 - 4x^2 + 2$

7 a) $f(x) = x^5 - x^3 - 4$ b) $f(x) = -\frac{1}{2}x^5 + 5x^3 + \frac{11}{2}$
c) $f(x) = 3x^4 - 2x^3$

VI Optimieren und Modellieren

Optimieren einbeschriebener Figuren, Seite 72

1 a) Zielfunktion: $A(u) = u \cdot f(u) = -0{,}25u^3 + 4u \; (0 \le u \le 4)$
$A'(u) = -0{,}75u^2 + 4 = 0$; $u = 2{,}31$; $A''(2{,}31) < 0$
Der Flächeninhalt wird maximal ($\approx 6{,}16$) für die Seitenlängen von ca. 2,31 und 2,67.
b) Zielfunktion: $U(u) = 2u + 2f(u) = 2u - 0{,}5u^2 + 8$ (mit $0 \le u \le 4$)
$U'(u) = 2 - u = 0$; $u = 2$
Der Umfang wird maximal 10 bei den Seitenlängen 2 und 3.

2 $d(u) = e^u - u \cdot e^u$
$d'(u) = -u \cdot e^u$; $d''(u) = -e^u - u \cdot e^u$
lokale Extremstelle: $u = 0$
lokales Maximum: $d(0) = 1$
Verhalten an den Rändern der Definitionsmenge:
$d(1) = 0$ und $d(u) \to 0$ für $u \to -\infty$
Ergebnis: Der vertikale Abstand der Funktionsgraphen im Bereich $u \le 1$ ist maximal für $u = 0$. Der maximale Abstand beträgt 1.

Seite 73

3 a) A = Quadrat – 4 Dreiecke
$A(x) = 10^2 - \left(2 \cdot \frac{1}{2} \cdot x^2 + 2 \cdot \frac{1}{2} \cdot (10 - x)^2\right)$
$A(x) = -2x^2 + 20x$; $x \in [0; 10]$
$A'(x) = -4x + 20 \quad A''(x) = -4$
$A'(x) = 0$ d.h. $x = 5$. $A''(5) = -4 < 0$
$A(5) = 50 \quad A(0) = 0 \quad A(10) = 0$
Globales Maximum für $x = 5$;
Das Beet ist ein Quadrat, dessen Ecken auf der Mitte der Seiten des großen Quadrates liegen.

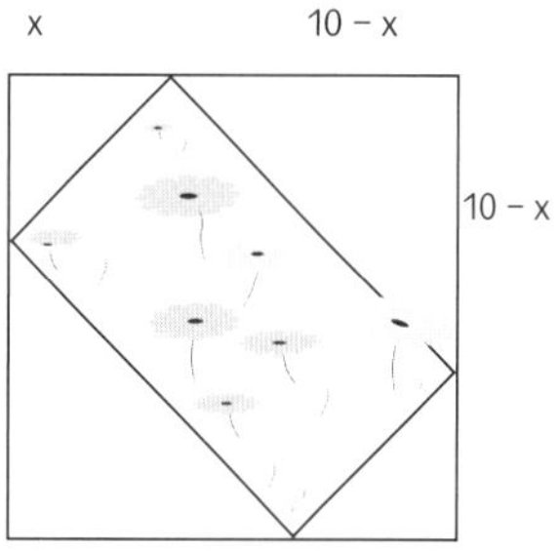

b) Formel: $U = 2a + 2b$
Nebenbedingung: $a = \sqrt{2} \cdot x \quad b = \sqrt{2} \cdot (10 - x)$
Zielfunktion: $U(x) = 2 \cdot (\sqrt{2} \cdot x + \sqrt{2} \cdot (10 - x)) = 20\sqrt{2} \approx 28{,}28$
Der Umfang jedes Beetes ist ungefähr 28,28 m.
$28{,}28 \cdot 20\,€ = 565{,}60\,€$.
Die Kosten für die Umzäunung betragen 565,60 €.

4 a) $S = f(u) + g(u)$ b) $d = \sqrt{u^2 + (f(u))^2}$
c) $U = 2 \cdot u + 2 \cdot f(u)$ d) $A = \frac{1}{2} \cdot u \cdot f(u)$

5 Zielfunktion $d(x) = \sqrt{x^2 + (5 - 2x)^2}$;
Punkt mit dem kürzesten Abstand zu O: P(2 | 1)

6 a) Zielgröße: Flächeninhalt des Dreiecks: $A = \frac{1}{2}(4 - u) \cdot v$
Nebenbedingung: $v = f(u)$

Zielfunktion:

$A(u) = \frac{1}{4}(4 - u)^2 \cdot (u + 3)$

$A(u) = -\frac{1}{4}u^3 - \frac{5}{4}u^2 - 2u + 12$;

$u \in [0; 4]$

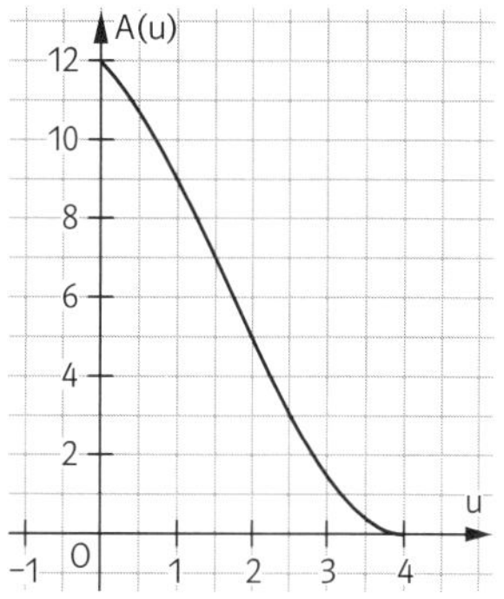

b) Es ist $A'(u) = \frac{3}{4}u^2 - \frac{5}{2}u - 2$ und $A''(u) = -\frac{3}{2}u - \frac{5}{2}$
$A'(u) = 0$ ergibt $-\frac{3}{4}u^2 - \frac{5}{2}u - 2 = 0$ bzw. $3u^2 - 10u - 8 = 0$
mit den Lösungen $u_1 = 4$ und $u_2 = -\frac{2}{3}$.
Wegen $A''(u_1) = 3{,}5 > 0$ liegt bei u_1 ein lokales Minimum vor.
Untersuchung der Ränder: Es ist $A(0) = 12$ und $A(4) = 0$.
Also hat A an der Stelle 0 ein globales Maximum.
Der Inhalt des Dreiecks PSQ wird für Q(0 | 6) maximal und beträgt 12.

7 a) Zielgröße ist der Umfang U der Figur: $U = 2a + 4c$
Nebenbedingungen:
$A = a \cdot b + c^2 = 100$ mit $c^2 = \frac{b^2}{2}$
führt zu $a \cdot b + \frac{b^2}{2} = 100$, also
ist $a = \frac{100}{b} - \frac{b}{2}$.

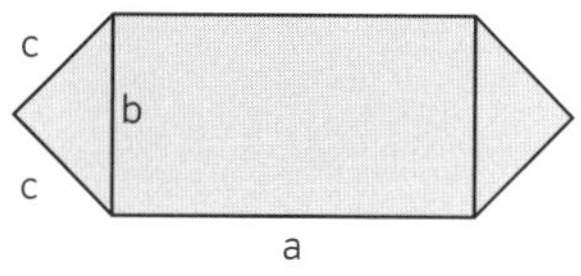

Zielfunktion: $U(b) = \frac{200}{b} - b + \frac{4b}{\sqrt{2}}$; $b \in]0; 10\sqrt{2}]$
$U'(b) = -\frac{200}{b^2} + 2\sqrt{2} - 1$; $U''(b) = \frac{400}{b^3}$
$U'(b) = 0$: $b \approx 10{,}46$; $U''(10{,}46) > 0$
$U(b) \to \infty$ für $b \to 0$; $U(10\sqrt{2}) = 40$
$U(10{,}46) \approx 38{,}25$
Globales Minimum für $b = 10{,}46$
Das Rechteck ist 4,33 cm lang und 10,46 cm breit.
b) Zielgröße ist der Flächeninhalt A der Figur: $A = a \cdot b + c^2$
1. Nebenbedingung: $c = \frac{b}{\sqrt{2}}$
Umfang: $U = 2a + 4c = 50$, d.h. $2a + \frac{4b}{\sqrt{2}} = 50$, damit ist
$a = 25 - \sqrt{2}b$ (2. Nebenbedingung).
Zielfunktion: $A(b) = (25 - \sqrt{2}b) \cdot b + \frac{b^2}{2}$; $b \in \left]0; \frac{25}{\sqrt{2}}\right]$
$A'(b) = 25 - b(2\sqrt{2} - 1)$; $A''(b) = 1 - 2\sqrt{2}$
$A'(b) = 0$: $b \approx 13{,}67 \qquad A''(13{,}67) < 0$
$\lim\limits_{b \to 0} A(b) = 0$; $A\left(\frac{25}{\sqrt{2}}\right) \approx 156{,}25$; $A(13{,}67) \approx 170{,}91$
Globales Maximum für $b = 13{,}67$
Das Rechteck ist 5,67 cm lang und 13,67 cm breit.

Optimierung von Körpern und Verpackungen, Seite 74

1 Zielgröße: $V = l \cdot b \cdot h$ Skizze:

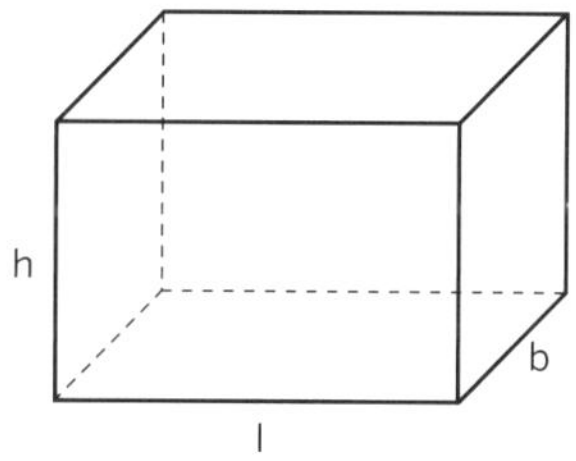

Nebenbedingungen:
$l + b + h = 90$; $l = 2b$;
$0 \le l \le 60$ und $0 \le b \le 30$ und $0 \le h \le 60$
Zielfunktion:
$V(b) = 2b \cdot b \cdot (90 - 3b)$
$= -6b^3 + 180b^2$; $b \in [0; 30]$
lokale Extremstelle:
$V'(b) = 0$ d.h. $b = 20$. $V''(20) = -360 < 0$
Verhalten an den Rändern: $V(0) = 0$; $V(30) = 0$
Globales Maximum: $V(20) = 24\,000$
Interpretation: Das Päckchen mit maximalem Inhalt von $24\,000\,\text{cm}^3$ ist 40 cm lang, 20 cm breit und 30 cm hoch.

2 a) Zielgröße: Oberflächeninhalt (Seitenlängen a, h):
$O = 2a^2 + 4ah$; Nebenbedingung: $1000 = a^2h$; Auflösen nach h ergibt $h = \frac{1000}{a^2}$

Zielfunktion: $O(a) = 2a^2 + \frac{4000}{a}$; $a \in \mathbb{R}_+^*$
Ableitungen: $O'(a) = 4a - \frac{4000}{a^2}$; $O''(a) = 4 + \frac{8000}{a^3}$;
lokale Extremstelle: 10; lokales Minimum: 600;
Verhalten an den Rändern: $O(a) \to \infty$ für $a \to 0$ und $a \to \infty$
Ergebnis: Ist die Seite der quadratischen Grundfläche 10 cm lang, so wird der Oberflächeninhalt minimal, nämlich 600 cm².
b) Neue Zielfunktion: $O(a) = a^2 + \frac{4000}{a}$
Für $a \approx 12{,}6$ wird der Oberflächeninhalt minimal ($\approx 476{,}2$).

3 Zielgröße: $V = \frac{\pi}{3}r^2h$
Nebenbedingung: $r^2 = 12^2 - h^2$
Zielfunktion:
$V(h) = \frac{\pi}{3} \cdot (144 - h^2) \cdot h$; $h \in [0; 12]$
$V'(h) = 48\pi - h^2\pi$ $V''(h) = -2h\pi$
Lokale Extremstelle:
$V'(h) = 0$ d.h. $h = 4\sqrt{3}$.
$V''(4\sqrt{3}) = -8\sqrt{3}\pi < 0$
Randwerte: $V(0) = 0$; $V(12) = 0$
Globales Maximum: $V(4\sqrt{3}) = 128\sqrt{3}\pi \approx 696{,}5$
Das Volumen des Glases ist am größten bei einer Höhe von ca. 6,93 cm.

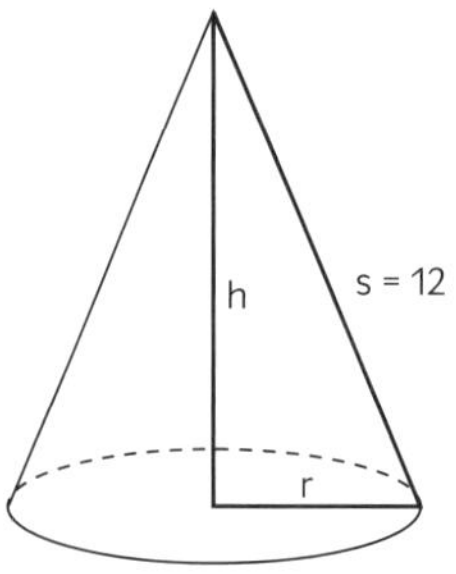

Der Modellierungskreislauf, Seite 75

1 a) Die Punkte liegen nahezu auf einer Ursprungsgeraden mit der Steigung 0,05.
Lineare Regression liefert die Gerade g mit
g: $y = 0{,}0515x - 0{,}2$;
$r \approx 0{,}9982$
b) Der Korrelationskoeffizient r ist positiv und liegt nahe 1.
Die Daten sind damit ausreichend gut erfasst. Zudem liegt der y-Achsenabschnitt der Regressionsgeraden mit −0,2 nahe bei null.
c) $g(40) = 1{,}86$; $g(480) = 24{,}52$

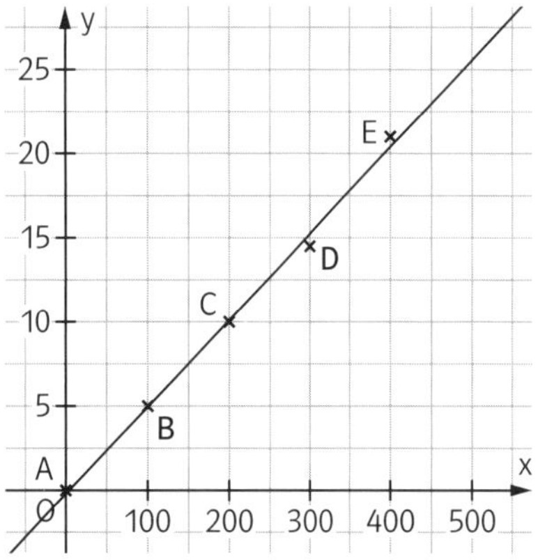

2 Ac Bd Ca Db

3 a) siehe Darstellung
b) Die kubische Regression liefert:
$f(t) = 0{,}35t^3 - 5{,}24t^2 + 9{,}61t + 99{,}33$.

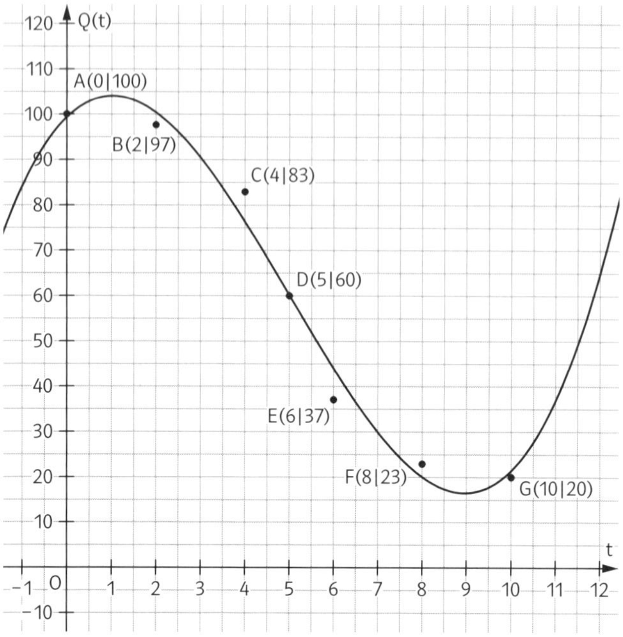

Polynomfunktion 5. Grades:
$g(t) = at^5 + bt^4 + ct^3 + dt^2 + et + f$
$g(0) = 100$; $g(2) = 97$; $g(4) = 83$; $g(5) = 60$; $g(6) = 37$;
$g(10) = 20$:
$g(t) = -\frac{17}{384}t^5 + \frac{425}{384}t^4 - \frac{223}{24}t^3 + \frac{2755}{96}t^2 - \frac{239}{8}t + 100$
Der Graph der Polynomfunktion 3. Grades hat einen Hochpunkt an der Stelle 1 und einen Tiefpunkt an der Stelle 9. Nur wenige Messwerte liegen auf dem Graphen.
Der Graph der Polynomfunktion 5. Grades erfasst zwar alle Messwerte, zeigt jedoch im gezeichneten Bereich zwei Hochpunkte und zwei Tiefpunkte. Beide Modellierungen sind somit wenig geeignet. Verbesserungsvorschlag: abschnittsweise definierte Funktion verwenden

Seite 76

4 a)

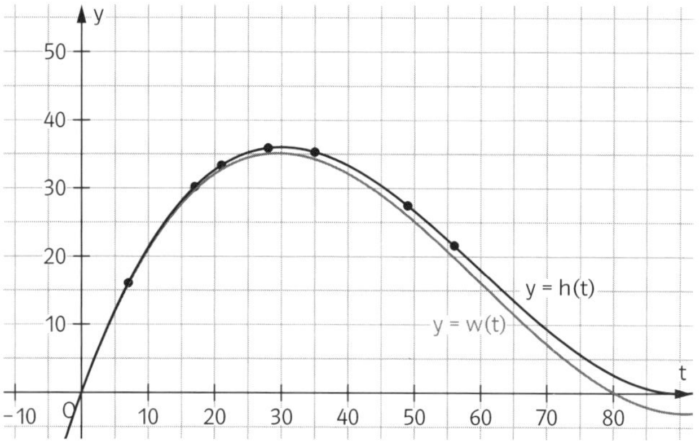

b) mit kubischer Regression
$w(t) = 3{,}33 \cdot 10^{-4}t^3 - 0{,}060t^2 + 2{,}670t + 0{,}013$
Die Modellierung ist über den gesamten Beobachtungszeitraum angemessen, weil $r^2 \approx 0{,}999996$ gilt.
c) $w'(t) = 0$: $t = 30{,}01$ (und $t = 90{,}04$)
$w''(30) = -0{,}06 < 0$; es liegt ein Maximum vor.

Somit ist die Wachstumsrate etwa 30 Tage nach der Keimung maximal.

d) Alle Punkte liegen auf K_h.

$h'(t) = 0$: $t_1 = 30$; $t_2 = 90$; $h''(30) = -\frac{3}{50} < 0$

Die Wachstumsrate ist am 30. Tag maximal. Sie verändert sich am stärksten, wenn der Graph der Ableitungsfunktion von h einen Extrempunkt hat. Das ist am 60. Tag der Fall.

5 a) Skizze:

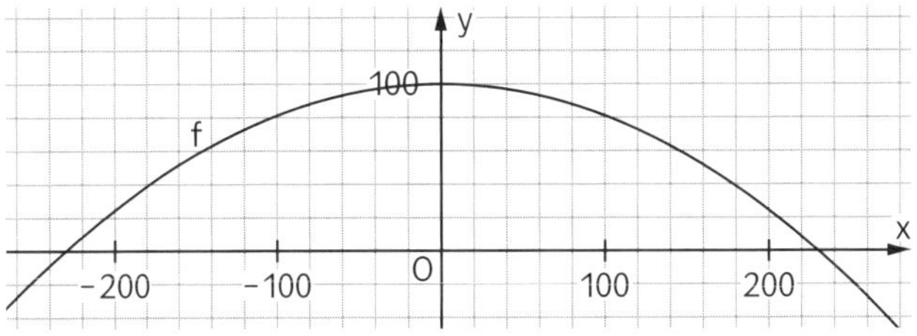

b) $f(x) = a \cdot x^2 + c$

$f(0) = 100$; $f(230) = 0$: $f(x) = -\frac{1}{529}x^2 + 100$

$f(x) = 0$: $x_1 = 230$; $x_2 = -230$

Auflagepunkte $N_1(230\,|\,0)$; $N_2(-230\,|\,0)$

$f'(230) = -\frac{20}{23}$ $\tan(\alpha) = \left|-\frac{20}{23}\right|$, also $\alpha \approx 41°$.

Der Steigungswinkel in den Auflagepunkten beträgt 41°.

6 a) Die Übergänge sind nicht glatt, d.h. die Geraden mit den Gleichungen $y = 5$ bzw. $y = 2$ haben die Steigung 0, die Gerade mit der Gleichung $y = -\frac{4}{3}x + \frac{23}{3}$ die Steigung $-\frac{4}{3}$. Für eine Schnellstraße sind die Übergänge in P und Q nicht geeignet.

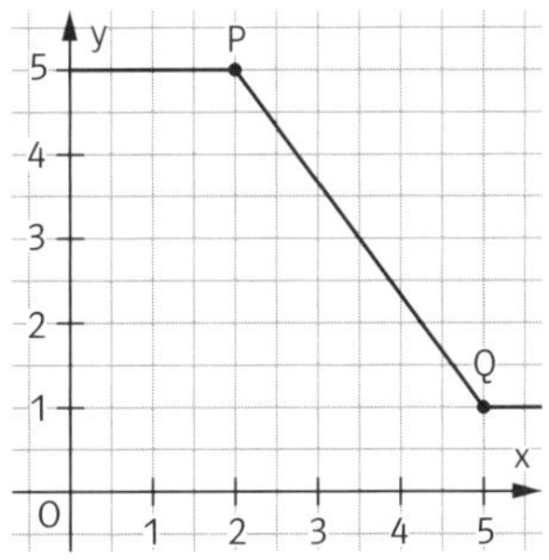

b) Im gemeinsamen Punkt muss die Steigung gleich sein, d.h. der Graph der Funktion muss in P einen Hochpunkt und in Q einen Tiefpunkt haben. Außerdem muss der Graph der Funktion mindestens einen Wendepunkt haben. Die Bedingungen werden von Graphen einer Polynomfunktion 3. Grades erfüllt.

c) $f'(x) = \frac{8}{9}x^2 - \frac{56}{9}x + \frac{80}{9}$; $f''(x) = \frac{16}{9}x - \frac{56}{9}$

$f(2) = 5$; $f'(2) = 0$; $f''(2) = -\frac{8}{3} < 0$ und $f(5) = 1$; $f'(5) = 0$;

$f''(5) = \frac{8}{3} > 0$, damit erfüllt.

$g'(x) = -\frac{2\pi}{3}\sin\left(\frac{\pi}{3}(x-2)\right)$; $g''(x) = -\frac{2\pi^2}{9}\cos\left(\frac{\pi}{3}(x-2)\right)$

$g(2) = 5$; $g'(2) = 0$; $g''(2) = -\frac{2\pi^2}{9} < 0$ und $g(5) = 1$; $g'(5) = 0$;

$g''(5) = \frac{2\pi^2}{9} > 0$, damit erfüllt.

Modellieren von Wachstums- und Zerfallsprozessen, Seite 77

1 a) $a = 2,5$; $b = 30$; $k = \ln(2,5) = 0,9163$

t	-2	-1	0	1	2	3	4	5
f(t)	4,8	12,0	30	75	187,5	468,8	1171,9	2929,7

b) $a = 0,522$; $b = 4000$; $k = -0,65$

t	-2	-1	0	1	2	3	4	5
f(t)	14677	7662,2	4000	2088,2	1090,1	569,1	297,1	155,1

2 a) $k = 1,0986$; $f(x) = 45 \cdot e^{\ln(3) \cdot x}$ d.h. $f(x) = 45 \cdot e^{1,0986x}$;

$f(6) = 32805$

b) $k = -0,6931$; $f(x) = 180 \cdot e^{\ln(0,5) \cdot x}$ d.h. $f(x) = 180 \cdot e^{-0,6931x}$;

$f(6) = 2,81$

c) $k = 0,1398$; $f(x) = 1,5 \cdot e^{\ln(1,15) \cdot x}$ d.h. $f(x) = 1,5 \cdot e^{0,1398x}$;

$f(6) = 3,47$

d) $k = -0,1823$; $f(x) = 500 \cdot e^{\ln\left(\frac{5}{6}\right) \cdot x}$ d.h.

$f(x) = 500 \cdot e^{-0,1823x}$; $f(6) = 167,4$

3 a) 8500 m^3; 10460 m^3; 8,31

b) 7823 m^3

c) f' mit $f'(t) = 0,0415 \cdot 8500 \cdot e^{0,0415t} = 352,75 \cdot e^{0,0415t}$

Seite 78

4 $e^{0,1668t} = 2$ d.h. $t = 4,156$

Die Verdopplungszeit T_V beträgt 4,156 Zeiteinheiten.

5 a) Nach 16 Tagen bzw. nach 32 Tagen.

b) 96,9 % c) Nach 54 Tagen.

d) 4,75 mg e) −0,0217 mg/Tag

6 a) 6,25 %; der Anfangsbestand kürzt sich weg

b) $\frac{1}{2}b = b \cdot e^{\frac{1}{4}k}$ $k = -4\ln(2)$ $f(t) = be^{-4\ln(2) \cdot t}$

c) $f(0) - f\left(\frac{1}{12}\right) = b - b \cdot e^{-4\ln(2) \cdot \frac{1}{12}} = b\left(1 - \frac{1}{\sqrt[3]{2}}\right)$

Abnahme der Radioaktivität um ca. 20,63 %.

d) $\frac{1}{1000}b = b \cdot e^{-4\ln(2) \cdot t}$ $t \approx 2,4914$

Also nach knapp $2\frac{1}{2}$ Jahren

e) $10b = b \cdot e^{-4\ln(2) \cdot t}$ $t \approx -0,8305$

Also vor ca. 10 Monaten.

7 a) falsch, denn $T(0) \approx 39,43°$

b) richtig, denn

$T'(t) = 4e^{-0,5t-0,5} + (-2t-2) \cdot e^{-0,5t-0,5} = (2-2t) \cdot e^{-0,5t-0,5}$

c) richtig, denn $T'(t) = 0$: $t = 1$ und $T''(1) \approx -0,74 < 0$,

da $T''(t) = (t-3) \cdot e^{-0,5t-0,5}$

d) richtig, denn $T''(t) = 0$: $t = 3$ und VZW von $f''(3)$

e) richtig, denn $\lim_{t \to \infty} T(t) = 37$

Modellieren von periodischen Vorgängen, Seite 79

1 a) An der Stelle, an der der Graph des Kammertones a' die horizontale Achse das zweite Mal mit positiver Steigung schneidet, schneidet der Graph des Sinustons a diese zum ersten Mal.

b) Der Sinuston a hat die größere Amplitude.

c) Die Lautstärke bleibt und der Ton wird höher.

2

Datum	21.03.2021	21.06.2021	23.09.2021	21.12.2021
Sonnenaufgang	06:07 Uhr	04:44 Uhr	06:51 Uhr	08:15 Uhr
Minuten nach 0 Uhr	367	284	411	495
Zeit t in Tagen nach dem 23.09.	-186	-94	0	89

Das Maximum liegt bei $y_{max} = 495$ und das Minimum bei $y_{min} = 284$, damit ergibt sich für den mittleren Sonnenaufgang $d = \frac{y_{max} + y_{min}}{2} = 389,5$ und für die Amplitude $a = \frac{y_{max} - y_{min}}{2} = 105,5$.

Somit ist die Wachstumsrate etwa 30 Tage nach der Keimung maximal.

d) Alle Punkte liegen auf K_h.

$h'(t) = 0$: $t_1 = 30$; $t_2 = 90$; $h''(30) = -\frac{3}{50} < 0$

Die Wachstumsrate ist am 30. Tag maximal. Sie verändert sich am stärksten, wenn der Graph der Ableitungsfunktion von h einen Extrempunkt hat. Das ist am 60. Tag der Fall.

5 a) Skizze:

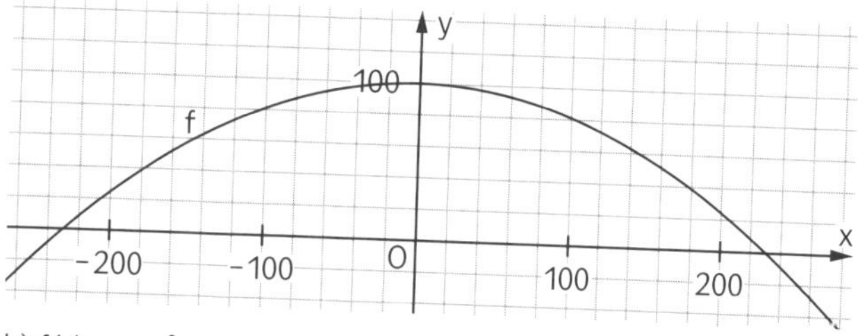

b) $f(x) = a \cdot x^2 + c$

$f(0) = 100$; $f(230) = 0$: $f(x) = -\frac{1}{529}x^2 + 100$

$f(x) = 0$: $x_1 = 230$; $x_2 = -230$

Auflagepunkte $N_1(230\,|\,0)$; $N_2(-230\,|\,0)$

$f'(230) = -\frac{20}{23}$ $\quad\tan(\alpha) = \left|-\frac{20}{23}\right|$, also $\alpha \approx 41°$.

Der Steigungswinkel in den Auflagepunkten beträgt 41°.

6 a) Die Übergänge sind nicht glatt, d.h. die Geraden mit den Gleichungen $y = 5$ bzw. $y = 2$ haben die Steigung 0, die Gerade mit der Gleichung $y = -\frac{4}{3}x + \frac{23}{3}$ die Steigung $-\frac{4}{3}$. Für eine Schnellstraße sind die Übergänge in P und Q nicht geeignet.

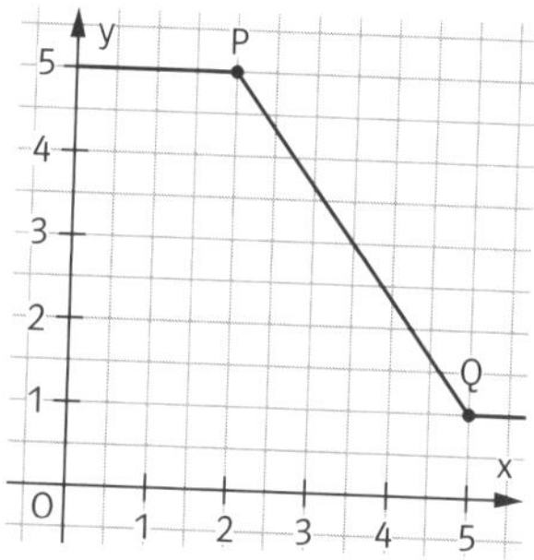

b) Im gemeinsamen Punkt muss die Steigung gleich sein, d.h. der Graph der Funktion muss in P einen Hochpunkt und in Q einen Tiefpunkt haben. Außerdem muss der Graph der Funktion mindestens einen Wendepunkt haben. Die Bedingungen werden von Graphen einer Polynomfunktion 3. Grades erfüllt.

c) $f'(x) = \frac{8}{9}x^2 - \frac{56}{9}x + \frac{80}{9}$; $f''(x) = \frac{16}{9}x - \frac{56}{9}$

$f(2) = 5$; $f'(2) = 0$; $f''(2) = -\frac{8}{3} < 0$ und $f(5) = 1$; $f'(5) = 0$;

$f''(5) = \frac{8}{3} > 0$, damit erfüllt.

$g'(x) = -\frac{2\pi}{3}\sin\left(\frac{\pi}{3}(x-2)\right)$; $g''(x) = -\frac{2\pi^2}{9}\cos\left(\frac{\pi}{3}(x-2)\right)$

$g(2) = 5$; $g'(2) = 0$; $g''(2) = -\frac{2\pi^2}{9} < 0$ und $g(5) = 1$; $g'(5) = 0$;

$g''(5) = \frac{2\pi^2}{9} > 0$, damit erfüllt.

Modellieren von Wachstums- und Zerfallsprozessen, Seite 77

1 a) $a = 2{,}5$; $b = 30$; $k = \ln(2{,}5) = 0{,}9163$

t	−2	−1	0	1	2	3	4	5
f(t)	4,8	12,0	30	75	187,5	468,8	1171,9	2929,7

b) $a = 0{,}522$; $b = 4000$; $k = -0{,}65$

t	−2	−1	0	1	2	3	4	5
f(t)	14 677	7662,2	4000	2088,2	1090,1	569,1	297,1	155,1

2 a) $k = 1{,}0986$; $f(x) = 45 \cdot e^{\ln(3) \cdot x}$ d.h. $f(x) = 45 \cdot e^{1{,}0986x}$;

$f(6) = 32\,805$

b) $k = -0{,}6931$; $f(x) = 180 \cdot e^{\ln(0{,}5) \cdot x}$ d.h. $f(x) = 180 \cdot e^{-0{,}6931x}$;

$f(6) = 2{,}81$

c) $k = 0{,}1398$; $f(x) = 1{,}5 \cdot e^{\ln(1{,}15) \cdot x}$ d.h. $f(x) = 1{,}5 \cdot e^{0{,}1398x}$;

$f(6) = 3{,}47$

d) $k = -0{,}1823$; $f(x) = 500 \cdot e^{\ln\left(\frac{5}{6}\right) \cdot x}$ d.h.

$f(x) = 500 \cdot e^{-0{,}1823x}$; $f(6) = 167{,}4$

3 a) $8500\,m^3$; $10\,460\,m^3$; 8,31

b) $7823\,m^3$

c) f′ mit $f'(t) = 0{,}0415 \cdot 8500 \cdot e^{0{,}0415t} = 352{,}75 \cdot e^{0{,}0415t}$

Seite 78

4 $e^{0{,}1668t} = 2$ d.h. $t = 4{,}156$

Die Verdopplungszeit T_V beträgt 4,156 Zeiteinheiten.

5 a) Nach 16 Tagen bzw. nach 32 Tagen.

b) 96,9 % $\qquad$ c) Nach 54 Tagen.

d) 4,75 mg $\qquad$ e) −0,0217 mg/Tag

6 a) 6,25 %; der Anfangsbestand kürzt sich weg

b) $\frac{1}{2}b = b \cdot e^{\frac{1}{4}k}$ $\quad k = -4\ln(2)$ $\quad f(t) = be^{-4\ln(2) \cdot t}$

c) $f(0) - f\left(\frac{1}{12}\right) = b - b \cdot e^{-4\ln(2) \cdot \frac{1}{12}} = b\left(1 - \frac{1}{\sqrt[3]{2}}\right)$

Abnahme der Radioaktivität um ca. 20,63 %.

d) $\frac{1}{1000}b = b \cdot e^{-4\ln(2) \cdot t}$ $\quad t \approx 2{,}4914$

Also nach knapp $2\frac{1}{2}$ Jahren

e) $10b = b \cdot e^{-4\ln(2) \cdot t}$ $\quad t \approx -0{,}8305$

Also vor ca. 10 Monaten.

7 a) falsch, denn $T(0) \approx 39{,}43°$

b) richtig, denn

$T'(t) = 4e^{-0{,}5t-0{,}5} + (-2t-2) \cdot e^{-0{,}5t-0{,}5} = (2-2t) \cdot e^{-0{,}5t-0{,}5}$

c) richtig, denn $T'(t) = 0$: $t = 1$ und $T''(1) \approx -0{,}74 < 0$,

da $T''(t) = (t-3) \cdot e^{-0{,}5t-0{,}5}$

d) richtig, denn $T''(t) = 0$: $t = 3$ und VZW von $f''(3)$

e) richtig, denn $\lim\limits_{t \to \infty} T(t) = 37$

Modellieren von periodischen Vorgängen, Seite 79

1 a) An der Stelle, an der der Graph des Kammertones a′ die horizontale Achse das zweite Mal mit positiver Steigung schneidet, schneidet der Graph des Sinustons a diese zum ersten Mal.

b) Der Sinuston a hat die größere Amplitude.

c) Die Lautstärke bleibt und der Ton wird höher.

2

Datum	21.03.2021	21.06.2021	23.09.2021	21.12.2021
Sonnenaufgang	06:07 Uhr	04:44 Uhr	06:51 Uhr	08:15 Uhr
Minuten nach 0 Uhr	367	284	411	495
Zeit t in Tagen nach dem 23.09.	−186	−94	0	89

Das Maximum liegt bei $y_{max} = 495$ und das Minimum bei $y_{min} = 284$, damit ergibt sich für den mittleren Sonnenaufgang $d = \frac{y_{max} + y_{min}}{2} = 389{,}5$ und für die Amplitude $a = \frac{y_{max} - y_{min}}{2} = 105{,}5$.

Die Periodenlange beträgt ein Jahr, also p = 365 Tage, für b folgt daraus $b = \frac{2\pi}{p} \approx 0{,}017$.
Somit lautet der Funktionsterm: $f(t) = 105{,}5 \cdot \sin(0{,}017t) + 389{,}5$

Datum	01.05.2021	01.07.2021	01.11.2021
Zeit t nach dem 23.09.	–145	–84	39
f(t)	323	285	454
Sonnenaufgang	5:36	4:49	7:03
Istwerte nach 0 Uhr	336	289	423

Der letzte Wert weicht deutlich ab, ansonsten ist die Modellierung recht gut.

Test, Seite 80

1
Skizze: $f(x) = 3 - \frac{1}{3}x^2;\ -3 \le x \le 3$
Beschreiben der Größe, die extremal werden soll, durch eine Formel: $A = b \cdot h$
Formulieren von Nebenbedingungen: Die Eckpunkte P und Q liegen auf dem Graphen von f; $h = f(u)$, $b = 2u$.
Bestimmen der Zielfunktion in Abhängigkeit von einer Variablen sowie des Definitionsbereichs: $A(u) = 2u \cdot \left(3 - \frac{1}{3}u^2\right)$; aus Symmetriegründen kann der Definitionsbereich eingegrenzt werden: $0 \le u \le 3$.
Untersuchen der Zielfunktion auf Extremwerte und unter Berücksichtigung der Ränder des Definitionsbereichs:
$A(u) = 6u - \frac{2}{3}u^3$
$A'(u) = 6 - 2u^2$
$A''(u) = -4u$
$A'(u) = 6 - 2u^2 = 0$ für $u_1 = \sqrt{3}$
A wird minimal für $u = 0$ und $u = 4$; A wird maximal für $u_1 = \sqrt{3}$.
Formulieren eines Ergebnisses: Der größtmögliche Flächeninhalt des Rechtecks beträgt $A(\sqrt{3}) = 6 \cdot \sqrt{3} - \frac{2}{3} \cdot \sqrt{3}^3 = 4 \cdot \sqrt{3}$ $\approx 6{,}93$.

2 Rechtecksumfang:
$u(a) = 2 \cdot (6 - a) + 2 \cdot \left(e^{\frac{1}{4}a} - 1\right) = 2e^{\frac{1}{4}a} - 2a + 10$
$u'(a) = \frac{1}{2}e^{\frac{1}{4}a} - 2$
Extremstelle der Funktion u: $u'(a) = 0$
$\frac{1}{2}e^{\frac{1}{4}a} - 2 = 0$
$e^{\frac{1}{4}a} = 4$
$a_0 = 4 \cdot \ln(4)$
u' hat an der Stelle a_0 einen Vorzeichenwechsel von – nach +, also ist der Rechtecksumfang an der Stelle a_0 minimal.
$f(a_0) = 3$
Ist der Punkt $P(4 \cdot \ln(4) \mid 3)$, so ist der Umfang minimal.

3 a) Lage des Koordinatensystems, z. B. x-Achse auf dem Boden, y-Achse durch den Scheitelpunkt: $f(x) = a \cdot x^2 + c$
$f(2{,}5) = 0$ führt zu $f(x) = a \cdot x^2 - 6{,}25a$
$f\left(\frac{5}{4}\right) = \frac{11}{5}$ liefert: $f(x) = -\frac{176}{375}x^2 + \frac{44}{15}$
Scheitelpunkt $S\left(0 \,\middle|\, \frac{44}{15}\right)$; $\frac{44}{15} \approx 2{,}93$
Der Keller muss mindestens 2,94 m hoch sein.
b) $f(x) = 0$: $x = \frac{5}{2}$ oder $x = -\frac{5}{2}$
Wegen Achsensymmetrie reicht die Untersuchung einer Nullstelle: $f'\left(-\frac{5}{2}\right) = \frac{176}{75} = \tan(\alpha)$; $\alpha \approx 66{,}92°$.

4 a)

t (in min)	5	10	15	20	25	30	35	40	45
T (in °C)	56	42	33	28	25	23	22	21	21

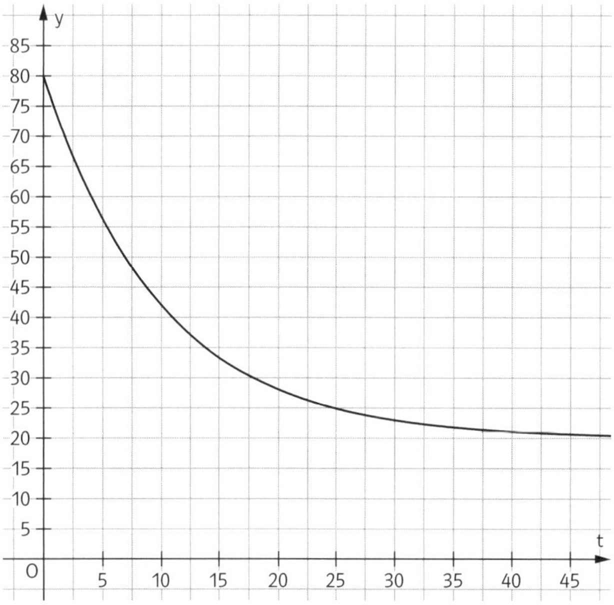

b) $T(t) = a \cdot e^{bt} + c$
Die Daten legen eine Exponentialfunktion nahe. Eine lineare Funktion kann wegen eines fehlenden Grenzwerts für $t \to \infty$ und die andere Funktion wegen einer fehlenden Definitionslücke ausgeschlossen werden.
c) Die Werte für a, b und c können je nach gewählten Messpunkten leicht variieren. $T(t) = 60 \cdot e^{-0{,}1t} + 20$
d) $T_{Kaffee} \approx 80\,°C$ $T_{Raum} \approx 20\,°C$

5

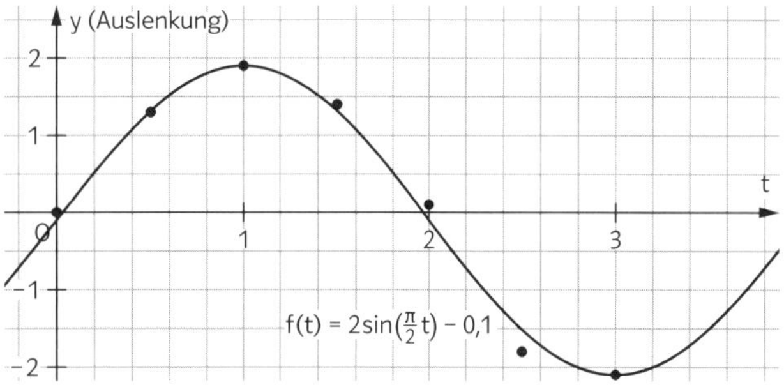

$a = \frac{1{,}9 + 2{,}1}{2} = 2$; $d = \frac{1{,}9 - 2{,}1}{2} = -0{,}1$; $b = \frac{2\pi}{4} = \frac{\pi}{2}$
$f(t) = 2 \cdot \sin\left(\frac{\pi}{2}t\right) - 0{,}1$

6 a) $a = \frac{3 + 1}{2} = 2$; $b = \frac{3 - 1}{2} = 1$; $p = \frac{2\pi}{\frac{\pi}{6}} = 12$
$h(t) = 2 + \cos\left(\frac{\pi}{6}t\right)$
b) $h(t) < 1{,}5$: $4 \le t \le 8$
c) $h''(t) = -\frac{\pi^2}{36}\cos\left(\frac{\pi}{6}t\right)$
$h''(t) = 0$: $t_1 = 3$; $t_2 = 9$
$h'''(3) = \frac{\pi^3}{216} > 0$; $h'''(9) = -\frac{\pi^3}{216} < 0$
$h'(9) = \frac{\pi}{6}$
Das Wasser steigt in der 9. Minute maximal um ca. 0,52 cm/min.

Quellennachweis

Andrea Eckhardt dtp-Studio, Göppingen, **3.2; 5.2; 7.8; 9.1; 9.2; 10.6; 12.1; 13.1; 80.1; 80.2; 83.2; 83.3; 83.4; 83.5; 84.2; 84.3; 84.7; 85.1; 85.2; 86.1**; Arnold & Domnick GbR, Leipzig, **69.1; 69.2; 69.3; 69.4; 69.5; 69.6; 69.7; 69.8; 69.9; 70.5**; CMS - Cross Media Solutions GmbH, Würzburg, **20.1; 20.2; 20.3; 44.2; 71.3**; Da-Tex Gerd Blumenstein, Leipzig, **3.1; 3.3; 4.1; 4.2; 5.1; 5.3; 6.1; 6.2; 6.3; 6.4; 6.5; 6.6; 7.1; 7.2; 7.3; 7.4; 7.6; 9.3; 9.5; 9.6; 10.1; 10.3; 10.5; 11.1; 11.2; 14.1; 14.3; 14.4; 14.5; 14.6; 15.1; 15.2; 16.1; 16.2; 16.3; 16.4; 16.5; 16.6; 16.7; 17.1; 17.2; 17.3; 18.2; 19.2; 19.3; 19.4; 19.5; 19.6; 22.1; 23.1; 23.2; 23.4; 23.5; 23.6; 24.1; 24.2; 28.1; 28.2; 28.3; 28.4; 31.2; 31.3; 31.4; 31.10; 32.1; 32.2; 32.3; 32.4; 39.1; 39.2; 39.3; 40.1; 40.2; 40.3; 40.4; 40.5; 41.4; 41.5; 41.6; 42.1; 42.2; 42.3; 42.4; 42.5; 42.6; 42.7; 42.8; 42.9; 42.10; 43.1; 43.2; 43.3; 43.4; 44.1; 48.1; 49.4; 51.1; 51.2; 52.1; 52.2; 52.3; 52.4; 52.5; 52.6; 54.1; 56.1; 57.1; 59.2; 60.1; 60.2; 72.1; 72.2; 73.1; 73.3; 74.2; 74.3; 75.1; 75.2; 75.3; 75.4; 75.5; 75.6; 75.7; 75.8; 76.1; 76.2; 76.3; 76.4; 76.5; 79.1; 79.2; 81.1; 82.2; 82.3; 83.1; 84.1; 84.4; 84.5; 84.6; 86.2; 87.2; 87.3; 89.1; 89.2; 89.3; 89.4; 92.1; 98.2; 98.3; 98.4; 103.1; 108.1; 112.1; 112.2; 112.3; 113.1; 113.2; 114.2; 115.1; 115.2**; Ernst Klett Verlag GmbH, Stuttgart, **80.4**; Getty Images, München (Photographer's Choice/Malcolm Fife), **70.1**; imprint, Zusmarshausen, **8.1; 8.2; 8.3; 38.1; 55.7; 55.8; 55.9; 80.3; 82.1; 87.1; 88.1; 88.2; 88.3; 90.1; 113.3; 114.1**; Media Office GmbH, Kornwestheim, **31.1; 31.5; 31.6; 31.7; 31.8; 31.9**; Oehler, Sandra, Remseck, **18.1; 19.1; 19.7; 19.8; 19.9; 19.10; 19.11; 19.12; 19.13; 19.14; 19.15; 23.3; 32.5; 33.1; 33.2; 33.3; 33.4; 33.5; 33.6; 33.7; 33.8; 33.9; 33.10; 34.1; 34.2; 34.3; 34.4; 34.5; 35.1; 35.2; 36.1; 37.1; 38.2; 38.3; 38.4; 41.1; 41.2; 41.3; 45.3; 46.1; 46.2; 46.3; 46.4; 47.1; 47.2; 47.3; 47.4; 48.2; 48.3; 48.4; 48.5; 48.6; 48.7; 49.1; 49.2; 49.3; 54.2; 54.3; 54.4; 54.5; 54.6; 54.7; 55.1; 55.2; 55.3; 55.4; 55.5; 55.6; 55.10; 55.11; 55.12; 55.13; 55.14; 55.15; 56.2; 56.3; 56.4; 56.5; 56.6; 56.7; 56.8; 56.9; 57.2; 57.3; 57.4; 59.1; 59.3; 59.4; 59.5; 59.6; 67.1; 67.2; 67.3; 68.1; 68.2; 68.3; 68.4; 70.2; 70.3; 70.4; 71.1; 71.2; 73.2; 74.1; 93.1; 93.2; 93.3; 93.4; 93.5; 93.6; 93.7; 93.8; 93.9; 93.10; 94.1; 94.2; 95.1; 95.2; 95.3; 95.4; 96.1; 96.2; 96.3; 96.4; 96.5; 96.6; 97.1; 98.1; 100.1; 100.2; 100.3; 102.1; 102.2; 102.3; 102.4; 102.5; 102.6; 102.7; 104.1; 104.2; 104.3; 104.4; 104.5; 104.6; 104.7; 104.8; 104.9; 104.10; 104.11; 105.1; 105.2; 105.3; 105.4; 105.5; 105.6; 105.7; 112.4; 113.4**; ShutterStock.com RF, New York (Aleksandr Rybalko), **U1.2**; ShutterStock.com RF, New York (WDCPhotographer), **U1.1**;